数学と物理の交差点 5
Crossroads of Mathematics and Physics
谷島賢二 編

量子解析のための作用素環入門

山上 滋 著

共立出版

シリーズ「数学と物理の交差点」の刊行によせて

自然科学の基礎として，人類の進歩に大きな役割を果たしてきた数学と物理学は，その発祥の時から互いを糧とし，刺激し合い，手を携えて発展してきた．数学は物理を記述する言葉である．しかしそれは単なる言葉ではない．物理学は数学によって思考するのである．

数え上げや，測量，天文学など実用と科学的探究心から誕生した数論や幾何学は様々な物理学との交流と，独自の一般化・抽象化を通して発展してきた．物体の運動の記述のために誕生した微分積分学も古典力学や流体力学などとの交流と，独自の厳密化・精密化を経て飛躍的に発展してきたのである．一方，量子力学や一般相対性理論などにおける物理学の抽象的な記述はこのように発展した数学なしには可能とはならなかったであろう．したがって，このようなレベルにおける物理学のさらなる発展もまた数学なしにはありえない．数学と物理学は表裏一体の存在なのである．

現在，社会の急速な複雑化によって高度な自然科学的思考力がより強く求められている．これは自然科学の基礎の確固とした理解があって初めて獲得できる．物理学と数学の関わり合いに留意することはこのための大きな力になる．しかしながら，独立な科目として学習されるためからか，とくにわが国において，このような深い関連性を意識しながら学ぶ機会が乏しくなっている．これは高校・大学の物理や数学の教員の共通の認識であろう．

本シリーズは，このような状況において現代の数学と物理学の具体的な交差の場面を様々な角度から鮮明に例示して，読者がこの重要な自然科学の基礎を学び，あるいは教育するための手助けとなることを目標として企画されたものである．この企画が人類の貴重な文化遺産である自然科学の基礎を深く理解し味わおうとする意欲的な読者のための一助となれば幸いである．

令和元年を迎えて　　編集委員

谷島　賢二

はじめに

作用素環と物理との関係を考える際にまず挙げるべきは von Neumann の存在である．そもそも，量子力学の誕生を間近で見ていたヒルベルト周辺の人たちは，その数学的構造・定式化にも強い関心を寄せていて，数学の立場からの量子力学の教科書が間を置かずに出版された．Weyl (Gruppentheorie und Quantenmechanik, 1928), van der Waerden (Die gruppentheoretische Methode in der Quantenmechanik, 1932), そして von Neumann (Mathematische Grundlagen der Quantenmechanik, 1932) である．とりわけ von Neumann は作用素解析の観点から，量子力学の数学的構造を Dirac のそれと相補う形で記述して見せた．それはヒルベルト空間の内積構造を前面に出したもので，その確率解釈を観測結果との繋ぎ手として今に至るまでその裏付けがますます強固に蓄積され続けていることは周知の通りである．

von Neumann はまた，この量子力学の定式化と前後して，個々の作用素解析をこえた作用素の集団的な構造に注目し，その代数構造の解明に努め，Murray の協力の下，いまでいうところのフォン・ノイマン環の理論を 10 年程度で作り上げた．その物理的な動機は明示されなかったものの，有限自由度系で大成功を収めた作用素解析的手法が抱える無限自由度系での困難を見越してのものだったように思われる．von Neumann 自身は直接関わることのなかったこの無限自由度系（場の量子論と量子統計力学）にまつわる数学的構造は，その後 Segal, Wightman, Haag 等の手を経て，代数的量子場理論などの形に発展して今に至っている．一方で，von Neumann が先鞭をつけた作用素環の理論は，その後非可換幾何学的視点をも取入れる形で独自の発展を遂げ，様々な作用素環の分類理論を誘発するなど，こちらも滞ることなく発展を遂げていると言えよう．ただ，初期の作用素環研究者が常に意識していたであろう無限自由度系とのかかわり合いは，現状，双方の発展の大きさに比して希薄になりつつあるようにも見える．再遭遇の期待されるところではある．

こういった状況認識の中，この作用素環と量子力学という二つのキーワードを冠した入門書の企画があることを知り，最初は正直その大胆さに驚くとともに，よもや，そういったことに携わることになるとは思いもよらなかったのであるが，将来的な再遭遇に備えて作用素環の基礎をまとめおくことくらいは出来得るか，と思い直し，しかしやはり後悔の念がいやますほどに，関係者の寛大な応対・励ましに支えられ，ようやく辿りついたのが以下の内容である．

ただ，著者自身の無知と偏見により，その可能性のある項目のいくつかは省かざるを得なかった．その一つが，C*環における K 群の理論で，これは，その物理との接点を入門的な範囲で解説することの個人的な困難さに鑑み断念した．あと，フォン・ノイマン環の分類についても（I 型と非 I 型以外）全くと言ってよいほど触れていない．一方で，積分論的な部分は，それなりに詳しく述べた．これは，再遭遇が起こる可能性が高いのは作用素環の表現論的な部分においてであろうという個人的な予感によるものである．その判断が正しいかどうかは保証の限りではないが．量子物理につらなる確たるものとしては，正準交換関係と正準反交換関係に付随した環とその表現（といっても，ほぼ相互作用がないフォック表現の周辺）についてひとしきり解説した．無限自由度の代数系として，これも再遭遇の端緒になり得るものとの見立てによるものである．

予備知識は，ルベーグ積分も含めた関数解析の基礎と代数系（群，環，加群）の基本といったところで，その一部は付録にまとめておいた．付録には，基礎から外れた内容で必要になるものも，こちらの方は証明を含めて収めてある．通常は関数解析に含まれる作用素のスペクトル分解についても，本文の中で可換 C*環の表現のついでに賄っておいた．ということで，前提とする部分はそれなりにあるものの，そこから先はこの中で閉じるよう試みた．これ一冊をもって，島とか山に籠り親しむこともできる，はずである．

本書を著す機会を与えてくださった谷島賢二先生に感謝いたします．共立出版の三浦拓馬氏をはじめとする担当の方々には技術的な面も含めてお世話になりました．植田好道氏には原稿の段階でいろいろとご指摘賜わりました．あわせてお礼申し上げます．最後に，長きにわたり適度な圧も含めて支え続けてく

れた内なる編集者たる弘美にありがとうの言葉とともに,

汲めども尽きぬ量子の泉，その味わいをこそ.

8年目のきさらぎの望月のころ

山上　滋

用語と記法について：

- 自然数には 0 も含めて $\mathbb{N} = \{0, 1, 2, \cdots\}$ とする．
- 「一対一に対応する」の意味で「対応し合う」ともいう．
- 集合 X における恒等写像を 1_X で表す．また，部分集合 $S \subset X$ の支持関数 (indicator) も 1_S で表す．どちらの意味であるかは状況で判断．
- 互いに重なりのない和集合を $A \sqcup B$ のように表す．
- 変数 x を含む命題 $P(x)$ と変数の動く範囲 X に対して，すべての $x \in X$ に対して $P(x)$ が成り立つ，という主張を $P(x)$ $(x \in X)$ と略記する．
- 記号 [ ] は，状況によりいくつかの意味で使われる．
  - (i) [条件] で，条件を満たす集合を表す．
  - (ii) 対象 O の支え (support) を $[O]$ と書く．例えば，O が位相空間上の関数であれば $[O]$ は $[O \neq 0]$ の閉包を意味し，ヒルベルト空間の部分空間であれば閉部分空間 $\overline{O}$ への射影を表す．
  - (iii) 同値関係についての同値類，同じことであるが商集合の元を表す．
- 共役線型 (conjugate-linear) は反線型 (anti-linear) ともいう．
- ノルム空間 X において，原点を中心とし半径 $r > 0$ の閉球を $X_r = \{x \in X; \|x\| \leq r\}$ で表し，X の双対バナッハ空間を X^* と書く．また，$x^* \in X^*$ の $x \in X$ での値 はしばしば $\langle x, x^* \rangle$ とも書く．X 上の線型汎関数 $\langle x, x^* \rangle$ $(x^* \in X^*)$ をすべて連続にする最も弱い位相を X の弱位相，X^* 上の線型汎関数 $\langle x, x^* \rangle$ $(x \in X)$ をすべて連続にする最も弱い位相を X^* の弱*位相という．$X_r^* = (X^*)_r$ は直積空間 $\prod_{x \in X_1} \mathbb{C}_r$ の閉集合

$$\left\{x^* \in \prod \mathbb{C}_r; x^*(\alpha x + \beta y) = \alpha x^*(x) + \beta x^*(y), x, y \in X_1, |\alpha| + |\beta| \leq 1\right\}$$

  と同一視されるので，チコノフの定理（コンパクト空間の直積はコンパクト）により弱*コンパクトである．
- $t_1 \vee \cdots \vee t_n$ と $t_1 \wedge \cdots \wedge t_n$ は順序集合（束などの）での最大元・最小元の他に，対称テンソル積と交代テンソル積（グラスマン積）を表す．
- 順序に関連して，正または零のことを非負 (non-negative) というのが業界の慣わしであるが，以下では，実数以外の場合（正確には，負の否定が正または零に一致しない場合），零も含む意味で正 (positive) を使う．例：

正作用素，正汎関数.

- 正数の集まり $(a_i)_{i\in I}$ に対して，その総和を次で定める.

$$\sum_{i\in I} a_i = \sup\left\{\sum_{i\in F} a_i; F \text{ は } I \text{ の有限部分集合}\right\} \in [0,\infty].$$

- ベクトル空間の部分集合 S から生成された部分空間（S の線型包 linear hull）を $\langle S\rangle$ と書く．一方で $\langle\cdot\rangle$ という記号は，確率論的な意味での期待値も表す.
- 写像 $\phi: X\times Y\to Z$ に対して，ϕ の像 $\phi(X\times Y)$ を $\phi(X,Y)$ のようにも書く．一方，X, Y, Z がベクトル空間で ϕ が双線型であるときには，$\phi(X,Y)$ を $\langle\phi(X\times Y)\rangle$ の意味で使うことが多い.
- 位相空間が可分 (separable) であるとは，可算部分集合で密なものが存在すること．可算生成である (countably generated) とは，可算個の開集合の集まりがあって，全ての開集合がその中のいくつかの和集合として表されること．可算生成であれば可分であり，距離空間では逆も成り立つ.
- 有向集合 (directed set)，順序集合でどの有限部分集合も上界をもつものをいう．網 (net) とは有向集合で添字付けられた収束性を議論する対象の集まりをいう．収束を考える対象に順序があり，添字の大小が収束対象の大小に反映される網を増大網 (increasing net) という.
- **両線型形式**[1] (sesquilinear form) は第二変数について線型とする．これは物理での習慣であるが，数学的にも合理的なものである．第一変数を線型にとるのであれば，ベクトル v と線型写像 ϕ の積を $v\phi$ のように表記するのが整合的であるという理由で.
- エルミート形式 (hermitian form) と分極等式 (polarization identity) $\langle\xi,\eta\rangle = \frac{1}{4}\sum_{k=1}^{4}(-i)^k\langle\xi+i^k\eta,\xi+i^k\eta\rangle$.
- 正値形式 (positive semidefinite form) = 半内積 (semi-inner product)，正定値形式 (positive definite form) = 内積 (inner product) である.
- 内積，半内積ともに $(\ |\ )$ という記号で表すことが多い．複素ベクトル空間 V 上の半内積があると，内積の不等式から $(w|w)=0$ となる $w\in V$

---

[1] 準双線型形式，半双線型形式などとも呼ばれ定訳がない．ここでは両の字をあててみた．両の字義は，両親・両手の如く，相対して一組となるものの双方，ということで.

は，すべての $v \in V$ と直交し，したがって，$W = \{w\}$ という部分空間による商空間 V/W 上の内積を自然に定める．

- 行列記号について，$M_{m,n}(S)$ で集合 S の元を成分とした $m \times n$ 行列全体を表す．$M_{m,1}(S) = {}^m S$, $M_{1,n}(S) = S^n$ と略記する．
- 交換子と反交換子：$[a,b]_\pm = ab \pm ba$. 交換子が多用されることもあり，$[a,b]_- = [a,b]$ と書く．また，$[a,b]_+ = \{a,b\}$ という記号もよく使われる．こちらは集合の記号と紛らわしいのであるが，そこは良識で判断．

$$[a, b_1 \cdots b_n] = [a,b_1]b_2 \cdots b_n + b_1[a,b_2]b_3 \cdots b_n + \cdots + b_1 \cdots b_{n-1}[a,b_n],$$

$$ab_1 \cdots b_n = \sum_{j=1}^{n} (\mp)^{j-1} b_1 \cdots [a,b_j]_\pm \cdots b_n + (\mp)^{n-1} b_1 \cdots b_{n-1}[a,b_n]_\pm + (\mp)^n b_1 \cdots b_n a,$$

$$[ab,c] = a\{b,c\} - \{a,c\}b, \quad [a,bc] = \{a,b\}c - b\{a,c\}.$$

他に，$[a,b]_\pm^* = [b^*,a^*]_\pm = \pm[a^*,b^*]_\pm$ などが成り立つ．

- 交換子との関連で，$[a,b] = 0$ すなわち $ab = ba$ であるとき，積交換すると呼ぶ．より一般的に 2 つの集合 X, Y が積交換するとは，$[x,y] = 0$ $(x \in X,\ y \in Y)$ となること．積交換するという代わりに可換であるという言い方もよく使われる．
- 自由ベクトル空間とヒルベルト空間：集合 X に対して，X を基底とするベクトル空間を $\mathbb{C}X$ と書いて，X から生成された**自由ベクトル空間** (free vector space) と呼ぶ．自由ベクトル空間 $\mathbb{C}X$ には，X を正規直交系とする内積が定まる．その完備化としてのヒルベルト空間を $\ell^2(X)$ で表す．

目　次

第1章

*環と*表現

*演算というものは，広く複素構造の中に実構造を実現させる基本的なものであるにもかかわらず，数学での扱いは意外にも大きくはない．単なる実構造であれば，実ベクトル空間に過ぎないのであるが，それが積構造と結びつきその積が可換でない場合は，複素ベクトル空間とも実ベクトル空間とも異なる*構造とでも呼ぶべきものが出現する．行列代数であれば，エルミート共役という形で既に馴染みあるものであるが，もう少し一般的なところから，その代数的実態[1]を確かめておこう．

1.1 *環

多元環 (algebra[2]) とは，ベクトル空間に (線型な) 分配法則と結合法則を満たす積が定義されたものを指す用語で，英語の訳そのままに代数とも称される．一方，和と積が定義された代数系は環 (ring) と呼び分けられるのであるが，以下では多少曖昧ながら作用素環方面での慣例に従って，いずれをも環ということにする．

複素ベクトル空間 $\mathcal{A}$ における共役線型変換 $\mathcal{A} \ni a \mapsto a^* \in \mathcal{A}$ で $(a^*)^* = a$ $(a \in \mathcal{A})$ となるものを**複素共役** (complex conjugation) と呼ぶ．ここでは，複素共役を $*$ という記号で表したが，複素数の場合と同様に $\overline{a}$ と書くこともあ

[1] 多くは言葉遣いの説明および例示に過ぎないので，最初は読み流す程度に留め，二章以降で使われる代数的概念・用語を参照する際の手引として利用するのが良いだろう．

[2] algebraic structure の意であろうが，analytic function を analysis というが如き違和感を覚える．それだけ基本的な代数構造という含みかも知れないが．

る．ただ，この記号は閉包の意味でも使われるので，とくに $\mathcal{A}$ が作用素からなるベクトル空間の場合は注意が必要である．複素共役が指定されたベクトル空間を***ベクトル空間** (*-vector space) と呼ぶ．$\mathrm{Re}\,\mathcal{A} = \{a \in \mathcal{A}; a^* = a\}$ は $\mathcal{A}$ の実部分空間であり，$\mathcal{A}$ の**実部**と称される．逆に実ベクトル空間 V に対して，その複素化 $V^{\mathbb{C}} = V + iV$ は，$(x+iy)^* = x - iy$ $(x, y \in V)$ により V を実部とする*ベクトル空間となる．この意味で，実ベクトル空間と*ベクトル空間とは対応し合い，複素共役は実構造とも称される．

この対応は様々な形により可能で，例えば，(i) 実線型写像 $V \to W$ と複素線型写像 $V^{\mathbb{C}} \to W^{\mathbb{C}}$ で複素共役を保つもの，(ii) V 上の実双線型形式と $V^{\mathbb{C}}$ 上の両線型形式 (sesquilinear form) $\langle \cdot, \cdot \rangle$ で $\langle v^*, w^* \rangle = \overline{\langle v, w \rangle}$ なるものは，それぞれ実質的に同じである．

また，*ベクトル空間に関連した線型代数的な「もの」に*を施すことでそれに共役な「もの」が現れるのであるが，それを表す記号にも，*あるいは $^-$ が用いられる．例えば，$V^{\mathbb{C}}$ 上の両線型形式 $S(v,w)$ に対して，$\overline{S(v^*, w^*)}$ という両線型形式は S^* あるいは $\overline{S}$ と書かれる．一方で，線型写像 $T: V^{\mathbb{C}} \to W^{\mathbb{C}}$ については $v \mapsto (Tv^*)^*$ ということになるが，これはエルミート共役と区別するため，複素共役の意味で $\overline{T}$ と書くことが多い．この場合は，v^* の代わりに $\overline{v}$ と書けば，$\overline{T}v = \overline{T\overline{v}}$ となって，関係が見やすくなる．ただし今度は作用素の閉包との使い分けに注意が必要になる．痛し痒しであるが，虚数単位としての i と添字としての i など，同じ記号が文脈により別の意味で使われるのはよくあることなので，記号の煩雑化を避けるためにも厳格さは程々に留めておくことにする．

問 1.1　実ベクトル空間 V 上の実対称形式と $V^{\mathbb{C}}$ 上のエルミート形式 $\langle v, w \rangle$ で $\langle v^*, w^* \rangle = \overline{\langle v, w \rangle}$ となるものが対応することを示せ．

ベクトル空間 $\mathcal{A}$ が (多元) 環であるとき，複素共役で $(ab)^* = b^* a^*$ $(a, b \in \mathcal{A})$ となるものを***演算** (*-operation) と呼び，*演算が備わった環を***環**[3] (*-algebra) と称する．

単位元をもつ*環 $\mathcal{A}$ は**単位的** (unital) であると言って，その単位元は $1_{\mathcal{A}}$

---

[3] *(asterisk) の意味は星なので，これを star と読む習慣である．

あるいは単に 1 と表記される．単位元は一つしかないことから $1_{\mathcal{A}}^* = 1_{\mathcal{A}}$ である．

*環 $\mathcal{A}$ の元 h が**エルミート** (hermitian) であるとは $h^* = h$ となることをいう．エルミートな元 p で $p^2 = p$ であるものを**射影** (projection) と呼ぶ．$u \in \mathcal{A}$ が**部分等長** (partial isometry) であるとは $uu^*u = u$ となることをいう．このとき，u^* も部分等長で，u^*u, uu^* は射影となる．

*環 $\mathcal{A}$ が単位元 1 をもつとき，$u \in \mathcal{A}$ で $u^*u = 1$ $(uu^* = 1)$ となるものを**等長**（**余等長**）といい，$uu^* = u^*u = 1$ となるものを**ユニタリー** (unitary) と称する．*環 $\mathcal{A}$ がユニタリーにより生成されているとき，$\mathcal{A}$ を**ユニタリー環**[4] と呼ぶことにする．単位元 1 をもつ環 $\mathcal{A}$ の元 $a \in \mathcal{A}$ に対して，$ab = ba = 1$ となる $b \in \mathcal{A}$ を a の**逆元** (inverse element) と呼び，$b = a^{-1}$ と書く．また，逆元をもつような $a \in \mathcal{A}$ 全体を $\mathcal{A}^\times$ で表す．

通常の代数学の用語を*付きの場合にも準じて使用する．例えば，*環の間の準同型写像 $\phi : \mathcal{A} \to \mathcal{B}$ で*演算を保つものを***準同型** (*-homomorphism) という．*準同型 ϕ においては，その像 $\phi(\mathcal{A}) = \{\phi(a); a \in \mathcal{A}\}$ は $\mathcal{B}$ の***部分環** (*-subalgebra)，核 $\ker \phi = \{a \in A; \phi(a) = 0\}$ は A の***イデアル** (*-ideal) となり，ϕ が商環 $\mathcal{A}/\ker \phi$ と $\phi(\mathcal{A})$ の間の***同型** (*-isomorphism) を引き起こす．

広く物理量は*環の元で表されると考えられる．言い換えると，与えられた物理量から*環が生成されるということでもある．代数構造の観点からは $\mathbb{C}$ 上の多元環ということになるが，*演算を要求することは，それに実構造を回復させる意味合いがある．ただし，$\mathbb{R}$ 上の多元環と*環とは（非可換な状況で）同等ではなく，量子力学の代数構造は後者によって記述される．

一方，可換な代数構造に関しては，*環を考えることと $\mathbb{R}$ 上の多元環を考えることは実質的に同じで，その場合の物理量は（ある集合の上の）実数値関数により記述され，古典物理系と称される．そこでは，物理系の状態がある集合の元（点）と同定され，状態の観測値を得る（測定する）行為は，状態に数を対応させるということで状態集合上の関数とみなされる．

そういった状況でも，量子を始めとする振動・波動現象を扱うためには，一旦，複素数値関数にまで広げると同時に*演算を併用することで，実数値性を

---

[4] これはここだけの言い方である．ユニタリーを単位的の意味で使う文献もある．

エルミート性に読み替えることが有効であった.

以上が*環を考えることの物理的意味である.

〈例 1.1〉 有限集合 X 上の複素数値関数全体を $C(X)$ と書けば，各点ごとの演算と複素共役により可換*環となる．また X からもう一つの有限集合 Y への写像 $\phi: X \to Y$ は，関数の引き戻し $C(Y) \ni f \mapsto f \circ \phi \in C(X)$ により，単位的*準同型 $\varphi: C(Y) \to C(X)$ を定める．φ が全射（単射）であることと ϕ が単射（全射）であることが同値である.

〈例 1.2〉 *環 $\mathcal{A}$ の元を成分とする n 次正方行列全体 $M_n(\mathcal{A})$ も*環である．さらに $\mathcal{A}$ がユニタリーであれば，$M_n(\mathcal{A})$ もユニタリーである.

問 1.2 $M_n(\mathbb{C})$ がユニタリー環であることを確かめ，それを利用して上の例の後半部分を示せ.

〈例 1.3〉 x を不定元とする複素係数多項式環 $\mathbb{C}[x]$ は，$(\sum_{n\geq 0} a_n x^n)^* = \sum_{n\geq 0} \overline{a_n} x^n$ により*環となる．*環 $\mathbb{C}[x]$ における射影は 0 と 1 の 2 つだけであり，ユニタリー元は単位元の定数倍に限る.

〈例 1.4〉 3 つのエルミート元 σ_j $(j = 1, 2, 3)$ で $\sigma_j^2 = 1$ かつ $\sigma_1\sigma_2\sigma_3 = i$ となるものから生成された*環を**スピン代数** (spin algebra) と呼ぶ．スピン代数において $a = (\sigma_1 + i\sigma_2)/2$ は $a^2 = 0$ かつ $aa^* + a^*a = 1$ を満たし，逆に a からこの関係で生成された*環はスピン代数に一致する.

〈例 1.5〉 スピン代数において，$(aa^*)^2 = a(1 - aa^*)a^* = aa^*$，$aa^*a = a(1 - aa^*) = a$ に注意すれば，$e_{11} = aa^*$, $e_{22} = a^*a$, $e_{12} = a$, $e_{21} = a^*$ は行列単位を形成し，したがって，対応 $a \longleftrightarrow \begin{pmatrix} 0 & 1 \\ 0 & 0 \end{pmatrix}$ すなわち

$$\sigma_1 \longleftrightarrow \begin{pmatrix} 0 & 1 \\ 1 & 0 \end{pmatrix}, \quad \sigma_2 \longleftrightarrow \begin{pmatrix} 0 & -i \\ i & 0 \end{pmatrix}, \quad \sigma_3 \longleftrightarrow \begin{pmatrix} 1 & 0 \\ 0 & -1 \end{pmatrix}$$

により，スピン代数は行列環 $M_2(\mathbb{C})$ と*同型であることがわかる.

〈例 1.6〉 群 G の元から生成された自由ベクトル空間 $\mathbb{C}G = \sum_{g\in G} \mathbb{C}g$ は，群演算を積に拡張し，各 $g \in G$ がユニタリーであるように*演算を定めること

で*環となる．これを群 G から生成された**群環** (group algebra) と呼ぶ．群環は，その作り方からユニタリーである．

群 G 上の関数で有限集合で支えられたもの全体 $\mathcal{A}$ は，次のたたみ込み積と*演算により*環となる．これを**たたみ込み環** (convolution algebra) という．

$$(ab)(g) = \sum_{g'g''=g} a(g')b(g''), \quad a^*(g) = \overline{a(g^{-1})}.$$

群環の元 $\sum_{g\in G} \lambda_g g$ ($\lambda_g \in \mathbb{C}$) の係数 λ_g を G 上の関数 $a(g) = \lambda_g$ と思うことで，たたみ込み環 $\mathcal{A}$ と群環 $\mathbb{C}G$ の間には自然な*同型がある．この意味で，群環とたたみ込み環は同じものである．

問 1.3　たたみ込み環と群環の*環としての構造が対応し合うことを確かめよ．

〈例 1.7〉　連続群の場合には，たたみ込み積を積分の形で定めることで，たたみ込み環に相当する*環を得る．例えば，ベクトル群 $\mathbb{R}^n$ であれば，その上の可積分関数の作るバナッハ空間 $L^1(\mathbb{R}^n)$ が，たたみ込み積

$$(fg)(x) = \int_{\mathbb{R}^n} f(y)g(x-y)\,dy$$

と*演算 $f^*(x) = \overline{f(-x)}$ により*環となる．

一般の連続群[5] G についても，群の積に関する移動で不変な測度（ハール測度）を利用することで，可積分関数の作る*環 $L^1(G)$ を得る．付録Fにあるように，$L^1(G)$ は，コンパクト集合で支えられた連続関数の作る部分空間 $C_c(G)$ をはじめとして多数の密な*部分環を含む．この一連の*環も**群環** (group algebra) と称する．いずれの場合も群環が可換であることと群が可換であることが同値になる．

*環 $\mathcal{A}$, $\mathcal{B}$ に対して，その**直和** (direct sum) $\mathcal{A} \oplus \mathcal{B}$ と**テンソル積** (tensor product) $\mathcal{A} \otimes \mathcal{B}$ も自然に*環となる．複数個の*環の直和とテンソル積も同様に*環となり，直和とテンソル積について，結合法則と分配法則が成り立つ．なお，自然な*同型 $\mathcal{A} \oplus \mathcal{B} \cong \mathcal{B} \oplus \mathcal{A}$, $\mathcal{A} \otimes \mathcal{B} \cong \mathcal{B} \otimes \mathcal{A}$ も存在するのであるが，

---

5) 正確に述べると，局所コンパクト群で，さらに積分が滞りなく行えるよう，位相が可算個の開集合から生成されるという仮定もおく．実用上は，離散群と行列群を併せた場合を考えておけば十分であるし，一般論よりも個別の扱いが重要でもある．

こちらは区別しておく．その区別される様子を添字化することで，有限添字集合 I でラベルづけされた*環の集まり $\mathcal{A}_i$ $(i \in I)$ から作られる直和とテンソル積が定義され，$\bigoplus_{i\in I}\mathcal{A}_i$, $\bigotimes_{i\in I}\mathcal{A}_i$ と表記する．とくに，$\mathcal{A}_i = \mathcal{A}$ $(i \in I)$ のときは，$\bigoplus \mathcal{A}_i = \mathcal{A}^{\oplus I}$, $\bigotimes \mathcal{A}_i = \mathcal{A}^{\otimes I}$ と書き，$I = \{1, 2, \cdots, n\}$ のときは，$\mathcal{A} \oplus \cdots \oplus \mathcal{A} = \mathcal{A}^n$, $\mathcal{A} \otimes \cdots \otimes \mathcal{A} = \mathcal{A}^{\otimes n}$ のように表す．

無限添字集合 I については，$a_i \in \mathcal{A}_i$ の集まり $(a_i)_{i\in I}$ で $a_i \neq 0$ となる $i \in I$ が有限であるもの全体を $\bigoplus_{i\in I}\mathcal{A}_i$ と定める．また，すべての $\mathcal{A}_i$ が単位的であるとき，$\bigotimes_{i\in I} a_i$（ただし $a_i \neq 1_{\mathcal{A}_i}$ となる $i \in I$ は有限）の一次結合全体を $\bigotimes_{i\in I}\mathcal{A}_i$ と定める．

各添字 $j \in I$ に対して，単射*準同型 $\mathcal{A}_j \ni a \mapsto \otimes a_i \in \bigotimes \mathcal{A}_i$ $(a_j = a$, $a_i = 1_{\mathcal{A}_i}$ $(i \neq j))$ により $\mathcal{A}_j$ を $\bigotimes \mathcal{A}_i$ の*部分環と同一視すれば，異なる j の $\mathcal{A}_j$ は $\bigotimes_i \mathcal{A}_i$ の*部分環として互いに積交換し，その全体がテンソル積環 $\bigotimes_i \mathcal{A}_i$ を生成する．

テンソル積環の物理的意味は，そのもとになる*環に対応する量子系の**合成系** (composite system) を表すというものである．とくに基本となる量子系を表す*環 $\mathcal{A}$ を添え字集合 I で表される数だけ積み重ねた量子系は，多重テンソル環 $\mathcal{A}^{\otimes I}$ で記述される．この場合，I としては，基本系の局在する空間的な位置情報を識別するものがよく使われる．

〈例 1.8〉　有限集合 X, Y に対しその直和 (disjoint union) $X \sqcup Y$ および直積 (direct product) $X \times Y$ 上の関数環について，自然な*同型 $C(X \sqcup Y) \cong C(X) \oplus C(Y)$, $C(X \times Y) \cong C(X) \otimes C(Y)$ が成り立つ．

問 1.4　行列環 $M_n(\mathcal{A})$ は，テンソル積環 $M_n(\mathbb{C}) \otimes \mathcal{A}$ と*同型であることを示せ．

定義 1.9　有限個の元 $c_1, \cdots, c_n$ から

$$c_j^* = c_j, \quad c_j c_k + c_k c_j = 2\delta_{j,k}1$$

なる関係で生成された単位的*環を**クリフォード環** (Clifford algebra) と呼び C_n で表す．クリフォード環については，第10章で詳しく調べる．

〈例 1.10〉　$(1 \pm c_1)/2 \in C_1$ は互いに直交する射影であるから，$C_1 \cong \mathbb{C} \oplus \mathbb{C}$

となり，C_2 は $c_j \leftrightarrow \sigma_j$ $(j=1,2)$ という対応でスピン代数と同型であるから，$C_2 \cong M_2(\mathbb{C})$ となる．さらに対応

$$c_j \longleftrightarrow \begin{cases} c_j \otimes 1 & \text{if } j=1,2, \\ -ic_1c_2 \otimes c_{j-2} & \text{otherwise} \end{cases}$$

により同型 $C_n \cong C_2 \otimes C_{n-2}$ が成り立つので，これを繰り返すことで，$C_{2n} \cong M_2(\mathbb{C})^{\otimes n}$ という同型が得られる．その具体的な対応は次の通り．

$$c_{2k+j} \longleftrightarrow \sigma_3^{\otimes k} \otimes \sigma_j \otimes 1^{\otimes(n-k-1)} \quad (j=1,2, k=0,1,\ldots).$$

群環に関連して，群と環との関わり合いについて述べておこう．*環 $\mathcal{A}$ に対して，その*自己同型全体を $\mathrm{Aut}(\mathcal{A})$ で表すと，これは写像の合成に関して群となる．群 G から群 $\mathrm{Aut}(\mathcal{A})$ への準同型写像 θ を，G の $\mathcal{A}$ への**自己同型作用** (automorphic action) あるいは群作用と呼ぶ．記号 θ を表に出さない $a^g = \theta_{g^{-1}}(a)$ という右作用の表記もよく用いられる．ここで θ が群準同型であることは $(a^g)^h = a^{gh}$ $(g,h \in G)$ のように書き表されることに注意．群作用の存在は*環 $\mathcal{A}$ における何らかの対称性を意味するもので，とくに物理系の時間発展 (dynamics) は，加法群 $\mathbb{R}$ による作用（**一径数自己同型群**という）によって記述される．

群作用が与えられたとき，G の元および環 $\mathcal{A}$ から次の条件を満たすように生成された*環を $\mathcal{A}$ の群作用による**接合積** (crossed product) と呼んで，$\mathcal{A} \rtimes_\theta G$ という記号で表す．

$$g^* = g^{-1}, \quad ag = ga^g \quad (g \in G,\ a \in \mathcal{A}).$$

別の言い方をすると，G を基底とする直和 $\sum_{g \in G} \mathcal{A}g$ に*環としての演算を

$$(ag)(a'g') = (a\theta_g(a'))(gg'), \quad (ag)^* = g^*a^* = \theta_{g^{-1}}(a^*)g^{-1}$$

で定めたものが $\mathcal{A} \rtimes_\theta G$ である．

簡単な注意として，$1 \in \mathcal{A}$ であれば，$\mathcal{A} \rtimes G$ は，群環 $\mathbb{C}G$ を*部分環として含む．さらに，$g \in G$ に対して，部分空間 $B_g = \mathcal{A}g = g\mathcal{A}$ は，$B_g^* = B_{g^{-1}}$ および $B_gB_h \subset B_{gh}$ を満たし，$\mathcal{A} \rtimes G$ はこれらの直和となる．このことを，$\mathcal{A} \rtimes G$ は G 等級付き*環 (G-graded[6] *-algebra) 略して G 環であると言い表

[6] graded の訳としては「次数付き」がよく使われるが，次数＝degree と区別しておく．

す．群作用が自明であれば，対応 $a \otimes g \leftrightarrow ag$ により，テンソル積環 $\mathcal{A} \otimes \mathbb{C}G$ と $\mathcal{A} \rtimes G$ が*同型となることに注意.

〈例 1.11〉 G が有限可換群であるとき, G から乗法群 $\mathbb{T} = \{z \in \mathbb{C}; |z| = 1\}$ への群準同型 χ（G の指標という）に対して $\mathcal{A}_\chi = \{a \in \mathcal{A}; a^g = \chi(g)a, \forall g \in G\}$ とおくことで，$\mathcal{A}$ は $\bigoplus_{\chi \in \widehat{G}} \mathcal{A}_\chi$ という分解に関して $\widehat{G}$ 環となる．ここで，$\widehat{G}$ は G の指標の作る群 (G の双対群) を表す．（指標と双対群については，2.4 節で詳しく調べる.）

逆に $\widehat{G}$ 環 $\mathcal{A}$ に対して，$a^g = \sum_\chi \chi(g)a_\chi$ は，G の $\mathcal{A}$ への作用を定める．この対応により，G の作用を考えることと $\mathcal{A}$ に $\widehat{G}$ 環の構造を与えることは同じ内容である.

このことは，有限あるいは可換であるかどうかを問わず広く一般の群についても成り立つことが期待され，実際そうなっていることは位相群の調和解析[7]の教えるところである.

問 1.5 $a \in \mathcal{A}$ に対して，$a_\chi = \sum_{g \in G} \chi(g^{-1})\, a^g$ とするとき，$a_\chi \in \mathcal{A}_\chi$ および $a = \frac{1}{|G|} \sum_{\chi \in \widehat{G}} a_\chi$ を示せ.

1.2 *表現

内積 $(\ |\ )$ が指定された複素ベクトル空間 $\mathcal{H}$ を**内積空間** (inner product space, pre-Hilbert space) という．完備な内積空間を**ヒルベルト空間** (Hilbert space) と呼ぶことは周知のとおり．内積空間 $\mathcal{H}$ から内積空間 $\mathcal{K}$ への線型写像 $S : \mathcal{H} \to \mathcal{K}$ に対して，$(\eta|S\xi) = (T\eta|\xi)$ $(\xi \in \mathcal{H},\ \eta \in \mathcal{K})$ となる線型写像 $T : \mathcal{K} \to \mathcal{H}$ を S の**エルミート共役** (hermitian conjugate) あるいは**随伴** (adjoint) と呼び，S^* という記号で表す．定義から S^* のエルミート共役は S すなわち $(S^*)^* = S$ である．線型写像 S が**有界**[8] である (bounded) とは，$\|S\| = \sup\{\|S\xi\|; \xi \in \mathcal{H}, \|\xi\| \leq 1\}$ が有限になることである．このとき，$\|S\|$ を S の作用素ノルムという．$\mathcal{H}, \mathcal{K}$ がヒルベルト空間のときは，エルミート共

[7] 有限可換群の場合は，完全に線型代数の範囲に収められる内容である.
[8] 単位球の上で有界という意味である.

役をもつことと有界であることは同値である（内積の再現性と閉グラフ定理からわかる）．内積空間としての同型写像 $U : \mathcal{H} \to \mathcal{K}$ は**ユニタリー（写像）**と呼ばれる．これは，エルミート共役を使って $U^*U = 1_{\mathcal{H}}, UU^* = 1_{\mathcal{K}}$ と言い換えられる．

エルミート共役をもつ $\mathcal{H}$ から $\mathcal{K}$ への線型写像全体を $\mathcal{L}(\mathcal{H}, \mathcal{K})$ で表し，そのうち有界であるもの全体を $\mathcal{B}(\mathcal{H}, \mathcal{K})$ と書く．これらは線型写像の作るベクトル空間であり，写像の合成に関して保たれる．すなわち $T \in \mathcal{L}(\mathcal{G}, \mathcal{H})$, $S \in \mathcal{L}(\mathcal{H}, \mathcal{K})$ であれば $(ST)^* = T^*S^*$ であることから $ST \in \mathcal{L}(\mathcal{G}, \mathcal{K})$ がわかる．$\mathcal{B}$ についても同様である．とくに $\mathcal{H} = \mathcal{K}$ のとき，$\mathcal{L}(\mathcal{H}, \mathcal{H}) = \mathcal{L}(\mathcal{H})$, $\mathcal{B}(\mathcal{H}, \mathcal{H}) = \mathcal{B}(\mathcal{H})$ のようにも書く．$\mathcal{L}(\mathcal{H})$ は単位的*環となり，$\mathcal{B}(\mathcal{H})$ は $\mathcal{L}(\mathcal{H})$ の*部分環であり，ヒルベルト空間ではこれらが一致する．

〈例 1.12〉　内積空間 $\mathcal{H}$ のベクトル η を線型写像 $\mathbb{C} \ni \lambda \mapsto \lambda\eta \in \mathcal{H}$ と同一視することで $\mathcal{L}(\mathbb{C}, \mathcal{H}) = \mathcal{H}$ とみなせば，η のエルミート共役は $\eta^* : \mathcal{H} \ni \xi \mapsto (\eta|\xi)$ で与えられ，$\mathcal{H}^* = \mathcal{L}(\mathcal{H}, \mathbb{C})$ となる．とくに $({}^n\mathbb{C})^* = \mathbb{C}^n$ であり，これは行列代数における縦ベクトルと横ベクトルの対応に他ならない．

内積空間の有限直和 $\mathcal{H} = \mathcal{H}_1 \oplus \cdots \oplus \mathcal{H}_m$, $\mathcal{K} = \mathcal{K}_1 \oplus \cdots \oplus \mathcal{K}_n$ について，自然な同型 $\mathcal{L}(\mathcal{H}, \mathcal{K}) \cong \bigoplus_{j,k} \mathcal{L}(\mathcal{H}_j, \mathcal{K}_k)$ が成り立つが，線型写像の合成と行列の積が整合的であることから，この同型はしばしば

$$\mathcal{L}(\mathcal{H}, \mathcal{K}) = \begin{pmatrix} \mathcal{L}_{1,1} & \mathcal{L}_{2,1} & \dots & \mathcal{L}_{m,1} \\ \mathcal{L}_{1,2} & \mathcal{L}_{2,2} & \dots & \mathcal{L}_{m,2} \\ \vdots & \vdots & \ddots & \vdots \\ \mathcal{L}_{1,n} & \mathcal{L}_{2,n} & \dots & \mathcal{L}_{m,n} \end{pmatrix}, \quad \mathcal{L}_{j,k} = \mathcal{L}(\mathcal{H}_j, \mathcal{K}_k)$$

と書き表される．これを $\mathcal{L}(\mathcal{H}, \mathcal{K})$ の**行列表示** (matrix presentation) という．この行列表示は，積のみならずエルミート共役をとる操作とも整合的である．特別な場合として，

$$\mathcal{L}(\mathcal{H}_1 \oplus \mathcal{H}_2) = \begin{pmatrix} \mathcal{L}(\mathcal{H}_1) & \mathcal{L}(\mathcal{H}_2, \mathcal{H}_1) \\ \mathcal{L}(\mathcal{H}_1, \mathcal{H}_2) & \mathcal{L}(\mathcal{H}_2) \end{pmatrix}$$

を考えると，$\mathcal{L}(\mathcal{H}_1, \mathcal{H}_2)$ は $\mathcal{L}(\mathcal{H}_1 \oplus \mathcal{H}_2)$ の一部とみなされ，線型写像についての様々な性質が作用素のそれに還元される．その意味で重要なのは作用素の

場合で，それを適宜部分空間により切りとることで線型写像についての情報が得られるということでもある．

行列表示は無限直和についても考えられるが，エルミート共役の存在および有界性などの解析的条件は行列成分全体に及ぶものとなることに注意する．

〈例1.13〉　内積空間の直和 $\mathcal{H} = \bigoplus_{j\geq 1} \mathcal{H}_j$ における線型作用素 T の行列表示が $T = (\delta_{j,k}T_k)$ $(T_k \in \mathcal{L}(\mathcal{H}_k))$ の形（対角型という）であれば，$T^* = (\delta_{j,k}T_k^*)$ であり，$\|T\| = \sup\{\|T_k\|; k \geq 1\}$ となる．

〈例1.14〉　ヒルベルト空間のテンソル積 $\mathcal{H}\otimes\mathcal{K}$ を $\mathcal{K}$ の正規直交基底 $(f_j)_{j\in J}$ により展開して $\mathcal{H}\otimes\mathcal{K} \cong \bigoplus_{j\in J}\mathcal{H}$ と表すとき，次が成り立つ．

(i) $S\otimes 1$ $(S \in \mathcal{B}(\mathcal{H}))$ は $(\delta_{j,k}S)$ と行列表示されることから，$(S\otimes 1) \in \mathcal{B}(\mathcal{H}\otimes\mathcal{K})$ であり $(S\otimes 1)^* = (S^*\otimes 1)$ となる．

(ii) $1\otimes T$ を行列表示すれば，$((f_j|Tf_k)1_{\mathcal{H}})$ の形である．逆に，$\mathcal{H}\otimes\mathcal{K}$ における有界作用素の行列表示において各行列成分が $\mathcal{H}$ におけるスカラー作用素であるならば，$1\otimes T$ $(T\in\mathcal{B}(\mathcal{K}))$ の形である．

同様のことが $\mathcal{H}$ の正規直交基底 $(e_i)_{i\in I}$ に関する直和分解 $\mathcal{H}\otimes\mathcal{K} \cong \bigoplus_{i\in I}\mathcal{K}$ についても成り立ち，$S\otimes T = (S\otimes 1)(1\otimes T) = (1\otimes T)(S\otimes 1)$ $(S\in\mathcal{B}(\mathcal{H}),\ T\in\mathcal{B}(\mathcal{K}))$ は有界であり $(S\otimes T)^* = S^*\otimes T^*$ を満たす．

さらに，$\mathcal{H} = \mathcal{H}'\oplus\mathcal{H}''$, $\mathcal{K} = \mathcal{K}'\oplus\mathcal{K}''$ の場合に行列表示の非対角成分を取り出すことで，$S \in \mathcal{B}(\mathcal{H}',\mathcal{H}'')$, $T \in \mathcal{B}(\mathcal{K}',\mathcal{K}'')$ について，$S\otimes T \in \mathcal{B}(\mathcal{H}'\otimes\mathcal{K}',\mathcal{H}''\otimes\mathcal{K}'')$ であり，可換図式を使って

$$S\otimes T = \begin{array}{ccc} \mathcal{H}'\otimes\mathcal{K}' & \xrightarrow{S\otimes 1_{\mathcal{K}'}} & \mathcal{H}''\otimes\mathcal{K}' \\ {\scriptstyle 1_{\mathcal{H}'}\otimes T}\downarrow & & \downarrow{\scriptstyle 1_{\mathcal{H}''}\otimes T} \\ \mathcal{H}'\otimes\mathcal{K}'' & \xrightarrow[S\otimes 1_{\mathcal{K}''}]{} & \mathcal{H}''\otimes\mathcal{K}'' \end{array}$$

のように表される．とくに $\xi \in \mathcal{H} = \mathcal{B}(\mathbb{C},\mathcal{H})$, $\eta \in \mathcal{K} = \mathcal{B}(\mathbb{C},\mathcal{K})$ に対して，$\xi\otimes\eta \in \mathcal{H}\otimes\mathcal{K} = \mathcal{B}(\mathbb{C},\mathcal{H}\otimes\mathcal{K})$ は，同一視 $\mathcal{H} = \mathcal{H}\otimes\mathbb{C}$, $\mathcal{K} = \mathbb{C}\otimes\mathcal{K}$ の下，

$$\xi\otimes\eta = \begin{array}{ccc} \mathbb{C} & \xrightarrow{\eta} & \mathcal{K} \\ {\scriptstyle \xi}\downarrow & & \downarrow{\scriptstyle \xi\otimes 1} \\ \mathcal{H} & \xrightarrow[1\otimes\eta]{} & \mathcal{H}\otimes\mathcal{K} \end{array}$$

と表わされる.

<u>問 1.6</u> ヒルベルト空間 $\mathcal{H}$, $\mathcal{K}$ について，テンソル積 $\mathcal{H}\otimes\mathcal{K}$ の元 δ と有界線型汎関数 $\epsilon : \mathcal{K}\otimes\mathcal{H} \to \mathbb{C}$ の組で等式 $(1_{\mathcal{H}}\otimes\epsilon)(\delta\otimes 1_{\mathcal{H}}) = 1_{\mathcal{H}}$, $(\epsilon\otimes 1_{\mathcal{K}})(1_{\mathcal{K}}\otimes\delta) = 1_{\mathcal{K}}$ を満たすものがあれば，$\dim\mathcal{H} = \dim\mathcal{K} < \infty$ であることを示せ.

*環 $\mathcal{A}$ の内積空間 $\mathcal{H}$ における***表現** (*-representation) とは，*準同型 $\pi : \mathcal{A} \to \mathcal{L}(\mathcal{H})$ で $\pi(\mathcal{A})\mathcal{H} = \langle\pi(a)\xi; a \in \mathcal{A}, \xi \in \mathcal{H}\rangle$ が $\mathcal{H}$ で密である[9)]ものをいう．また，π が**有界** (bounded) であるとは $\|\pi(a)\| < \infty$ $(a \in \mathcal{A})$ となることと定める.

*環 $\mathcal{A}$ がその部分等長元により生成されるとき，とくにユニタリーであるとき，*表現は自動的に有界，すなわち，$\pi(\mathcal{A}) \subset \mathcal{B}(\mathcal{H})$ となる.

<u>問 1.7</u> 射影 $p \in \mathcal{L}(\mathcal{H})$ に対して $\|\xi\|^2 = \|p\xi\|^2 + \|\xi - p\xi\|^2$ $(\xi \in \mathcal{H})$ を示し，上で述べたことを確かめよ．また，$\mathcal{A}$ が単位元を持てば，$\pi(1_{\mathcal{A}})$ は $\mathcal{H}$ での恒等作用素 $1_{\mathcal{H}}$ に一致することを示せ.

有界*表現については，各線型作用素 $\pi(a)$ を $\mathcal{H}$ の完備化 $\overline{\mathcal{H}}$ にまで有界性を維持して拡張することで，ヒルベルト空間 $\overline{\mathcal{H}}$ 上の*表現が得られる．このことを踏まえて，以下では特に断らない限り，**有界*表現の表現空間はヒルベルト空間である**ものとする.

〈例 1.15〉 有限集合 X に伴う可換*環 $C(X)$ は，内積空間 $\ell^2(X)$ の上に各点ごとの掛算で*表現される．また，写像 $X \to Y$ から $C(Y)$ の $\ell^2(X)$ における*表現が誘導される.

定義 1.16 *環 $\mathcal{A}$ の内積空間 $\mathcal{H}_i$ における*表現 π_i があるとき，直和内積空間 $\bigoplus_{i\in I}\mathcal{H}_i$ における*表現 $\pi = \bigoplus_{i\in I}\pi_i$ を $\pi(a)\xi = \bigoplus_i \pi_i(a)\xi_i$ $(\xi = \bigoplus_i \xi_i)$ で定め，(π_i) の**直和表現**と呼ぶ.

<u>問 1.8</u> 直和表現 $\pi = \bigoplus_{i\in I}\pi_i$ について，$\|\pi(a)\| = \sup\{\|\pi_i(a)\|; i \in I\}$ であることを示せ.

---

9) この性質（表現の非退化性）を以下では常に仮定しておく.

定義 1.17 $\mathcal{A}_i$ の内積空間 $\mathcal{H}_i$ における*表現 π_i があるとき，I が有限集合であれば，有限テンソル積環 $\bigotimes_{i\in I}\mathcal{A}_i$ の代数的テンソル積 $\bigotimes_{i\in I}\mathcal{H}_i$ における*表現 π が誘導され，各 π_i が有界であれば π も有界となる．これを**テンソル積表現**と呼ぶ．一方，I が無限集合の場合，有界表現に限ってもそのような標準的な表現は存在しない．無限自由度系の記述で作用素環的扱いが必要になる理由がここに見てとれる．これについては7.5節で少し触れる．

テンソル積表現に関連して，*表現 $\pi:\mathcal{A}\to\mathcal{L}(\mathcal{H})$ の内積空間 $\mathcal{K}$ による**膨らまし** (ampliation) $\pi\otimes 1_{\mathcal{K}}$ とは，$a\mapsto\pi(a)\otimes 1_{\mathcal{K}}$ で与えられる $\mathcal{H}\otimes\mathcal{K}$ における*表現のことをいう．これは $\mathcal{K}$ の次元分だけ π を直和した表現でもある．

*表現を与える内積空間 $\mathcal{H}$ は，$a\xi=\pi(a)\xi$ により左 $\mathcal{A}$ 加群となり，さらに，$(\xi|a\eta)=(a^*\xi|\eta)$ $(a\in\mathcal{A},\,\xi,\eta\in\mathcal{H})$ が成り立つという意味で内積と整合的である．逆にこのような左 $\mathcal{A}$ 加群 $\mathcal{H}$ には*表現が伴う．この対応により，表現と左加群はしばしば同じものとして取り扱われる．同様に，内積空間 $\mathcal{H}$ が $(\xi|\eta a)=(\xi a^*|\eta)$ を満たす形で右 $\mathcal{A}$ 加群であるということと，*反準同型[10)]$\pi:\mathcal{A}\to\mathcal{L}(\mathcal{H})$ を考えることは同じ情報を与える．あるいは，次のように言い換えることもできる．

環 $\mathcal{A}$ に対して，その積の順序の左右を入れ替えたものを $\mathcal{A}$ の**反転** (opposite algebra) と呼んで $\mathcal{A}^\circ$ で表す．すなわち，$\mathcal{A}$ と $\mathcal{A}^\circ$ はベクトル空間としては同じものであるが，混乱を避けるために，$a\in\mathcal{A}$ に対応する $\mathcal{A}^\circ$ の元を a° で表せば，$\mathcal{A}^\circ$ における積は，$a^\circ b^\circ=(ba)^\circ$ で与えられる．反転を使えば，反準同型 $\rho:\mathcal{A}\to\mathcal{B}$ は準同型 $\mathcal{A}^\circ\to\mathcal{B}$ に読み替えられる．

内積空間 $\mathcal{H}$ において，*準同型 $\lambda:\mathcal{A}\to\mathcal{L}(\mathcal{H})$ と*反準同型 $\rho:\mathcal{B}\to\mathcal{L}(\mathcal{H})$ （$\mathcal{B}$ は*環）が $\lambda(a)\rho(b)=\rho(b)\lambda(a)$ $(a\in\mathcal{A},\,b\in\mathcal{B})$ を満たすように，すなわち加群表記で $(a\xi)b=a(\xi b)$ という関係を満たすように与えられたものを $\mathcal{A}$-$\mathcal{B}$ **双加群** (bimodule) という．右作用を $\mathcal{B}^\circ$ の左作用と読み替えると，双加群を考えることは，$\mathcal{A}$ と $\mathcal{B}^\circ$ の表現で作用が互いに交換するものを同時に考えることに他ならないので，テンソル積環 $\mathcal{A}\otimes\mathcal{B}^\circ$ の表現に読み替えることもできる．双加群については，作用する環を強調して ${}_{\mathcal{A}}\mathcal{H}_{\mathcal{B}}$ のようにも表記する．

10) $\pi(ab)=\pi(b)\pi(a)$ のように積が反転するものを指す．

$\mathcal{A}$-$\mathcal{A}$ 双加群 $\mathcal{H}$ に反ユニタリー対合[11] $\xi^\star$ が $(a\xi b)^\star = b^*\xi^\star a^*$ $(a, b \in \mathcal{A}$, $\xi \in \mathcal{H})$ を満たすように定められたものを***双加群**と呼ぶ.

〈例 1.18〉 左 $\mathcal{A}$ 加群 $\mathcal{H}$ と右 $\mathcal{B}$ 加群 $\mathcal{K}$ に対して，$\mathcal{H} \otimes \mathcal{K}$ は自然に $\mathcal{A}$-$\mathcal{B}$ 双加群となる．この特別な場合として，行列空間 $M_{m,n}(\mathbb{C})$ は，${}^m\mathbb{C} \otimes \mathbb{C}^n$ と同一視する[12] ことで $M_m(\mathbb{C})$-$M_n(\mathbb{C})$ 双加群となる．これは，$m \times n$ 行列に左右から正方行列を掛けるということなので行列代数そのものに他ならない.

なお，$\mathcal{K}$ も左加群のときには，テンソル積環 $\mathcal{A} \otimes \mathcal{B}$ が $\mathcal{H} \otimes \mathcal{K}$ 上で自然に表現されることに注意.

〈例 1.19〉 群環 $C_c(\mathbb{R}^n)$ における*演算が自然な内積を保つことから，内積に関する完備化である $L^2(\mathbb{R}^n)$ は L^1 ノルムに関する完備化であるバナッハ*環（第 2 章参照）$L^1(\mathbb{R}^n)$ の作用の下で*双加群となる．このことは，より一般の局所コンパクト群 G についても正しく，ヒルベルト空間 $L^2(G)$ は $L^1(G)$ についての*双加群となる.（付録 F 参照.）

定義 1.20 ヒルベルト空間 $\mathcal{H}$ の双対空間は $\mathcal{H}^* = \{\eta^*; \eta \in \mathcal{H}\}$ の形であり（内積の再現性），内積 $(\xi^*|\eta^*) = (\eta|\xi)$ によりヒルベルト空間となる．また，*環 $\mathcal{B}(\mathcal{H})$ の $\mathcal{H}^*$ への右からの作用を $\eta^* a = (a^*\eta)^*$ で定めることで，$\mathcal{H}^*$ は右 $\mathcal{B}(\mathcal{H})$ 加群でもある．さらに，$\xi, \eta \in \mathcal{H}$ に対して，**ランク**[13] (rank) が 1 の作用素 $\xi\eta^* \in \mathcal{B}(\mathcal{H})$ を，$\eta^* : \mathcal{H} \to \mathbb{C}$ と $\xi : \mathbb{C} \to \mathcal{H}$ の合成として

$$(\xi\eta^*)\zeta = (\eta|\zeta)\xi, \quad \zeta \in \mathcal{H}$$

で定めると[14]，一連の積は整合的である．すなわち，$\mathcal{B}(\mathcal{H})$ における等式 $(\xi\eta^*)^* = \eta\xi^*$, $a(\xi\eta^*)b = (a\xi)(\eta^* b)$ $(a, b \in \mathcal{B}(\mathcal{H}))$ が成り立つ.

問 1.9 ランクが 1 の有界作用素は $\xi\eta*$ の形であることを示せ.

〈例 1.21〉 有界*表現 $\pi : \mathcal{A} \to \mathcal{B}(\mathcal{H})$ に対して，双対空間 $\mathcal{H}^*$ は自然に右 $\mathcal{A}$

---

11) 内積空間 $\mathcal{H}$ 上の共役線型全射 $\xi \mapsto \xi^\star$ で $(\xi^\star|\eta^\star) = (\eta|\xi)$ となるものを反ユニタリー (antiunitary)，二度行うと元に戻る変換を対合 (involution) という.

12) 本書では，${}^m\mathbb{C}$ が縦ベクトル空間，$\mathbb{C}^n$ は横ベクトル空間を表す.

13) 有界作用素のランクとは像の次元のことで階数とも呼ばれる.

14) $\xi\eta^*$ は $|\xi)(\eta|$ とも書かれる（Dirac 記法）．ここでは行列代数での記号をそのまま使う.

加群となる．さらに，$\mathcal{H}$ の再現性を表す反ユニタリー $\mathcal{H} \ni \xi \mapsto \xi^* \in \mathcal{H}^*$ を使って，$\mathcal{H} \otimes \mathcal{H}^*$ における対合を $(\xi \otimes \eta^*)^\star = \eta \otimes \xi^*$ で定めると，$\mathcal{H} \otimes \mathcal{H}^*$ は*双加群となる．とくに，$\mathcal{A} = \mathcal{B}(\mathcal{H})$ の場合は，$\mathcal{B}(\mathcal{H})$ の正則表現というべきものを $\mathcal{H} \otimes \mathcal{H}^*$ が与える．これを $\mathcal{B}(\mathcal{H})$ の **Hilbert-Schmidt 双加群** (Hilbert-Schmidt bimodule) と呼ぶ．

ヒルベルト空間 $\mathcal{H}$ の上に反ユニタリー対合 $\xi \mapsto \xi^\star$ が与えられたものを***ヒルベルト空間**という．このとき，対応 $\mathcal{H}^* \ni \xi^* \mapsto \xi^\star \in \mathcal{H}$ はユニタリー同型を定めるので，これにより $\mathcal{H}^*$ と $\mathcal{H}$ はしばしば同一視され，それに呼応して $\xi^\star = \xi^*$ と書く．こうすることで，*と $\star$ を細かく使い分ける煩雑さから解放されるのであるが，ξ^* がどちらの意味であるかは文脈に応じて判断する必要が生じる．以下では混乱の恐れのない限り，*加群における反ユニタリー対合も*で表すことにする．

定義 1.22 $\mathcal{A}$-$\mathcal{B}$ 双加群 $\mathcal{H}, \mathcal{K}$ に対して，エルミート共役を持つ線型写像 $T : \mathcal{H} \to \mathcal{K}$ が双加群の作用を**取持つ** (intertwine) とは，$T(a\xi b) = aT(\xi)b$ ($a \in \mathcal{A}$, $b \in \mathcal{B}$, $\xi \in \mathcal{H}$) を満たすことである．このような T を $\mathcal{H}$ と $\mathcal{K}$ の間の**取持ち**[15] (intertwiner) と呼び，取持ち全体の作るベクトル空間を $\mathcal{L}({}_{\mathcal{A}}\mathcal{H}_{\mathcal{B}}, {}_{\mathcal{A}}\mathcal{K}_{\mathcal{B}})$ で表す．$\mathcal{H}$ から $\mathcal{K}$ への取持ち T に対して，そのエルミート共役 T^* は $\mathcal{K}$ から $\mathcal{H}$ への取持ちである．また，S が $\mathcal{F}$ から $\mathcal{H}$ への取持ちのとき，TS は $\mathcal{F}$ から $\mathcal{K}$ への取持ちとなる．とくに，$\mathcal{L}({}_{\mathcal{A}}\mathcal{H}_{\mathcal{B}}) = \mathcal{L}({}_{\mathcal{A}}\mathcal{H}_{\mathcal{B}}, {}_{\mathcal{A}}\mathcal{H}_{\mathcal{B}})$ は $\mathcal{L}(\mathcal{H})$ の*部分環である．

2つの双加群 $\mathcal{H}, \mathcal{K}$ の間にユニタリーな取持ち $T : \mathcal{H} \to \mathcal{K}$ が存在するとき，${}_{\mathcal{A}}\mathcal{H}_{\mathcal{B}}$ と ${}_{\mathcal{A}}\mathcal{K}_{\mathcal{B}}$ は**ユニタリー同値**である (unitarily equivalent) という．この対極として，取持ちが 0 しかないとき，$\mathcal{H}$ と $\mathcal{K}$ は**無縁** (disjoint) である[16] という．直和表現 $\mathcal{H} \oplus \mathcal{K}$ の取持ちの行列表示を使えば，無縁性は

$$\mathcal{L}({}_{\mathcal{A}}\mathcal{H}_{\mathcal{B}} \oplus {}_{\mathcal{A}}\mathcal{K}_{\mathcal{B}}) = \begin{pmatrix} \mathcal{L}({}_{\mathcal{A}}\mathcal{H}_{\mathcal{B}}) & 0 \\ 0 & \mathcal{L}({}_{\mathcal{A}}\mathcal{K}_{\mathcal{B}}) \end{pmatrix}$$

と表される．

---

[15] 繋絡作用素，連絡作用素という人もいる．敢えて訳さず英語のまま用いることが多い．

[16] 互いに疎であるともいう．疎ではなく素の字をあてる人も多いが，意味が変．

双加群 $\mathcal{H}$ がヒルベルト空間に基づくとき，言い換えると作用（表現）が有界であるとき，$\mathcal{H}$ の閉部分空間 $\mathcal{K} \subset \mathcal{H}$ が作用で不変であれば，その直交補空間 $\mathcal{K}^\perp$ も不変となるので，$\mathcal{H} = \mathcal{K} \oplus \mathcal{K}^\perp$ のように部分表現の直和に分解される．この意味で $\mathcal{H}$ は分解可能である．また，*環 $\mathcal{L}({}_\mathcal{A}\mathcal{H}_\mathcal{B})$ の射影元 p と，$\mathcal{H}$ の閉部分加群 ${}_\mathcal{A}\mathcal{K}_\mathcal{B}$（${}_\mathcal{A}\mathcal{H}_\mathcal{B}$ の**部分表現** subrepresentation ともいう）とは，$\mathcal{K} = p\mathcal{H}$ という関係により対応し合う．この両者が自明なものしかないとき，すなわち，$\mathcal{H}$ の閉部分加群 $\mathcal{K}$ は $\{0\}$ か $\mathcal{H}$ に限るとき，${}_\mathcal{A}\mathcal{H}_\mathcal{B}$ は**既約** (irreducible) であるという．すべての有界*表現は，徹底的に分解すれば既約なものに還元されると期待されるのであるが，話は単純ではなく，5.3 節で扱う I 型表現に限ってこれは正しい．

次の既約性の判定条件は，**Schur の補題**[17] という名の下，重用される．

定理 1.23 ヒルベルト空間に基づく双加群について次が成り立つ．

(i) 双加群 ${}_\mathcal{A}\mathcal{H}_\mathcal{B}$ が既約であるための必要十分条件は $\mathcal{L}({}_\mathcal{A}\mathcal{H}_\mathcal{B}) = \mathbb{C}1_\mathcal{H}$ となること．

(ii) 2 つの既約双加群 ${}_\mathcal{A}\mathcal{H}_\mathcal{B}$, ${}_\mathcal{A}\mathcal{K}_\mathcal{B}$ は，それがユニタリー同値であるか否かに応じて，取持ち空間 $\mathcal{L}({}_\mathcal{A}\mathcal{H}_\mathcal{B}, {}_\mathcal{A}\mathcal{K}_\mathcal{B})$ は 1 次元であるか 0 となる．

証明 $\mathcal{A}$ を $\mathcal{A} \otimes \mathcal{B}^\circ$ で置き換えて，ヒルベルト空間 $\mathcal{H}$ が左 $\mathcal{A}$ 加群の場合を扱えばよい．まず，$\mathcal{L}({}_\mathcal{A}\mathcal{H})$ の射影と $\mathcal{H}$ の $\mathcal{A}$ 不変閉部分空間が対応し合うことに注意する．したがって (i) は，$\mathcal{L}({}_\mathcal{A}\mathcal{H}) \neq \mathbb{C}1_\mathcal{H}$ から $\mathcal{H}$ の不変部分空間の存在を示すことになる．$\mathcal{L}({}_\mathcal{A}\mathcal{H})$ は $\mathcal{L}(\mathcal{H})$ の*部分環であるから，スカラー作用素でない $T = T^* \in \mathcal{L}({}_\mathcal{A}\mathcal{H})$ があると仮定して，不変部分空間を作ろう．これは T のスペクトル射影を使えば即座であるが，スペクトル分解はのちに紹介する都合上，ここでは次のようにジョルダン分解[18] を使って直接的に示す．

もし $\{(\xi|T\xi); \|\xi\| = 1\} \subset \mathbb{R}$ が一点集合 $\{\lambda\}$ であれば，$(\xi|T\xi) = \lambda(\xi|\xi)$ を分極させることで $T = \lambda 1_\mathcal{H}$ となって仮定に反するので，

$$\inf\{(\xi|T\xi); \|\xi\| = 1\} < \lambda < \sup\{(\xi|T\xi); \|\xi\| = 1\}$$

となる $\lambda \in \mathbb{R}$ が存在する．このとき $T - \lambda 1_\mathcal{H}$ は正でも負でもないので，ジョル

[17] 元々は有限行列表現についてのものである．

[18] ジョルダン分解は，エルミート作用素の極分解の言い換えに他ならない．付録 C.1 参照．

ダン分解 $T-\lambda 1_{\mathcal{H}}=(T-\lambda 1_{\mathcal{H}})_{+}-(T-\lambda 1_{\mathcal{H}})_{-}$ において，$(T-\lambda 1_{\mathcal{H}})_{\pm}\mathcal{H}\neq\{0\}$ となる．さらにジョルダン分解の唯一性により，$(T-\lambda 1_{\mathcal{H}})_{\pm}$ は $a\in\mathcal{A}$ の作用と積交換するので，$(T-\lambda 1_{\mathcal{H}})_{\pm}\mathcal{H}$ は $\mathcal{A}$ の作用で不変となり，$\mathcal{H}=\overline{(T-\lambda 1_{\mathcal{H}})_{+}\mathcal{H}}+\overline{(T-\lambda 1_{\mathcal{H}})_{-}\mathcal{H}}$ が $\mathcal{H}$ の直交分解を与えることから不変部分空間の存在が示された．

(ii) は取持ち $T:\mathcal{H}\to\mathcal{K}$ で $T\neq 0$ となるものがあれば，T^*T および TT^* はスカラー作用素になるので，定数を調整することで T はユニタリーの定数倍であることがわかる． □

系 1.24 可換*環 $\mathcal{A}$ の既約表現は1次元である．

証明 $\pi(a)$ $(a=a^*\in\mathcal{A})$ がスカラー作用素でなければ，$(\pi(a)-\lambda 1)_{\pm}\neq 0$ となる $\lambda\in\mathbb{R}$ があり，$(\pi(a)-\lambda 1)_{\pm}\mathcal{H}$ が互いに直交する不変部分空間を与えることからわかる．$\pi(b)(\pi(a)-\lambda 1)_{\pm}=(\pi(a)-\lambda 1)_{\pm}\pi(b)$ $(b\in\mathcal{A})$ に注意． □

問 1.10 ヒルベルト空間に基づく双加群 ${}_{\mathcal{A}}\mathcal{H}_{\mathcal{B}}$ と ${}_{\mathcal{A}}\mathcal{K}_{\mathcal{B}}$ が無縁でないための必要十分条件は，零でない部分表現 ${}_{\mathcal{A}}\mathcal{H}'_{\mathcal{B}}\subset{}_{\mathcal{A}}\mathcal{H}_{\mathcal{B}}$, ${}_{\mathcal{A}}\mathcal{K}'_{\mathcal{B}}\subset{}_{\mathcal{A}}\mathcal{K}_{\mathcal{B}}$ でユニタリー同値となるものが存在することを示せ．
(ヒント：取持ちの性質が極分解に遺伝することを使う.)

〈例 1.25〉 有界既約*表現 $\pi:\mathcal{A}\to\mathcal{B}(\mathcal{H})$ の膨らまし $\pi\otimes 1_{\mathcal{K}}$ について，

$$\mathcal{B}({}_{\mathcal{A}}\mathcal{H}\otimes\mathcal{K})=1_{\mathcal{H}}\otimes\mathcal{B}(\mathcal{K})=\{1_{\mathcal{H}}\otimes y;y\in\mathcal{B}(\mathcal{K})\}$$

である．実際，$\eta\in\mathcal{K}$ に対して，$1\otimes\eta:\mathcal{H}\ni\xi\mapsto\xi\otimes\eta\in\mathcal{H}\otimes\mathcal{K}$ およびそのエルミート共役である $1\otimes\eta^*:\mathcal{H}\otimes\mathcal{K}\ni\xi'\otimes\eta'\mapsto(\eta|\eta')\xi'\in\mathcal{H}$ は $\mathcal{A}$ の作用を取持つので，$T\in\mathcal{B}({}_{\mathcal{A}}\mathcal{H}\otimes\mathcal{K})$ の行列成分 $(1\otimes f_j^*)T(1\otimes f_k)\in\mathcal{B}({}_{\mathcal{A}}\mathcal{H})$ は π の既約性からスカラー作用素となり，例1.14により $1\otimes y$ の形である．

〈例 1.26〉 ヒルベルト空間 $\ell^2(I)$ の標準基底を $(\delta_i)_{i\in I}$ で表すとき，部分等長作用素の集まり $(e_{i,j}=\delta_i\delta_j^*)_{i,j\in I}\subset\mathcal{B}(\ell^2(I))$ について，次が成り立つ．

$$e_{i,j}^*=e_{j,i}\neq 0,\quad e_{i,j}e_{k,l}=\delta_{j,k}e_{i,l}.\quad (\delta_{j,k}\text{ はクロネッカーのデルタ.})$$

一般に，*環の元の集まり $(e_{i,j})_{i,j\in I}$ で上の関係式を満たすものを**行列単位** (matrix unit) と呼ぶ．行列単位 $(e_{i,j})$ から生成された*環を $\mathcal{E}$ とし，$\mathcal{E}$ のヒ

ルベルト空間 $\ell^2(I)$ への自然な作用の定める*表現を ${}_{\mathcal{E}}\ell^2(I)$ と書く．

このとき，単位的*環 $\mathcal{A}$ と $\mathcal{E}$ のテンソル積環 $\mathcal{A}\otimes\mathcal{E}$ のヒルベルト空間 $\mathcal{H}$ における*表現は，$\mathcal{A}$ のある*表現 ${}_{\mathcal{A}}\mathcal{K}$（$\mathcal{K}$ はヒルベルト空間）と ${}_{\mathcal{E}}\ell^2(I)$ とのテンソル積表現 ${}_{\mathcal{A}\otimes\mathcal{E}}(\mathcal{K}\otimes\ell^2(I))$ にユニタリー同値である．

実際，$i\in I$ を一つ固定し，$\mathcal{K}=\pi(1_{\mathcal{A}}\otimes e_{i,i})\mathcal{H}$ に対して，ユニタリー写像 $U:\mathcal{K}\otimes\ell^2(I)\to\mathcal{H}$ を $U(\xi\otimes\delta_j)=\pi(1_{\mathcal{A}}\otimes e_{j,i})\xi$ と定めることで，$\mathcal{A}\otimes\mathcal{E}$ の2つの表現が取持たれる．

問 1.11 上の例で，$\mathcal{L}({}_{\mathcal{A}\otimes\mathcal{E}}(\mathcal{K}\otimes\ell^2(I)))=\mathcal{L}({}_{\mathcal{A}}\mathcal{K})\otimes 1$ を示せ．とくに，${}_{\mathcal{E}}\ell^2(I)$ は既約表現である．また，*環 $\mathcal{E}$ のイデアルは $\{0\}$ と $\mathcal{E}$ のみであることを示せ．

以上，表現の相互関係と分解に係わる用語を一通り説明してきた．それがどのように使われるかについてはこれから追々触れていくとして，その手始めに有限次元*環とその*表現[19]をここで調べておこう．

最初に $\pi(a)$ $(a\in\mathcal{A})$ が有界であることを示す．$\mathcal{A}$ が有限次元であることから $(a^*a)^n$ $(n\geq 1)$ は一次独立とは成り得ず，$(a^*a)^n=\sum_{k=1}^{n-1}t_k(a^*a)^k$ となる $n\geq 2$ と実数列 $(t_k)_{1\leq k\leq n-1}$ が存在する．一方，各 $0\neq\xi\in\mathcal{H}$ について，$\mathcal{H}_\xi=\mathbb{C}\xi+\pi(\mathcal{A})\xi$ は有限次元不変部分空間となり，$r=\max\{(\eta|\pi(a^*a)\eta);\eta\in\mathcal{H}_\xi,\|\eta\|=1\}$ を実現する $\eta\in\mathcal{H}_\xi$ は $\pi(a^*a)\eta=r\eta$ を満たすので，$r^n=\sum_{k=1}^{n-1}t_kr^k$ となることから，

$$\frac{\|\pi(a)\xi\|}{\|\xi\|}\leq r\leq r(a^*a)$$

がわかる．すなわち，$\|\pi(a)\|^2\leq r(a^*a)$ である．ここで $r(a^*a)$ は，方程式 $s^n=\sum_{k=1}^{n-1}t_ks^k$ の実数解の中の最大値を表す．

そこで，有界表現はヒルベルト空間の上で考えるという原則により，以降，$\mathcal{H}$ はヒルベルト空間であるとする．$\mathcal{A}$ が有限次元という仮定から $\mathcal{H}_\xi$ が $\mathcal{H}$ の閉部分空間であることに注意する．

ここで $\xi\in\pi(\mathcal{A})\xi$ を示す．とくに，$\dim\mathcal{H}_\xi\leq\dim\mathcal{A}$ である．これは，$\mathcal{A}$ のベクトル空間としての基底 (a_i) を用意して $h=\sum_i\pi(a_i^*a_i)\in\pi(\mathcal{A})$ を

19) 専門家にとっては空気のような存在ということもあり，このことに触れる本は稀である．

考えるに，$\eta \in \mathcal{H}$ が $\sum_i \pi(a_i^* a_i)\eta = 0$ を満たせば，$0 = (\eta | \sum_i \pi(a_i^* a_i)\eta) = \sum_i (\pi(a_i)\eta | \pi(a_i)\eta)$ より $\pi(a_i)\eta = 0$ となるので，$\{0\} = (\mathcal{H}|\pi(\mathcal{A})\eta) = (\pi(\mathcal{A})\mathcal{H}|\eta) = (\mathcal{H}|\eta)$ から，$\eta = 0$ が従う．とくに h の $\mathcal{H}_\xi$ への制限は可逆である．一般に可逆な n 次エルミート行列 H のスペクトル表示を $H = \sum_{j=1}^m h_j E_j$ ($0 \neq h_j \in \mathbb{R}$ は互いに異なる H の固有値) とすれば，方程式 $\sum_{k=1}^m t_k H^k = I_n$ の解 $(t_k) \in \mathbb{R}^m$ が丁度一つ存在するので，$\pi(\mathcal{A})$ の $\mathcal{H}_\xi$ への制限は恒等作用素を含むことがわかる．

問 1.12 可逆エルミート行列についてのこの性質を確かめよ．

さて π の $\mathcal{H}_\xi$ への制限が既約でなければ，$\mathcal{H}_\eta \neq \mathcal{H}_\xi$ となる $0 \neq \eta \in \mathcal{H}_\xi$ があるので，$\mathcal{H}_\xi = \mathcal{H}_\eta \oplus (\mathcal{H}_\xi \ominus \mathcal{H}_\eta)$ と分解され，2つの部分表現を得る．これらが既約でなければ，同様の操作を繰り返すことでさらに小さい部分表現が次々と得られるが，もとの $\mathcal{H}_\xi$ が有限次元であるから，これは有限回で終わる．かくして，有限次元不変部分空間 $\mathcal{H}_\xi$ が既約表現の直和に分解されることがわかった．

そこで，今度は $\mathcal{H} = \mathcal{H}_\xi \oplus \mathcal{H}_\xi^\perp$ という外向きの分解を考え，$\mathcal{H} \oplus \mathcal{H}_\xi$ から $\mathcal{H}_{\xi'}$ ($0 \neq \xi' \in \mathcal{H}_\xi^\perp$) という形の閉部分空間を取り出すということを繰り返せば，(超限) 帰納法により $\mathcal{H} = \bigoplus_{i \in I} \mathcal{H}_{\xi_i}$ の形の直交分解が得られ，$\mathcal{H}$ が既約表現の直和に分解されることがわかる．

次に $\mathcal{A}$ の既約表現はユニタリー同値を除いて有限個しかないことを示す．そのために，補題を一つ用意しておく．これは後に von Neumann の二重可換子定理として一般化されることの原型となるものでもある．

補題 1.27 有限次元*環の有限次元ヒルベルト空間 $\mathcal{H}$ における*表現 π について，

$$\pi(\mathcal{A}) = \{x \in \mathcal{B}(\mathcal{H}); xy = yx \ (y \in \mathcal{L}({}_{\mathcal{A}}\mathcal{H}))\}.$$

証明 $\pi(\mathcal{A})$ が右辺に含まれるのは当たり前なので，逆が問題である．

右辺に属する x を $\pi(a)$ の形で書きたいのであるが，まずはそれを弱くした「各 $\xi \in \mathcal{H}$ に対して，$x\xi = \pi(a)\xi$ となる $a \in \mathcal{A}$ が存在する.」を示す．実際，$\mathcal{H}_\xi = \pi(\mathcal{A})\xi$ への射影を p で表せば，$\mathcal{H}_\xi$ および $\mathcal{H}_\xi^\perp$ が不変部分空間であることから $p \in \mathcal{B}({}_{\mathcal{A}}\mathcal{H})$ がわかり，p と x とは積交換する．したがって，

$$x\xi = xp\xi = px\xi \in \mathcal{H}_\xi = \pi(\mathcal{A})\xi$$

となり，$x\xi = \pi(a)\xi$ を満たす $a \in \mathcal{A}$ の存在がわかる．

次に，この事実を π の $\mathcal{H} \otimes \mathbb{C}^n \cong \mathcal{H} \oplus \cdots \oplus \mathcal{H}$ $(n = \dim \mathcal{H})$ へのふくらまし $\pi \otimes 1_n \cong \pi \oplus \cdots \oplus \pi$ に対して適用する．$y \in \mathcal{L}(\mathcal{H} \otimes \mathbb{C}^n)$ の行列表示を $(y_{j,k})$ とすると，y が $\pi \otimes 1_n$ の作用と可換であるための必要十分条件は $y_{j,k} \in \mathcal{L}({}_\mathcal{A}\mathcal{H})$ であることから，そのような y と x のふくらまし $x \otimes 1_n = (\delta_{j,k}x) \in \mathcal{L}(\mathcal{H} \otimes \mathbb{C}^n)$ は積交換する．したがって，$\mathcal{H}$ の基底 (ξ_j) を用意し $\xi = \xi_1 \otimes \delta_1 + \cdots + \xi_n \otimes \delta_n \in \mathcal{H} \otimes \mathbb{C}^n$ とするとき，

$$(x \otimes 1_n)\xi = (\pi(a) \otimes 1_n)\xi \iff x\xi_j = \pi(a)\xi_j \ (1 \leq j \leq n)$$

となる $a \in \mathcal{A}$ をとれば，$x = \pi(a)$ がわかる．□

既約表現の個数の問題に戻って，$(\pi_j, \mathcal{H}_j)$ $(1 \leq j \leq l)$ を互いに同値でない既約表現とし，$\mathcal{H} = \mathcal{H}_1 \oplus \cdots \oplus \mathcal{H}_l$ における直和表現 π を考える．行列表示 $\mathcal{L}({}_\mathcal{A}\mathcal{H}) = (\mathcal{L}({}_\mathcal{A}\mathcal{H}_j, {}_\mathcal{A}\mathcal{H}_k))_{1 \leq j,k \leq l}$ の各成分に Schur の補題を適用すれば，$\mathcal{L}({}_\mathcal{A}\mathcal{H})$ が対角型スカラー作用素 $(\delta_{j,k}\lambda_j 1_{\mathcal{H}_j})_{1 \leq j,k \leq l}$ $(\lambda_j \in \mathbb{C}\}$ から成ることがわかる．とくに，対角型作用素 $x = (\delta_{j,k}x_j)$ $(x_j \in \mathcal{L}(\mathcal{H}_j))$ が $\mathcal{L}({}_\mathcal{A}\mathcal{H})$ と積交換することから，上の補題により $x \in \pi(\mathcal{A})$ すなわち $\mathcal{L}(\mathcal{H}_1) \oplus \cdots \oplus \mathcal{L}(\mathcal{H}_l) \subset \pi(\mathcal{A})$ である．逆の包含は π が直和表現ということで当然成り立つので，$\mathcal{L}(\mathcal{H}_1) \oplus \cdots \oplus \mathcal{L}(\mathcal{H}_l) = \pi(\mathcal{A})$ が示された．これから $\mathcal{A}$ の既約表現で互いに同値でないものは $\dim \mathcal{A}$ 以下であることもわかる．

そこで l を最大にとると，一般の*表現 π についての先の分解結果は

$$\pi \cong \pi_1 \otimes 1_{\mathcal{K}_1} \oplus \cdots \oplus \pi_l \otimes 1_{\mathcal{K}_l}, \quad \mathcal{H} \cong \mathcal{H}_1 \otimes \mathcal{K}_1 \oplus \cdots \oplus \mathcal{H}_l \otimes \mathcal{K}_l$$

のように表される．ここで，$m_j = \dim \mathcal{K}_j$ は，π_j の π における**重複度** (multiplicity) と呼ばれ，上の分解は $\pi \cong m_1\pi_1 \oplus \cdots \oplus m_l\pi_l$ のようにも書かれる．

以上をまとめて，次を得る．

定理 1.28　有限次元*環 $\mathcal{A}$ について，以下が成り立つ．

(i) $\mathcal{A}$ の*表現は有界であり，既約表現の直和に分解される．

(ii) $\mathcal{A}$ の既約表現はユニタリー同値を除いて有限であり，その個数 l は $\dim \mathcal{A}$ 以下である．

(iii) $\mathcal{A}$ の*イデアル $\mathcal{R}$ を $\mathcal{R} = \cap \ker \pi$（$\pi$ はすべての*表現を動く）で定めるとき，$\mathcal{A}/\mathcal{R} \cong \oplus_{j=1}^{l} M_{d_j}(\mathbb{C})$ である．ここで，d_j は互いに同値でない既約表現の表現空間の次元を表す．

〈注意〉 $\mathcal{R}$ は正値性に関する radical というべきもので，代数的な意味での radical のみならず，不定計量内積が係わる半単純成分をも含む．

1.3 正線型汎関数

*環 $\mathcal{A}$ の上で定義された線型汎関数 φ で $\varphi(a^*a) \geq 0$ $(a \in \mathcal{A})$ となるものを**正** (positive) と言い，正線型汎関数の略称として正汎関数も併用する．単位的*環 $\mathcal{A}$ 上の正汎関数 φ で $\varphi(1_{\mathcal{A}}) = 1$ ($1_{\mathcal{A}}$ は $\mathcal{A}$ の単位元) となるものを**状態**[20] (state) と呼ぶ．正汎関数 τ で $\tau(ab) = \tau(ba)$ $(a, b \in \mathcal{A})$ となるものを**トレース** (trace) と呼ぶ．

〈例 1.29〉 *表現 $\pi : \mathcal{A} \to \mathcal{L}(\mathcal{H})$ とベクトル $\xi \in \mathcal{H}$ から正汎関数が $\varphi(a) = (\xi|\pi(a)\xi)$ で定められ，さらに ξ が単位ベクトルで $\pi(1_{\mathcal{A}}) = 1_{\mathcal{H}}$ であれば，φ は状態となる．この形の状態を**ベクトル状態** (vector state) という．

問 1.13 単位元を保つ有界*表現 $\pi : \mathcal{A} \to \mathcal{B}(\mathcal{H})$ と $\mathcal{H}$ のベクトル列 $(\xi_j)_{j\geq 1}$ で $\sum_{j\geq 1}(\xi_j|\xi_j) = 1$ を満たすものから $\mathcal{A}$ の状態を

$$\varphi(a) = \sum_{j=1}^{\infty}(\xi_j|\pi(a)\xi_j)$$

で定めることができる．これを行列環 $\mathcal{A} = M_n(\mathbb{C})$ の自然な表現に適用することで，ベクトル状態と一般の状態との違いを認識せよ．

〈例 1.30〉 ヒルベルト空間 $\mathcal{H}$ における**有限ランク作用素** (finite-rank operator) とは像が有限次元である有界作用素のことであった．有限ランク作用素全

20) これは，物理的観測量が*環のエルミート元で表されることの対比として，観測値の確率分布がこのような特殊な汎関数で表されることに因む．

体を $\mathcal{C}_0(\mathcal{H})$ で表せば，$\mathcal{C}_0(\mathcal{H})$ は $\mathcal{B}(\mathcal{H})$ の*イデアルであり，通常のトレース $\mathrm{tr}(a) = \sum_j (\delta_j|a\delta_j)$ ((δ_j) は $\mathcal{H}$ の正規直交基底) が上の意味でのトレースを定める．

問 1.14　$a = \xi\eta^*$ のとき，和 $\sum_j (\delta_j|a\delta_j)$ は $(\eta|\xi)$ に絶対収束することを示せ．

〈例 1.31〉　実数直線上の確率測度 μ ですべてのモーメント[21]が有限であるものは，

$$\varphi\left(\sum_n a_n x^n\right) = \sum_n a_n \int_{\mathbb{R}} t^n \mu(dt).$$

によって多項式環 $\mathbb{C}[x]$ 上の状態を定め，逆に $\mathbb{C}[x]$ 上の状態はこの形である (モーメント問題における存在定理，Reed-Simon [24] §X.1 参照)．

〈例 1.32〉　群環 $\mathbb{C}G$ 上の正汎関数と群 G 上の正定値関数とは，制限と線型拡張により対応し合う．具体的な正定値関数

$$\delta(g) = \begin{cases} 1 & (g = e \text{ のとき}) \\ 0 & (\text{それ以外}) \end{cases}$$

に対応する正汎関数を**標準トレース** (standard trace) と言い，これも δ で表す．

問 1.15　群 G 上の関数 $f : G \to \mathbb{C}$ が**正定値**である (positive definite) とは，

$$\sum f(g_j^{-1} g_k)\overline{z_j} z_k \geq 0$$

となることであった．これから，$f(g^{-1}) = \overline{f(g)}$ および $|f(g)| \leq f(e)$ を導け．

問 1.16　標準トレース δ が実際にトレースとなっていることを確かめよ．

*環 $\mathcal{A}$ 上の正汎関数 φ から*表現を以下のようにして作ることができる．まず $\mathcal{A}$ 上の半内積を $\varphi(a^*b)$ で定め，それに伴う内積空間を $\mathcal{H}$ とする．すなわち，$\mathcal{A}$ を半内積の核 $\mathcal{N} = \{c \in \mathcal{A}; \varphi(c^*c) = 0\}$ で割った商ベクトル空間 $\mathcal{A}/\mathcal{N}$ に内積を $(a\varphi^{1/2}|b\varphi^{1/2}) = \varphi(a^*b)$ で定めたものが $\mathcal{H}$ である．ここで，$a \in \mathcal{A}$ に伴う商ベクトル $a + \mathcal{N}$ を $a\varphi^{1/2}$ という記号[22]で表した．さらに，内積空

---

21) $\int_{\mathbb{R}} t^n \mu(dt)$ $(n = 1, 2, \ldots)$ を μ の n 次モーメントという．

22) この段階では，$\varphi^{1/2}$ は独立した意味をもたない単なる飾り記号である．

間 $\mathcal{H}$ における*表現 π を $\pi(a)(x\varphi^{1/2}) = (ax)\varphi^{1/2}$ で定める．これが意味をもつこと，言い換えると $\mathcal{N}$ が $\mathcal{A}$ の左イデアルであることは，内積の不等式 $\varphi(x^*a^*ax) \leq \varphi(x^*a^*aa^*ax)^{1/2}\varphi(x^*x)^{1/2}$ による．また，次の通り π は $\mathcal{A}$ の*表現である．

$$\pi(ab)(x\varphi^{1/2}) = (abx)\varphi^{1/2} = \pi(a)(bx\varphi^{1/2}) = \pi(a)\pi(b)(x\varphi^{1/2}),$$
$$(x\varphi^{1/2}|\pi(a)y\varphi^{1/2}) = \varphi(x^*ay) = (\pi(a^*)x\varphi^{1/2}|y\varphi^{1/2}).$$

このようにして得られた*表現を**GNS**[23] **表現** (GNS-representation)，その作り方をGNS構成法 (GNS-construction) と呼ぶ．GNS表現 π が有界であるときは，表現空間 $\mathcal{A}\varphi^{1/2}$ を内積に関して完備化したヒルベルト空間 $\overline{\mathcal{A}\varphi^{1/2}}$ にまで，$\pi(a)$ $(a \in \mathcal{A})$ が拡張される．この拡張されたものもGNS表現と称する．

$\mathcal{A}$ が単位元 $1_{\mathcal{A}}$ を持てば，$\varphi^{1/2} = 1_{\mathcal{A}}\varphi^{1/2}$ は表現空間のベクトルであり，$\pi(\mathcal{A})\varphi^{1/2} = \mathcal{H}$ が成り立つという意味で（代数的に）**巡回的** (cyclic) という．逆に，単位的*環 $\mathcal{A}$ の*表現 $\pi : \mathcal{A} \to \mathcal{L}(\mathcal{H})$ と巡回的ベクトル $\xi \in \mathcal{H}$ が与えられると，$\varphi(a) = (\xi|\pi(a)\xi)$ は，$\mathcal{A}$ 上の正汎関数を定め，φ に伴うGNS表現は，ユニタリー写像 $a\varphi^{1/2} \mapsto \pi(a)\xi$ $(a \in \mathcal{A})$ により π とユニタリー同値である．このことをGNS表現の一意性と称する．

なお，有界表現については，巡回的の意味を位相的に解釈して $\pi(\mathcal{A})\xi$ が表現空間の中で密であるとき，ξ を巡回的と呼ぶ慣わしである．

通常利用するGNS表現としては以上で尽きるのであるが，後で必要となるため，行列代数における縦横の双対性と類似のことにも触れておこう．これは $\mathcal{A}$ の半内積として $\varphi(ba^*)$ を採用するもので，上と同様の構成を行なって得られる内積空間と内積を $\varphi^{1/2}\mathcal{A}$, $(\varphi^{1/2}x|\varphi^{1/2}y) = \varphi(yx^*)$ のように書き表すと，対応 $\varphi^{1/2}x \mapsto \varphi^{1/2}xa$ により $a \in \mathcal{A}$ が $\varphi^{1/2}\mathcal{A}$ に右から作用し，$\varphi^{1/2}$ は $\mathcal{A}$ 右加群となる．これを $\mathcal{A}$ の**右GNS表現**を呼び，区別する場合には，先に与えたものを**左GNS表現**と呼び分ける．

問1.17 正汎関数 φ について，左GNS表現が有界であることと右GNS表現が有界となることが同値であり，このとき，対応 $\varphi^{1/2}\mathcal{A} \ni \varphi^{1/2}x \mapsto (x^*\varphi^{1/2})^* \in$

[23] GNSは，それを考案したI.M. Gelfand, M.A. Naimark, I.E. Segalに因む．

$(\overline{\mathcal{A}\varphi^{1/2}})^*$ により，双対ヒルベルト空間 $(\overline{\mathcal{A}\varphi^{1/2}})^*$ は $\varphi^{1/2}\mathcal{A}$ の完備化 $\overline{\varphi^{1/2}\mathcal{A}}$ と同一視されることを示せ．

GNS 表現の簡単な応用として，正汎関数のテンソル積が再び正汎関数となること[24] を確かめてみよう．実際，*環 $\mathcal{A}, \mathcal{B}$ 上の正汎関数 $\varphi : \mathcal{A}, \psi : \mathcal{B} \to \mathbb{C}$ に対して，

$$(\varphi \otimes \psi)\Big(\Big(\sum_j a_j \otimes b_j\Big)^* \Big(\sum_k a_k \otimes b_k\Big)\Big) = \sum_{j,k} \varphi(a_j^* a_k)\psi(b_j^* b_k)$$
$$= \Big(\sum_j a_j\varphi^{1/2} \otimes b_j\psi^{1/2} \Big| \sum_k a_k\varphi^{1/2} \otimes b_k\psi^{1/2}\Big) \geq 0.$$

とくに，状態のテンソル積は再び状態となる．これは無限テンソル積においても正しく，広く**積状態** (product state) と呼ばれる．

〈例 1.33〉　*環 $\mathcal{A}$ 上のトレース τ に対して，GNS 表現空間 $\mathcal{A}\tau^{1/2}$ は*演算 $(a\tau^{1/2})^* = a^*\tau^{1/2}$ $(a \in \mathcal{A})$ により*双加群となる．

〈例 1.34〉　ヒルベルト空間 $\mathcal{H}$ における有限ランク作用素環 $\mathcal{C}_0(\mathcal{H})$ の上の通常のトレース tr について，対応 $\xi\eta^*\mathrm{tr}^{1/2} \mapsto \xi \otimes \eta^*$ は，GNS 表現空間 $\overline{\mathcal{C}_0(\mathcal{H})\mathrm{tr}^{1/2}}$ とヒルベルト空間 $\mathcal{H} \otimes \mathcal{H}^*$ の間のユニタリー同型を与える．

問 1.18　上の対応で，$\mathcal{C}_0(\mathcal{H})\mathrm{tr}^{1/2}$ は代数的テンソル積 $\mathcal{H} \otimes_{\mathrm{alg}} \mathcal{H}^*$ に一致する．

〈例 1.35〉　多項式環 $\mathbb{C}[x]$ 上の状態 φ が実数直線 $\mathbb{R}$ の（有限区間で支えられた）確率測度 μ で与えられるとき，φ に伴う GNS 表現は有界で，ヒルベルト空間 $L^2(\mathbb{R}, \mu)$ における多項式関数による掛算作用素で実現されるものと同一視できることを示せ．

〈例 1.36〉　群環 $\mathbb{C}G$ の標準トレース δ に伴う GNS 表現は，等式

$$(a\delta^{1/2}|b\delta^{1/2}) = \delta(a^*b) = \sum_{g\in G} \overline{a_g} b_g \quad \Big(a = \sum_{g\in G} a_g g,\ b = \sum_{g\in G} b_g g\Big)$$

により，G の正則表現と同一視され，その表現空間 $\ell^2(G)$ は，δ がトレースであることから $\mathbb{C}G$ の作用する*双加群を与える．

---

[24] 2 つの正行列の成分ごとの積が再び正行列となるという事実から示すこともできる．

〈例 1.37〉 局所コンパクト群 G の（コンパクト集合で支えられた連続関数からなる）たたみ込み環 $C_c(G)$ 上の線型汎関数 δ を $\delta(f) = f(e)$ で定めると（e は G の単位元），

$$\delta(f^*f) = \int f^*(g)f(g^{-1})\,dg = \int_G |f(g)|^2\,dg$$

であることから δ は正汎関数で，それに伴う GNS 表現は G の左正則表現と同一視される．また，δ がトレースであるための必要十分条件は G が**単倍率**[25] (unimodular) となることである．

正線型汎関数 ω が**純粋** (pure) とは，$\varphi(a^*a) \le \omega(a^*a)$ $(a \in \mathcal{A})$ を満たす正線型汎関数 φ がすべて ω のスカラー倍となることをいう．また，正線型汎関数 φ, ψ が**無縁**とは，それに伴う GNS 表現が無縁であることをいう．

単位的*環 $\mathcal{A}$ 上の正汎関数 ω に伴う GNS 表現が有界であるとき，表現空間 $\mathcal{A}\omega^{1/2}$ を完備化したヒルベルト空間 $\mathcal{K} = \overline{\mathcal{A}\omega^{1/2}}$ 上の有界*表現 $\pi : \mathcal{A} \to \mathcal{B}(\mathcal{K})$ が誘導される．この状況の下で，次が成り立つ．

命題 1.38 $\mathcal{A}$ 上の正汎関数 φ で不等式 $\varphi(a^*a) \le \omega(a^*a)$ $(a \in \mathcal{A})$ を満たすものと，$\pi(\mathcal{A})$ のすべての元と積交換する作用素 $T \in \mathcal{B}(\mathcal{K})$ で不等式 $0 \le T \le 1_{\mathcal{K}}$ を満たすものは，次の関係により対応し合う．

$$\varphi(a) = (T\omega^{1/2}|\pi(a)\omega^{1/2}), \quad a \in \mathcal{A}.$$

証明 内積の不等式と仮定 $\varphi(x^*x) \le \omega(x^*x)$ から

$$|\varphi(x^*y)| \le \varphi(x^*x)^{1/2}\varphi(y^*y)^{1/2} \le \omega(x^*x)^{1/2}\omega(y^*y)^{1/2} = \|x\omega^{1/2}\|\,\|y\omega^{1/2}\|$$

であるので，$x\omega^{1/2} \times y\omega^{1/2} \mapsto \varphi(x^*y)$ は，ヒルベルト空間 $\mathcal{K}$ 上の有界エルミート形式を引き起こし，したがって $\mathcal{K}$ における有界作用素 T が関係 $\varphi(x^*y) = (x\omega^{1/2}|T(y\omega^{1/2}))$ $(x, y \in \mathcal{A})$ により定められる．条件 $0 \le \varphi(a^*a) \le \omega(a^*a)$ から $0 \le T \le 1_{\mathcal{K}}$ が従い，また，等式 $\varphi(x^*(ay)) = \varphi((a^*x)^*y)$ を T で書き直すことで，$T\pi(a) = \pi(a)T$ $(a \in \mathcal{A})$ もわかる．

逆にこのような T があると，線型汎関数 $\varphi(a) = (T\omega^{1/2}|\pi(a)\omega^{1/2})$ $(a \in \mathcal{A})$ は $\varphi(a^*a) = (a\omega^{1/2}|Ta\omega^{1/2})$ と表されることから，$0 \le \varphi(a^*a) \le \omega(a^*a)$ を満たすことがわかる． □

---

[25] 倍率関数が恒等的に 1 であること，すなわち左不変測度が右不変でもあること．

系 1.39　正汎関数 φ が純粋であることと，φ の GNS 表現が既約であることは同値.

問 1.19　命題から系が導かれることを確かめよ.

第2章

ゲルファント理論

ヒルベルト・シュミット環やトレース類作用素環の導入も兼ねてバナッハ環と C*環について概観し，その古典的精華とでもいうべき Gelfand の理論を鑑賞する．その主要部分は可換バナッハ環についてのものであるが，ここでは作用素環的な内容を中心に，可換群の双対性についてもその枠内で触れておこう．

2.1 バナッハ環と C*環

定義 2.1 $\mathbb{C}$ 上の（多元）環 A に完備なノルムが与えられ $\|ab\| \leq \|a\|\,\|b\|$ $(a, b \in A)$ を満たすとき，A を**バナッハ環** (Banach algebra) と呼ぶ．バナッハ環 A に*演算が $\|a^*\| = \|a\|$ $(a \in A)$ を満たすように定められたものをバナッハ*環 (Banach *-algebra) と呼ぶ．

とくに断らない限り，バナッハ*環の表現はヒルベルト空間上の*表現を考えるものとする．そのような表現は自動的に有界であることを思い出しておく．

*環 A の上のノルムで $\|ab\| \leq \|a\|\,\|b\|$, $\|a^*a\| = \|a\|^2$ $(a, b \in A)$ となるものを **C*ノルム** (C*-norm) という．このとき，$\|a\|^2 \leq \|a^*\|\,\|a\|$ より $\|a\| \leq \|a^*\| \leq \|a^{**}\| = \|a\|$ すなわち $\|a^*\| = \|a\|$ が成り立つ．完備な C*ノルムが定められた*環を **C*環** (C*-algebra) と呼ぶ．

〈注意〉 C*の由来であるが，特殊なバナッハ*環という意味で B*-algebra と呼ばれていたものが，C*-algebra すなわち $\mathcal{B}(\mathcal{H})$ の closed *-subalgebra と同じである (Gelfand-Naimark) ことがわかって以来，B* は廃れ，C* が専ら使われるようになった．ということで「C」は closed の C であるが，complete, concrete, continuous，B*の次などと解釈する人もいる．

問 2.1　バナッハ環（バナッハ*環，C*環）の反転は，再びバナッハ環（バナッハ*環，C*環）であることを示せ．

問 2.2　単位的C*環において，ユニタリー元のノルムは 1 であることを示せ．

問 2.3　環 $\mathcal{A}$ 上のノルム $\|\cdot\|_j$ $(j=1,2,\ldots,n)$ で $\|ab\|_j \leq \|a\|_j\,\|b\|_j$ $(a,b\in A)$ を満たすものが複数個あったとき，$\|a\| = \|a\|_1 \vee \cdots \vee \|a\|_n$ も同じ性質をもつノルムであることを示せ．とくに，$\mathcal{A}$ が*環のとき，$\|ab\| \leq \|a\|\,\|b\|$ となるノルムがあれば，$\|a\|' = \|a\| \vee \|a^*\| = \|a^*\|'$ も同様の不等式を満たすノルムであることを示せ．

〈例 2.2〉　ヒルベルト空間 $\mathcal{H}$ における有界作用素についての作用素ノルムはC*ノルムの条件を満たし，*環 $\mathcal{B}(\mathcal{H})$ は作用素ノルムに関して完備であることから，C*環の例になっている．さらに，$\mathcal{B}(\mathcal{H})$ の*部分環 $\mathcal{A}$ に対して，$\mathcal{A}$ の作用素ノルム位相に関する閉包 A もC*環である．

とくに $\mathcal{A}$ として有限ランク作用素の作る*環 $\mathcal{C}_0(\mathcal{H})$ をとると，これは $\mathcal{B}(\mathcal{H})$ の*イデアルであり，その閉包 A は $\mathcal{B}(\mathcal{H})$ の閉*イデアルとなる．これを**コンパクト作用素環** (compact operator[1] algebra) と呼び，$\mathcal{C}(\mathcal{H})$ と書き表す．

問 2.4　コンパクト作用素環は，行列単位により位相的に生成されることを示せ．

問 2.5　単位球 $\mathcal{H}_1 = \{\xi\in\mathcal{H}; \|\xi\|\leq 1\}$ がノルム位相についてコンパクトであれば，$\mathcal{H}$ は有限次元であることを示せ．

〈例 2.3〉　$\mathcal{C}_0(\mathcal{H})$ における内積ノルム $\|a\|_2 = \|a\mathrm{tr}^{1/2}\| = \sqrt{\mathrm{tr}(a^*a)}$ は，**ヒルベルト・シュミット ノルム** (Hilbert-Schmidt norm) と呼ばれ，

$$\|ab\|_2 \leq \|a\|\|b\|_2, \quad \|b^*\|_2 = \|b\|_2 \geq \|b\|, \quad a\in\mathcal{B}(\mathcal{H}), b\in\mathcal{C}_0(\mathcal{H})$$

を満たす．したがって，このノルムに関する $\mathcal{C}_0(\mathcal{H})$ の完備化としてのバナッハ

[1] コンパクト作用素という言い方は，$\mathcal{C}(\mathcal{H})$ の作用素 T が次の性質で特徴づけられることに由来する．「$\mathcal{H}$ の単位球 $\mathcal{H}_1$ の像 $T(\mathcal{H}_1)$ のノルム閉包はコンパクトである．」

*環 $\mathcal{C}_2(\mathcal{H})$ は $\mathcal{C}(\mathcal{H})$ の中で実現され，$\mathcal{B}(\mathcal{H})$ の*イデアルとなっている．$\mathcal{C}_2(\mathcal{H})$ に属する作用素を**ヒルベルト・シュミット作用素** (Hilbert-Schmidt operator) と呼ぶ．一方で，内積ノルムに関する完備化は，標準トレース tr による GNS 表現空間でもあるので，例 1.34 により，対応 $\mathcal{H}\otimes\mathcal{H}^* \ni \xi\otimes\eta^* \mapsto \xi\eta^* \in \mathcal{C}_0(\mathcal{H})$ が等長同型 $\mathcal{H}\otimes\mathcal{H}^* \cong \mathcal{C}_2(\mathcal{H})$ を引き起こす．

次に，**トレースノルム** (trace norm) を $\|a\|_1 = \sup\{|\mathrm{tr}(ab)|; b\in\mathcal{C}_0(\mathcal{H}), \|b\| \leq 1\}$ で定めると，こちらも

$$\|ab\|_1 \leq \|a\|\|b\|_1, \quad \|b^*\|_1 = \|b\|_1 \geq \|b\|_2, \quad |\mathrm{tr}(b)| \leq \|b\|_1$$

$(a\in\mathcal{B}(\mathcal{H}), b\in\mathcal{C}_0(\mathcal{H}))$ となることから，トレースノルムに関する $\mathcal{C}_0(\mathcal{H})$ の完備化としてのバナッハ*環 $\mathcal{C}_1(\mathcal{H})$ は $\mathcal{C}_2(\mathcal{H})$ の中で実現され，$\mathcal{B}(\mathcal{H})$ の*イデアルとなっている．またトレースは線型汎関数として，$\mathcal{C}_1(\mathcal{H})$ まで連続に拡張される．$\mathcal{C}_1(\mathcal{H})$ に属する作用素を**トレース類作用素**[2)] (trace class operator) と呼ぶ．

問 2.6　ヒルベルト・シュミットおよびトレースノルムに関する不等式を確かめよ．

問 2.7　正作用素 $a\in\mathcal{B}(\mathcal{H})$ に対して，$\mathrm{tr}(a) = \sum_j(\delta_j|a\delta_j) \in [0,\infty]$ は，$\mathcal{H}$ の正規直交基底 (δ_j) のとり方によらないことを示せ．

問 2.8　作用素 $a\in\mathcal{B}(\mathcal{H})$ に対する等式 $\|a\|_1 = \mathrm{tr}(|a|)$ を示し，$\mathcal{C}_1(\mathcal{H}) = \{a\in\mathcal{B}(\mathcal{H}); \|a\|_1 < \infty\}$ を確かめよ．

問 2.9　$\mathcal{C}_1(\mathcal{H}) = \mathcal{C}_2(\mathcal{H})\mathcal{C}_2(\mathcal{H})$ を示し，内積不等式 $|\mathrm{tr}(ab)| \leq \|a\|_2\|b\|_2$ から $\|ab\|_1 \leq \|a\|_2\|b\|_2$ を導け．

問 2.10　$\mathcal{C}(\mathcal{H})$ 上の有界正汎関数 φ は，$0\leq\rho\in\mathcal{C}_1(\mathcal{H})$ を使って $\varphi(x) = \mathrm{tr}(\rho x)$ と表されることを示せ．
(ヒント: $\mathcal{H}$ 上のエルミート形式 $\varphi(\eta\xi^*)$ を考える.)

〈例 2.4〉　正トレース類作用素 $\rho\in\mathcal{C}_1(\mathcal{H})$ を使って $\varphi(x) = \mathrm{tr}(x\rho)$ で定められた*環 $A = \mathcal{C}(\mathcal{H})$ 上の正汎関数に伴う GNS 空間 $\overline{A\varphi^{1/2}}$ は，対応

2) トレースクラス作用素ともいう．

$a\varphi^{1/2} \longleftrightarrow a\rho^{1/2}$ により，$\mathcal{C}_2(\mathcal{H})$ の閉部分空間 $\mathcal{C}_2(\mathcal{H})[\rho]$ とユニタリー同型である．

さらに $\mathcal{C}_2(\mathcal{H})[\rho]$ は，対応 $a\rho^{1/2} \longleftrightarrow (a \otimes 1)\varsigma$ により $\mathcal{H} \otimes \mathcal{H}^*$ の閉部分空間 $\mathcal{H} \otimes \mathcal{H}^*[\rho]$ と同一視され，$a \in \mathcal{C}(\mathcal{H})$ の GNS 表現は，$a \otimes 1 \in \mathcal{B}(\mathcal{H}) \otimes 1$ の $\mathcal{H} \otimes \mathcal{H}^*[\rho]$ への制限によって実現される．ここで ς は[3] $\rho^{1/2} \in \mathcal{C}_2(\mathcal{H})$ に対応する $\mathcal{H} \otimes \mathcal{H}^*$ の元であり，$[\rho]$ は ρ の支え，すなわち閉部分空間 $\overline{\rho\mathcal{H}}$ への射影を表す．

とくに $\mathrm{End}({}_A\overline{A\varphi^{1/2}}) \cong \mathcal{B}(\mathcal{H}^*[\rho]) = \mathcal{B}([\rho]\mathcal{H})^\circ$ であり，φ が純粋であるための必要十分条件は ρ のランクが 1（1 次元的）となることである．

〈例 2.5〉　コンパクト空間[4] X に対して，X 上の複素連続関数全体 $C(X)$ は，各点ごとの演算および最大値ノルムにより可換 C*環となる．閉部分集合 $F \subset X$ に対して，$C(X)$ の閉イデアルを

$$C_F(X) = \{f : X \to \mathbb{C}; f \text{ は } F \text{ の上で零となる連続関数}\}$$

で定めると，これが単位元をもつことと F が X の開集合であることが同値となる．後でわかるように，$C(X)$ のすべての閉イデアルはこの形である．

局所コンパクト空間 Ω（でコンパクトでないもの）に対しては，Ω を一点コンパクト化 $X = \Omega \cup \{\infty\}$ の開集合と考え，$C_{\{\infty\}}(X)$ を $C_0(\Omega)$ と書き表す．

問 2.11　C*環 $C(X)$ が自明な射影しかもたないことと X が連結であることは同値であることを示せ．

問 2.12　Ω 上の連続関数 f が $C_0(\Omega)$ に属するための必要十分条件は無限遠点で消えること，すなわち，$\forall\epsilon > 0, \exists F \subset \Omega$ (F はコンパクト), $\forall\omega \in \Omega \setminus F$, $|f(\omega)| \leq \epsilon$ となることを示せ．

定理 2.6　非退化双線型形式 $\mathcal{B}(\mathcal{H}) \times \mathcal{C}_1(\mathcal{H}) \ni (b, c) \mapsto \mathrm{tr}(bc) = \mathrm{tr}(cb) \in \mathbb{C}$ により，$\mathcal{C}(\mathcal{H})^* = \mathcal{C}_1(\mathcal{H})$, $\mathcal{C}_1(\mathcal{H})^* = \mathcal{B}(\mathcal{H})$ と同一視される．

証明　$\mathcal{C}_1(\mathcal{H}) = \mathcal{C}(\mathcal{H})^*$ であることは定義から，包含関係 $\mathcal{B}(\mathcal{H}) \subset \mathcal{C}_1(\mathcal{H})^*$ は

---

[3] あまり見かけない文字だが，φ と ϕ の関係の如く ς は σ の異体字である．

[4] 以下，（局所）コンパクトと言えば，とくに断らない限り，Hausdorff 性を仮定する．

次の不等式からわかる.

$$\|b\| \geq \sup\{|\mathrm{tr}(bc)|; c \in \mathcal{C}_1(\mathcal{H}), \|c\|_1 \leq 1\} \geq \sup\{|(\xi|b\eta)|; \xi, \eta \in \mathcal{H}_1\} = \|b\|.$$

他方，等式 $\|\xi\eta^*\|_1 = \|\xi\|\,\|\eta\|$ $(\xi, \eta \in \mathcal{H})$ が成り立つので，$\varphi \in \mathcal{C}_1(\mathcal{H})^*$ から作られる両線型形式 $\varphi(\xi\eta^*)$ は有界となり，したがって $b \in \mathcal{B}(\mathcal{H})$ が $\varphi(\xi\eta^*) = (\eta|b\xi)$ という関係で定められる．これと $(\eta|b\xi) = \mathrm{tr}(b\xi\eta^*)$ を合わせると，$\varphi(c) = \mathrm{tr}(bc)$ が $c \in \mathcal{C}_0(\mathcal{H})$ に対してわかり，$\mathcal{C}_0(\mathcal{H}) \subset \mathcal{C}_1(\mathcal{H})$ の稠密性とトレースの連続性により，$c \in \mathcal{C}_1(\mathcal{H})$ でも正しい． □

話題を変えて，群環に関連したバナッハ環についてひとしきり述べておこう.

〈例 2.7〉 局所コンパクト群 G の左不変測度に関するたたみ込み環 $L^1(G)$ はバナッハ*環である．とくに，離散群 G の場合の $\ell^1(G)$ は，群環 $\mathbb{C}G$ のノルム $\|\sum_{g\in G} f(g)g\|_1 = \sum_{g\in G} |f(g)|$ に関する完備化と同じものである.

バナッハ*環 $L^1(G)$ が単位元をもつための必要十分条件は G が離散的であることで，とくに，ベクトル群 $\mathbb{R}^n$ のたたみ込み環 $L^1(\mathbb{R}^n)$ は単位元をもたない.

問 2.13 $L^1(\mathbb{R}^n)$ が単位元を持たないバナッハ*環であることを確かめよ.

*環 $\mathcal{A}$ 上の関数

$$\|a\|_{C^*} = \sup\{\|\pi(a)\|; \pi \text{ は } \mathcal{A} \text{ の有界*表現}\} \in [0, \infty]$$

は，∞ の値を取り得る点を除いて半ノルムの性質をもち，さらに

$$\|ab\|_{C^*} \leq \|a\|_{C^*}\,\|b\|_{C^*}, \quad \|a^*a\|_{C^*} = \|a\|_{C^*}^2$$

を満たす．その結果，$\mathcal{I} = \{a \in \mathcal{A}; \|a\|_{C^*} = 0\}$ は $\mathcal{A}$ の*イデアルとなり，$\mathcal{B} = \{a \in \mathcal{A}; \|a\|_{C^*} < \infty\}$ が $\mathcal{I}$ を含む $\mathcal{A}$ の*部分環であることがわかる.

したがって，*部分商環 $\mathcal{B}/\mathcal{I}$ を $\|\cdot\|_{C^*}$ から誘導されたノルムに関して完備化したものは C*環となる．とくに $\mathcal{A} = \mathcal{B}$ であるとき，これを $\mathcal{A}$ の **C*包**[5)] (enveloping C*-algebra) と呼ぶ．定義の仕方から，C*包 A は，$\mathcal{A}$ の有界*表

5) 包絡C*環とも呼ばれる．ただ「包絡」という言葉は，envelope を 包絡線と意訳したことに由来するため，ここでは不要な“絡”の字を除いてある.

現に関する普遍性で特徴づけられる．すなわち，$\|a\|_{C^*} < \infty$ $(a \in \mathcal{A})$ という仮定の下，$\mathcal{A}$ の有界*表現 π に対して A の*表現 $\widetilde{\pi}$ で $\widetilde{\pi}([a]) = \pi(a)$ $(a \in \mathcal{A}$, $[a] \in \mathcal{A}/\mathcal{I} \subset A)$ となるものが丁度一つ存在する．

〈例 2.8〉

(i) 部分等長元から生成される*環 $\mathcal{A}$ は，この有限性の条件 $\|a\|_{C^*} < \infty$ $(a \in \mathcal{A})$ を満たす．とくに行列単位から生成される*環はそうである．

(ii) 群環の*表現と群のユニタリー表現との対応（付録 F）により局所コンパクト群 G のたたみ込み環 $L^1(G)$ の有界*表現 π が $\|\pi(f)\| \leq \|f\|_1$ を満たす（後の系 2.23 も参照）ので，$L^1(G)$ は有限性条件を満たす．

問 2.14　多項式環 $\mathbb{C}[x]$ では，$\|f\|_{C^*} < \infty \iff f =$ 定数 であることを示せ．

たたみ込み環 $\mathcal{A} = L^1(G)$ においては $\mathcal{I} = \{0\}$ であり，そのC*包を**群 C*環** (group C*-algebra) と呼び $C^*(G)$ と書く．作り方から $L^1(G) \subset C^*(G)$ であるが，$f \in L^1(G)$ の定める $C^*(G)$ の元 a は，象徴的に $a = \displaystyle\int_G f(g)g\,dg$ とも書かれる．これは，G のユニタリー表現に対応する $C^*(G)$ の*表現を同じく π で表すとき，$\xi, \eta \in \mathcal{H}$ に対して，

$$(\xi|\pi(a)\eta) = \int_G f(g)(\xi|g\eta)\,dg$$

が成り立つことと辻褄が合っている．

商環が出たついでに，そのノルムについて確認しておこう．バナッハ環 A の閉イデアル I に対して，商環 A/I は，商ノルム $\|a + I\| = \inf\{\|a + b\|; b \in I\}$ に関してバナッハ環となる．バナッハ*環についても同様．C*環においても商ノルムがC*条件を満たし商C*環となる（定理 3.33）のであるが，その証明は少し準備が必要なこともあり次章で扱う．

〈例 2.9〉　例 2.5 の状況で，$C(F) \cong C(X)/C_F(X)$ である．

〈例 2.10〉　コンパクト群 G の既約表現のユニタリー同値類全体を $\widehat{G} = \{[\pi]\}$ とすれば，$C^*(G)$ は，行列環 $M_{\dim \pi}(\mathbb{C})$ の「C*環としての直和」に同型であることがコンパクト群の表現論からわかる．ここで，C*環としての直和とは，代数的直和 $\bigoplus_{\pi \in \widehat{G}} M_{\dim \pi}(\mathbb{C})$ をC*ノルム $\|\bigoplus a_\pi\| = \max_{\pi \in \widehat{G}} \|a_\pi\|$ に関して

完備化したものを指す（以上については，ユニタリー表現を扱った大抵の本にも書いてある）.

〈例 2.11〉 行列単位 $(e_{i,j})_{i,j\in I}$ から生成された*環 $\mathcal{E}$ の*表現は ${}_{\mathcal{E}}\ell^2(I)$ の膨らましとユニタリー同値である（例 1.26）ことから，$\|\cdot\|_{C^*}$ は自然な埋込み $\mathcal{E}\subset\mathcal{B}(\ell^2(I))$ に伴うものである．したがって，$\mathcal{E}$ の C*包はコンパクト作用素環 $\mathcal{C}(\ell^2(I))$ に一致する.

2.2 スペクトル

単位元を持たない環 $\mathcal{A}$ に単位元を形式的に付け加えることで単位的環にすることがいつでもできる（**単位元付加**）．これを $\widetilde{\mathcal{A}}$ で表し，もともと単位元をもつ $\mathcal{A}$ に対しては，$\widetilde{\mathcal{A}}=\mathcal{A}$ とおく．また，単位元の有無にかかわらず，$\widetilde{\mathcal{A}}$ の単位元を $1_{\mathcal{A}}$（紛れのないときは 1 と略す）で表し，$\mathcal{A}^\times=(\widetilde{\mathcal{A}})^\times$ とおく．$\mathcal{A}$ が*環のときは，$(\lambda 1_{\mathcal{A}}+a)^*=\overline{\lambda}1_{\mathcal{A}}+a^*$ により $\widetilde{\mathcal{A}}$ も*環であり，$\mathcal{A}$ の*表現と $\widetilde{\mathcal{A}}$ の*表現とは対応し合う．さらに単位元を持たないバナッハ*環 A に対しては，ノルムを $\|\lambda 1_A+a\|=|\lambda|+\|a\|$ と定めることで，$\widetilde{A}$ もバナッハ*環となる.

問 2.15 直積集合との対応 $\widetilde{A}\ni\lambda 1+a\leftrightarrow(\lambda,a)\in\mathbb{C}\times A$ を利用して，以上の内容を確かめよ.

問 2.16 *環 $\mathcal{A}$ 上の正汎関数 φ が $\widetilde{\mathcal{A}}$ 上の正汎関数に拡張できるための必要十分条件は，$\varphi^*=\varphi$ かつ $|\varphi(a)|^2\leq\mu\varphi(a^*a)$ $(a\in\mathcal{A})$ となる $\mu\geq 0$ が存在することを示せ.

定理 2.12 C*環 A に対して，

$$\|\lambda 1+a\|_\sim=\sup\{\|\lambda b+ab\|;b\in A,\|b\|\leq 1\},\quad \lambda\in\mathbb{C},a\in A$$

は A のノルムを拡張し，*環 $\widetilde{A}$ の完備 C*ノルムを与える.

証明 A が単位元をもつとき，$\|\cdot\|_{C^*}$ は元の C*ノルムに一致するので，以下，A は単位元をもたないとする．まず，C*ノルムの性質 $\|aa^*\|=\|a\|^2$ から

$\|a\|_\sim = \|a\|$ $(a \in A)$ である．

次に，右辺の量が，バナッハ空間 A における作用素ノルムの形であることに注意する．このことと

$$\|(\lambda + a)b\|^2 = \|b^*(\lambda + a)^*(\lambda + a)b\| \leq \|b\| \, \|(\lambda + a)^*(\lambda + a)b\|$$

からわかる不等式 $\|\lambda + a\|_\sim^2 \leq \|(\lambda + a)^*(\lambda + a)\|_\sim$ を合わせると，$\|\cdot\|_\sim$ が C* 条件を満たすことがわかる．

そこで $\|\lambda + a\|_{C^*} = 0$ と仮定する．もし $\lambda = 0$ であれば，$\|a\| = \|a\|_\sim = 0$ となって，$a = 0$ である．また，$\lambda \neq 0$ とすると，$\lambda x + ax = 0$ $(x \in A)$ であることから，$-a/\lambda$ が $\mathcal{A}$ における左単位元，$-a^*/\overline{\lambda}$ が右単位元となり，$\mathcal{A}$ に単位元が存在することになって仮定に反する．

最後に $\|\cdot\|_\sim$ の完備性であるが，$\|a\|_\sim = \|a\|$ $(a \in A)$ および A の完備性から $A \subset \widetilde{A}$ が閉部分空間であり，商空間 $\widetilde{A}/A \cong \mathbb{C}$ も完備であることから，$\widetilde{A}$ の完備化が $\widetilde{A}$ 自身に一致することになり正しい． □

問 2.17　Y がノルム空間 X の完備部分空間で，X/Y も完備であれば X も完備であることを示せ．

〈例 2.13〉

(i) 局所コンパクト空間 Ω に対して，その一点コンパクト化を X で表せば，$\widetilde{C_0(\Omega)}$ は $C(X)$ と同一視される．

(ii) コンパクト作用素環 $\mathcal{C}(\mathcal{H})$ について，$\widetilde{\mathcal{C}(\mathcal{H})}$ は $\mathbb{C}1_{\mathcal{H}} + \mathcal{C}(\mathcal{H})$ と同一視される．

定義 2.14　べき級数 $f(z) = \sum_{n \geq 0} f_n z^n$ $(f_n \in \mathbb{C})$ が，バナッハ環 A の元 a に対して，$z = \|a\|$ で絶対収束するとき，$f(a) \in \widetilde{A}$ を

$$f(a) = \sum_{n=0}^{\infty} f_n a^n$$

で定める．ただし，右辺の和で a^0 は $\widetilde{A}$ の単位元を意味する．

〈例 2.15〉

(i) 指数関数 $e^z = \sum z^n/n!$ について，$ab = ba$ であれば，$e^a e^b = e^{a+b}$.

(ii) $\|a\| < |\lambda|$ である複素数 λ について,

$$\frac{1}{\lambda - a} = \sum_{n=0}^{\infty} \frac{a^n}{\lambda^{n+1}}$$

は $\lambda 1 - a \in \widetilde{A}$ の逆元を与える.

(iii) $\sqrt{1-t} = 1 - \alpha_1 t - \alpha_2 t^2 - \cdots$ とべき級数展開するとき, $\alpha_j \geq 0$ かつ $\sum_{j\geq 1} \alpha_j = 1$ となるので, $\|a\| \leq 1$ のとき, $\sqrt{1-a} \in \widetilde{A}$ が意味をもち $(\sqrt{1-a})^2 = 1 - a$ を満たす.

定義 2.16 環 $\mathcal{A}$ の元 a に対して,

$$\sigma_{\mathcal{A}}(a) = \{\lambda \in \mathbb{C}; \lambda 1 - a \text{ は } \widetilde{\mathcal{A}} \text{ で逆元を持たない}\}$$

を a の $\mathcal{A}$ における**スペクトル** (spectrum) と呼ぶ. $\sigma_{\mathcal{A}}(a) = \sigma_{\widetilde{\mathcal{A}}}(a)$ に注意.

問 2.18 $\mathcal{A}$ が単位元を持たなければ, $0 \in \sigma_{\mathcal{A}}(a)$ $(a \in \mathcal{A})$ であることを示せ.

問 2.19 有限ランク作用素 $a \in \mathcal{B}(\mathcal{H})$ に対して, $\sigma_{\mathcal{B}(\mathcal{H})}(a)$ は a の固有値全体であることを示せ.

命題 2.17 環準同型 $\phi : \mathcal{A} \to \mathcal{B}$ に対して, $\sigma_{\mathcal{B}}(\phi(a)) \setminus \{0\} \subset \sigma_{\mathcal{A}}(a)$ $(a \in \mathcal{A})$ である.

証明 単位元の有無と ϕ が単位元を保つかどうかで分けて考える. まず, $\mathcal{A}$, $\mathcal{B}$ ともに単位元をもち, $\phi(1) \neq 1$ である場合. $\alpha \notin \sigma_{\mathcal{A}}(a)$ とすると, $(\alpha - a)a' = a'(\alpha - a) = 1$ となる $a' \in \mathcal{A}$ がある. このとき, $\mu \in \mathbb{C}$ に対して,

$$\begin{aligned}(\alpha - \phi(a))(\phi(a') + \mu(1 - \phi(1))) &= (\phi(a') + \mu(1 - \phi(1))(\alpha - \phi(a)) \\ &= \alpha\mu + (1 - \alpha\mu)\phi(1)\end{aligned}$$

となるので, $\alpha \neq 0$ であれば, $\alpha \notin \sigma_{\mathcal{B}}(\phi(a))$ が成り立つ.

他の場合はより直接的に $\sigma_{\mathcal{B}}(\phi(a)) \subset \sigma_{\mathcal{A}}(a)$ がわかる. □

問 2.20 他の場合を確かめよ.

補題 2.18 単位的バナッハ環 A について, A の可逆元全体 $A^{\times}$ は A の開集合であり, 写像 $A^{\times} \ni g \mapsto g^{-1} \in A^{\times}$ は解析的（べき級数表示可能）である.

証明　可逆元 $a \in A^\times$ に対して，$g = a - (a-g) = a(1 - a^{-1}(a-g))$ は，$\|a^{-1}(a-g)\| \leq \|a^{-1}\|\,\|a-g\| < 1$ であれば可逆で，その逆元は

$$g^{-1} = \sum_{n=0}^{\infty} (a^{-1}(a-g))^n a^{-1}$$

のようにべき級数表示される．　□

定理 2.19（Gelfand）　バナッハ環 A の元 a に対して，そのスペクトル $\sigma_A(a) \subset \mathbb{C}$ は空でない有界閉集合であり，$(z1-a)^{-1} \in \widetilde{A}$ は $z \in \mathbb{C} \setminus \sigma_A(a)$ の解析関数[6] である．

証明　$\widetilde{A}$ の元 $z1 - a$ は，$|z| > \|a\|$ のとき逆元をもつので，$\sigma_A(a)$ は円板 $|z| \leq \|a\|$ に含まれ，上の補題から閉集合である．もし，これがすべての $z \in \mathbb{C}$ に対して逆元をもてば，$(z1-a)^{-1}$ は有界正則関数であることから，z によらず，$\lim_{z\to\infty}(z1-a)^{-1} = 0$ に矛盾する．　□

系 2.20　バナッハ環 A が体であるのは $A = \mathbb{C}1$ の場合に限る．

問 2.21　系 2.20 を確かめよ．

問 2.22　単位元 1 をもつバナッハ環 A の 2 つの元 a, b が等式 $ab - ba = 1$ を満たすと仮定する．これから $e^{ta}be^{-ta} = t1 + b$ $(t \in \mathbb{R})$ および $\sigma(b) = t + \sigma(b)$ を示し，矛盾を導け．

問 2.23（解析関数算 (analytic functional calculus)）　バナッハ環 A において，$\sigma_A(a)$ の近傍で正則な関数全体の作る関数環を $\mathcal{A}$ とし，$f \in \mathcal{A}$ に対して，

$$f(a) = \frac{1}{2\pi i} \oint f(\lambda)(\lambda 1 - a)^{-1}\, d\lambda = \frac{1}{2\pi i} \oint \frac{f(\lambda)}{(\lambda - a)}\, d\lambda$$

とおく．ここで，右辺の線積分は $\sigma_A(a)$ を囲む閉曲線に関するものである．このとき，$\mathcal{A} \ni f \mapsto f(a) \in \widetilde{A}$ は環準同型を与える．さらに $0 \in \sigma_A(a)$ かつ $f(0) = 0$ であれば，$f(a) \in A$ となる．以上のことを示せ

定理 2.21（スペクトル半径公式）　バナッハ環 A の元 a に対して，等式

[6] 十分大きい z に対しては，べき級数算 $\frac{1}{z-a}$ に一致するので，その解析延長の意味で $(z1-a)^{-1}$ を $\frac{1}{z-a}$ のようにも書く．

$$\sup\{|\lambda|; \lambda \in \sigma_A(a)\} = \lim_{n\to\infty} \|a^n\|^{1/n}$$

が成り立つ．この左辺を $\rho(a)$ と書いて，a の**スペクトル半径** (spectral radius) と呼ぶ．スペクトル半径は A の代数構造だけで決まるのに対して，右辺はノルムのとり方に見かけ上依存している．

証明 等比級数の等式

$$(\lambda 1 - a)^{-1} = \sum_{n=0}^{\infty} \frac{a^n}{\lambda^{n+1}}, \quad |\lambda| > \|a\|$$

より $\rho(a) \leq \|a\|$ である．これと $\sigma(a)^n \subset \sigma(a^n)$ を合わせると，$\rho(a) \leq \|a^n\|^{1/n}$ が得られ，$\rho(a) \leq \inf_{n\geq 1} \|a^n\|^{1/n} \leq \limsup_{n\to\infty} \|a^n\|^{1/n}$ である．

一方，コーシーの積分公式による表式

$$a^n = \frac{1}{2\pi i} \int_{|\lambda|=r} \lambda^n (\lambda 1 - a)^{-1} \, d\lambda$$

$(r > \|a\|)$ が，コーシーの積分定理により，$r > \rho(a)$ でも成り立つことに注意すれば，積分の不等式 $\|a^n\| \leq r^{n+1} \max\{\|(\lambda 1 - a)^{-1}\|; |\lambda| = r\}$ を経由することで，逆向きの不等式 $\limsup_{n\to\infty} \|a^n\|^{1/n} \leq r$ $(r > \rho(a))$ もわかる． □

問 2.24 $\sigma_A(a)^n \subset \sigma_A(a^n)$ を確かめよ．

命題 2.22 C*環 A の元 a が $aa^* = a^*a$ を満たせば，

$$\|a\| = \sup\{|\lambda|; \lambda \in \sigma_A(a)\}.$$

証明 条件 $aa^* = a^*a$ よりわかる

$$\|a^2\| = \|(aa)^*aa\|^{1/2} = \|a^*aa^*a\|^{1/2} = \|a^*a\| = \|a\|^2$$

を繰り返すことで $\|a^{2^n}\| = \|a\|^{2^n}$ を得るので，これに公式を適用する． □

系 2.23

(i) *環 A の完備 C*ノルム[7] は一つしかない．

(ii) バナッハ*環 A から C*環 B への*準同型 $\phi : A \to B$ に対して，不等式 $\|\phi(a)\| \leq \|a\|$ $(a \in A)$ が成り立つ．

[7] 系 2.43 も参照．

証明　(i) $\|a\|^2 = \sup\{|\lambda|; \lambda \in \sigma_A(a^*a)\}$ であり，右辺は A の*環の構造だけで決まる．

(ii) $\sigma_B(\phi(a^*a)) \setminus \{0\} \subset \sigma_A(a^*a)$ に注意して，

$$\begin{aligned}\|\phi(a^*a)\| = \sup\{|\lambda|; \lambda \in \sigma_B(\phi(a^*a))\} &\leq \sup\{|\lambda|; \lambda \in \sigma_A(a^*a)\} \\ &\leq \lim_{n\to\infty} \|(a^*a)^n\|^{1/n} \leq \|a\|^2\end{aligned}$$

のように評価すればよい．□

〈例 2.24〉　有限次元行列環 $M_n(\mathbb{C})$ の C*ノルムは一つしかないので，行列単位から生成される*環には C*ノルムが丁度一つ存在する．

このことから，コンパクト作用素環は行列単位によって生成され，逆に行列単位から生成される C*環はコンパクト作用素環と*同型であることがわかる．

さらに，例 1.26 と合わせることで次もわかる．

命題 2.25　コンパクト作用素環 $\mathcal{C}(\mathcal{H})$ の*表現は，自然な表現の膨らまし $\mathcal{C}(\mathcal{H}) \subset \mathcal{B}(\mathcal{H}) \cong \mathcal{B}(\mathcal{H}) \otimes 1_{\mathcal{K}}$ とユニタリー同値である．とくに，コンパクト作用素環の既約*表現はユニタリー同値による違いを除いて一つしかない．

命題 2.26　C*環 A において，次が成り立つ．

(i)　$u \in A$ がユニタリーであれば，$\sigma_A(u) \subset \mathbb{T} = \{z \in \mathbb{C}; |z| = 1\}$.

(ii)　$h \in A$ がエルミートであれば，$\sigma_A(h) \subset \mathbb{R}$.

証明　(i) スペクトル半径の公式から，$\sigma_A(u)$ が単位円板に含まれる．一方，$\sigma_A(u^{-1}) = \sigma_A(u)^{-1}$ であるから，$\lambda \in \sigma_A(u)$ ならば $|\lambda^{-1}| \leq 1$ である．

(ii) $\lambda \in \mathbb{C}$ に対して，

$$a = i \sum_{n=1}^{\infty} \frac{(i\lambda)^{n-1} + (i\lambda)^{n-2}(ih) + \cdots + (ih)^{n-1}}{n!} \in \widetilde{A}$$

とおけば，$e^{i\lambda} - e^{ih} = (\lambda - h)a = a(\lambda - h)$ となるので，$e^{i\lambda} - e^{ih}$ が逆元を持てば $\lambda - h$ も逆元をもつ．言い換えると，$\lambda \in \sigma_A(h)$ から $e^{i\lambda} \in \sigma_A(e^{ih})$ が従うので，(i) より $|e^{i\lambda}| = 1$，すなわち $\lambda \in \mathbb{R}$ である．□

定理 2.27　C*環 B とその C*部分環 A について，$\sigma_A(a) = \sigma_B(a)$ $(a \in A)$ である．

証明 $\widetilde{A}$ は単位元を共有する形で $\widetilde{B}$ の部分環とみなせるので，$\widetilde{A}=A$ かつ $\widetilde{B}=B$ として良く，$\sigma_B(a)\subset\sigma_A(a)$ がいつでも成り立つ．

逆を示すために，まず $a^*=a$ のとき，$\sigma_A(a)\subset\mathbb{R}$ に注意すれば，$\mathbb{C}$ の開集合 $\mathbb{C}\setminus\sigma_A(a)$, $\mathbb{C}\setminus\sigma_B(a)$ はともに連結である．したがって，$\mathbb{C}\setminus\sigma_A(a)$ が $\mathbb{C}\setminus\sigma_B(a)$ の中で閉じていれば，等号 $\sigma_A(a)=\sigma_B(a)$ が成り立つ．閉じていることを示すために，複素数列 $\lambda_n\notin\sigma_A(a)$ が複素数 $\lambda\notin\sigma_B(a)$ に収束するとしよう．このとき，B における列 λ_n-a は B の可逆元 $\lambda-a$ に収束し，したがって，$(\lambda_n-a)^{-1}$ は $(\lambda-a)^{-1}\in B$ に近づく．一方，$(\lambda_n-a)^{-1}\in A$ の極限として $(\lambda-a)^{-1}\in A$ であるから，$\lambda\notin\sigma_A(a)$ がわかる．

一般の $a\in A$ に戻って，逆の包含関係 $\sigma_A(a)\subset\sigma_B(a)$ は，$c\in A$ が B で逆元を持てば，それが A で実現されると言い換えられるので，$bc=cb=1$ $(b\in B)$ と仮定しよう．そうすると，$bb^*c^*c=bc=1$ であることから c^*c が B で逆元をもち，既に示したことから，その逆元は A で実現される．したがって，$ac^*c=1$ となる $a\in A$ が存在し，$b=ac^*cb=ac^*\in A$ がわかる． □

上の結果は，C*環 A の元 a について，$\sigma_A(a)$ が A のとり方に依らないことを意味するので，そのスペクトルを $\sigma(a)$ と書くことが許される．

2.3 可換環のスペクトル

定義 2.28 可換バナッハ環 A に対して，A から $\mathbb{C}$ への全射環準同型全体を記号 σ_A で表し，A の**スペクトル** (spectrum) と呼ぶ．A が単位元 1_A を持てば，環準同型 ω の全射性は $\omega(1_A)=1$ と言い換えられることに注意.

〈例 2.29〉 可換 C*環 $A=C(X)$（X はコンパクト空間）において，$\delta_x(f)=f(x)$ $(x\in X)$ とおくと，$\sigma_A=\{\delta_x; x\in X\}$ である．

実際，$\omega\in\sigma_A\setminus\{\delta_x; x\in X\}$ があったとすると，$\ker\omega\not\subset\ker\delta_x$ より，各 $x\in X$ に対して，$f_x\in\ker\omega$ で $f_x(x)\neq 0$ となるものが存在する．したがって，X がコンパクトであることから，有限個の点 $x_1,\dots,x_n$ を選び $X=\bigcup[f_{x_i}\neq 0]$ とできる．そうすると，$f=\sum_i f_{x_i}^*f_{x_i}\in\ker\omega$ は，$f(x)\neq 0$ $(x\in X)$ より A で逆元 $1/f$ をもつので，$1=f(1/f)\in\ker\omega$ となって $\omega(a)=\omega(a)\omega(1)=0$

$(a \in A)$ が導かれ，矛盾である．

補題 2.30 可換バナッハ環 A において，$\widetilde{A}$ から A への制限写像は，$\sigma_{\widetilde{A}}$ と

$$\begin{cases} \sigma_A & 1 \in A \text{ のとき}, \\ \sigma_A \cup \{0\} & 1 \notin A \text{ のとき} \end{cases}$$

との間の全単射を与え，後者は単位球体 A_1^* の弱*閉部分集合である．

証明 前半部分は $\widetilde{A}$ の定義よりわかる．$\sigma_A \subset A_1^*$ であることは，命題 2.17 を環準同型 $\omega \in \sigma_A$ に適用した $\omega(a) \in \sigma_A(a)$ にスペクトル半径不等式を合わせると $|\omega(a)| \leq \|a\|$ $(a \in A)$ を得るので正しい．$\sigma_{\widetilde{A}}|A$ が弱*位相で閉じていることは，この集合が $\omega(ab) = \omega(a)\omega(b)$ $(a, b \in A)$ あるいは $\omega(1_A) = 1$ の組合せで記述されることからわかる． □

系 2.31 可換バナッハ環 A から $\mathbb{C}$ への全射準同型は $\|\omega\| \leq 1$ を満たす．

そこで A^* における弱*位相を制限することで σ_A に位相を定めると，σ_A は，A が単位元をもつか否かに応じて，コンパクト空間あるいは局所コンパクト空間となる．さらに，各 $a \in A$ に対して，連続関数 $\sigma_{\widetilde{A}} \ni \omega \mapsto \omega(a)$ の $\sigma_A \subset \sigma_{\widetilde{A}}$ への制限を $\widehat{a}$ と書けば，$\widehat{a} \in C_0(\sigma_A)$ である．ここで $C_0(\sigma_A)$ は $\sigma_A \cup \{0\}$ 上の連続関数で $0 \in A^*$ での値が $0 \in \mathbb{C}$ となるもの全体を表す．

定義 2.32 対応 $A \ni a \mapsto \widehat{a} \in C_0(\sigma_A)$ を**ゲルファント変換** (Gelfand transform) と呼ぶ．ゲルファント変換は環準同型であることに注意．

補題 2.33 単位的バナッハ環 A のイデアル $I \neq A$ は A で密にならない．

証明 A の単位開球を $U = \{a \in A; \|a\| < 1\}$ とおくと，$1 + U$ のすべての元は逆元をもつので $I \cap (1 + U) = \emptyset$ であるが，一方 $1 + U$ は開集合であることから $\overline{I} \cap (1 + U) = \emptyset$ となる． □

定理 2.34 可換バナッハ環 A の元 a に対して，次が成り立つ．

(i) A が単位元をもてば，$\sigma_A(a) = \{\omega(a); \omega \in \sigma_A\}$．

(ii) A が単位元をもたなければ，$\sigma_A(a) = \{\omega(a); \omega \in \sigma_A\} \cup \{0\}$．

証明 補題 2.30 により，$1 \in A$ の場合を示せばよい．このとき，A のイデ

アル $I \neq A$ に対して，$\omega(I) = 0$ となる $\omega \in \sigma_A$ が存在する．実際，I を含む極大イデアルの一つを J とすると，補題 2.33 から $\overline{J} = J$ である．一方，商バナッハ環 A/J が体となることから $A/J \cong \mathbb{C}$ であり（系 2.20），商写像 $A \to A/J \cong \mathbb{C}$ が求める $\omega \in \sigma_A$ を与える．

さて，$\omega \in \sigma_A$ は，$\omega(1) = 1$ となる環準同型 $A \to \mathbb{C}$ に他ならないから，$\omega(a) \in \sigma_A(a)$ である．逆に $\lambda \in \sigma_A(a)$ のとき，$1 \in A$ に注意すれば，イデアル $A(\lambda - a)$ は A に一致しないので，上で見たように，$\omega(A(\lambda - a)) = 0$ となる $\omega \in \sigma_A$ が存在し，$\lambda = \omega(a)$ を得る． □

問 2.25　単位的可換バナッハ環 A について，$\omega \in \sigma_A$ と A の極大イデアル J とは，関係 $J = \ker \omega$ により対応し合うことを示せ．

定理 2.35（Stone-Weierstrass）　コンパクト空間 X 上の連続関数環 $C(X)$ の閉*部分環 A が次の条件を満たすとき，A は $C(X)$ に一致する．

(i)　二点を区別する：$x \neq y$ ならば $f(x) \neq f(y)$ となる $f \in A$ が存在する．

(ii)　一点を支える：$x \in X$ に対して $f(x) \neq 0$ となる $f \in A$ が存在する．

証明　最初に，$a \in A$ の絶対値関数 $|a|$ が再び A に属すことを確かめる．実際，定数倍の調整で $|a| \leq 1$ としてよく，このとき $\|1 - a^*a\| \leq 1$ および $\sqrt{1-t}$ のテイラー展開 $1 - \sum_{n \geq 1} \alpha_n t^n$ $(\alpha_n > 0)$ が $|t| \leq 1$ で一様収束することに注意すれば，

$$|a| = 1 - \sum_{n \geq 1} \alpha_n (1 - a^*a)^n = \sum_{n \geq 1} \alpha_n (1 - (1 - a^*a)^n)$$

は A の元である．とくに，実数値関数 $a, b \in A$ に対して，$a \vee b = \frac{a+b+|a-b|}{2}$ および $a \wedge b = \frac{a+b-|a-b|}{2}$ も A に属する．

さて，実数値関数 $f \in C(X)$ と $\epsilon > 0$ に対して，実数値関数 $a \in A$ で $\|f - a\| \leq \epsilon$ となるものがあることを確かめよう．

A が二点 $x \neq y \in X$ を区別し，X の各点を支えることから，*環の準同型 $A \ni a \mapsto a(x) \oplus a(y) \in \mathbb{C} \oplus \mathbb{C}$ は全射となり，各 $x, y \in X$ に対して，$a_{x,y}(x) = f(x)$, $a_{x,y}(y) = f(y)$ を満たす $a_{x,y} \in \mathrm{Re}A$ の存在がわかる．

一旦 x を止めて考えると，$[a_{x,y} < f + \epsilon]$ は y の開近傍となるので，X がコンパクトであることから，$X = \bigcup_{y \in G} [a_{x,y} < f + \epsilon]$ となるような有限集合

$G \subset X$ の存在がわかる．そこで $a_x = \bigvee_{y \in G} a_{x,y} \in A$ とおくと，$a_x(x) = f(x)$，$a_x \leq f + \epsilon$ が成り立つ．

次に x の開近傍 $[f - \epsilon < a_x]$ を考えると，再び X のコンパクト性から，$X = \bigcup_{x \in F}[f - \epsilon < a_x]$ となるような有限集合 $F \subset X$ の存在がわかるので，$a = \bigwedge_{x \in F} a_x \in A$ とおくと，$f - \epsilon \leq a \leq f + \epsilon$ がわかる． □

系 2.36 閉*部分環 $A \neq C(X)$ が二点を区別すれば，$A = \{f \in C(X); f(x) = 0\}$ となる $x \in X$ が存在する．

定理 2.37 (Gelfand-Naimark) 可換 C*環 A に対して，そのゲルファント変換は，C*環としての*同型 $A \to C_0(\sigma_A)$ を与える．

証明 ゲルファント変換が*演算を保つことは，$h = h^* \in A$ と $\omega \in \sigma_A$ に対して $\omega(h) \in \sigma(h) \subset \mathbb{R}$ となることからわかる．

次にゲルファント変換が C*ノルムを保つことが，

$$\|a\|^2 = \|a^*a\| = \sup\{|\lambda|; \lambda \in \sigma(a^*a)\} = \sup\{|\widehat{a}(\omega)|^2; \omega \in \sigma_A\} = \|\widehat{a}\|^2$$

からわかる．したがって，ゲルファント変換の像 $\{\widehat{a}; a \in A\}$ は $C_0(\sigma_A)$ の C*部分環であるが，それによって σ_A の点が区別されることから，Stone-Weierstrass 定理により $C_0(\sigma_A)$ 全体に一致する． □

系 2.38 可換 C*環 A において，σ_A がコンパクトであることと A が単位元をもつことが同値．とくに $1 \notin A$ のとき $0 \in \overline{\sigma_A}$ であり，$\sigma_A \cup \{0\}$ は，局所コンパクト空間 σ_A の一点コンパクト化に一致する．

証明 単位的な A について σ_A はコンパクトである．逆に σ_A がコンパクトのとき，関数の制限により $C_0(\sigma)$ と $C(\sigma_A)$ とは*同型となるので，$A \cong C(\sigma_A)$ は単位元をもつ． □

〈例 2.39〉

(i) 可換 C*環 $A = C_0(\Omega)$（Ω は局所コンパクト空間）において，$\Omega \ni x \mapsto \delta_x \in \sigma_A$ は同相写像である．

(ii) 関数 t ($t \in \mathbb{R}$) を有界閉集合 $X \subset \mathbb{R}$ に制限したものを h とし，h から生成された $C(X)$ の C*部分環を A とすれば，$\sigma(h) = X, \sigma_A = X \setminus \{0\}$

と自然に同一視される.

問2.26 可換C*環 A が可分であることと，σ_A がσコンパクトかつ距離付け可能であることが同値であることを示せ.

単位的C*環 A の可換C*部分環 C が，$aa^* = a^*a$ を満たす $a \in A$ と単位元 1 から生成されているとき，$\sigma_C \ni \omega \mapsto \omega(a) \in \sigma(a)$ は同相写像を与える．したがって，$\sigma(a)$ の上で定義された連続関数 f に対して，$f(a) \in C$ を $\omega(f(a)) = f(\omega(a))$ $(\omega \in \sigma_C)$ によって定めることができ，対応 $C(\sigma(a)) \ni f \mapsto f(a) \in C$ はC*環の準同型を与える．これを a の**連続関数算** (continuous functional calculus) と呼ぶ.

問2.27 a から生成された A の閉*部分環を $C^*(a)$ で表せば，$C^*(a)$ の連続関数算による引き戻しは，$0 \notin \sigma(a)$ のときは $C(\sigma(a))$ に，$0 \in \sigma(a)$ のときは $\{f \in C(\sigma(a)); f(0) = 0\}$ に一致することを示せ．とくに，$f(0) = 0$ のとき，$f(a) \in C^*(a)$ となることを示せ.

問2.28 g を $\sigma(f(a)) = \{f(\lambda); \lambda \in \sigma(a)\}$ 上の連続関数とするとき，$g(f(a)) = (g \circ f)(a)$ であることを示せ.

〈例2.40〉 C*環 A に単位元を付加した $\widetilde{A}$ はユニタリーである．実際 $\widetilde{A}$ のエルミート元 h がノルム不等式 $\|h\| \leq 1$ を満たせば，h はユニタリー元 $u = h + i\sqrt{1-h^2}$ を使って，$h = (u + u^*)/2$ と表される．これと定理2.12および*表現の対応を合わせると，A の*表現は常に有界であることがわかる.

〈例2.41〉 可換C*環 $A = C(X)$ の閉*イデアル I に対して，$F = \sigma_{A/I} \subset \sigma_A$ とおくと，$\sigma_A = X$ という同一視の下，$F = \{x \in X; f(x) = 0\ (f \in I)\}$ であり，$I = C_F(X)$ が成り立つ．実際，$f \in I$ に対して，$f(x) = 0\ (x \in F)$ であれば，$\omega(f + I) = 0\ (\omega \in \sigma_{A/I})$ から $f + I = I \iff f \in I$ が従う．さらに，$f \in A$ を F に制限することで，$A/I \cong C(F)$ であることもわかる.

Gelfand-Naimark の表現定理はまた，コンパクト位相空間の作る圏と単位的可換C*環の作る圏の間の双対関係を意味する．ここで，前者はコンパクト位相空間の間の連続写像を射 (morphism) とし，後者は単位元を保つ*準同

型を射とする圏 (category) であり，連続写像 $f: X \to Y$ と単位的*準同型 $\phi: C(Y) \to C(X)$ とは，関係 $\phi(b) = b \circ f$ $(b \in C(Y))$ により対応し合う．またこの状況で，f の全射性（単射性）と ϕ の単射性（全射性）が同値な条件となる．とくに ϕ が単射的であれば，C*ノルムを保つことがわかる．

定理 2.42　C*環の間の単射*準同型 $\phi: A \to B$ は，C*ノルムを保つ．

証明　直積集合 $\mathbb{C} \times A$ を A に外部的単位元を付け加えたC*環とみなし（A に単位元がなければ，$\mathbb{C} \times A = \widetilde{A}$ であり，単位元があれば，$\mathbb{C} \times A \cong \mathbb{C} \oplus A$ となる），ϕ をC*環の単射*準同型 $\mathbb{C} \times A \ni (\lambda, a) \mapsto (\lambda, \phi(a)) \in \mathbb{C} \times B$ に拡張することで，ϕ は単位元を保つとしてよい．

さて，$a \in A$ に対して，$\|\phi(a)\| = \|a\| \iff \|\phi(a^*a)\| = \|a^*a\|$ を示そう．可換C*部分環 $C^*(1, a^*a) \subset A$ と $C^*(1, \phi(a^*a)) \subset B$ に移行することで，問題は A, B が可換な場合に帰着し，この場合は上で指摘したように正しい．□

系 2.43　C*環 A 上のC*ノルムは一つしかない．

証明　他にC*ノルム $\|\cdot\|'$ があるとき，A の $\|\cdot\|'$ に関する完備化を B で表せば，単射*準同型 $A \subset B$ を得るので，$\|a\| = \|a\|'$ である．□

以上のことに関連して次が成り立つのであるが，その証明のためにはC*環に備わったある種の正値性を理解する必要があり，それは次章で賄われる．

定理 2.44　C*環 A の閉イデアル I は必然的に*イデアルとなり，商環 A/I は商ノルムに関してC*環となる．

系 2.45　C*環の間の*準同型 $\phi: A \to B$ において，その像 $\phi(A)$ は B の閉集合である．

2.4　局所コンパクト可換群

局所コンパクト可換群の群環にゲルファント変換を適用することで，フーリエ変換が再現される様子を見ておこう．

最初に，一般の局所コンパクト群 G について，その（連続）ユニタリー表

現と群環 $L^1(G)$ の有界*表現が対応し合う（付録F）ことに注意する．このことに系2.23(ii)を合わせると，さらに群C*環 $C^*(G)$ の*表現と対応関係にあることもわかる．

定義2.46　局所コンパクト可換群 G から乗法群 $\mathbb{T}$ への連続な群準同型 ω を G の**指標** (character) という．G の指標全体を $\widehat{G}$ と書けば，$\widehat{G}$ は関数としての積により可換群となる．これを G の**双対群** (dual group) と呼ぶ．

〈例2.47〉　群としての同型 $\widehat{\mathbb{Z}} \cong \mathbb{T}$, $\widehat{\mathbb{T}} \cong \mathbb{Z}$, $\widehat{\mathbb{R}} \cong \mathbb{R}$ が成り立つ．具体的には，$z \in \mathbb{T}$ に対応する $\widehat{\mathbb{Z}}$ の元は $\mathbb{Z} \ni n \mapsto z^n$, $n \in \mathbb{Z}$ に対応する $\widehat{\mathbb{T}}$ の元は $z \mapsto z^n$, $\tau \in \mathbb{R}$ に対応する $\widehat{\mathbb{R}}$ の元は $\mathbb{R} \ni t \mapsto e^{it\tau}$ で与えられる．

問2.29　例2.47を確かめよ．

命題2.48　群C*環 $C^*(G)$ のスペクトルは $\widehat{G}$ と同一視され，$f \in L^1(G) \subset C^*(G)$ のゲルファント変換は

$$\widehat{f}(\omega) = \int_G f(g)\omega(g)\,dg, \quad \omega \in \widehat{G}$$

は $C^*(G)$ から $C_0(\widehat{G})$ への*同型に拡張される．

ただし，$\widehat{G}$ には，$\sigma_{C^*(G)}$ としての局所コンパクト位相を定めておく．すなわち，ω が ω_0 に近いとは，どのような有限個の $f_1, \ldots, f_n \in L^1(G)$ についても，$\max\{|\widehat{f_j}(\omega) - \widehat{f_j}(\omega_0)|\}_{1 \le j \le n}$ が小さくできるということである．

証明　一般の局所コンパクト群 G について，$L^1(G)$ の有界*表現，$C^*(G)$ の*表現，G のユニタリー表現は互いに対応するので，とくに可換群の場合に1次元表現に限定することで，群環のスペクトルと双対群との間に自然な全単射が存在する．　□

〈例2.49〉　例2.47における同一視の下，

$$\widehat{f}(z) = \sum_{n \in \mathbb{Z}} f(n) z^n \quad (f \in \ell^1(\mathbb{Z})),$$

$$\widehat{f}(n) = \int_{\mathbb{T}} f(z) z^n\,dz \quad (f \in L^1(\mathbb{T})),$$

$$\widehat{f}(\tau) = \int_{\mathbb{R}} f(t) e^{it\tau}\,dt \quad (f \in L^1(\mathbb{R}))$$

である．最後は（逆）フーリエ変換で，$z = e^{i\theta}$ という周期パラメータを使えば，最初はフーリエ級数，2 つ目はフーリエ係数を作り出す操作となる．

問 2.30　可換群環 $\mathbb{C}G$ の元 $a = \sum_{g \in G} a_g g$ の係数が $a_g \geq 0$ $(g \in G)$ を満たすとき，$\|a\|_{C^*} = \sup\{|\omega(a)|; \omega \in \sigma_{C^*(G)}\} = \sum_{g \in G} a_g$ となることを示せ．

この段階では，$C^*(G)$ のスペクトルとしての位相が $\widehat{G}$ の群演算を連続にするものなのかどうかは明らかでない．これが実際にそうなっていることを見るためには，$\widehat{G}$ の位相を扱いやすい形に言い換えておく必要がある．

補題 2.50　関数 $G \times \widehat{G} \ni (g, \omega) \mapsto \omega(g) \in \mathbb{T}$ は連続である．

証明　バナッハ空間 $L^1(G)$ への $a \in G$ の等長作用を $(af)(g) = f(a^{-1}g)$ $(f \in L^1(G))$ で定めると，$G \ni a \mapsto af \in L^1(G)$ はノルム連続である．実際，$f \in C_c(G)$ については，f の一様連続性と不等式 $\|f\|_1 \leq \|f\|_\infty |[f]|$ から従い，一般の $f \in L^1(G)$ は $C_c(G)$ の元でノルム近似することでわかる．

さて，

$$\widehat{(af)}(\omega) = \int_G f(a^{-1}g)\omega(g)\,dg = \omega(a)\widehat{f}(\omega)$$

であるから，$\widehat{f}(\omega) \neq 0$ であれば，$\omega(a) = \widehat{(af)}(\omega)/\widehat{f}(\omega)$ と表示される．そこで，与えられた $a_0 \in G$ と $\omega_0 \in \widehat{G}$ に対して，$f \in L^1(G)$ を $\widehat{f}(\omega_0) \neq 0$ と選んでおけば，$a \in G$ が a_0 に，$\omega \in \widehat{G}$ が ω_0 に近いとき，$\omega(a) - \omega_0(a_0) = \widehat{(af)}(\omega)/\widehat{f}(\omega) - \widehat{(a_0 f)}(\omega_0)/\widehat{f}(\omega_0)$ で，$\widehat{f}(\omega) - \widehat{f}(\omega_0)$ および

$$\begin{aligned}|\widehat{af}(\omega) - \widehat{a_0 f}(\omega_0)| &\leq |\widehat{af}(\omega) - \widehat{a_0 f}(\omega)| + |\widehat{a_0 f}(\omega) - \widehat{a_0 f}(\omega_0)| \\ &\leq \|af - a_0 f\|_1 + +|\widehat{a_0 f}(\omega) - \widehat{a_0 f}(\omega_0)|\end{aligned}$$

が小さくできることからわかる．　□

系 2.51　$\widehat{G}$ の位相は，コンパクト集合上一様収束の位相に一致する．

証明　まず，$\omega, \omega' \in \widehat{G}$ がコンパクト集合上一様に近いとき，$\widehat{G}$ の位相でも近いことを示す．実際，与えられた $f_j \in L^1(G)$ $(1 \leq j \leq n)$ と $\epsilon > 0$ に対して，コンパクト集合 $K \subset G$ を $\int_{G \setminus K} |f_j(g)|\,dg \leq \epsilon$ $(1 \leq j \leq n)$ となるようにとり，それに対して $\max\{|\omega(g) - \omega'(g)|; g \in K\} \leq \epsilon$ であれば，

$$|\widehat{f}_j(\omega) - \widehat{f}_j(\omega')| \le \int_K |f_j(g)(\omega(g) - \omega'(g))|\, dg + 2\epsilon \le (\|f_j\|_1 + 2)\epsilon$$

となるので，ω と ω' は $\widehat{G}$ の位相で近い．

逆に，$\omega \in \widehat{G}$ のコンパクト集合上一様開近傍は，上と下の補題により $\widehat{G}$ の開集合となる． □

補題 2.52 位相空間 X, Y, Z と連続写像 $X \times Y \ni (x, y) \mapsto \langle x, y\rangle \in Z$ を用意する．このとき，X のコンパクト部分集合 C と Z の開集合 W に対して，$W_C = \{y \in Y; \langle x, y\rangle \in W,\ \forall x \in C\}$ は Y の開集合である．

証明 W_C の元 y_0 に対して，各 $x \in C$ ごとに，開近傍 $U_x \ni x$ と開近傍 $V_x \ni y_0$ で $\langle U_x, V_x\rangle \subset W$ となるものがとれるので，C がコンパクトであることから，$x_1, \ldots, x_n \in C$ を選び，$C \subset \bigcup U_{x_i}$ とできる．そこで，$V = \bigcap V_{x_i} \ni y_0$ とおけば，$y \in V$ と $x \in C$ に対して，$x \in U_{x_i}$ となる i があるので，$\langle x, y\rangle \in \langle U_{x_i}, V_{x_i}\rangle \subset W$ がわかる．すなわち，$V \subset W_C$ である． □

〈例 2.53〉 群としての同型 $\widehat{\mathbb{Z}} \cong \mathbb{T}$, $\widehat{\mathbb{T}} \cong \mathbb{Z}$, $\widehat{\mathbb{R}} \cong \mathbb{R}$ は位相も込めて成り立つ．

問 2.31 例 2.53 を確かめよ．

定理 2.54 局所コンパクト群 G の双対群 $\widehat{G}$ の群演算は，$C^*(G)$ のスペクトルとしての局所コンパクト位相に関して連続である．したがって，$\widehat{G}$ は局所コンパクト可換群となる．これを G の **Pontryagin 双対** (Pontryagin dual) と呼ぶ．

証明 逆元をとる操作の方は，$\widehat{f}(\omega^{-1}) = \overline{\widehat{f}(\omega)}$ により連続である．積の連続性を示すために，上の系を使う．$\omega_1\omega_2$ $(\omega_j \in \widehat{G})$ の近傍 $\{\omega \in \widehat{G}; |\omega - \omega_1\omega_2|_K \le \epsilon\}$ に対して，ω_j の近傍として $|\omega_j' - \omega_j|_K \le \epsilon/2$ をとれば，

$$\begin{aligned}|\omega_1'\omega_2' - \omega_1\omega_2|_K &\le |\omega_1'\omega_2' - \omega_1'\omega_2|_K + |\omega_1'\omega_2 - \omega_1\omega_2|_K \\ &\le |\omega_2' - \omega_2|_K + |\omega_1' - \omega_1|_K \le \epsilon\end{aligned}$$

となって，積の連続性もわかる． □

〈注意〉 自然に $G \subset \widehat{\widehat{G}}$ であるが，位相も込めて $G = \widehat{\widehat{G}}$ となる（Pontryagin の双対定理）ことが知られている．詳細は，Folland [18], Loomis [20] を見るとよい．

第3章

C*環における正値性

ヒルベルト空間に由来する作用素環の最大の特徴はその正値性にある．この性質が，代数的とも思えるC*条件から自動的に従うことは注目に値するところで，初期のC*環論はこの正値性を巡って展開されたと言っても過言ではない．物理的観点からは，量子現象の確率解釈に正値性は必要不可欠と言えよう．ここでは有界作用素環としてのC*環の場合に，その基本的なところを見ておく．

3.1 正元

C*環 A のエルミート元 h が $\sigma_A(h) \subset [0,\infty)$ となるとき，**正** (positive) であるといい，$h \geq 0$ と表記する．この条件は，h の Gelfand-Naimark 関数表示により，h が $[0,\infty)$ に値をとる関数で表されるということである．そこで，正数 r による h のべき h^r を連続関数算により定めると，指数法則 $(h^r)^s = h^{rs}$, $h^r h^s = h^{r+s}$ $(r, s > 0)$ が成り立つ．A の正元全体を A_+ と書くと，これは正数倍と正べきの操作に関して閉じている．

問 3.1　$A \subset \mathcal{B}(\mathcal{H})$ のとき，$h^{1/2} \in A$ は $\mathcal{H}$ における正作用素としての h の平方根に一致することを示せ．

〈例 3.1〉　C*環のエルミート元 a に対して，連続関数算により $b = 0 \vee a$, $c = 0 \vee (-a)$ と定めると，これらは正元であり，$bc = cb = 0$ および $a = b - c$ を満たす．

補題 3.2 C*環のエルミート元 h について，以下の条件は同値．

(i) $h \geq 0$ である．

(ii) $\|r1 - h\| \leq r$ となる実数 $r \geq 0$ がある．

(iii) $\|r1 - h\| \leq r$ がすべての $r \geq \|h\|/2$ で成り立つ．

さらに (ii), (iii) から，正部分 A_+ は A の閉集合であることがわかる．

証明 h を Gelfand-Naimark 定理により関数表示してみればわかる． □

系 3.3 $a, b \in A_+$ ならば $a + b \in A_+$ であり，A_+ は凸錐となる．

証明 $a \geq 0, b \geq 0$ の特徴付け $\|\|a\|1 - a\| \leq \|a\|$, $\|\|b\|1 - b\| \leq \|b\|$ を使うと，

$$\Big\|(\|a\| + \|b\|)1 - a - b\Big\| \leq \Big\|\|a\|1 - a\Big\| + \Big\|\|b\|1 - b\Big\| \leq \|a\| + \|b\|$$

となって，$a + b \geq 0$ がわかる． □

定義 3.4 A_+ の定義からわかる $A_+ \cap (-A_+) = \{0\}$ に注意して，C*環 A のエルミート元についての順序を $a \leq b \iff b - a \in A_+$ によって定める．

定理 3.5 C*環の元 a に対して，$a^*a \geq 0$ である．

証明 エルミート元 a^*a を $a^*a = b - c$, $b, c \in A_+$, $bc = 0 = cb$ と分解すれば，$ca^*ac = -c^3 \leq 0$ であるから，問題は，$x^*x \leq 0$ から $x^*x = 0$ が導かれれば $x = ac$ として解決する．そこで $x = h + ik$ と表して，

$$xx^* = 2h^2 + 2k^2 - x^*x \geq 2h^2 + 2k^2 \geq 0$$

に注意すれば $\sigma(xx^*) \subset [0, \infty)$ となるので，次の補題とあわせることで $\sigma(x^*x) = \{0\}$ すなわち $x^*x = 0$ を得る． □

補題 3.6 環 $\mathcal{A}$ の元 a, b について，次が成り立つ．

$$\sigma_{\mathcal{A}}(ab) \cup \{0\} = \sigma_{\mathcal{A}}(ba) \cup \{0\}.$$

証明 複素数 $\lambda \neq 0$ に対して，$\lambda 1 - ab \in \mathcal{A}^\times \iff \lambda 1 - ba \in \mathcal{A}^\times$ を示せばよい．（十分大きな）$0 \neq \lambda \in \mathbb{C}$ に対して，形式的に計算すると

$$(\lambda 1 - ab)^{-1} = \frac{1}{\lambda} + \frac{ab}{\lambda^2} + \frac{abab}{\lambda^3} + \cdots = \frac{1}{\lambda} + \frac{1}{\lambda^2} a \left(1 + \frac{ba}{\lambda} + \frac{baba}{\lambda^2} + \cdots\right) b$$

$$= \frac{1}{\lambda} + \frac{1}{\lambda} a(\lambda 1 - ba)^{-1} b$$

であるが，$\lambda 1 - ba \in \mathcal{A}^\times$ のとき，この最後の表式が実際に $\lambda 1 - ab$ の逆元となっていることは両者の積を計算してみればわかる．□

問 3.2　エルミート元 h と任意の元 a に対して，$-\|h\|a^*a \le a^*ha \le \|h\|a^*a$ であることを示せ．C*環の GNS 表現の有界性がこのことからもわかる．

定義 3.7　C*環 A の元 a に対して，A_+ の元を $|a| = (a^*a)^{1/2}$ と定める．

命題 3.8　C*環 A 上の正汎関数 φ は連続であり，汎関数ノルムは次で与えられる．

$$\|\varphi\| = \sup\{\varphi(a); a \ge 0, \|a\| \le 1\}.$$

証明　まず $M = \sup\{\varphi(a); a \ge 0, \|a\| \le 1\}$ が有限であることを示す．もし，そうでなければ，列 $a_n \in A_+ \cap A_1$ で $\varphi(a_n) \ge n$ となるものがとれる．$\|a_n\| \le 1$ であるから，$a = \sum_{n=1}^\infty \frac{1}{n^2} a_n$ はノルム収束し，A_+ の元を $\sum_{k=1}^n a_k/k^2 \le a$ であるように定める．これは以下の矛盾を引き起こす．

$$\varphi(a) \ge \sum_{k=1}^n \frac{1}{k^2}\varphi(a_k) \ge \sum_{k=1}^n \frac{1}{k} \to \infty \ (n \to \infty).$$

次に，エルミート元 $h \in A$ の満たす不等式 $-|h| \le h \le |h|$ から $|\varphi(h)| \le \varphi(|h|) \le M\|h\|$ がわかるので，$a \in A$ について，

$$\begin{aligned} |\varphi(a)| &\le \left|\varphi\left(\frac{a+a^*}{2}\right)\right| + \left|\varphi\left(\frac{a-a^*}{2i}\right)\right| \\ &\le M\left\|\frac{a+a^*}{2}\right\| + M\left\|\frac{a-a^*}{2i}\right\| \le 2M\|a\| \end{aligned}$$

となり，φ の連続性がわかる．

最後に，$x, y \in A$ について成り立つ不等式

$$|\varphi(y^*x)|^2 \le \varphi(y^*y)\varphi(x^*x) \le M^2\|y^*y\|\,\|x^*x\|$$

において，連続関数算を使って $y = \frac{xx^*}{\epsilon + xx^*}$ $(\epsilon > 0)$ とおくと[1]，$\|y^*y\| = \|y\|^2 \le 1$ であり，

$$(x - y^*x)(x - y^*x)^* = \epsilon^2 \frac{xx^*}{(\epsilon + xx^*)^2}$$

---

[1] 連続関数 $f(t) = t/(\epsilon + t)$ による関数算 $f(xx^*)$ を y に代入したという意味である．

からわかる $\|x - y^*x\|^2 \leq \epsilon \to 0$ $(\epsilon \to +0)$ と φ の連続性をあわせることで,

$$|\varphi(x)|^2 = \lim_{\epsilon \to +0} |\varphi(y^*x)|^2 \leq M^2 \|x\|^2$$

すなわち $\|\varphi\| \leq M$ を得る. □

定義 3.9 C*環 A において, $A_+ \cap A_1$ の元から成る増大網 $(u_\iota)_{\iota \in \mathcal{I}}$ で, $\lim_{\iota \to \infty} \|au_\iota - a\| = 0$ $(a \in A)$ となるものを**近似単位元** (approximate unit) という.

命題 3.10 近似単位元は存在する.

証明 A_+ の有限部分集合 $\iota = \{a_1, \ldots, a_n\}$ を添え字とする $A_+ \cap A_1$ の元を

$$u_\iota = \frac{n(a_1 + \cdots + a_n)}{1 + n(a_1 + \cdots + a_n)}$$

で定めると, これは $u_\iota \leq u_{\iota'}$ $(\iota \subset \iota')$ を満たし, $\iota \ni a^*a$ であるとき,

$$\begin{aligned}
(a - au_\iota)^*(a - au_\iota) &= \frac{1}{1 + n(a_1 + \cdots + a_n)} a^* a \frac{1}{1 + n(a_1 + \cdots + a_n)} \\
&\leq \frac{a_1 + \cdots + a_n}{(1 + n(a_1 + \cdots + a_n))^2} \\
&\leq \sup\left\{ \frac{t}{(1 + nt)^2}; t \geq 0 \right\} = \frac{1}{4n}
\end{aligned}$$

となることから $\lim_{\iota \to \infty} \|au_\iota - a\| = 0$ がわかる. □

3.2 正汎関数

定理 3.11 単位的C*環 A 上の線型汎関数 φ について, φ が正であるための必要十分条件は $\|\varphi\| = \varphi(1)$ が成り立つこと.

証明 必要性 $\Longrightarrow$ は, $a \leq \|a\|1$ $(a \in A_+)$ と命題3.8からわかる.

十分性 $\Longleftarrow$ を示すには $\|\varphi\| = \varphi(1) = 1$ としてよい. エルミート元 $h = h^*$ に対して, $\varphi(h) = \lambda + i\mu$ $(\lambda, \mu \in \mathbb{R})$ とおくと,

$$|\lambda + i(\mu + t)| = |\varphi(h + it)| \leq \|h + it\| = \sqrt{\|h\|^2 + t^2},$$

すなわち $\lambda^2+(\mu+t)^2 \leq \|h\|^2+t^2$ $(t\in\mathbb{R})$ から $\mu=0$ でなければならない．そこで，$0\leq h\leq 1$ とすると，$|1-\varphi(h)|=|\varphi(1-h)|\leq\|1-h\|\leq 1$ であることと $\varphi(h)\in\mathbb{R}$ から，$\varphi(h)\geq 0$ がわかる． □

系 3.12 単位元をもたない C*環 A 上の正線型汎関数 φ とその線型拡大 $\psi:\widetilde{A}\to\mathbb{C}$ について，ψ が正であるための必要十分条件は $\psi(1)\geq\|\varphi\|$ となることである．

証明 ψ が正であれば，$a\in A_+\cap A_1$ に対して，

$$0\leq\psi((t+a)^2)=\psi(1)t^2+2\varphi(a)t+\varphi(a^2)$$

$(t\in\mathbb{R})$ よりわかる不等式 $\varphi(a)^2\leq\psi(1)\varphi(a^2)\leq\psi(1)\|\varphi\|$ で，a について上限をとれば，$\|\varphi\|^2=\sup\{\varphi(a)^2;0\leq a\leq 1\}\leq\psi(1)\|\varphi\|$ を得る．

逆に，不等式 $\psi(1)\geq\|\varphi\|$ を仮定して，$\widetilde{\varphi}(\lambda 1+a)=\|\varphi\|\lambda+\varphi(a)$ とおくと $\psi(\lambda+a)=(\psi(1)-\|\varphi\|)\lambda+\widetilde{\varphi}(\lambda+a)$ である．ここで，$\lambda+a\geq 0$ のとき $\lambda\geq 0$ となることに注意すれば，$\widetilde{\varphi}$ が正であること，すなわち $\|\widetilde{\varphi}\|=\widetilde{\varphi}(1)=\|\varphi\|$ であることがわかればよい．

不等式 $\|\widetilde{\varphi}\|\geq\|\varphi\|$ は明らかなので，逆の不等式 $\|\widetilde{\varphi}\|\leq\|\varphi\|$ が問題である．そこで，A の近似単位元 (u_ι) を用意して，$a\in A_+\cap A_1$ に対して成り立つ $0\leq u_\iota a u_\iota\leq u_\iota^2$ と近似単位元の性質 $\lim_{\iota\to\infty}u_\iota a u_\iota\to a$ から得られる不等式，

$$\varphi(a)\leq\liminf\varphi(u_\iota^2)\leq\limsup\varphi(u_\iota^2)\leq\|\varphi\|$$

で a について上限をとれば，$\|\varphi\|=\lim_{\iota\to\infty}\varphi(u_\iota^2)$ がわかるので，これから $|\widetilde{\varphi}(\lambda+x)|=\lim_\iota|\lambda\varphi(u_\iota^2)+\varphi(xu_\iota^2)|\leq\limsup_\iota\|\varphi\|\,\|\lambda u_\iota^2+xu_\iota^2\|\leq\|\varphi\|\,\|\lambda+x\|$ がわかる．ただし，最初の等式で $\|x-xu_\iota^2\|\leq 2\|x-xu_\iota\|\to 0$ を使った． □

問 3.3 C*環 A の近似単位元 (u_ι) に対して，有界汎関数 $\varphi\in A^*$ が正であるための必要十分条件は，$\|\varphi\|=\lim_{\iota\to\infty}\varphi(u_\iota)$ となることを示せ．

定理 3.13 C*環 B の C*部分環 A の上で定義された正汎関数 φ は，汎関数ノルムを維持したまま，B 上の正汎関数に拡張できる．

証明 B を $\widetilde{B}$ で置き換えて，$1\in B$ としてよい．$1\notin A$ のときは，φ を $\widetilde{A}=\mathbb{C}1+A$ 上の正汎関数 $\widetilde{\varphi}(\lambda 1+a)=\|\varphi\|\lambda+\varphi(a)$ で置き換えて，$1\in A$

としてよい．このとき，φ の B への Hahn-Banach 拡張を ψ とすれば，$\psi(1) = \varphi(1) = \|\varphi\| = \|\psi\|$ となって，定理 3.11 より ψ は正である． □

系 3.14 与えられた $a \in A$ に対して，正汎関数 φ で $\|\varphi\| = 1$ かつ $\varphi(a^*a) = \|a\|^2$ であるものが存在する．

証明 a^*a を関数表示した際の最大値を与える点における Dirac 測度を正汎関数として A 全体に拡張すればよい． □

上の系から，C*環 A 上の正汎関数の集まり $(\varphi_i)_{i\in I}$ を，各 $0 \neq a \in A$ に対して，$\varphi_i(a^*a) > 0$ となる $i \in I$ が存在するようにとることができる．このとき，GNS 表現の直和表現 $\pi = \bigoplus_{i\in I} \pi_i$ は忠実である．実際，$\pi(a) = 0$ であるとき $\varphi_i(b^*a^*ab) = 0$ $(b \in A, i \in I)$ となることから，b を単位元に近づけることで $\varphi_i(a^*a) = 0$ $(i \in I)$ がわかり，$a = 0$ を得る．

かくして，定理 2.42 と合わせることで，次がわかる．

定理 3.15 (Gelfand-Naimark) すべての C*環は，ある $\mathcal{B}(\mathcal{H})$ の C*部分環に*同型である．

上記表現定理の応用として，C*環 A の行列拡大 $M_n(\mathbb{C}) \otimes A \cong M_n(A)$ も C*環であることを示そう．実際，$A \subset \mathcal{B}(\mathcal{H})$ として，$M_n(\mathbb{C}) \otimes A \cong M_n(A)$ の $\mathcal{H}^{\oplus n}$ における*表現を行列作用により定めると，これが忠実な表現となり，またその像は $\mathcal{B}(\mathcal{H}^{\oplus n})$ のノルム閉集合となるので，$M_n(A)$ は C*環となる．とくに，C*ノルムの唯一性（系 2.43）により，$M_n(A)$ 上の C*ノルムは一つしかない．

問 3.4 $a = (a_{jk}) \in M_n(\mathcal{B}(\mathcal{H})) = \mathcal{B}(\mathcal{H}^{\oplus n})$ の作用素ノルムが $\max\{\|a_{jk}\|\} \leq \|a\| \leq \sum_{j,k} \|a_{jk}\|$ を満たすことに注意して，$M_n(A) \subset M_n(\mathcal{B}(\mathcal{H})) = \mathcal{B}(\mathcal{H}^{\oplus n})$ が作用素ノルムについて閉じていることを確かめよ．

問 3.5 ヒルベルト空間 $\mathcal{K}$ 上の有限ランク作用素環 $\mathcal{C}_0(\mathcal{K})$ と C*環 A とのテンソル積環 $\mathcal{C}_0(\mathcal{K}) \otimes A$ には C*ノルムが丁度一つ存在し，実現 $A \subset \mathcal{B}(\mathcal{H})$ から導かれる埋込み $\mathcal{C}_0(\mathcal{K}) \otimes A \subset \mathcal{B}(\mathcal{K} \otimes \mathcal{H})$ によって与えられる．これを示せ．

〈注意〉 一般に，2 つの C*環 A, B の代数的テンソル $A \otimes B$ の上の C*ノルムは一つとは限らないのであるが，$A \otimes B$ のC*包はその最大のものを与える．C*環 A は，他のどのようなC*環 B に対しても，$A \otimes B$ 上のC*ノルムが一つしかないとき，核型と呼ばれる．上の問は，行列環が核型であることを示すものであるが，他に可換C*環も核型であることが知られている．一方で，自由群の群C*環など核型でないものが一般的であることもわかっている．核型C*環については，Blackadar[10]を参照.

定理 2.44 の証明　閉イデアル I の元 x について，$\frac{x^*x}{t+x^*x} \in I$ $(t > 0)$ であり x^* が $\frac{x^*x}{t+x^*x}x^* \in I$ により近似されることから I は*イデアルである．そこで，C*環としての I における近似単位元 (u_ι) を用意すれば，

$$\|a + I\| = \lim_\iota \|a - au_\iota\| = \lim_\iota \|a - u_\iota a\|$$

$(a \in A)$ が成り立つ．実際，$x \in I$ に対して成り立つ不等式

$$\|a + I\| \leq \|a - au_\iota\| \leq \|(1 - u_\iota)(a + x)\| + \|x - xu_\iota\| \leq \|a + x\| + \|x - xu_\iota\|$$

において，$\iota \to \infty$ を考えると，

$$\|a + I\| \leq \liminf \|a - au_\iota\| \leq \limsup \|a - au_\iota\| \leq \|a + x\|$$

であり，$x \in I$ についての下限をとると，求める等式が得られる．

さて，商ノルムに関して A/I はバナッハ*環であることはわかっているので，不等式 $\|a + I\|^2 \leq \|a^*a + I\|$ を示せばよく，これは，

$$\|a + I\|^2 \leq \|a - au_\iota\|^2 = \|(1 - u_\iota)a^*a(1 - u_\iota)\| \leq \|a^*a(1 - u_\iota)\|$$

で，極限 $\iota \to \infty$ をとり，上で示した商ノルムの表示式を使えばわかる．　□

C*環 A のバナッハ空間としての双対空間 A^* は，A の*環の構造が反映されて*双加群の構造をもつ．すなわち，$\varphi \in A^*$ と $a \in A$ に対して，A^* の元 $a\varphi, \varphi a, \varphi^*$ を

$$(a\varphi)(x) = \varphi(xa), \quad (\varphi a)(x) = \varphi(ax), \quad \varphi^*(x) = \overline{\varphi(x^*)}, \quad \text{for } x \in A$$

によって定めると，A の作用する*双加群となる．

$$(a\varphi)b = a(\varphi b), \quad (a\varphi b)^* = b^*\varphi^*a^*.$$

また，線型汎関数 $\varphi \in A^*$ で $\varphi^* = \varphi$ となるものを**エルミート汎関数** (hermitian functional) と呼び，A 上の正線型汎関数全体を A^*_+ で表す．$\varphi \in A^*_+$, $a \in A$ のとき，$\varphi^* = \varphi$ および $a\varphi a^* \in A^*_+$ であることに注意．

一般の*バナッハ空間 A において，$H = \{h \in A; h^* = h\}$ とおくと，H は A の閉じた実部分空間であり，次が成り立つ．

補題 3.16　実バナッハ空間 H の双対バナッハ空間 H^* は，制限と複素線型拡張により，実バナッハ空間 $\{\varphi \in A^*; \varphi^* = \varphi\}$ と同一視できる．

証明　$\phi \in H^*$ の A への複素線型拡張を φ で表すとき，$\|\varphi\| \leq \|\phi\|$ を示せばよい．これは $a \in A$ に対して，$\varphi(a) = e^{i\theta}|\varphi(a)|$ $(\theta \in \mathbb{R})$ と表し，$\varphi(x^*) = \overline{\varphi(x)}$ $(x \in A)$ に注意すれば，次の評価からわかる．

$$|\varphi(a)| = \varphi(e^{-i\theta}a) = \phi\left(\frac{e^{-i\theta}a + e^{i\theta}a^*}{2}\right) \leq \|\phi\| \left\|\frac{e^{-i\theta}a + e^{i\theta}a^*}{2}\right\| \leq \|\phi\|\,\|a\|. \qquad \square$$

次は，測度論におけるジョルダン分解に相当する．

定理 3.17　(Grothendieck)　C*環 A 上のエルミート汎関数 $\theta \in A^*$ は，正線型汎関数 $\varphi, \psi \in A^*_+$ を使って $\theta = \varphi - \psi$ かつ $\|\theta\| = \|\varphi\| + \|\psi\|$ であるように表される．また，このような表し方は一つしかない．

証明　正単位球 $A^*_{+,1} = A^*_+ \cap A^*_1$ は弱*位相に関してコンパクトであるので，$A^*_{+,1} \cup (-A^*_{+,1})$ の凸包 $C \subset H^*_1$ もコンパクトとなる．もし $f \in H^*_1 \setminus C$ が存在すれば，$C \cap \{f\} = \emptyset$ に凸集合の分離定理（系 B.2）を適用することで，$f(h) > \sup\{g(h); g \in C\}$ となる $h \in H$ の存在がわかる（H を H^* の弱*位相に関する双対空間と同一視する）．そこで，$h \in A$ から生成された C*環 $C^*(h)$ のゲルファント変換を考えると，$|\omega(h)| = \|h\|$ となる $\omega \in \sigma_{C^*(h)}$ の存在がわかり，ω を拡張する $\varphi \in A^*_{+,1}$ をとってくると，$\pm\varphi \in C$ より $|f(h)| \geq f(h) > |\varphi(h)| = \|h\|$ となるので，これは $\|f\| \leq 1$ に反する．

以上のことから $\theta/\|\theta\| \in H^*_1$ は C の元として $\theta/\|\theta\| = t\varphi_1 - (1-t)\psi_1$ $(0 \leq t \leq 1, \varphi_1, \psi_1 \in A^*_{+,1})$ という表示が可能であり，$\varphi = t\|\theta\|\varphi_1$, $\psi = (1-t)\|\theta\|\psi_1$ とおけば，これが求めるものであることが次からわかる．

$$\|\theta\| \leq \|\varphi\| + \|\psi\| = t\|\theta\|\|\varphi_1\| + (1-t)\|\theta\|\|\psi\|_1 \leq t\|\theta\| + (1-t)\|\theta\| = \|\theta\|.$$

このような表し方が一つしかないことは，5.2節の普遍表現のところで，線型汎関数の極分解（定理5.18）を使って示される（直接的な証明がPedersen [23] §3.2 にある）． □

この章を閉じるにあたり，可換C*環 $C_0(X)$ (X は局所コンパクト空間) 上の連続汎関数と X 上の位相的測度との関係を見ておこう．最初に用語を補っておく．局所コンパクト位相空間 X において，$C_0(X)$ に属する関数から出発して，関数列の各点収束を繰り返して得られる関数を**ベール関数** (Baire function) という．ベール関数全体は*環を成し，さらに絶対値をとる操作について閉じている．このことは，各点ごとに複素共役，積，絶対値をとる操作が各点収束に関して連続であることから直感的には明らかであろうが，正式には単調族論法による．実数値ベール関数 f については，$f_\pm = (|f| \pm f)/2$ もベール関数であることから，束演算 $\vee, \wedge$ について閉じていることがわかる．同様に，実数値ベール関数でその値が有界閉区間 $[\alpha, \beta]$ に含まれるものは，$\alpha \leq f \leq \beta$ という条件を満たす実数値連続関数列から出発し次々と各点収束を繰り返すことで得られる．

X 上の有界ベール関数全体からなる*環を $B(X)$ で表す．ベール関数列 $f_n \in B(X)$ が $f \in B(X)$ に**有界各点収束**するとは，$\|f_n\|_\infty \leq M$ となる正数 M が存在し，各 $x \in X$ に対して，

$$\lim_{n\to\infty} f_n(x) = f(x)$$

であることと定義する．ここで，$\|f\|_\infty = \sup\{|f(x)|; x \in X\}$ である．$B(X)$ の*部分環 B が $C_c(X)$（コンパクト集合で支えられた連続関数全体）を含み，有界各点収束について閉じていれば，$B = B(X)$ であることに注意．

次は，積分論における有界収束定理に相当するDaniellの拡張定理（例えばLoomis [20] §12を見よ[2)]）の特別な場合である．

定理 3.18　正汎関数 $\varphi : C_0(X) \to \mathbb{C}$ は，次の性質を満たす $B(X)$ への拡張（これも φ で表す）を丁度一つもつ．

---

2) 次も参照．`https://www.math.nagoya-u.ac.jp/~yamagami/teaching/topics/integral2018.pdf`

有界ベール関数 f に有界各点収束する有界ベール関数列 f_n に対して，$\lim_{n\to\infty} \varphi(f_n) = \varphi(f)$ が成り立つ．

一方，$C_0(X)$ に属するすべての関数を可測にする最小の可測集合族[3] $\mathcal{B}(X)$ はベール集合族（個々の集合は**ベール集合**）と呼ばれ，次が成り立つ（Loomis [20] にある単調族論法を参照）．

(i) X の部分集合 S がベール集合であるための必要十分条件は，その支持関数 1_S がベール関数であること．

(ii) ベール集合族に関する可測関数がベール関数に一致する．

ベール集合族の上で定義された測度を**ベール測度** (Baire measure) と呼ぶ．

問 3.6 ベール集合族は，可算個の開集合の共通部分として表されるコンパクト集合から生成される可測集合族に一致することを示せ．
（ヒント：Urysohn を使う．）

〈注意〉 ベール集合族を含む可測集合族は，全体空間の位相が可算個の開集合で生成されるとき全ての開集合を含むのであるが，このことは無条件では成り立たない．こういう細かい違いは区別しだすと煩雑になるため，可算生成の条件を初めから仮定することも多い．

定理 3.19 (Riesz-Markov-Kakutani) 局所コンパクト空間 X を考える．$\varphi \in C_0(X)^*$ に対して，$\mu(S) = \varphi(1_S)$ $(S \in \mathcal{B}(X))$ とおけば，μ はベール集合族の上の複素測度となり，

$$\varphi(f) = \int_X f(x)\,\mu(dx), \quad f \in B(X)$$

が成り立つ．逆にベール集合族の上の複素測度 μ は，上の積分汎関数により $C_0(X)^*$ の元を定め，φ と μ とは対応し合う．

さらに，正汎関数と正測度，エルミート汎関数と符号つき測度，ジョルダン分解が対応し，$\|\varphi\| = |\mu|(X)$ が成り立つ．

証明 Daniell の拡張定理により，正汎関数 $\varphi : C_0(X) \to \mathbb{C}$ は，有界各点収束に関して連続であるように $B(X)$ 上の線型汎関数に拡張される．そこで，

---

3) σ-field あるいは σ-algebra と呼ばれ，補集合でも閉じているものを指す．

$\mu(S) = \varphi(1_S)$ $(S \in \mathcal{B}(X))$ とおけば，μ はベール集合族の上の有限測度であり，上の積分表示が成り立つ．逆に，$\mathcal{B}(X)$ 上の有限正測度 μ から $C_0(X)$ 上の正汎関数 φ が上の等式で定められ，両辺の $B(X)$ への拡張も同じ等式を満たすことから，φ と μ とが対応し合う．

一般の $\varphi \in C_0(X)^*$ については，その実部・虚部を定理3.17により分解し，上の定理を適用することで，複素測度 $\mu : \mathcal{B}(X) \to \mathbb{C}$ との対応を得る．　□

定義 3.20　線型汎関数 φ に対応する測度 μ を φ の定めるラドン測度 (Radon measure) という．

〈注意〉　関係者を並べるとRiesz-Radon-Banach-Markov-Kakutaniとなるが，長いのでRiesz-Markov あるいは Riesz-Markov-Kakutani と呼ばれることが多い．Radon の名前はなぜかいつも抜け落ちるのだが，その代わり，定理の内容に係わる測度にはラドンを冠する慣わしである．

〈例 3.21〉　正汎関数 φ に伴うGNS表現 $\pi : C_0(\Omega) \to \mathcal{B}(\overline{C_0(\Omega)\varphi^{1/2}})$ は，対応

$$C_0(\Omega)\varphi^{1/2} \ni a\varphi^{1/2} \mapsto a \in C_0(\Omega) \subset L^2(\Omega, \mu)$$

の定めるユニタリー写像 $\overline{C_0(\Omega)\varphi^{1/2}} \to L^2(\Omega, \mu)$ により，ヒルベルト空間 $L^2(\Omega, \mu)$ 上の掛算作用素で実現される．すなわち，

$$(\pi(a)\xi)(\omega) = a(\omega)\xi(\omega), \quad a \in C_0(\Omega), \xi \in L^2(\Omega, \mu).$$

問 3.7　ラドン測度 μ に伴う $C_0(\Omega)$ の表現 π について，μ を支える可測集合を S で表すとき，$\|\pi(a)\| = \inf_S \sup\{|a(\omega)|; \omega \in S\}$ を示せ．

最後に，ラドン測度の調和解析学への応用として，局所コンパクト可換群 G 上の連続な正定値関数と双対群 $\widehat{G}$ 上のラドン測度が対応し合うというBochner の定理を導いておく．一般に，群C*環 $C^*(G)$ の正汎関数と G 上の連続な正定値関数が対応する（付録F）ことから，正定値関数 φ は，G のユニタリー表現 π とベクトル ξ を使って $\varphi(g) = (\xi|\pi(g)\xi)$ と表され，$f \in L^1(G)$ に対して

$$\int_G f(g)\varphi(g)\,dg = (\xi|\pi(f)\xi)$$

である．そこで π を $C^*(G)$ の*表現と見なせば，右辺は $C^*(G) \cong C_0(\widehat{G})$ 上の正汎関数を与え，したがって，$\widehat{G} = \sigma_{C^*(G)}$ におけるラドン測度 μ により

$$\int_{\widehat{G}} \widehat{f}(\omega)\,\mu(d\omega) = \int_{G\times\widehat{G}} f(g)\omega(g)\,dg\mu(d\omega)$$

と表される．$L^1(G)$ が $C^*(G)$ で密，すなわち $\{\widehat{f}; f\in L^1(G)\}$ が $C_0(\widehat{G})$ で密であり，$\int_{\widehat{G}}\omega(g)\,\mu(d\omega)$ は下の補題から $g\in G$ の連続関数であるので，$\varphi(g)=\int_{\widehat{G}}\omega(g)\,\mu(d\omega)$ が成り立ち，有限ラドン測度 μ は φ で定まる．

逆にこの形の関数は正定値関数であり，再び下の補題から連続となる．

補題 3.22 $\widehat{G}$ 上の有限ラドン測度 μ に対して，

$$\int_{\widehat{G}}\omega(g)\,\mu(d\omega)$$

は $g\in G$ の連続関数である．

証明 $g\in G$ での連続性を示す．$\mu(\widehat{G})<\infty$ であるから，コンパクト集合 $K\subset\widehat{G}$ を大きくとることで，$\mu(\widehat{G}\setminus K)$ を与えられた $\epsilon>0$ よりも小さくできる．次に $\chi(h)$ が $(\chi,h)\in\widehat{G}\times G$ の連続関数であることから，各 $\chi\in K$ に対して，χ の近傍 U_χ と g の近傍 V_χ で $|\omega(h)-\omega'(h')|\le\epsilon$ ($\omega,\omega'\in U_\chi$, $h,h'\in V_\chi$) となるものがとれる．K のコンパクト性から，有限集合 $F\subset K$ で，$K\subset\bigcup_{\chi\in F}U_\chi$ となるものが存在する．そこで $V=\bigcap_{\chi\in F}V_\chi$ という g の近傍を考えると，各 $\omega\in K$ に対して，$\omega\in U_\chi$ となる $\chi\in F$ が見つかるので，$h\in V$ であれば $g,h\in V_\chi$ より $|\omega(g)-\omega(h)|\le\epsilon$ が成り立ち，

$$\left|\int_{\widehat{G}}(\omega(g)-\omega(h))\,\mu(d\omega)\right|\le 2\mu(\widehat{G}\setminus K)+\int_K|\omega(g)-\omega(h)|\,\mu(d\omega)\le 2\epsilon+\epsilon\mu(\widehat{G})$$

がわかる． □

〈注意〉 G が可分の場合は，ルベーグ積分の収束定理から連続性が直ちにわかる．

以上をまとめると，

定理 3.23 (Bochner) 局所コンパクト可換群 G の正定値連続関数 φ と双対群 $\widehat{G}$ 上の有限ラドン測度 μ とは次の関係で対応し合う．

$$\varphi(g)=\int_{\widehat{G}}\omega(g)\,\mu(d\omega).$$

第4章

表現とフォン・ノイマン環

表現との関連で言えば，フォン・ノイマン環の概念は2つの局面で現れる．一つは取持ち (intertwiner) の作る空間であり，もう一つは表現の弱い同値性の記述においてである．こういったものを扱う上でノルム位相は適切でなく，より弱い位相が必要となる．

例えば，既約表現に関するシューアの判定条件は取持ち（作用素）のスペクトル射影に基づいて理解すべきものであるが，与えられたエルミート作用素からスペクトル射影を取り出すためには，ノルム位相よりも弱い収束概念を用いることになる．ここで多少ややこしい点は，作用素に対する弱い位相というのが，互いに関連する形で多数考えられるところにある．

4.1 作用素位相

定義 4.1 ヒルベルト空間 $\mathcal{H}$ 上の有界線型作用素のつくるベクトル空間 $\mathcal{B}(\mathcal{H})$ において，以下の半ノルム位相[1] を導入する．ただし $\ell^2 = \ell^2(\mathbb{N})$ は，可分ヒルベルト空間の代表としての数列ヒルベルト空間を表す．

(i) 半ノルム $|(\xi|a\eta)|$ $(\xi, \eta \in \mathcal{H})$ による位相を**弱位相** (weak operator topology) という．

(ii) 半ノルム $\|a\xi\|$ $(\xi \in \mathcal{H})$ による位相を**強位相** (strong operator topology) という．

(iii) 半ノルム $\|a\xi\|, \|a^*\xi\|$ $(\xi \in \mathcal{H})$ による位相を**強*位相** (strong* operator topology) という．

[1] 局所凸位相 (locally convex topology) ともいう．

(iv) 半ノルム $|(\xi|(a\otimes 1)\eta)|$ $(\xi,\eta\in\mathcal{H}\otimes\ell^2)$ による位相を σ **弱位相** (σ-weak operator topology) という．

(v) 半ノルム $\|(a\otimes 1)\xi\|$ $(\xi\in\mathcal{H}\otimes\ell^2)$ による位相を σ **強位相** (σ-strong operator topology) という．

(vi) 半ノルム $\|(a\otimes 1)\xi\|, \|(a^*\otimes 1)\xi\|$ $(\xi\in\mathcal{H}\otimes\ell^2)$ による位相を σ **強*位相** (σ-strong* operator topology) という．

以上6つの位相は，無限次元ヒルベルト空間の場合，すべて異なるのであるが，作用素環の位相としては共通する点もまた多く，全体をノルム位相との比較で「弱い位相」と言い表す．

〈注意〉 ベクトル空間 V における半ノルム (seminorm) $|\cdot|$ とは，ノルムの性質のうち，$|v|\neq 0$ $(v\neq 0)$ を要求しないものをいう．また，半ノルムの集まり $(|\cdot|_i)_{i\in I}$ の定める位相とは，ベクトル $v\in V$ の近傍が $\{v'\in V; |v'-v|_i\leq r_i(i\in F)\}$ ($F\subset\mathcal{I}$ は有限集合で，$(r_i)_{i\in F}$ は正数の集まり）によって生成されるものをいう．

問 4.1 弱い6つの位相の強弱関係を調べよ．

命題 4.2 $\mathcal{B}(\mathcal{H})$ の作用する Hilbert-Schmidt 双加群 $\mathcal{H}\otimes\mathcal{H}^*$ を考える．

(i) σ 弱位相は，半ノルム $|(\xi|a\eta)|$ $(\xi,\eta\in\mathcal{H}\otimes\mathcal{H}^*)$ によるものと一致する．

(ii) σ 強位相は，半ノルム $\|a\xi\|$ $(\xi\in\mathcal{H}\otimes\mathcal{H}^*)$ によるものと一致する．

(iii) σ 強*位相は，半ノルム $\|a\xi\|, \|\xi a\|$ $(\xi\in\mathcal{H}\otimes\mathcal{H}^*)$ によるものと一致する．

証明 $\mathcal{H}$ が有限次元の場合はすべての位相が一致するので正しい．$\dim\mathcal{H}=\infty$ の場合は，ベクトルの可算分解（下の問）を使うことで，(i), (ii) がわかる．(iii) は，(ii) と $\|\xi a\|=\|(\xi a)^*\|=\|a^*\xi^*\|$ からわかる． □

問 4.2 ヒルベルト空間 $\mathcal{H}$ の正規直交基底 $(e_j)_{j\in I}$ を用意する．このとき，テンソル積ヒルベルト空間 $\mathcal{H}\otimes\mathcal{H}^*$ のベクトル ξ に対して，$I_\xi=\{j\in I; (\xi|\mathcal{H}\otimes e_j^*)\neq 0\}$ は可算集合であり，$\xi=\sum_{j\in I_\xi}\xi_j\otimes e_j^*$ のように可算分解されることを示せ．

命題 4.3 作用素積はどの弱い位相についても片々連続[2] であり，*演算は，弱位相，強*位相，σ 弱位相，σ 強*位相に関して連続である．

---

[2] 積の変数ごとに個別に連続という意味．

問 4.3　部分環 $\mathcal{A} \subset \mathcal{B}(\mathcal{H})$ の弱い位相に関する閉包は再び部分環となることを示せ．

〈例 4.4〉

(i)　片側移動作用素 (unilateral shift) $S : \ell^2 \ni (\xi_1, \xi_2, \ldots) \mapsto (0, \xi_1, \xi_2, \ldots) \in \ell^2$ について，強位相で $(S^*)^n \to 0$ $(n \to \infty)$ であるが，そのエルミート共役の列 (S^n) はそもそも強位相で収束しない．

(ii)　両側移動作用素 (bilateral shift) $T : \ell^2(\mathbb{Z}) \to \ell^2(\mathbb{Z})$ $((T\xi)_n = \xi_{n-1}, n \in \mathbb{Z})$ について，弱位相で $T^n \to 0$ $(n \to \infty)$ であるが，強位相では収束しない．

問 4.4　例 4.4 を確かめよ．

命題 4.5　$\mathcal{B}(\mathcal{H})$ の有界部分集合 B の上では，弱位相（あるいは強位相，強*位相）は σ 弱位相（あるいは σ 強位相，σ 強*位相）にそれぞれ一致する．

〈例 4.6〉　可分ヒルベルト空間 $\mathcal{H}$ の単位球 $\mathcal{H}_1$ における可算密集合 $\{\xi_n\}_{n\geq 1}$ を用意して，$x \in \mathcal{B}(\mathcal{H})$ のノルムを

$$\|x\|_w = \sum_{m,n\geq 1} \frac{1}{2^{m+n}} |(\xi_m | x\xi_n)|, \quad \|x\|_s = \sum_{n\geq 1} \frac{1}{2^n} \|x\xi_n\|,$$
$$\|x\|_{s^*} = \|x\|_s + \|x^*\|_s$$

で定めると，$\|\cdot\|_w$ $(\|\cdot\|_s, \|\cdot\|_{s^*})$ から誘導される位相と弱位相（強位相，強*位相）は $\mathcal{B}(\mathcal{H})$ の単位球 B の上で一致する．さらに B は，距離 $\|x-y\|_w$ $(\|x-y\|_s, \|x-y\|_{s^*})$ に関して完備である．

問 4.5　例 4.6 を確かめよ．

問 4.6　有界作用素列 (T_n) が有界作用素 T に弱収束するならば，$(\|T_n\|)$ は n について一様有界であり，したがって，σ 弱位相に関して $T_n \to T$ であることを示せ（Banach-Steinhaus 定理を二度使う）．

問 4.7　可分ヒルベルト空間における有限ランクの正作用素からなる網 (T_ι) で，弱位相について収束し，σ 弱位相については収束しないものを作れ．

命題 4.7　線型汎関数 $\varphi : \mathcal{B}(\mathcal{H}) \to \mathbb{C}$ について，以下の4条件は同値である．

(i) トレース類作用素 $T \in \mathcal{B}(\mathcal{H})$ を使って $\varphi(x) = \mathrm{tr}(Tx)$ $(x \in \mathcal{B}(\mathcal{H}))$ と表される．

(ii) φ は σ 弱連続．

(iii) φ は σ 強*連続．

(iv) ベクトル $\xi, \eta \in \mathcal{H} \otimes \ell^2$ を使って $\varphi(x) = (\xi|(x \otimes 1)\eta)$ と表される．

証明　(i) $\Longleftrightarrow$ (ii): $T = x^*y$（ただし $x, y \in \mathcal{C}_2(\mathcal{H})$）と表し，$x, y$ に対応するベクトルを $\xi, \eta \in \mathcal{H} \otimes \mathcal{H}^*$ とすれば，$\mathrm{tr}(Ta) = (\xi|(a \otimes 1)\eta)$ となることからわかる．

(ii) $\Longrightarrow$ (iii) は当然．(iii) を仮定すると，$|\varphi(a)| \leq \|a\xi \oplus \xi a\|$ を満たす $\xi \in \mathcal{H} \otimes \mathcal{H}^*$ があるので，$a\xi \oplus \xi a \mapsto \varphi(a)$ は $\{a\xi \oplus \xi a; a \in \mathcal{B}(\mathcal{H})\} \subset \mathcal{H} \otimes \mathcal{H}^* \oplus \mathcal{H} \otimes \mathcal{H}^*$ の上の有界線型汎関数であることがわかる．ここでリースの補題を使えば，$\eta, \zeta \in \mathcal{H} \otimes \mathcal{H}^*$ による表示

$$\varphi(a) = (\eta \oplus \zeta | a\xi \oplus \xi a) = (\eta|a\xi) + (\zeta|\xi a) = (\eta|a\xi) + (\xi^*|a\zeta^*)$$

が得られ，φ の σ 弱連続性がわかる．

(i) $\Longleftrightarrow$ (iv): T のヒルベルト・シュミット作用素による積表示の言い換えである $\varphi(a) = (\xi|(a \otimes 1)\eta)$（ただし $\xi, \eta \in \mathcal{H} \otimes \mathcal{H}^*$）において，$\xi$ と η が $\mathcal{H} \otimes \ell^2$ のベクトルとみなされることに注意すればわかる．　□

(i) の表示において，$\|\varphi\| = \mathrm{tr}(|T|)$ が成り立ち，φ が正であることと $T \geq 0$ が同値である．とくに，$\mathcal{B}(\mathcal{H})$ 上の σ 弱連続な状態と $\mathcal{H}$ における正作用素で $\mathrm{tr}(T) = 1$ となるもの（**密度作用素** density operator）とが対応し合う．また (iv) の表示では，$\xi = \eta$ ととることができる．

問 4.8　強*連続汎関数 $\varphi : \mathcal{B}(\mathcal{H}) \to \mathbb{C}$ は弱連続であることを示せ．

局所凸空間において，凸集合が閉じているかどうかは連続汎関数を使って判定できることから次がわかる．

系 4.8　$\mathcal{B}(\mathcal{H})$ の σ 強*位相に関する閉部分空間 M は σ 弱位相でも閉じていて，とくに σ 強位相で閉じている．

証明 仮に $a \notin M$ が M の σ 弱閉包に入っていたとする．M が σ 強*位相で閉じていることから，$(a + \{y \in \mathcal{B}(\mathcal{H}); \|y\xi \oplus \xi y\| < 1\}) \cap M = \emptyset$ すなわち $\|(x-a)\xi \oplus \xi(x-a)\| \geq 1$ $(x \in M)$ となる $\xi \in \mathcal{H} \otimes \mathcal{H}^*$ が存在する．

そしてこのとき，$|\lambda| \leq \|(\lambda a + x)\xi \oplus \xi(\lambda a + x)\|$ であることから，$\mathbb{C}a + M$ 上の線型汎関数 $\lambda a + x \mapsto \lambda$ は，Hahn-Banach により，$\varphi(y) \leq \|y\xi \oplus \xi y\|$ を満たす $\mathcal{B}(\mathcal{H})$ 上の線型汎関数 φ に拡張される．とくに φ は σ 強*連続なので，上の命題により σ 弱連続でもあり，$\varphi(M) = 0 \neq 1 = \varphi(a)$ より，a が M の σ 弱閉包に属することに反する． □

補題 4.9 作用素 $a \in \mathcal{B}(\mathcal{H})$ が部分集合 $S \subset \mathcal{B}(\mathcal{H})$ の σ 強閉包に入るための必要十分条件は，$(a \otimes 1)\xi \in \overline{(S \otimes 1)\xi}$ $(\xi \in \mathcal{H} \otimes \ell^2)$ となること．ここで，$\overline{(S \otimes 1)\xi}$ は $\{(s \otimes 1)\xi; s \in S\}$ の $\mathcal{H} \otimes \ell^2$ におけるノルム閉包を表す．

証明 σ 強位相の定義と，有限個の直和 $\ell^2 \oplus \cdots \oplus \ell^2$ が ℓ^2 とユニタリー同型であることからわかる． □

次はルベーグ積分における単調収束定理に相当し，弱い位相を考える理由の一つとなる．

命題 4.10 ヒルベルト空間 $\mathcal{H}$ 上の有界正作用素の増大網 (a_ι) は，そのノルムが有界ならば，有界正作用素 a に σ 強収束する．

証明 分極等式により，エルミート形式 $(\xi|a_\iota\eta)$ が各点収束し，$(\|a_\iota\|)$ が有界であることから，正作用素 $a \in \mathcal{B}(\mathcal{H})$ を

$$(\xi|a\eta) = \lim_{\iota \to \infty} (\xi|a_\iota\eta), \quad \xi, \eta \in \mathcal{H}$$

により定めることができ，次が成り立つ．

$$\begin{aligned}
\|(a - a_\iota)\xi\|^2 &\leq \|(a - a_\iota)^{1/2}\|^2 \, \|(a - a_\iota)^{1/2}\xi\|^2 \\
&= \|a - a_\iota\| \, (\xi|(a - a_\iota)\xi) \\
&\leq \|a\| \, (\xi|(a - a_\iota)\xi) \to 0 \ (\iota \to \infty).
\end{aligned}$$

命題 4.5 により，この収束は σ 強位相によるものでもある． □

ここで可換 C*環の*-表現を積分の収束定理により拡充することで，スペクトル分解定理を導いておこう．土台になる局所コンパクト空間を X とし，前

章末で導入したように，その上の有界ベール関数全体の作る*環を $B(X)$ で，X のベール集合全体の作る σ 体を $\mathcal{B}(X)$ で表す．

定理 4.11（可測関数算） 可換 C*環 $C_0(X)$ の*表現 $\pi : C_0(X) \to \mathcal{B}(\mathcal{H})$ に対して，それを拡張する*表現 $\widetilde{\pi} : B(X) \to \mathcal{B}(\mathcal{H})$ で，次のスペクトル条件を満たすものが丁度一つ存在する．$\xi \in \mathcal{H}$, $f \in B(X)$ に対して，

$$(\xi|\widetilde{\pi}(f)\xi) = \int_X f(x)\,\mu_\xi(dx).$$

ただし，μ_ξ は正汎関数 $C_0(X) \ni f \mapsto (\xi|\pi(f)\xi)$ に伴うラドン測度を表す．

更にこのとき，$B(X)$ での関数列 (f_n) が $f \in B(X)$ に有界各点収束すれば，

$$\lim_{n\to\infty} \|\widetilde{\pi}(f_n)\xi - \widetilde{\pi}(f)\xi\| = 0 \ (\xi \in \mathcal{H}).$$

証明 $B(X)$ の*部分代数 $A \supset C_0(X)$ と上記の条件を満たす A からの準同型写像 π_A があれば，それは A だけで決まる．実際，実数値関数 f に対してはスペクトル条件によりエルミート作用素 $\pi_A(f)$ が定められ，一般の関数はそのようなものの一次結合で書けるから主張は正しい．以下，$\pi_A(f)$ $(f \in A)$ も $\pi(f)$ と書くことにする．

そこで，そのような準同型写像を許す部分*環 A 全体を $\mathcal{A}$ で表せば，$B(X) \in \mathcal{A}$ を示すことになる．設定から $C_0(X) \in \mathcal{A}$ であることに注意．

与えられた $A \in \mathcal{A}$ に対して，A における関数列 (f_n) が $f \in B(X)$ に有界各点収束すれば，有界作用素の列 $(\pi(f_n))$ は強位相で収束する．実際，$A \ni f \mapsto \pi(f)$ が*準同型であることとスペクトル条件から，$\xi \in \mathcal{H}$ に対して，

$$\begin{aligned}&\|\pi(f_m)\xi - \pi(f_n)\xi\|^2 \\ &\quad = \int_X \Big(f_m^*(z)f_m(z) + f_n^*(z)f_n(z) - f_m^*(z)f_n(z) - f_n^*(z)f_m(z)\Big)\mu_\xi(dz)\end{aligned}$$

という表示を得るので $(\pi(f_n)\xi)$ はコーシー列である．また，

$$\|\pi(f_n)\xi\|^2 = (\xi|\pi(f_n^*f_n)\xi) = \int_X |f_n(z)|^2\,\mu_\xi(dz) \le \|f_n\|_\infty^2\|\xi\|^2 \le M^2\|\xi\|^2$$

であるから，有界作用素 $\pi(f)$ を

$$\lim_{n\to\infty} \pi(f_n)\xi = \pi(f)\xi, \quad \forall\xi \in \mathcal{H}$$

で定めることができて，

$$(\xi|\pi(f)\xi) = \lim_{n\to\infty}(\xi|\pi(f_n)\xi) = \lim_{n\to\infty}\int_X f_n(z)\,\mu_\xi(dz) = \int_X f(z)\,\mu_\xi(dz)$$

が成り立つ．

ここで A に含まれる関数列の有界各点収束極限全体からなる*環を $\overline{A}$ で表せば，π の $\overline{A}$ への拡張が $\pi(f) = \lim_{n\to\infty}\pi(f_n)$ によって得られ，スペクトル条件が維持される．また，この収束が一様有界強収束の意味で成り立つことから，$f, g \in \overline{A}$ に対して

$$\begin{aligned}\pi(fg) &= \lim_{n\to\infty}\pi(f_n g_n) = \lim_{n\to\infty}\pi(f_n)\pi(g_n)\\ &= \left(\lim_{n\to\infty}\pi(f_n)\right)\left(\lim_{n\to\infty}\pi(g_n)\right) = \pi(f)\pi(g).\end{aligned}$$

また，

$$(\xi|\pi(f^*)\eta) = \lim_{n\to\infty}(\xi|\pi(f_n^*)\eta) = \lim_{n\to\infty}(\pi(f_n)\xi|\eta) = (\pi(f)\xi|\eta),$$

すなわち，$\pi(f^*) = (\pi(f))^*$ である．以上により $\overline{A} \in \mathcal{A}$ が示された．

一方でスペクトル条件は帰納的な性質であるので，$\mathcal{A}$ の元 B で $C_0(X)$ を含むものを最大限にとれば，$\overline{B} = B$ となる．そこで，$C_c(X) \subset C_0(X) \subset B$ に注意すれば，B は全ての有界ベール関数を含み，$B = B(X)$ がわかる．　□

系 4.12（スペクトル分解定理）　$C_0(X)$ のヒルベルト空間 $\mathcal{H}$ における*表現 π に対して，$\mathcal{H}$ における射影作用素を値にとるベール集合族 $\mathcal{B}(X)$ の上の測度 E で，

$$(\xi|\widetilde{\pi}(f)\eta) = \int_X f(x)\,(\xi|E(dx)\eta), \quad f \in B(X),\ \xi, \eta \in \mathcal{H}$$

となるものが丁度一つ存在する．ここで右辺は，複素測度 $(\xi|E(\cdot)\eta)$ についての積分を表す．

証明　$\widetilde{\pi}$ の性質により $E(S) = \widetilde{\pi}(1_S)$ $(S \in \mathcal{B}(X))$ は射影値測度を定め，連続関数を単純関数で一様近似することで求める積分表示を得る．　□

スペクトル分解定理を $C^*(G) \cong C_0(\widehat{G})$ (命題 2.48) に適用することで，調和解析の基本定理が得られる．

定理 4.13 (Stone[3]) 局所コンパクト可換群 G のユニタリー表現 π に対して，$\widehat{G}$ 上の射影測度 E で，

$$(\xi|\pi(g)\eta) = \int_{\widehat{G}} \omega(g)(\xi|E(d\omega)\eta)$$

となるものが丁度一つ存在する．

〈例 4.14〉

(i) ベクトル群 $\mathbb{R}^n$ のユニタリー表現 π は，$\mathbb{R}^n$ 上の射影測度を使って

$$\pi(t) = \int_{\mathbb{R}^n} e^{it\tau}\, E(d\tau), \quad t\tau = t_1\tau_1 + \cdots + t_n\tau_n$$

と表示される．

(ii) ユニタリー作用素 $U \in \mathcal{B}(\mathcal{H})$ は，単位円 $\mathbb{T}$ 上の射影測度 E を使って，

$$U = \int_{\mathbb{T}} z\, E(dz)$$

と表示される．

4.2 射影と近似定理

定義 4.15 ヒルベルト空間 $\mathcal{H}$ における**フォン・ノイマン環** (von Neumann algebra) とは，$\mathcal{B}(\mathcal{H})$ の非退化*部分環で，σ 弱位相で閉じているものをいう．ここで，$\mathcal{B}(\mathcal{H})$ の*部分環 $\mathcal{A}$ が**非退化**である (non-degenerate) とは，$\mathcal{A}\mathcal{H}$ が $\mathcal{H}$ で密であることを意味する．

ヒルベルト空間の直和とテンソル積に関連して，フォン・ノイマン環の集まり $(M_i \subset \mathcal{B}(\mathcal{H}_i))_{i\in I}$ の**直和**を

$$\bigoplus_{i\in I} M_i = \left\{ \oplus_i x_i ; x_i \in M_i, \sup_i \|x_i\| < \infty \right\} \subset \mathcal{B}\Big(\bigoplus_i \mathcal{H}_i\Big)$$

で，フォン・ノイマン環 $M \subset \mathcal{B}(\mathcal{H})$ のヒルベルト空間 $\mathcal{K}$ による**膨らまし**を

$$M \otimes 1_{\mathcal{K}} = \{x \otimes 1_{\mathcal{K}} ; x \in M\} \subset \mathcal{B}(\mathcal{H} \otimes \mathcal{K})$$

で定める．

[3] Naimark, Ambrose, Godement 等による拡張を含むため SNAG theorem とも称す．

問 4.9 直和と膨らましがフォン・ノイマン環であることを確かめよ.

定義 4.16 $\mathcal{B}(\mathcal{H})$ の部分集合 $\mathcal{S}$ の**可換子**[4] (commutant) を

$$\mathcal{S}' = \{c \in \mathcal{B}(\mathcal{H}); cs = sc\ (s \in \mathcal{S})\}$$

により定める. 作用素積の連続性により, $\mathcal{S}$ の可換子は, その弱閉包 $\overline{\mathcal{S}}$ の可換子に一致する.

問 4.10 $\mathcal{S} \subset \mathcal{T}$ のとき $\mathcal{T}' \subset \mathcal{S}'$ であり, $\mathcal{S}'$ は三重可換子 $\mathcal{S}'''$ に一致することを示せ.

問 4.11 $\mathcal{B}(\mathcal{H})$ の部分集合の集まり $(S_i)_{i\in I}$ について, $(\bigcup S_i)' = \bigcap S_i'$ であることを示せ.

〈例 4.17〉 部分集合が $\mathcal{S} = \mathcal{S}^*$ を満たせば, その可換子 $\mathcal{S}'$ はフォン・ノイマン環である. この特別な場合として, *表現 $\pi : \mathcal{A} \to \mathcal{B}(\mathcal{H})$ に対して, その像の可換子 $\pi(\mathcal{A})'$ (π の取持ち全体に他ならない) はフォン・ノイマン環である.

〈例 4.18〉 フォン・ノイマン環の直和について, $\left(\bigoplus_{i\in I} M_i\right)' = \bigoplus_{i\in I} M_i'$ である.

〈例 4.19〉 (離散) 群 G の左右正則表現 をそれぞれ λ, ρ で表すとき, $\lambda(G)' = \rho(G)''$ である.

まず, 表現空間 $\ell^2(G)$ が群環 $\mathbb{C}G$ の*双加群であり, $a\delta^{1/2} = \delta^{1/2}a\ (a \in \mathbb{C}G)$ となること (例 1.36) に注意する. そこで, $r \in \lambda(G)'$ に対して $\eta = r(\delta^{1/2}) \in \ell^2(G)$ とおくと, $r(a\delta^{1/2}) = ar(\delta^{1/2}) = a\eta\ (a \in \mathbb{C}G)$ であり,

$$(a\delta^{1/2}|r(b\delta^{1/2})) = (a\delta^{1/2}|b\eta) = (\eta^*b^*|a^*\delta^{1/2}) = (a\eta^*|b\delta^{1/2})$$

から $r^*(b\delta^{1/2}) = b\eta^*$ もわかる.

同様に, $l \in \rho(G)'$ に対して $\xi = l(\delta^{1/2})$ とおくと, $l(a\delta^{1/2}) = \xi a, l^*(a\delta^{1/2}) = \xi^* a\ (a \in \mathbb{C}G)$ となるので,

$$\begin{aligned}(a\delta^{1/2}|lr(b\delta^{1/2})) &= (l^*(a\delta^{1/2})|r(b\delta^{1/2})) = (\xi^*a|b\eta) = (\eta^*b^*|a^*\xi) \\ &= (a\eta^*|\xi b) = (r^*(a\delta^{1/2})|l(b\delta^{1/2})) = (a\delta^{1/2}|rl(b\delta^{1/2})).\end{aligned}$$

[4] 交換子 (commutator) $[a, b] = ab - ba$ と混同しないように.

問4.12　2つの集合 $A, B \subset \mathcal{B}(\mathcal{H})$ が互いに積交換するとき，$A' = B''$ となる必要十分条件は，A' が B' と積交換することであることを確かめよ．

〈例4.20〉　σ 有限測度空間 (Ω, μ) に伴う*環 $L^\infty(\Omega, \mu)$ をヒルベルト空間 $L^2(\Omega, \mu)$ における掛算作用素の作る*環とみなすと，$(L^\infty(\Omega, \mu))' = L^\infty(\Omega, \mu)$ である．すなわち，$L^\infty(\Omega, \mu)$ は $L^2(\Omega, \mu)$ における極大可換フォン・ノイマン環である．

実際，$b \in \mathcal{B}(L^2(\Omega, \mu))$ が $L^\infty(\Omega, \mu)$ と積交換すれば，$\mu(E) < \infty$ である可測集合 $E \subset \Omega$ ごとに $b(1_E \mu^{1/2}) = b_E \mu^{1/2}$ で定められる関数 $b_E \in L^2(\Omega, \mu)$ を張り合わせることで Ω 上の μ 可測関数 b_Ω が得られ，$a \in L^\infty(\Omega, \mu)$ と E に対して，

$$b(a1_E\mu^{1/2}) = ab(1_E\mu^{1/2}) = b_E a 1_E \mu^{1/2} = b_\Omega a 1_E \mu^{1/2}$$

が成り立つ．$\bigcup_E L^\infty(\Omega, \mu) 1_E \mu^{1/2}$ は $L^2(\Omega, \mu)$ で密であるから，b が b_Ω による掛算作用素に一致することがわかる．

問4.13　関数 $f \in L^\infty(\Omega, \mu)$ による $L^2(\Omega, \mu)$ における掛算作用素のノルムは $|f|$ の本質的上限 $\inf\{r > 0; \mu([|f| \geq r]) = 0\}$ と一致することを示せ．

von Neumann の二重可換子定理の準備として補題を2つ用意する．いずれも行列の場合の分割計算に相当するものである．

補題 4.21　$\mathcal{A}$ を $\mathcal{B}(\mathcal{H})$ の*部分環とし，(δ_j) を ℓ^2 の標準基底とする．

(i) 有界作用素 $C \in \mathcal{B}(\mathcal{H} \otimes \ell^2)$ が $(\mathcal{A} \otimes 1)'$ に入るための必要十分条件は $(1 \otimes \delta_j^*) C (1 \otimes \delta_k) \in \mathcal{A}'$ $(j, k \geq 1)$ となること．

(ii) $(\mathcal{A} \otimes 1)'' = \mathcal{A}'' \otimes 1$ が成り立つ．

(iii) 射影 $e \in \mathcal{B}(\mathcal{H})$ が $\mathcal{A}'$ に入るための必要十分条件は $e\mathcal{H}$ が $\mathcal{A}$ 不変となること．

証明　(i) $(1 \otimes \delta_j^*)(a \otimes 1) = a(1 \otimes \delta_j^*)$ $(a \in \mathcal{A},\ j \geq 1)$ からわかる．

(ii) 包含関係 $\mathcal{A}'' \otimes 1 \subset (\mathcal{A} \otimes 1)''$ は (i) から従う．逆の包含関係を得るために，$C \in \mathcal{B}(\mathcal{H} \otimes \ell^2)$ を $(\mathcal{A} \otimes 1)'$ の可換子からとってくると，C が $(1 \otimes \delta_j)(1 \otimes \delta_k^*)$ $(j, k \geq 1)$ と積交換することから，$(1 \otimes \delta_j^*) C (1 \otimes \delta_k) = \delta_{j,k} c$ すなわち $C = c \otimes 1$（ここで $c \in \mathcal{B}(\mathcal{H})$）．一方，$C$ は $(1 \otimes \delta_j) a' (1 \otimes \delta_j^*)$ $(a' \in \mathcal{A}')$ とも積交換する

ので，c は $\mathcal{A}'$ の可換子に入る．

(iii) 明らかでない $\Longleftarrow$ を示す．$\mathcal{A}$ は*環であるから，$e\mathcal{H}$ の不変性から直交補空間 $(1-e)\mathcal{H}$ も不変であり，$a \in \mathcal{A}$ に対して，$ae\xi = a\xi = ea\xi$ $(\xi \in e\mathcal{H})$ と $ae\xi = 0 = ea\xi$ $(\xi \in (1-e)\mathcal{H})$ から $ae = ea$ がわかる． □

補題 4.22 *部分環 $\mathcal{A} \subset \mathcal{B}(\mathcal{H})$ が非退化のとき，$\xi \in \overline{\mathcal{A}\xi}$ $(\xi \in \mathcal{H})$ である．

証明 ノルム閉包をとることで，$\mathcal{A}$ は $\mathcal{B}(\mathcal{H})$ の C*部分環としてよく，その近似単位元 (u_ι) をとれば，密部分空間 $\mathcal{A}\mathcal{H}$ の上で成り立つ

$$\lim_{\iota\to\infty} u_\iota \sum_{j=1}^{n} a_j\xi_j = \sum_{j=1}^{n} \lim_{\iota\to\infty} u_\iota a_j\xi_j = \sum_{j=1}^{n} a_j\xi_j$$

に注意して，強位相で $\lim_{\iota\to\infty} u_\iota = 1$ がわかる．とくに，$\xi = \lim_\iota u_\iota\xi$ は，$\mathcal{A}\xi$ のノルム閉包に入る． □

定理 4.23 (von Neumann の二重可換子定理) $\mathcal{B}(\mathcal{H})$ の非退化*部分環 $\mathcal{A}$ について，その二重可換子 $\mathcal{A}''$ は，$\mathcal{A}$ の σ 強閉包に一致する．

証明 $\mathcal{A}''$ は弱閉集合なので，$a'' \in \mathcal{A}''$ が $\mathcal{A}$ の σ 強閉包に入ることを言えばよい．補題 4.9 により，$(a''\otimes 1)\xi \in \overline{(\mathcal{A}\otimes 1)\xi}$ $(\xi \in \mathcal{H}\otimes\ell^2)$ を示せばよいので，$\overline{(\mathcal{A}\otimes 1)\xi}$ への射影を P で表すとき，$P \in (\mathcal{A}\otimes 1)'$ が $a''\otimes 1$ と積交換する（補題 4.21 (ii), (iii)）ことに注意すれば，

$$P(a''\otimes 1)\xi = (a''\otimes 1)P\xi = (a''\otimes 1)\xi.$$

最後の等式では，$\mathcal{H}\otimes\ell^2$ 上の非退化な*環 $\mathcal{A}\otimes 1$ に対して補題 4.22 を使った． □

系 4.24 $\mathcal{B}(\mathcal{H})$ の非退化な*部分環 M について，以下の条件は同値．

(i) $M = M''$．

(ii) M は弱位相で閉じている．

(iii) M はフォン・ノイマン環である．

(iv) M は σ 強*位相で閉じている．

証明 (i) $\Longrightarrow$ (ii) $\Longrightarrow$ (iii) $\Longrightarrow$ (iv) は明らか．(iv) を仮定すると，系 4.8 により M は σ 強位相で閉じているので，定理から (i) が成り立つ． □

上の系の応用として次がわかる．

命題 4.25　ヒルベルト空間 $\mathcal{H}$ におけるフォン・ノイマン環の集まり $(M_i)_{i\in I}$ について，$\bigcap M_i = (\bigcup M_i')'$ である．

〈例 4.26〉　有界既約*表現 $\pi : \mathcal{A} \to \mathcal{B}(\mathcal{H})$ について，$\pi(\mathcal{A})$ の σ 強*閉包は $\mathcal{B}(\mathcal{H})$ に一致する．とくに有限ランク作用素環 $\mathcal{C}_0(\mathcal{H}) \subset \mathcal{B}(\mathcal{H})$ は σ 強*位相に関して密である．

〈例 4.27〉　$\mathcal{H}$ におけるフォン・ノイマン環 M について，$a \in M$ の**極分解**を $a = v|a|$ とすれば，$|a|$, v ともに M の元である．実際，M' のユニタリー u に対して，$a = uau^* = uvu^*u|a|u^*$ と元の極分解を比較すると，$uvu^* = v$, $u|a|u^* = |a|$ となり，例 2.40 により M がユニタリーであることから，$v, |a| \in (M')' = M$ がわかる．M の射影 vv^*, v^*v をそれぞれ a の**左支え** (left support)，**右支え** (right support) という．右支えを $[a]$ と書くことにすれば，左支えは $[a^*]$ となる．以下，この記号を常用する．

問 4.14　$a \in M \subset \mathcal{B}(\mathcal{H})$ の左支えは $\overline{a\mathcal{H}}$ への射影，右支えは $(\ker a)^\perp$ への射影であることを示せ．

次は，補題 4.21(iii) の言い換えである．

補題 4.28　フォン・ノイマン環 $M \subset \mathcal{B}(\mathcal{H})$ と射影 $e \in \mathcal{B}(\mathcal{H})$ について，$e \in M$ であることと $e\mathcal{H}$ が M' 不変であることは同値．

系 4.29　フォン・ノイマン環 M の射影全体は完備束である．

証明　M の射影と $\mathcal{H}$ の M' 不変閉部分空間との間に大小関係を保つ一対一の対応があることからわかる．　□

問 4.15　M の射影の集まり (e_i) について，$(\bigvee_i e_i)\mathcal{H} = \overline{\sum_i e_i\mathcal{H}}$, $(\bigwedge_i e_i)\mathcal{H} = \bigcap_i e_i\mathcal{H}$ であることを示せ．

定義 4.30　ヒルベルト空間 $\mathcal{H}$ におけるフォン・ノイマン環 M と射影 $e \in M$ に対して，eMe および $eM'e = M'e$ を $\mathcal{B}(e\mathcal{H})$ の*部分環とみなしたものは $e\mathcal{H}$ におけるフォン・ノイマン環であり，M の**切出し** (reduction) お

よび M' の**引出し** (induction) と呼ぶ.

命題 4.31 切出しと引出しについて，$(eMe)' = M'e$, $(M'e)' = eMe$ である.

問 4.16 最初に $(M'e)' = eMe$ を，次に $(eMe)' = M'e$ を確かめよ.

定義 4.32 代数での用語に従い，$M \cap M'$ を M の**中心** (center) と呼ぶ. これは，M と同じくヒルベルト空間 $\mathcal{H}$ におけるフォン・ノイマン環である. M の射影 e に対して，$e \leq c$ を満たす最小の中心射影 $c \in M \cap M'$ を e の**中支え** (central support) という. 中心射影全体が完備束を成すことからその存在がわかる. 具体的には，$c\mathcal{H}$ が $e\mathcal{H}$ を含む最小の $M \cup M'$ 不変部分空間ということで，$c\mathcal{H} = \overline{Me\mathcal{H}}$ で特徴づけられる.

問 4.17 M のユニタリー元全体を $\mathcal{U}$ で表すとき，$c = \bigvee_{u \in \mathcal{U}} ueu^*$ であることを示せ.

〈例 4.33〉 射影 $e \in M$ の中支えを c とするとき，対応 $x'c \mapsto x'e$ $(x' \in M')$ は，M' の 2 つの引出し $M'c, M'e$ の間の*同型を与える. 実際，$x'e = 0$ から $x'ueu^* = 0$ $(u \in \mathcal{U})$ が，したがって $x'c = 0$ が導かれる.

補題 4.34 σ 強*位相で閉じている*部分環 $N \subset \mathcal{B}(\mathcal{H})$ について，閉部分空間 $\overline{N\mathcal{H}} \subset \mathcal{H}$ への射影を e で表せば，e は N の単位元である.

証明 定義から $N \subset eN$ であり，N が*不変であることから $N \subset Ne$ となり $N \subset eNe$ がわかる. そこで，$M = N + (1-e)\mathcal{B}(\mathcal{H})(1-e)$ を考えると，これは σ 強*位相で閉じた $\mathcal{B}(\mathcal{H})$ の非退化*部分環であるから，系 4.24 により $1 = e + (1-e) \in M'' = M$ が成り立ち，$e \in N$ を得る. □

問 4.18 $N'' = N + \mathbb{C}(1-e)$ を確かめよ.

命題 4.35 フォン・ノイマン環 M の σ 弱閉左イデアル L は，M の射影 e を使って $L = Me$ と書ける. そしてこのような e は一つしかない. また L が両側イデアルであれば，$e \in M \cap M'$ となる.

証明 $N = L \cap L^*$ に上の補題を適用すれば，$e \in N$ から $Me \subset L$ である.

一方，$y \in L$ の極分解 $y = v|y|$ において，$|y| = (y^*y)^{1/2} \in N$ に注意すれば，$y = v|y| = v|y|e = ye \in Me$ である．e が一つしかないのは，それが L の右単位元であることによる．

L が両側イデアルであれば，M のユニタリー u に対して，$L = uLu^* = uMu^*ueu^* = Mueu^*$ と e の唯一性から $ueu^* = e$ となり，$e \in M \cap M'$ がわかる． □

定理 4.36 フォン・ノイマン環 M は順序完備である：M_+ の元からなるノルム有界な増大網 (a_ι) は，M における最小上界 a に σ 強収束する．

証明 M を $\mathcal{H}$ におけるフォン・ノイマン環とすると，命題4.10により，(a_ι) が正作用素 $a \in \mathcal{B}(\mathcal{H})$ に σ 強収束する．一方，系 4.24 により M が弱位相で閉じているので，a は M に属し，$\{a_\iota\}$ の上限に一致する． □

次は多分に技術的ではあるが，しばしば使われる．

定理 4.37 (Kaplansky) 作用素 $a \in \mathcal{B}(\mathcal{H})$ が*部分環 $\mathcal{A} \subset \mathcal{B}(\mathcal{H})$ の弱閉包に入っていれば，a に σ 強*収束する網 $(a_\iota) \subset \mathcal{A}$ で $\|a_\iota\| \leq \|a\|$ となるものが存在する．さらに，$a = a^*$ のときは $a_\iota = a_\iota^*$，$a \geq 0$ のときは $a_\iota \geq 0$ であるようにとれる．

証明 $\mathcal{H}$ を $\overline{\mathcal{A}\mathcal{H}}$ で置き換えることで，$\mathcal{A}$ は非退化であるとしてよい．さらに，ノルム閉包で置き換えることで $\mathcal{A}$ はC*部分環 A であるとしてよく，a を $a/\|a\|$ で置き換えることで，$\|a\| = 1$ としてよい．また，$\begin{pmatrix} 0 & a \\ a^* & 0 \end{pmatrix}$ が $M_2(A)$ の弱閉包に入ることから，$a = a^*$ であるとしてよい．

さて，C*部分環 $B \subset \mathcal{B}(\mathcal{H})$ と実数の集合 S に対して $B_S = \{h = h^* \in B; \sigma(h) \subset S\}$ という記号を導入し，$h \in B_{\mathbb{R}}$ に対して連続関数 $f(t) = 2t/(1+t^2)$ $(t \in \mathbb{R})$ による関数算を適用すると，$f(B_{\mathbb{R}}) \subset B_{[-1,1]}$ がわかる．さらに，f の $[-1,1]$ への制限が $[-1,1]$ から $[-1,1]$ への同相写像を与え，その逆関数を g で表すとき $g(f(h)) = h = f(g(h))$ $(h \in B_{[-1,1]})$ となることから，関数算を $B_{[-1,1]}$ に制限したものは，$B_{[-1,1]}$ からそれ自身への全単射を与える．

そこで，この対応を $a \in \mathcal{B}(\mathcal{H})_{[-1,1]}$ に適用し $a = f(b)$ となる $b \in \mathcal{B}(\mathcal{H})_{[-1,1]}$

をとると，ユニタリー $u \in A'$ に対して $ubu^* = g(uau^*) = b$ であることから $b \in A''$ がわかり，b に σ 強収束する網 $(b_\iota = b_\iota^*)$ を A からとることができる．最後に，$f(t) = \frac{1}{t+i} + \frac{1}{t-i}$ に注意して

$$f(b_\iota) - f(b) = \frac{1}{b_\iota + i}\Big(b - b_\iota\Big)\frac{1}{b+i} + \frac{1}{b_\iota - i}\Big(b - b_\iota\Big)\frac{1}{b-i}$$

と書きなおせば，$a_\iota = f(b_\iota) \in A_{[-1,1]}$ が $a = f(b)$ に σ 強収束することがわかる． □

系 4.38 可分なヒルベルト空間 $\mathcal{H}$ では，Kaplansky の定理における近似網は近似列でとれる．

証明 この場合，単位球 $\mathcal{B}(\mathcal{H})_1$ における σ 強*位相が，例 4.6 で与えた距離 $\|x - y\|_{s^*}$ によって与えられることからわかる． □

問 4.19 $a = a^* \in \mathcal{B}(\mathcal{H})$ とユニタリー $u \in \mathcal{U}(\mathcal{H})$ および連続関数 $g : \sigma(a) \to \mathbb{C}$ に対して，$ug(a)u^* = g(uau^*)$ であることを示せ．

〈例 4.39〉 $\mathcal{H}$ を可分ヒルベルト空間とするとき，例 4.6 で与えた $\mathcal{B}(\mathcal{H})$ の単位球 B における完備距離 $\|x - y\|_{s^*}$ は可分である．

実際，B の元は，B 内の有限ランク作用素により σ 強*位相で近似される一方で，有限ランク作用素は，有理複素数を成分とした有限個のベクトルで表される作用素によりノルム近似される．

このことと Kaplansky の定理を合わせると，可分ヒルベルト空間におけるフォン・ノイマン環 M が可算個の元によって生成されることもわかる．

第5章

フォン・ノイマン環の位相

フォン・ノイマン環の位相がその順序構造と密接に関連することを示し，さらに C*環の表現がフォン・ノイマン環によって統御される様子を通じて，量子確率空間としての側面をあわせみる.

5.1 連続汎関数と W*環

定理 5.1 フォン・ノイマン環 $M \subset \mathcal{B}(\mathcal{H})$ 上の線型汎関数 φ について，以下の条件は同値.

(i) トレース類作用素 $T \in \mathcal{B}(\mathcal{H})$ を使って $\varphi(a) = \mathrm{tr}(Ta)$ $(a \in M)$ と表される.

(ii) φ は σ 弱連続.

(iii) φ は σ 強*連続.

(iv) ベクトル $\xi, \eta \in \mathcal{H} \otimes \ell^2$ を使って $\varphi(a) = (\xi|(a \otimes 1)\eta)$ と表される.

さらに φ が正のとき，(i) の T は $T \geq 0$ であるように，(iv) の ξ, η は $\xi = \eta$ であるようにとることができる.

証明 前半は，Hahn-Banach の定理により，フォン・ノイマン環 $M \subset \mathcal{B}(\mathcal{H})$ 上の σ 弱連続あるいは σ 強*連続汎関数を $\mathcal{B}(\mathcal{H})$ 上のそれに拡張して，命題 4.7 を適用すればよい.

後半は，(iv) の ξ, η を使って $\omega(a) = (\xi+\eta|(a\otimes 1)(\xi+\eta))$ とおくと，$a \in M_+$ に対して，$\omega(a) \geq (\xi|(a \otimes 1)\eta) + (\eta|(a \otimes 1)\xi) = 2\varphi(a)$ となるので，$\varphi(a) = (S(\xi+\eta)|(a \otimes 1)S(\xi+\eta))$ $(a \in M)$ であるような $S \in \mathcal{B}(\mathcal{H} \otimes \ell^2)_+ \cap (M \otimes 1)'$

が存在する（命題 1.38）ことからわかる．T が $S^{1/2}(\xi+\eta)(\xi+\eta)^* S^{1/2}$ の部分トレースとして実現されることに注意． □

フォン・ノイマン環 M 上の線型汎関数については，上の同値な条件を満たすものを**連続** (continuous) と呼ぶことにする．なお，より弱い条件であるノルムに関する連続性は，ノルム連続あるいは有界という言い方で区別する．フォン・ノイマン環 $M \subset \mathcal{B}(\mathcal{H})$ 上の連続な線型汎関数全体を M の**双対前** (predual) と呼び M_* と書く．

命題 5.2 フォン・ノイマン環 M の双対前 M_* について，次が成り立つ．

(i) 双対前 M_* は M^* の閉部分空間である．

(ii) バナッハ空間 M_* の双対空間は M と自然に同一視される．

(iii) M における σ 弱位相が M_* の双対としての弱*位相に一致する．

証明 $M \subset \mathcal{B}(\mathcal{H})$ が σ 弱閉であるので，$\mathcal{C}_1(\mathcal{H})^* = \mathcal{B}(\mathcal{H})$ に注意して，命題 B.3 を $X = \mathcal{C}_1(\mathcal{H})$, $Y = M^\perp$ に適用すればよい． □

〈例 5.3〉

(i) ヒルベルト空間 $L^2(\Omega,\mu)$ における掛算作用素の作るフォン・ノイマン環 $M = L^\infty(\Omega,\mu)$ について，$M_* = L^1(\Omega,\mu)$ である．

(ii) ヒルベルト空間 $\mathcal{H}$ における全作用素環 $M = \mathcal{B}(\mathcal{H})$ について，M_* はトレース類作用素の作るバナッハ空間 $\mathcal{C}_1(\mathcal{H})$ と同一視される（命題 4.7）．

双対前 M_* において，ノルム位相と弱位相という二つの自然な位相があるのであるが，Hahn-Banach により，凸集合についてはそれが閉であるかどうかはどちらの位相で考えても同じことである．とくに，M_* の閉部分空間という言い方が許されることになる．バナッハ空間の極関係（付録 B）により，M_* の閉部分空間 Λ と M の弱*閉部分空間 R とは，極集合をとる操作で対応し合う．極関係 $\Lambda = \{\phi \in M_*; \phi(x) = 0\ (x \in R)\}$ により，Λ が $M\Lambda \subset \Lambda$（あるいは $\Lambda M \subset \Lambda$）という条件は $RM \subset R$（あるいは $MR \subset R$）と読み替えられるので，命題 4.35 の言い換えとして次を得る．

命題 5.4 M_* の閉部分空間 Λ で $M\Lambda \subset \Lambda$ を満たすものと M の射影 e と

は，関係 $\Lambda = M_* e$ により対応し合う．また，$e \in M \cap M'$ であることと，$M\Lambda M \subset \Lambda$ が同値である．

フォン・ノイマン環 M 上の正汎関数 φ が**完全加法的**である (completely additive) とは，互いに直交する M の射影の集まり $(e_i)_{i\in I}$ に対して，$\varphi(\sum_{i\in I} e_i) = \sum_{i\in I} \varphi(e_i)$ が成り立つことをいう．また φ が**順序連続**[1] (normal) であるとは，M の正元のノルム有界な増大網 $(a_\iota)_{\iota\in\mathcal{I}}$ に対して，$\varphi(\sup_{\iota\in\mathcal{I}} a_\iota) = \sup_{\iota\in\mathcal{I}} \varphi(a_\iota)$ が成り立つことをいう．ここで，$\sup_{\iota\in\mathcal{I}} a_\iota$ は $\{a_\iota\}_{\iota\in\mathcal{I}}$ の上限（定理4.36）を表す．順序連続性は M の順序構造のみで記述され，M を実現するヒルベルト空間およびそれに伴う弱位相には依らないことに注意.

補題 5.5　M 上の完全加法的汎関数 φ と射影 $0 \neq e \in M$ に対して，$p\varphi \in M_*$ となる M の射影 $0 \neq p \leq e$ が存在する.

証明　$e \neq 0$ であるから，$\varphi(e) < \|e\xi\|^2$ を満たすベクトル $\xi \in \mathcal{H}$ が存在する．そこで，互いに直交する eMe の射影の集まり $(e_i)_{i\in I}$ で $\varphi(e_i) \geq (\xi|e_i\xi)$ $(i \in I)$ となるものを最大限とり，$p = e - \sum e_i$ とおく．完全加法性から，

$$\varphi(e) = \varphi(p) + \sum \varphi(e_i) \geq \sum (\xi|e_i\xi) = (\xi|e\xi) - (\xi|p\xi)$$

となるので，$(\xi|p\xi) \geq \|e\xi\|^2 - \varphi(e) > 0$ である．また，最大限取り尽くしたので pMp のすべての射影 q が $\varphi(q) \leq (\xi|q\xi)$ を満たす．スペクトル分解と φ のノルム連続性から，これは $\varphi(a) \leq (\xi|a\xi)$ $(a \in pM_+p)$ を意味するので，

$$|\varphi(xp)| \leq \varphi(1)^{1/2}\varphi(px^*xp)^{1/2} \leq \varphi(1)^{1/2}\|xp\xi\|$$

$(x \in M)$ となり，$p\varphi$ の強連続性から $p\varphi \in M_*$ である．　□

定理 5.6（Dixmier）　フォン・ノイマン環上の正汎関数 φ について，以下は同値.

(i)　φ は連続.

(ii)　φ は順序連続.

(iii)　φ は完全加法的.

---

[1] ここでは意訳を採用した．通常は，情報の乏しい「正規」が当てられる.

証明　(ii) $\Longrightarrow$ (iii) は明らかで，(i) $\Longrightarrow$ (ii) は $\sup_\iota a_\iota$ が σ 弱極限であることからわかるので，(iii) $\Longrightarrow$ (i) を示せばよい．

互いに直交する射影の集まり $(e_i)_{i\in I}$ で $e_i\varphi \in M_*$ となるものを最大限とってくると，上の補題から $\sum_i e_i = 1$ となる．そこで，有限部分集合 $J \subset I$ について成り立つ

$$\left|\varphi\left(x\left(1-\sum_{j\in J} e_j\right)\right)\right| \le \varphi(xx^*)^{1/2}\varphi\left(1-\sum_{j\in J} e_j\right)^{1/2}$$
$$\le \|\varphi\|^{1/2}\|x\|\varphi\left(1-\sum_{j\in J} e_j\right)^{1/2},$$

すなわち $\|\sum_{j\in J} p_j\varphi - \varphi\| \le \|\varphi\|^{1/2}\varphi(1-\sum_{j\in J} p_j)^{1/2}$ において，$J \nearrow I$ とすれば，$\sum_{j\in J} p_j\varphi \in M_*$ のノルム極限として $\varphi \in M_*$ がわかる．□

定義 5.7　フォン・ノイマン環と*同型な C*環を **W*環** (W*-algebra) と呼ぶ．トレース類作用素が密度作用素の一次結合で表され，それに応じて双対前の元は順序連続な状態の一次結合で表されることから，W*環 M においては，その双対前 M_* が M の*代数構造だけで決まり，M をフォン・ノイマン環として実現する方法に依らないことに注意する．

W*環の間の*準同型 $\phi: M \to N$ が **順序連続** (normal) であるとは，M_+ の元からなるノルム有界な増大網 (a_ι) に対して $\phi(\sup_\iota a_\iota) = \sup_\iota \phi(a_\iota)$ が成り立つことをいう．

〈注意〉　W*は weakly closed に由来する．

形式的には，W*環は C*環の一部ということになるが，その様相は大分異なり，ノルムに関する可分性を要求すれば，両者の共通部分は有限次元環に限ることが示される．

命題 5.8　W*環の間の*準同型 $\phi: M \to N$ について，以下は同値．

(i)　ϕ は順序連続である．

(ii)　$\omega \in N_*^+$ に対して，$\omega \circ \phi \in M_*^+$ である．

(iii)　ϕ は弱*連続である，すなわち $N_* \circ \phi \subset M_*$ が成り立つ．

以下では，この同値な条件を満たすものを単に**連続**ということにする．とく

に $N = \mathcal{B}(\mathcal{H})$ のとき，W*環 M の*表現 $\phi : M \to \mathcal{B}(\mathcal{H})$ は連続であるといい，連続な*表現に伴う M 加群 $\mathcal{H}$ は **W*加群** (W*-module) と呼ばれる．

証明　(i) $\Longrightarrow$ (ii) は前の命題による．(ii) $\Longrightarrow$ (iii) は，$\psi \in N_*$ が順序連続な正汎関数の一次結合で書けることからわかる．(iii) $\Longrightarrow$ (i) は，W*環における上限が弱*極限として実現されることからわかる．　□

系 5.9　W*環の間の*同型 $\phi : M \to N$ について，ϕ およびその逆写像 ϕ^{-1} は連続である．

〈例 5.10〉　$\varphi \in M_*^+$ に伴う M の GNS 表現は連続であり，W*加群を与える．実際，$M\varphi^{1/2}$ のベクトルから作られる正汎関数は $M\varphi M \subset M_*$ の元であり，$\mathcal{B}(\overline{M\varphi^{1/2}})_* \cong \mathcal{C}_1(\overline{M\varphi^{1/2}})$ から引き起こされる M 上の線型汎関数は，それらの一次結合のノルム閉包に含まれることから M_* の元である．

定理 5.11　連続な*準同型 $\phi : M \to N$ の像 $\phi(M)$ は N の弱*閉集合である．

証明　$\phi(M)$ の弱*閉包に属する $y \in N$ は，定理 4.37 により，C*環 $\phi(M)$ の閉球 $\phi(M)_{\|y\|}$ の弱*閉包に入っている．一方，定理 2.44 より $\phi(M)_{\|y\|} \subset \phi(M_{\|y\|+\epsilon})$ $(\epsilon > 0)$ が成り立つ．上の命題から ϕ は弱*連続であり，命題 5.2 から閉球 M_r は弱*コンパクトとなるので $\phi(M_{\|y\|+\epsilon})$ も弱*コンパクトとなり，したがって $y \in \phi(M_{\|y\|+\epsilon})$ がわかる．　□

〈例 5.12〉　フォン・ノイマン環 $M \subset \mathcal{B}(\mathcal{H})$ について，

(i) 膨らまし $M \ni x \mapsto x \otimes 1 \in M \otimes 1 \subset \mathcal{B}(\mathcal{H} \otimes \ell^2)$ は，連続な単射*準同型である．

(ii) ユニタリー写像 $U : \mathcal{H} \to \mathcal{K}$ は，フォン・ノイマン環の*同型（空間同型 spatial isomorphism という）$M \ni x \mapsto UxU^* \in UMU^*$ を引き起こす．

(iii) 射影 $e' \in M'$ に対して，$\mathcal{K} = e'\mathcal{H}$ は M 不変であり，連続な全射*準同型 $M \ni x \mapsto xe' \in Me'$ を引出す．

以上は連続*準同型の典型的な例であるが，これらの組み合わせが十分一般的であることが次からわかる．

定理 5.13（Dixmier）　M, N をそれぞれヒルベルト空間 $\mathcal{H}, \mathcal{K}$ 上のフォン・ノイマン環とし，$\phi: M \to N$ を連続な全射*準同型 とする．このとき，添字集合 I と射影 $e \in (M \otimes 1_{\ell^2(I)})'$ とユニタリー写像 $U: e(\mathcal{H} \otimes \ell^2(I)) \to \mathcal{K}$ を適切に選ぶことで，次が成り立つようにできる．

$$U(a \otimes 1)U^* = \phi(a) \quad (a \in M).$$

証明　左 N 加群としてのヒルベルト空間 $\mathcal{K}$ を $\mathcal{K} = \bigoplus_{j \in J} \overline{N\eta_j}$ のように巡回表示し，$\varphi_j \in M_*^+$ を $\varphi_j(a) = (\eta_j|\phi(a)\eta_j)$ で定める．定理 5.1 を使って $\varphi_j(a) = (\xi_j|(a \otimes 1)\xi_j)$ $(a \in M)$ となる $\xi_j \in \mathcal{H} \otimes \ell^2$ を用意すると，GNS 表現の一意性から，ユニタリー写像 $U_j : \overline{(M \otimes 1)\xi_j} \to \overline{N\eta_j}$ が $U_j((a \otimes 1)\xi_j) = \phi(a)\eta_j$ により定められる（U_j が全射であるところで $N = \phi(M)$ を使う）．

直和表現 $\bigoplus_{j \in J} \overline{(M \otimes 1)\xi_j}$ は，$\mathcal{H} \otimes \ell^2 \otimes \ell^2(J)$ の $M \otimes 1$ 不変閉部分空間であることから，それへの射影 e は $(M \otimes 1)'$ に入っている．そこで，$I = \mathbb{N} \times J$ とし，同一視 $\ell^2(I) = \ell^2 \otimes \ell^2(J)$ の下で，ユニタリー写像 $U: e(\mathcal{H} \otimes \ell^2(I)) \to \mathcal{K}$ を $U = \bigoplus_{j \in J} U_j$ によって定めると，これらが求めるものを与える．　□

上の定理の簡単な応用として，W*環の**テンソル積**がフォン・ノイマン環としてのテンソル積を経由して意味をもつことを示そう．まず，フォン・ノイマン環 $M \subset \mathcal{B}(\mathcal{H})$, $N \subset \mathcal{B}(\mathcal{K})$ のテンソル積を $M \otimes N = \{a \otimes b; a \in M, b \in N\}'' \subset \mathcal{B}(\mathcal{H} \otimes \mathcal{K})$ で定める．

次に，W*環 M, N のフォン・ノイマン環としての 2 つの実現 $M_j \subset \mathcal{B}(\mathcal{H}_j)$, $N_j \subset \mathcal{B}(\mathcal{K}_j)$ $(j = 1, 2)$ から引き起こされる*同型を $\alpha : M_1 \to M_2$, $\beta : N_1 \to N_2$ とする．このとき，対応 $x \otimes y \mapsto \alpha(x) \otimes \beta(y)$ が，フォン・ノイマン環の間の*同型 $M_1 \otimes N_1 \to M_2 \otimes N_2$ を引き起こすことが上の定理よりわかる．

問 5.1　これの細部を確かめよ．

〈例 5.14〉　W*環 $M = \mathcal{B}(\mathcal{H})$ の連続表現は，${}_M\mathcal{H}$ の膨らましとユニタリー同値である．

定義 5.15　W*環 M 上の連続汎関数 φ について，その**左および右支え** (left and right supports) とは，条件 $e\varphi = \varphi$, $\varphi f = \varphi$ を満たす最小射影 $e, f \in M$ のことである．右支えを $[\varphi]$ と書くことにすれば，左支えは $[\varphi^*]$ で

与えられる．左右の支えは同値になる（定理5.18, 問5.3）ので，それらに共通する中支えを φ の**中支え**という．さらに φ が正であれば，$\|\varphi\| = \varphi(1) = \varphi([\varphi])$ となり，$\varphi(a) = 0$ となる $a \in [\varphi]M_+[\varphi]$ は $a = 0$ に限るという意味で，φ の $[\varphi]M[\varphi]$ への制限は**忠実** (faithful) である．

連続汎関数の支えに関連して，M の射影 e が σ **有限** (σ-finite) であるとは，$e = \sum_{i \in I} e_i$ （$0 \neq e_i$ は eMe の射影）と直交分解する際の I が可算集合に限ることと定める．また M の単位元が σ 有限であるとき，M 自身を σ **有限**という．

〈例 5.16〉　全作用素環 $M = \mathcal{B}(\mathcal{H})$ について，

(i) 連続汎関数 $\varphi(x) = \mathrm{tr}(Tx)$ $(T \in \mathcal{C}_1(\mathcal{H}))$ に対する $[\varphi^*]$ は T の左支え，すなわち $\overline{T\mathcal{H}}$ への射影，$[\varphi]$ は T の右支え，すなわち $(\ker T)^\perp$ への射影である．

(ii) 射影 $e \in M$ が σ 有限であることと $e\mathcal{H}$ が可分であることは同値.

問 5.2　フォン・ノイマン環 $M \subset \mathcal{B}(\mathcal{H})$ について，以下の条件が同値であることを示せ．

(i) 忠実な $\varphi \in M_*^+$ が存在する．

(ii) 可算個のベクトル $\{\xi_n\}_{n \geq 1} \subset \mathcal{H}$ で，$0 = a\xi_1 = a\xi_2 = \cdots$ $(a \in M)$ ならば $a = 0$，となるものがある．

(iii) M は σ 有限である．

命題 5.17　W*環 M の射影 e が $\varphi \in M_*^+$ を使って $e = [\varphi]$ と表されるための必要十分条件は，e が σ 有限であること．

証明　必要性は，$\varphi|_{eMe}$ が忠実であることと $\sum_{i \in I} \varphi(e_i) < \infty$ からわかる．

十分性は，M の連続な状態 φ_i で $\varphi_i(e) = 1$ であるものをその支えが互いに直交するように最大限とると，$e = \sum_{i \in I} [\varphi_i]$ となるので，$\sum \epsilon_i = 1$ となるように $\epsilon_i > 0$ を選ぶことができて，$\varphi = \sum_{i \in I} \epsilon_i \varphi_i \in M_*^+$ とおくと $[\varphi] = e$ である．　□

定理 5.18　（境）　W*環 M 上の連続汎関数 φ は $u|\varphi|$ と表される．ここで，$|\varphi|$ は連続な正汎関数，$u \in M$ は部分等長で，$u^*u = [\varphi] = [|\varphi|]$ となるもので

ある．このような組 $(u, |\varphi|)$ は一つしかなく $uu^* = [\varphi^*]$ を満たす．

証明　$\|\varphi\| = 1$ の場合を調べれば十分である．$e = [\varphi], [\varphi^*] = f$ とおく．

最初に，そのような組 $(u, |\varphi|)$ は一つしかないことを確かめる．$\|\varphi\| \leq \|u\| \, \||\varphi|\| = \||\varphi|\|$, $\||\varphi|\| \leq \|u^*\| \, \|\varphi\| = \|\varphi\|$ であるから，$\||\varphi|\| = \|\varphi\| = 1$ となり $1 = |\varphi|(1) = \varphi(u^*)$ がわかる．さて，単位球 $(eMf)_1$ の他の元 a が $\varphi(a) = \|\varphi\| = 1$ を満たしたとすると，$1 = |\varphi|(b)$（ただし $b = au \in (eMe)_1$）であり，

$$1 = |\varphi|(b) \leq \sqrt{|\varphi|(1)}\sqrt{|\varphi|(b^*b)} = \sqrt{|\varphi|(b^*b)} \leq 1$$

から $|\varphi|(b^*b) = 1 = |\varphi|(1) = |\varphi|(e)$ となる．b^*b は eMe の単位球に入り，$|\varphi|$ は eMe の上で忠実であるから，$|\varphi|(e - b^*b) = 0$ より $e = b^*b$ がわかる．同様に，$|\varphi|(b^*) = 1$ から $e = bb^*$ もわかる．すなわち，b は C*環 eMe のユニタリーとなり，$te + (1-t)b$ $(0 < t < 1)$ は $z \in \sigma(b) \subset \mathbb{T}$ の連続関数 $t + (1-t)z$ と同定される．そこで，状態 $|\varphi|$ に伴う $\sigma(b)$ 上の確率測度を μ で表せば，

$$\begin{aligned} 1 = |\varphi|(te + (1-t)b) &= \int_{\sigma(b)} (t + (1-t)z)\, \mu(dz) \\ &\leq \int_{\sigma(b)} |t + (1-t)z|\, \mu(dz) \leq \int_{\sigma(b)} (t + (1-t)|z|)\, \mu(dz) \leq 1 \end{aligned}$$

が成り立つ．一方 $1 \neq z \in \sigma(b)$ に対しては $|t + (1-t)z| < 1$ であるから，このことから μ が一点 $\{1\}$ で支えられることがわかり，

$$|\varphi|((e-b)^*(e-b)) = \int_{\sigma(b)} |1-z|^2\, \mu(dz) = 0$$

となるので，再び忠実性により，$b = e$ すなわち $a = u^*$ を得る．かくして，$\varphi(u^*) = 1$ となる部分等長 $u \in fMe$ および $|\varphi| = u^*\varphi$ が一つに定まる．

次に存在をいう．単位球 M_1 の弱*コンパクト性と関数 $M_1 \ni x \mapsto |\varphi(x)|$ の連続性および $1 = \|\varphi\| = \sup\{|\varphi(x)|; x \in M_1\}$ から，$|\varphi(x)| = 1$ となる $x \in M_1$ が存在するので，$a = x/\varphi(x) \in M_1$ とおけば，$\varphi(a) = 1$ となる．さらに，a を eaf で置き換えて，$a \in eM_1f$ としてよい．

ここで，a^* の極分解 $a^* = uh$ $(0 \leq h \leq 1)$ を考え，$p \leq e$ を h の支えとすると，連続汎関数 $|\varphi| = u^*\varphi$ が $\||\varphi|\| = 1$ および $|\varphi|(h) = \varphi(a) = 1$ を満たす．これから $|\varphi| \geq 0$ がわかる．実際，$\theta \in \mathbb{R}$ を $e^{i\theta}|\varphi|(1-h) \geq 0$ であるように

選び，$\|h+e^{i\theta}(1-h)\|\le 1$ に注意すれば，

$$1\le 1+e^{i\theta}|\varphi|(1-h)=|\varphi|(h+e^{i\theta}(1-h))\le \|h+e^{i\theta}(1-h)\|\le 1$$

より，$|\varphi|(1-h)=0$ すなわち $|\varphi|(1)=|\varphi|(h)=1$ である．これと $\||\varphi|\|=1$ から $|\varphi|$ が正であるとわかる．

あとは，$p=e$ を示せばよい．もしそうでなければ，$0\neq\varphi(1-p)\in M_*$ より，$\varphi((1-p)c)>0$ となる $c\in M_1$ があるので，$b=(1-p)c$ とおけば，$a^*b=a^*p(1-p)c=0$ である．したがって，$t>0$ に対して，

$$\|a+tb\|^2=\|(a+tb)^*(a+tb)\|=\|a^*a+t^2b^*b\|\le 1+t^2$$

が成り立ち，これから $1+t\varphi(b)=\varphi(a+tb)\le\|a+tb\|\le\sqrt{1+t^2}$ であるが，これは $\varphi(b)>0$ に反する．　□

系 5.19　エルミート汎関数 $\phi=\phi^*\in M_*$ に対して，正汎関数 $\phi_\pm\in M_*^+$ で $\phi=\phi_+-\phi_-$ および $\|\phi\|=\|\phi_+\|+\|\phi_-\|$ を満たすものが存在する．

また，このような $\phi_\pm$ は $\phi_\pm=(|\phi|\pm\phi)/2$ と表され，$[\phi_+][\phi_-]=0$ および $\phi_\pm=\pm[\phi_\pm]\phi$ を満たす．

証明　存在は，ϕ の極分解 $u|\phi|$ が $u=u^*$ をみたすことに注意して，$u=e_+-e_-$ $(e_+e_-=0)$ とスペクトル分解して，$\phi_\pm=e_\pm\phi$ とおけばわかる．

逆に，$\phi=\phi_+-\phi_-$ かつ $\|\phi\|=\|\phi_+\|+\|\phi_-\|$ であったとしよう．単位球 M_1 内のエルミート元全体が弱*コンパクトであるから，補題3.16 により $-1\le h\le 1$ なるエルミート元 $h\in M_1$ で $\phi(h)=\|\phi\|$ となるものが存在する．さらに，

$$\begin{aligned}\phi_+(1)+\phi_-(1)=\|\phi_+\|+\|\phi_-\|&=\phi_+(h)-\phi_-(h)\\ \iff \phi_+(1-h)&+\phi_-(1+h)=0\end{aligned}$$

より，$1\pm h\ge 0$ に注意すれば，$[\phi_\pm](1\mp h)[\phi_\pm]=0\iff(1\mp h)[\phi_\pm]=0$ から $h[\phi_\pm]=[\phi_\pm]h=\pm[\phi_\pm]$ となるので $[\phi_+][\phi_-]=0$ であり，$[\phi]=[\phi_+]+[\phi_-]$ および $\phi_\pm=\pm[\phi_\pm]\phi$ がわかる．したがって，$\phi=([\phi_+]-[\phi_-])(\phi_++\phi_-)$ が ϕ の極分解となり，極分解の唯一性から $|\phi|=\phi_++\phi_-$ である．　□

定理 5.20　(Borchers[11])　W*環 M 上の連続汎関数 $\varphi,\psi\in M_*$ に対して，不等式

$$\| |\psi| - |\varphi| \| \leq \|\psi - \varphi\| + 2\sqrt{\|\varphi\| \wedge \|\psi\|}\sqrt{\|\psi - \varphi\|}$$

が成り立ち，写像 $M_* \ni \varphi \mapsto |\varphi| \in M_*$ はノルム位相に関して連続である．ここで，$\alpha \wedge \beta = \min\{\alpha, \beta\}$ である．

証明　φ, ψ の極分解を $\varphi = u|\varphi|, \psi = v|\psi|$ とする．十分大きな連続*表現を考えることで，M はヒルベルト空間 $\mathcal{H}$ 上のフォン・ノイマン環として実現され，$|\varphi|$ は $|\varphi|(x) = (\xi|x\xi)$ $(x \in M)$ のようにベクトル $\xi \in \mathcal{H}$ で表される，としてよい．このとき $\| |\psi| - |\varphi| \|$ は

$$\|v^*\psi - u^*\varphi\| \leq \|v^*\psi - v^*\varphi\| + \|v^*\varphi - u^*\varphi\| \leq \|\psi - \varphi\| + \|v^*u|\varphi| - |\varphi|\|$$

のように評価され，さらに $v^*u|\varphi|(x) - |\varphi|(x) = (x^*\xi|v^*u\xi - \xi)$ $(x \in M)$ という表示からわかる $\|v^*u|\varphi| - |\varphi|\| \leq \sqrt{\|\varphi\|}\|v^*u\xi - \xi\|$ および

$$\begin{aligned}
\|v^*u\xi - \xi\|^2 &= \|v^*u\xi\|^2 + \|\xi\|^2 - (v^*u\xi|\xi) - (\xi|v^*u\xi) \\
&\leq 2(\xi|\xi) - \overline{(\xi|v^*u\xi)} - (\xi|v^*u\xi) \\
&\leq 2|(\xi|\xi) - (\xi|v^*u\xi)| = 2|\|\varphi\| - \varphi(v^*)| \\
&\leq 2|\|\varphi\| - \psi(v^*)| + 2|\psi(v^*) - \varphi(v^*)| \\
&\leq 2|\|\varphi\| - \|\psi\|| + 2\|\psi - \varphi\| \leq 4\|\psi - \varphi\|
\end{aligned}$$

と合わせ，φ, ψ の入れ替えに関して良い方の評価式を選べば，求める不等式が得られる．　□

5.2　W*包

先に指摘したようにC*環の*表現があると，それに付随して2つのフォン・ノイマン環が現れる．ここでは両者の関係を表現相互の代数構造の観点からまとめておこう．

以下，C*環 A の*表現 $\pi : A \to \mathcal{B}(\mathcal{H})$ とヒルベルト空間 $\mathcal{H}$ に基づく A 加群 ${}_A\mathcal{H}$ を同じものと考え，とくにこだわりなく両方の言い方を用いるものとする．さて，2つの表現 ${}_A\mathcal{H}, {}_A\mathcal{K}$ の相互関係で重要な取持ち空間 $\mathcal{B}({}_A\mathcal{H}, {}_A\mathcal{K})$ であるが，これはバナッハ空間ではあっても一般に*環ではない．一方で，$\mathcal{B}({}_A\mathcal{H}, {}_A\mathcal{K})$ と $\mathcal{B}({}_A\mathcal{H}, {}_A\mathcal{K})$ とを繋ぐ*演算があり，$\|T^*T\| = \|T\|^2$

$(T \in \mathcal{B}({}_A\mathcal{H}, {}_A\mathcal{K}))$ が成り立つという意味で作用素環的なものである．このことは，$\mathcal{B}({}_A\mathcal{H}) = \mathcal{B}({}_A\mathcal{H}, {}_A\mathcal{H})$ が $\mathcal{H}$ におけるフォン・ノイマン環であることと，次のようなブロック分解が存在することから理解できる．

$$\mathcal{B}({}_A(\mathcal{H} \oplus \mathcal{K})) = \begin{pmatrix} \mathcal{B}({}_A\mathcal{H}) & \mathcal{B}({}_A\mathcal{K}, {}_A\mathcal{H}) \\ \mathcal{B}({}_A\mathcal{H}, {}_A\mathcal{K}) & \mathcal{B}({}_A\mathcal{K}) \end{pmatrix}.$$

言い換えると，取持ち空間はW*環のブロック切り出しとなっている．同様のことは複数の*表現 ${}_A\mathcal{H}_i$ $(i \in I)$ についても成り立ち，すべてが大きな*表現 ${}_A\mathcal{H} = \bigoplus_{i \in I} {}_A\mathcal{H}_i$ の部分表現として実現可能である．

そこで，十分大きな*表現 $\pi : A \to \mathcal{H}$ を一つ用意して，その部分表現として実現される*表現をフォン・ノイマン環 $\pi(A)' = \mathcal{B}({}_A\mathcal{H})$ の言葉で調べるという方法が意味をもつことになる．

部分表現 ${}_A\mathcal{K} \subset {}_A\mathcal{H}$ に対して，閉部分空間 $\mathcal{K} \subset \mathcal{H}$ への射影を f とすれば $f \in \mathrm{End}({}_A\mathcal{H})$ であり，逆にフォン・ノイマン環 $\mathrm{End}({}_A\mathcal{H})$ の射影は ${}_A\mathcal{H}$ の部分表現を与える（補題4.21(iii)）．A の左作用との積交換を見やすくするために，$\mathrm{End}({}_A\mathcal{H})$ の反転を N で表し，N の $\mathcal{H}$ への右作用を $\xi a^\circ = a\xi$ $(a \in \mathrm{End}({}_A\mathcal{H}), \xi \in \mathcal{H})$ で定めると，N の射影 e, f に伴う ${}_A\mathcal{H}$ の部分表現は ${}_A\mathcal{H}e, {}_A\mathcal{H}f$ と表される．そして，この2つがユニタリー同値となるための必要十分条件は，e と f が*環 N において**同値** (equivalent)，すなわち $v^*v = e$, $vv^* = f$ となる部分等長元 $v \in N$ があることと言い換えることができる．

実際，ユニタリーな取持ち ${}_A\mathcal{H}e \to {}_A\mathcal{H}f$ を部分等長 $u \in \mathrm{End}({}_A\mathcal{H})$ で，$u^*u\mathcal{H} = \mathcal{H}e, uu^*\mathcal{H} = \mathcal{H}f$ となるものと同一視し，$v = u^\circ \in N$ と考えれば，このことがわかる．

〈例5.21〉　行列環 $M_n(\mathbb{C})$ では，2つの射影 e, f が同値であるとは，それぞれのランクが一致することに他ならない．

問5.3　フォン・ノイマン環 においては，同値な射影の中支えが一致することを示せ．

〈注意〉　W*環 M の射影 f は，f の部分射影 e で f と同値なものが f 以外にないとき，有限であるという．この性質は σ 有限性とは全く別のものであるが広く使われている．

集合の濃度についての Bernstein の定理に相当するものが成り立つ.

定理 5.22 W*環 M の 2 つの射影 e, f について, e が f の部分射影 f' に同値でかつ f が e の部分射影 e' と同値であれば, e と f も同値である.

証明 仮定により, $u^*u = e, v^*v = f, uu^* \leq f, vv^* \leq e$ となる部分等長元 $u, v \in M$ が存在するので, 集合の場合の証明に倣って

$$v, vu, vuv, vuvu, \ldots \quad \text{と} \quad u, uv, uvu, uvuv, \ldots$$

を考えると, これらは減少射影列

$$\begin{aligned} &e \geq vv^* \geq vuu^*v^* \geq vuvv^*u^*v^* \geq \cdots, \\ &f \geq uu^* \geq uvv^*u^* \geq uvuu^*v^*u^* \geq \cdots \end{aligned}$$

を終射影とする部分等長元である. そこで, これに伴う分解を $e = e_0 + e_1 + \cdots + e_\infty$, $f = f_0 + f_1 + \cdots + f_\infty$ (ただし $e_0 = e - vv^*$, $e_1 = vv^* - vuu^*v^*$ など) とする. さらに, $ue_ju^* = f_{j+1}$, $vf_jv^* = e_{j+1}$ $(j = 0, 1, 2, \ldots)$ に注意すれば, 部分等長元

$$u_0 = u(e_0 + e_2 + \cdots), \quad v_0 = v(f_0 + f_2 + \cdots), \quad u_\infty = ue_\infty$$

が $u_\infty^* u_\infty = e_\infty$, $u_\infty u_\infty^* = f_\infty$ および

$$\begin{aligned} u_0^*u_0 &= e_0 + e_2 + \cdots, \quad u_0u_0^* = f_1 + f_3 + \cdots, \\ v_0^*v_0 &= f_0 + f_2 + \cdots, \quad v_0v_0^* = e_1 + e_3 + \cdots. \end{aligned}$$

をみたし, $w = u_\infty + u_0 + v_0^*$ が e と f の間の同値を与える. すなわち, $w^*w = e$, $ww^* = f$ である. □

次に, *表現 $\pi : A \to \mathcal{B}(\mathcal{H})$ から生成されたフォン・ノイマン環 $M = \pi(A)''$ について調べる. まず, $\|\phi\| = \|\phi \circ \pi\|$ $(\phi \in M_*)$ が成り立つ. 実際, $x \in M$ に弱*収束する網 $(x_\iota) \subset \pi(A)$ で $\|x_\iota\| \leq \|x\|$ なるものがとれる (Kaplansky の密性定理) ので, ノルムについての条件を $\epsilon > 0$ だけ緩めて $a_\iota \in A$ を $x_\iota = \pi(a_\iota)$ かつ $\|a_\iota\| \leq \|x\| + \epsilon$ であるように選べば,

$$|\phi(x)| = \lim |\phi(\pi(a_\iota))| \leq \limsup \|\phi \circ \pi\| \, \|a_\iota\| \leq \|\phi \circ \pi\|(\|x\| + \epsilon).$$

これから $\|\phi\| \leq \|\phi \circ \pi\|$ がわかり，明らかな逆向きの不等式と合わせて $\|\phi\| = \|\phi \circ \pi\|$ を得る．以下，対応 $\pi^* : M_* \ni \phi \mapsto \phi \circ \pi \in A^*$ により $M_* \subset A^*$ とみなす．

命題 5.23 C*環 A に対して，$M_* = A^*$ となる*表現 π が存在する．そのような*表現は埋込み $A \subset M$ を与え，次の意味の普遍性をもつ．どのような*表現 $A \to \mathcal{B}(\mathcal{H})$ も連続表現 $M \to \mathcal{B}(\mathcal{H})$ に拡張される．

$$\begin{array}{ccc} M & \longrightarrow & \mathcal{B}(\mathcal{H}) \\ \uparrow & & \| \\ A & \longrightarrow & \mathcal{B}(\mathcal{H}) \end{array}$$

証明 すべての左 GNS 加群の直和を $\mathcal{U} = \bigoplus_{\varphi \in A^*_+} \overline{A\varphi^{1/2}}$ で表すと，これに伴う*表現 π は忠実である（Gelfand-Naimark の定理）．そこで，A を $\mathcal{B}(\mathcal{U})$ の C*部分環とみなせば，$M = A''$ である．作り方から $A^*_+ \subset M^+_*$ であり，A^* の全ての元が正汎関数の一次結合で書ける（定理 3.17）ことから，$M_* = A^*$ が成り立つ．

等号 $M_* = A^*$ は，勝手な*表現 $A \to \mathcal{B}(\mathcal{H})$ が弱*連続であることを意味するので，M の連続表現へと拡張される． □

$M_* = A^*$ である*表現を**普遍表現** (universal representation) と呼ぶことにすれば，普遍表現から生成されたフォン・ノイマン環 M は A の二重双対 A^{**} と同定される．別の言い方をすると，A^{**} は次の演算により W*環である．*演算は A^* におけるそれの転置写像で定め，A^{**} における積は $a, b \in A^{**}$ を $a = \lim_i a_i$, $b = \lim_j b_j$ $(a_i, b_j \in A)$ と表すとき，$ab = \lim_j(\lim_i a_i b_j) = \lim_i(\lim_j a_i b_j)$ によって与えられる（W*環における積は弱*位相に関して片々連続であることに注意）．これを A の **W*包** (enveloping von Neumann algebra) という．

このように，C*環の双対空間 A^* は W*環 A^{**} の双対前でもあるので，双対前についての系 5.19 により，定理 3.17 で述べた A^* におけるジョルダン分解の唯一性がわかる．

〈例 5.24〉 コンパクト作用素環 $A = \mathcal{C}(\mathcal{H})$ においては，$A^* = \mathcal{C}_1(\mathcal{H})$ という同一視の下，$A^{**} = \mathcal{B}(\mathcal{H})$ と同定される．

問 5.4 $ASA \subset A^*$ がノルム位相で密であるような $S \subset A^*_+$ について，GNS 表現の直和 $\bigoplus_{\varphi \in S} \overline{A\varphi^{1/2}}$ は普遍表現であることを示せ．

C*環の準同型 $\pi : A \to B$ から転置写像をとることで $\pi^* : B^* \to A^*$, $\pi^{**} : A^{**} \to B^{**}$ というバナッハ空間の有界線型写像が得られ，π^{**} が弱*連続で $A \subset A^{**}$, $B \subset B^{**}$ が弱*位相で密なことから，π^{**} はW*環の連続準同型となる．

次の命題は，単射的な π が等長である（定理 2.42）ことに Hahn-Banach を合わせるとわかる．

命題 5.25 次の 3 条件は同値である．(i) π は単射である．(ii) π^* は全射である．(iii) π^{**} は単射である．

次の 4 条件も同値である．(i) π は全射である．(ii) π^* は等長である．(iii) π^* は単射である．(iv) π^{**} は全射である．

補題 5.26 C*環 A の閉イデアル I があるとき，*表現 $\pi : A \to \mathcal{B}(\mathcal{H})$ は，$\mathcal{K} = \overline{\pi(I)\mathcal{H}}$ に関する直和 $\mathcal{K} \oplus \mathcal{K}^\perp$ によって $\pi_I \oplus \pi_{A/I}$ と分解し，$\pi(A)'' = \pi_I(A)'' \oplus \pi_{A/I}(A)''$ が成り立つ．

証明 これは，$\pi(A)\mathcal{K} \subset \mathcal{K}$ および，π_I と $\pi_{A/I}$ が無縁なことからわかる． □

命題 5.27 W*環としての自然な同一視 $A^{**} = I^{**} \oplus (A/I)^{**}$ と双対前についての自然な同一視 $A^* = I^* \oplus (A/I)^*$ が存在する．

証明 完全系列 $0 \to I \to A \to A/I \to 0$ から引き起こされる完全系列 $0 \to (A/I)^* \to A^* \to I^* \to 0$ で，$(A/I)^*$ が A^{**} の作用で両側不変である．これは $f \in A^*$ が $f(I) = 0$ であれば，$a \in A, y \in I$ に対して $f(ay) = 0$ であり，したがって $x \in A^{**}$ についても $f(xy) = 0$ となることからわかる．その結果，A^{**} の中心射影 p を使って $(A/I)^* = A^*p$ と表され（命題 5.4），上の完全系列と合せて，$A^* = A^*p + A^*(1-p)$ および $A^*(1-p) \cong I^*$ が成り立ち，その双対として，$A^{**} = A^{**}p + A^{**}(1-p) \cong (A/I)^{**} \oplus I^{**}$ がわかる． □

この段階で，A^* には自然な位相が 3 つ考えられる．ノルム位相と弱*位相，それに A^{**} から誘導される弱位相の 3 つである．このうちノルム位相と弱位相については閉凸集合が一致することを既に注意した．一方で，弱*位相に関する閉包は真に大きいことが一般的であるので，こちらは弱*閉凸集合と呼び分ける．極関係（付録B）により，A^* の弱*閉部分空間と A の閉部分空間とが対応し合うことに注意しよう．

さて，*表現 $\pi : A \to \mathcal{B}(\mathcal{H})$ の $M = A^{**}$ への拡張を π^{**} と書くことにすれば，定理5.11により $\pi^{**}(M) = \pi(A)''$ であり，その核 $\{x \in M; \pi^{**}(x) = 0\}$ は，射影 $p \in M \cap M'$ を使って $M(1-p)$ と表される（命題4.35）．この中心射影 p を $[{}_A\mathcal{H}] = [\pi]$ で表し，加群 ${}_A\mathcal{H}$ あるいは*表現 π の**支え**と呼ぶ．*表現 π の生成するフォン・ノイマン環 $\pi(A)''$ を $M[\pi] = [\pi]M$ と同一視すれば，

$$A^*[\pi] = M_*[\pi] = \{\phi \circ \pi; \phi \in \pi(A)''_*\}$$

は，W*包 A^{**} による両側作用で不変な A^* の閉部分空間となる．表現の支えは，ユニタリー同値および膨らましで変わらないことに注意．

ここで，A^{**} の連続状態全体を $\mathcal{S}(A)$ という記号で表せば，$\mathcal{S}(A) = \{\varphi \in A^*_+; \|\varphi\| = 1\}$ であり，A の*表現 π に対して，$\mathcal{S}_\pi = \mathcal{S}(A)[\pi] \subset A^*[\pi]$ はフォン・ノイマン環 $\pi(A)''$ の連続状態全体ということになる．

問5.5 $\mathcal{S}_\pi$ は $\{\phi \in \mathcal{S}_\pi; \phi(a) = (\xi|\pi(a)\xi), \xi \in \mathcal{H}\}$ の閉凸包に一致することを示せ．

命題5.28 A の閉イデアル I の A^* における極集合を $(A/I)^*$ と同一視するとき，$\mathcal{S}_\pi$ の弱*閉包は $\mathcal{S}(A/\ker\pi)$ に一致する．

証明 $(A/\ker\pi)^*$ が $A^*[\pi]$ を含む A^* の弱*閉部分空間であるから，A を $A/\ker\pi$ で置き換え，さらに $\pi(A)$ と同一視して，π は自然な埋込み $A \subset \mathcal{B}(\mathcal{H})$ であるとしてよい．まず，$\mathcal{S}_\pi$ の $\mathrm{Re}A = \{h = h^* \in A\}$ における極集合を求める．エルミート元 $h \in \mathrm{Re}A$ のジョルダン分解を $h = h_+ - h_-$ とすれば，h が $\mathcal{S}_\pi$ の極集合に含まれる条件は，$\phi(h) = \phi(h_+) - \phi(h_-) \leq 1$ $(\phi \in \mathcal{S}_\pi)$．ここで，$\phi(h) = \mathrm{tr}(\rho h)$（$\rho$ は密度作用素）という形を思い起こし，ρ が射影 $[h_+ > 1]$ で支えられる場合を考えると，$\phi(h) = \mathrm{tr}(\rho h_+)$ の値が1より大きくとれることになって，不可．したがって $h_+ \leq 1$ である．逆に，この条件が満たされるならば，$\phi(h) = \mathrm{tr}(\rho h) \leq \mathrm{tr}(\rho h_+) \leq 1$ となって，$h \in \mathcal{S}_\pi^\circ$ がわかる．まとめると，$\mathcal{S}_\pi^\circ = \{h \in \mathrm{Re}A; h_+ \leq 1\} \supset -A_+$ である．

次に，$\mathcal{S}_\pi$ の $\mathrm{Re}A^*$ における双極集合を求める．エルミート汎関数 $\phi \in A^*$ のジョルダン分解 $\phi = \phi_+ - \phi_-$ を考え，$r[\phi_-]$ $(r > 0)$ を $h \in A_+$ により弱*近似すれば，$-\phi(h) \leq 1$ $(h \in A_+)$ が $r\phi_-([\phi_-]) \leq 1$ $(r > 0)$ に移行するので，$\phi_- = 0$ でなければならない．さらに，$[\phi_+]$ を $h \in A_+$ で弱*近似すれば，$\phi(h) \leq 1$ が $\phi([\phi_+]) \leq 1$ に移行するので，$\|\phi_+\| \leq 1$ である．逆に $\phi \geq 0$ が $\|\phi\| \leq 1$ を満たせば，$\phi(h) \leq \phi(h_+) \leq 1$ $(h_+ \leq 1)$ である．まとめると，$\mathcal{S}_\pi^{\circ\circ} = \{\phi \in A^*_+; \|\phi\| \leq 1\}$ となる．

双極定理 B.1 により $\varphi \in \mathcal{S}(A) \subset \mathcal{S}_\pi^{\circ\circ}$ は，$r\phi$ $(\phi \in \mathcal{S}_\pi, 0 \leq r \leq 1)$ により弱*近似される．Kaplansky の定理により $1-\epsilon \leq \varphi(a^*a) \leq 1$ となる $a \in A_1$ が存在するので，$\epsilon > 0$ と $a_0 = a^*a, a_1, \ldots, a_n \in A_1$ に対して，$|\varphi(a_i) - r\phi(a_i)| \leq \epsilon$ となる $\phi \in \mathcal{S}_\pi$ と実数 $0 \leq r \leq 1$ が存在する．このとき，$i = 0$ についての不等式から $1 - 2\epsilon \leq r\phi(a^*a)$ が従い，これと $\phi(a^*a) \leq 1$ を合せて $1 - 2\epsilon \leq r \leq 1$ となるので，

$$|\varphi(a_i) - \phi(a_i)| \leq |\varphi(a_i) - r\phi(a_i)| + (1-r)|\phi(a_i)| \leq 3\epsilon$$

を得る．これは，φ が $\phi \in \mathcal{S}_\pi$ により弱*近似されることを意味する． □

系 5.29 $A^*[\pi]$ の弱*閉包は $(A/\ker\pi)^*$ に一致する．

*表現 $\pi : A \to \mathcal{B}(\mathcal{H})$ において，射影 $e \in \pi(A)'$ の定める部分表現を $\pi_e : A \to \mathcal{B}(e\mathcal{H})$ で，e の $\pi(A)'$ における中支えを $[e] \in \pi(A)'' \cap \pi(A)'$ と書く[2]．このとき，$\pi(A)''e \in xe \mapsto x[e] \in \pi(A)''[e]$ がフォン・ノイマン環の同型を与える（例 4.33）ことから $[\pi_e] = [e]$ がわかる．ただし，同一視 $A^{**}[\pi] = \pi(A)''$ の下，右辺の $[e]$ は A^{**} の中心射影を表している．

2 つの*表現 $\pi_i : A \to \mathcal{B}(\mathcal{H}_i)$ $(i = 1, 2)$ が**準同値**である (quasi-equivalent) とは，対応 $\pi_1(a) \mapsto \pi_2(a)$ $(a \in A)$ が $\pi_1(A)''$ から $\pi_2(A)''$ の上への*同型に拡張されることと定める．このとき，拡張された*同型は自動的に連続（系 5.9）となるので，拡張はあったとしても一つしかない．

命題 5.30 *表現 ${}_A\mathcal{H}$, ${}_A\mathcal{K}$ が準同値（無縁）であるための必要十分条件は

---

[2] 記号の厳密な使い方からは $[e]$ は e の支えを表すべきであるが，射影についてはそれ自身が支えであり，混乱もなさそうなので，敢えて中支えの記号に流用した．

$[{}_A\mathcal{H}] = [{}_A\mathcal{K}]$ $([{}_A\mathcal{H}][{}_A\mathcal{K}] = 0)$ となることである．

証明 準同値性と支えの一致が同じ条件であることは，支えと表現の拡張の核との関係からわかる．また，表現の支えが直交すれば，$\mathcal{B}({}_A\mathcal{H} \oplus {}_A\mathcal{K}) = \mathcal{B}({}_A\mathcal{H}) \oplus \mathcal{B}({}_A\mathcal{K})$ となるので，${}_A\mathcal{H}$ と ${}_A\mathcal{K}$ は無縁である．

直和空間 $\mathcal{H} \oplus \mathcal{K}$ の上で A の作用から生成されたフォン・ノイマン環を M で表し，M' の射影 e, f を使って $\mathcal{H} = e(\mathcal{H} \oplus \mathcal{K})$, $\mathcal{K} = f(\mathcal{H} \oplus \mathcal{K})$ と表せば，$\mathcal{B}({}_A\mathcal{H}, {}_A\mathcal{K}) = \{0\}$ は $fM'e = \{0\}$ ということなので，$M'f\mathcal{H}$ と $M'e\mathcal{H}$ が直交することから $[e][f] = 0$ がわかる． □

問 5.6 *表現の集まり $(\pi_i : A \to \mathcal{B}(\mathcal{H}_i))$ について，以下の条件は同値であることを確かめよ．

(i) $(\pi_i)_{i \in I}$ は互いに無縁である．

(ii) $(\bigoplus_i \pi_i)(A)' = \bigoplus_i \pi_i(A)'$ である．

(iii) $(\bigoplus_i \pi_i)(A)'' = \bigoplus_i \pi_i(A)''$ である．

問 5.7 ${}_A\mathcal{H}$ の部分加群 ${}_A\mathcal{H}_1, {}_A\mathcal{H}_2$ が無縁であれば，$\mathcal{H}_1 \perp \mathcal{H}_2$ となることを示せ．

命題 5.31 *表現 ${}_A\mathcal{H}$, ${}_A\mathcal{K}$ について，支えが一致することと，${}_A\mathcal{H} \otimes \ell^2(I) \cong {}_A\mathcal{K} \otimes \ell^2(J)$（ユニタリー同値）となるような集合 I, J が存在することは同値．

証明 表現の支えは膨らましとユニタリー同値で不変であることから，支えが一致するとき，後半の性質が成り立つことを示せばよい．

A の表現を $M = A^{**}[{}_A\mathcal{H}] = A^{**}[{}_A\mathcal{K}]$ の連続表現に読み替え，さらに M を直和表現 ${}_A\mathcal{U} = {}_A\mathcal{H} \oplus {}_A\mathcal{K}$ から生成されるフォン・ノイマン環と見ることで ${}_A\mathcal{H} \cong {}_Ae\mathcal{U}$, ${}_A\mathcal{K} \cong {}_Af\mathcal{U}$（$e, f$ は $M' \subset \mathcal{B}(\mathcal{U})$ の射影）のように表せば，支えの一致は $[e] = 1 = [f]$ となる．

そこで，適切な膨らまし ${}_A\mathcal{U} \otimes \ell^2$ において $e \otimes 1$ と $f \otimes 1$ が $(M \otimes 1)' = M' \otimes \mathcal{B}(\ell^2)$ で同値であればよく，これは $e \otimes 1 \sim 1 \otimes 1$ を確かめれば十分である．条件 $[e] = 1$ の言い換えである $1 = \bigvee_{u \in U} u^* e u$（$U$ は M' のユニタリー元全体）から，M' における部分等長元の無限集合 $\{u_i\}_{i \in I}$ で，$1 = \sum_i u_i^* u_i$, $u_i u_i^* \leq e$ となるものをとることができるので，$\ell^2(I)$ における等長元 v_i で

$v_i^* v_j = \delta_{i,j}$ なるものを用意して $w = \sum_{i \in I} u_i \otimes v_i$ とおけば，$w^* w = 1 \otimes 1$ となる一方 $(e \otimes 1)w = w$ から $ww^* \leq e \otimes 1$ であることから $1 \otimes 1 \prec e \otimes 1$ がわかる．したがって Bernstein 型定理により，$e \otimes 1 \sim 1 \otimes 1$ を得る． □

この節を終えるにあたって，可換C*環 $A = C_0(\Omega)$ の普遍表現の中でも標準的というべきものを構成しよう．まず，形式的な記号の集まり $\{\varphi^{1/2}\}_{\varphi \in A_+^*}$ から生成された自由 A 加群 $\sum_{\varphi \in A_+^*} A\varphi^{1/2}$ を考え，その上の半内積を

$$\left(\sum_{\varphi} x_\varphi \varphi^{1/2} \middle| \sum_{\varphi} y_\varphi \varphi^{1/2} \right) = \sum_{\varphi, \psi} \int_\Omega \overline{x_\varphi(\omega)} y_\psi(\omega) \sqrt{\varphi(d\omega)} \sqrt{\psi(d\omega)}.$$

により定める．ここで φ, ψ は，Ω 上のラドン測度 $\varphi(d\omega), \psi(d\omega)$ と同一視してあり，右辺（Hellinger 積分という）は，$\varphi \prec \mu, \psi \prec \mu$ であるような測度 μ と Radon-Nikodym 密度関数 $\frac{d\varphi}{d\mu}, \frac{d\psi}{d\mu}$ を補助的に使って，

$$\int_\Omega f(\omega) \sqrt{\varphi(d\omega)} \sqrt{\psi(d\omega)} = \int_\Omega f(\omega) \sqrt{\frac{d\varphi}{d\mu}(\omega) \frac{d\psi}{d\mu}(\omega)}\, \mu(d\omega)$$

により定められる（補助測度 μ の選び方には依らない）．これに伴うヒルベルト空間を $L^2(A)$ で表せば，$a \in A$ の掛算作用がその上の有界な*表現を定めることが

$$\left(\sum_{\varphi} a x_\varphi \varphi^{1/2} \middle| \sum_{\varphi} a x_\varphi \varphi^{1/2} \right) = \int_\Omega |a(\omega)|^2 \left| \sum_{\varphi} x_\varphi(\omega) \sqrt{\frac{d\varphi}{d\mu}(\omega)} \right|^2 \mu(d\omega)$$

からわかる．以下，$a\varphi^{1/2}$ に対応する $L^2(A)$ の元も同じ記号で表し，$L^2(A, \varphi) = \overline{A\varphi^{1/2}}$ とおく．このとき，対応 $C_0(\Omega) \ni a \mapsto a\varphi^{1/2}$ がユニタリー同型 $L^2(\Omega, \varphi) \ni f \mapsto f\varphi^{1/2} \in L^2(A, \varphi)$ を引き起こすので，定数関数 $1 \in L^2(\Omega, \varphi)$ の行き先を $\varphi^{1/2} \in L^2(A, \varphi)$ で表せば，$(\varphi^{1/2} | a\varphi^{1/2}) = \varphi(a)$ $(a \in A)$ となる．とくに ${}_A L^2(A)$ はすべての GNS 表現を部分表現として含むので，A の普遍表現である．さらに $L^2(A)$ は，*演算 $(\sum_\varphi x_\varphi \varphi^{1/2})^* = \sum_\varphi x_\varphi^* \varphi^{1/2}$ により*双加群の構造をもつ（双加群とは言っても，この場合の右作用は左作用に一致する）．

作り方から $L^2(A, \varphi) \subset L^2(A)$ であり，さらに $L^2(A) = \bigcup_{\varphi \in A_+^*} L^2(A, \varphi)$ が成り立つ．実際，$L^2(A)$ の元は，$\xi = \lim_n f_n \varphi_n^{1/2}$ $(\varphi_n \in A_+^*, f_n \in L^2(\Omega, \varphi_n))$

のようにこれらの極限で表されるので，$\varphi = \sum_{n\geq 1} \varphi_n/(2^n\|\varphi_n\|) \in A^*_+$ とおけば，$f_n\varphi_n^{1/2} = f_n\sqrt{\frac{d\varphi_n}{d\varphi}}\varphi^{1/2} \in L^2(A,\varphi)$ の極限として $\xi \in L^2(A,\varphi)$ である．この関数空間表示から，A^{**} が $L^2(A)$ における極大可換フォン・ノイマン環であり，$\mathrm{End}(L^2(A)_A) = \mathrm{End}({}_AL^2(A))$ に一致することがわかる．

次に $L^2_+(A,\varphi) = \{f\varphi^{1/2}; f \in L^2(\Omega,\varphi), f \geq 0\}$ とおけば，包含関係 $L^2(A,\varphi) \subset L^2(A,\psi)$ $(\varphi \prec \psi)$ から $L^2_+(A,\varphi) \subset L^2_+(A,\psi)$ が成り立つので，$L^2_+(A) = \bigcup_{\varphi\in A^*_+} L^2_+(A,\varphi)$ は $L^2(A)$ の正錐を定め，$L^2_+(A) \cap L^2(A,\varphi) = L^2_+(A,\varphi)$ を満たす．

さて，σ 有限な測度 μ についても，それと同値な $\varphi \in A^*_+$ を用意し，対応

$$L^2(\Omega,\mu) \ni f \mapsto f\sqrt{\frac{d\mu}{d\varphi}}\varphi^{1/2} \in L^2(A,\varphi)$$

を経由することで，(φ の 選び方によらない) 等長な埋込み $L^2(\Omega,\mu) \to L^2(A)$ で A の作用を保つものを得る．この像を $L^2(A,\mu)$ で表し，${}_AL^2(A,\mu)$ に対応する表現を π_μ と書けば，その支え $[\pi_\mu] \in A^{**}$ は $L^2(A,\mu) \subset L^2(A)$ への射影に他ならない．

さらに，同一視 $L^2(\Omega,\mu) = L^2(A,\mu)$ の下，$\pi_\mu(f)$ は $L^2(\Omega,\mu)$ における**掛算作用素**で表され，$\pi_\mu(A)'' = L^\infty(\Omega,\mu)$, $A^*[\pi_\mu] = L^1(\Omega,\mu)$ がわかる．

以上の事実は7.4節で一般のC*環にまで拡張される．

〈注意〉　測度 μ の σ 有限性から $L^\infty(\Omega,\mu)$ の σ 有限性が従い，逆に $\pi(A)''$ が σ 有限であれば，$\pi(A)'' \cong L^\infty(\Omega,\mu)$ となる有限測度 μ が存在する．

問 5.8　可換C*環の*表現 $\pi : A \to \mathcal{B}(\mathcal{H})$ に対して，(i) $\pi(A)''$ が σ 有限であること，(ii) 射影 $[\pi] \in A^{**}$ が σ 有限であること，(iii) $[\pi]L^2(A) = L^2(A,\varphi)$ となる $\varphi \in A^*_+$ があること，は同値となることを示せ．

問 5.9　表現 π_φ, π_ψ $(\varphi,\psi \in A^*_+)$ について，次を確かめよ．

(i)　同値であるための必要十分条件は $L^2(A,\varphi) = L^2(A,\psi)$ であり，

(ii)　無縁であるための必要十分条件は $(\varphi^{1/2}|\psi^{1/2}) = 0$ である．

問 5.10　ヒルベルト空間 $L^2(A)$ が可分であるための必要十分条件は Ω が可算集合となることであることを示せ．

〈注意〉　一般に可換C*環 A のW*包 A^{**} は A が可分の場合でも A のスペクトル

Ω 上の関数環として表すことができない．実際，可分な Ω においては，有限集合 $F \subset \Omega$ で支えられた関数 $f \geq 0$ はベール関数となり，一般の有界関数 $g \geq 0$ に対して有限部分集合 F で支えられた関数 g_F を $g_F(\omega) = g(\omega)$ $(\omega \in F)$ 定めると，A^{**}_+ における増大網 g_F の極限として*環の埋込み $\ell^\infty(\Omega) \subset A^{**}$ を得るが，これは自然な埋込み $B(\Omega) \subset A^{**}$ の拡張とはならない別の埋め込みである．実際，一点集合での値が零であるラドン測度 $\mu \in A^*_+$ を $B(\Omega)$ に制限したものは通常の積分であるが，$\ell^\infty(\Omega)$ への制限は恒等的に零である．

最後に，可換W*環 M について述べてこの項を終えよう．$A = M$ と思って上の構成を行えば，巨大なヒルベルト空間 $L^2(A)$ が巨大な（離散性の高い）コンパクト空間 $\Omega = \sigma_A$ とともに出現するわけであるが，$L^2(A)$ の*閉部分空間 $\overline{\sum_{\varphi \in M_*^+} M\varphi^{1/2}}$ を M の弱*位相に配慮したものという意味で敢えて $L^2(M)$ という記号で表せば，掛算表現を $L^2(M)$ に制限したものを π と書くと，π は M の忠実な連続表現を与える．これについても $\pi(M) = \mathrm{End}(L^2(M)_M)$ となり，$\pi(M)$ は，$L^2(M)$ における極大可換フォン・ノイマン環となる．さらに，M の（弱*）連続汎関数の集まり $(\varphi_i)_{i \in I}$ で $[\varphi_i]$ が互いに直交するものを最大限とって

$$L^2(M) = \bigoplus_{i \in I} [\varphi_i] L^2(M) = \bigoplus_{i \in I} L^2(M, \varphi_i) \cong \bigoplus_{i \in I} L^2(\Omega, \varphi_i)$$

と表示すれば，$M \cong \bigoplus_{i \in I} L^\infty(\Omega, \varphi_i)$ がわかる．

5.3　I 型フォン・ノイマン環

射影の相互関係に着目して Murray と von Neumann は今では古典的と言えるフォン・ノイマン環の分類を行った．ここでは，その内の最も構造が単純なクラスについて述べる．単純とは言いながら，多くのリー群のユニタリー表現がこの範疇に入り，その適用範囲は思いの外広い．かの von Neumann にして，これがすべての場合を尽くすと当初は思っていたくらいのものでもある．

まずは，フォン・ノイマン環 M に含まれる射影の同値性に基づいた比較において，$e \prec f \iff f \succ e$ という記号を e と同値な f の部分射影があるという意味で使う．射影の集まり $(e_i)_{i \in I}$ が直交族であるとは，$e_i e_j = 0$ $(i \neq j)$ が成り立つことである．これは，$\sum_{i \in I} e_i$ が再び射影であると言ってもよい．

問 5.11 射影の直交性の言い換えを確かめよ.

補題 5.32 $[e][f] \neq 0$ であれば, 部分射影 $0 \neq e_1 \leq e$ と $0 \neq f_1 \leq f$ で $e_1 \sim f_1$ となるものが存在する.

証明 フォン・ノイマン環 M のすべてのユニタリー元 u に対して $ueu^* \perp f$ であれば, $[e] \perp [f]$ となるので, $fueu^* \neq 0$ となるユニタリー u が存在する. そこで, 極分解により, $f \geq [ueu^*f] \sim [fueu^*] = u[u^*fue]u^* \leq ueu^*$ であるから, $e_1 = [u^*fue]$, $f_1 = [ueu^*f]$ ととれる. □

命題 5.33 フォン・ノイマン環 M の射影 e, f に対して, 部分射影 $e_0 \leq e$, $f_0 \leq f$ で, $e_0 \sim f_0$ かつ $[e - e_0] \perp [f - f_0]$ となるものが存在する.

証明 e, f の部分射影の直交族 $(e_i)i \in I$, $(f_i)_{i \in I}$ で条件 $e_i \sim f_i$ $(i \in I)$ をみたすものを最大限とってきて, $e_0 = \sum_i e_i$, $f_0 = \sum_i f_i$ とおくと, $e_0 \sim f_0$ である. もし, $[e - e_0][f - f_0] = 0$ であれば, 補題により最大限とったことに反するので, $[e - e_0] \perp [f - f_0]$ でもある. □

系 5.34 (比較定理) 中心射影 $p \in M \cap M'$ で, $pe \prec pf$ かつ $(1-p)e \succ (1-p)f$ となるものが存在する.

証明 $[e - _0] \perp [f - f_0]$ であるから, $[f - f_0] \leq p$ かつ $[e - e_0] \leq 1 - p$ となる中心射影 p が存在し,

$$pe = pe_0 \sim pf_0 \leq pf, \quad (1-p)f = (1-p)f_0 \sim (1-p)e_0 \leq (1-p)e$$

を満たす. □

定義 5.35 フォン・ノイマン環 M の射影 e で eMe が可換であるものを**アーベル射影**[3] (abelian projection) という. フォン・ノイマン環 M が **I 型** (type I) であるとは, M の射影 $f \neq 0$ に対して, $0 \neq e \leq f$ となるアーベル射影 e が存在することと定める.

補題 5.36 eMe の中心射影 $f \in (eMe) \cap (M'e)$ は, $f = [f]e$ を満たす. とくに $eMe \cap M'e = (M \cap M')e$ である.

[3] 妙な言い方だが, commuting projections との紛れを避けてこう呼ぶ慣わしである.

証明 M のユニタリー u に対して，$(e-f)ufu^* = (e-f)euefu^* = eue(e-f)fu^* = 0$ であるから，$(e-f)[f] = (e-f)(\bigvee ufu^*) = 0$ となり，$f = e[f]$ である．後半は，eMe の中心元が f の一次結合で近似され，$(M \cap M')e$ に属することからわかる． □

補題 5.37 アーベル射影 e と射影 f が関係 $e \prec f$ を満たすための必要十分条件は $e \leq [f]$ であること．

証明 $e \prec f$ からは $e \leq [e] \leq [f]$ がいつでも従うので，十分性を確かめればよい．そこで，$pe \prec pf$, $(1-p)f \prec (1-p)e$ となる中心射影 p を用意する．$(1-p)f \sim g \leq (1-p)e$ となる射影 g があるわけだが，e がアーベル射影であることから g は eMe の中心射影となり，上の補題により $g = (1-p)e[g]$ である．一方，$[g] = [(1-p)f] = (1-p)[f]$ に注意して条件 $e \leq [f]$ を使えば，$g = (1-p)e[f] = (1-p)e$ がわかり，Bernstein により $(1-p)e \sim (1-p)f$ が成り立つ． □

命題 5.38 フォン・ノイマン環 M について，以下は同値.

(i) M は I 型である.

(ii) どの射影 $f \in M$ に対しても，アーベル射影 $e \leq f$ で $[e] = [f]$ となるものが存在する.

(iii) アーベル射影 $e \in M$ で $[e] = 1$ となるものが存在する.

証明 (i) $\Longrightarrow$ (ii): fMf に含まれるアーベル射影の族 (e_i) で $[e_i]$ が互いに直交する，すなわち $e_iMe_j = \{0\}$ $(i \neq j)$ となる，ものを最大限とると，$e = \sum_i e_i \leq f$ は，$eMe = \sum_i e_iMe_i$ よりアーベル射影で，$[e] \leq [f]$ を満たす．もし，$[f] - [e] \neq 0$ とすると，$f([f]-[e]) \neq 0$ となるので，M が I 型であることから，$g \leq f([f]-[e])$ となるアーベル射影 $g \leq f$ が存在し，$[g] = [f]([f]-[e]) = [f]-[e] \neq 0$ となって，(e_i) を最大限とったことに反する.

(ii) $\Longrightarrow$ (iii) は，$f = 1$ の場合による.

(iii) $\Longrightarrow$ (i): 射影 $0 \neq f \in M$ に対して，部分射影 $e_0 \leq e$, $f_0 \leq f$ を $e_0 \sim f_0$, $[e-e_0] \perp [f-f_0]$ となるように用意する．もし，$e_0 = 0$ であれば，$1 = [e] \perp [f-f_0]$ から $f - f_0 = 0$ であり，一方 $f_0 \sim e_0 = 0$ から $f_0 = 0$ である

から，$f=0$ となって，前提に反する．したがって，アーベル射影 $f_0 \sim e_0 \leq e$ で $0 \neq f_0 \leq f$ となるものが存在する． □

命題 5.39 フォン・ノイマン環 M について，以下の条件は同値．

(i) 互いに同値なアーベル射影の族 (e_i) で $\sum e_i = 1$ となるものがある．

(ii) 可換フォン・ノイマン環 A を使って $M \cong A \otimes \mathcal{B}(\ell^2(I))$ と表される．

この同値な条件を満たすとき，M は等質 (homogeneous) であるという．

証明 (e_i) の中から一つアーベル射影 e を取り出して，$A = eMe$ とおき，部分等長 $u_i : e \to e_i$ を選び，行列単位 $e_{i,j} = u_i u_j^*$ を作ってみれば $M \cong A \otimes \mathcal{B}(\ell^2(I))$ がわかる． □

〈例 5.40〉 等質なフォン・ノイマン環の直和はI型である．

定理 5.41 I型のフォン・ノイマン環は，等質な部分環の直和として表される．

証明 中心射影の直交族 (p_α) で，Mp_α が等質であるものを取り尽くす．もし，$\sum p_\alpha \neq 1$ であれば，$[e] = 1 - \sum p_\alpha$ となるアーベル射影 e が存在するので，今度は，射影の直交族 (e_i) で $e_i \sim e$ となるものを取り尽くす．$[e_i] = [e]$ であるから，$\sum e_i \leq [e]$ である．もし，$p = [e] - [[e] - \sum e_i] \neq 0$ であれば，$p([e] - \sum e_i) = 0$ より $p = [e]p = \sum e_i p$ となって，等質な Mp が得られ，(p_α) が取り尽くしになっていないので矛盾． □

定理 5.42 フォン・ノイマン環 M について，以下は同値．

(i) M はI型．

(ii) M' はI型．

(iii) M は，可換なフォン・ノイマン環 N の可換子 N' と同型．

(iv) M' は，可換なフォン・ノイマン環 N の可換子 N' と同型．

証明 (i) $\Longrightarrow$ (iv)((ii) $\Longrightarrow$ (iii)): アーベル射影 e で $[e] = 1$ となるものをとると，M' は引出し $\cong M'e$ に同型であり，$(M'e)' = eMe$ は可換である．

(iv) $\Longrightarrow$ (ii)((iii) $\Longrightarrow$ (i)): 可換なフォン・ノイマン環 $N \subset \mathcal{B}(\mathcal{K})$ の可換子 N' がI型であることを示す．N' の射影 $f \neq 0$ に対して，ベクトル

$0 \neq \eta \in f\mathcal{K}$ を勝手にとり，$\overline{N\xi}$ への射影を e とおけば，$e \in N'$ かつ $e \leq f$ であるが，$(eN'e)' = Ne$ は，可換環 N の $\xi\xi^*|_N \in N_*^+$ に関する GNS 表現として極大可換であるから，$eN'e = (Ne)' = Ne$ も可換となる． □

C*環の表現は，それがI型フォン・ノイマン環を生成するとき**I型**であるという．C*環は，すべての*表現がI型であるとき，I型であると呼ばれる．I型フォン・ノイマン環はその表現論的構造が単純なこともあり，I型C* 環の構造も理解しやすいものであることが期待される．このことは実際にも正しく，次のことが知られている．ただし，その（とくに必要条件の）証明は易しくはない．ただ難しいのはその一般的な証明であって，具体的な例においては，個別に確かめられることがほとんどである．

定理 5.43 (Glimm-Sakai[4]) C*環 A がI型であるための必要十分条件は，A の全ての既約表現 $(\pi, \mathcal{H})$ に対して，$\mathcal{C}(\mathcal{H}) \subset \pi(A)$ となること．

最後にI型でない表現の現れる典型的な状況を幾つか挙げておく．この内，量子論的に重要なのが (iii) の場合で，自由度が無限の系がこれに該当する．また全てに係わる有限次元的近似性を持ったフォン・ノイマン環のクラスの Connes による分類理論が確立している（原論文か竹崎 [29] 参照).

(i) 群のエルゴード作用に伴う共変表現（共変表現については 8.1 節参照).
(ii) 単位元以外の共役類が無限集合となる離散群の正則表現.
(iii) 無限テンソル積に伴う表現(とくに, Powers, Araki-Woods それと Connes の分類理論).

[4] J. Glimm, Type I C*-algebras, *Ann. Math.*, **73** (1961), 572–612., S. Sakai, On a characterization of type I C*-algebras, *Bull. Amer. Math. Soc.*, **72**(1966), 508–512., Dixmier [15]9 章, Pedersen [23]6 章, Sakai [26]4 章にも解説あり.

第6章

冨田・竹崎理論

全作用素環 $\mathcal{B}(\mathcal{H})$ の正則表現と呼ぶべき*双加群の構成は例1.21で見た通りであるが，これがはるか一般のW*環においても成り立つことを保証する冨田・竹崎理論[1)] について紹介しよう．歴史的には，全作用素環上のトレースが果たす役割を抽象化したヒルベルト環の理論がまず展開され，それをトレースが使えない一般の場合にまで拡張するという流れの中での終着点に位置づけられるものであるが，一方で量子統計力学における熱平衡状態の作用素環的定式化（Haag-Hugenholtz-Winnink による）という側面も併せもっている．

まず，よく使われる記号と用語を導入しておこう．フォン・ノイマン環 $M \subset \mathcal{B}(\mathcal{H})$ に対して，ベクトル $\zeta \in \mathcal{H}$ が**分離的**である (separating) とは，$x\zeta = 0$ となる $x \in M$ が $x = 0$ に限ることをいう．この性質はまた，ζ が M' について（位相的に）巡回的であると言い換えられる．実際，閉部分空間 $\overline{M'\zeta} \subset \mathcal{H}$ への射影 e は M に入るので，もし ζ が M' について巡回的でなければ $1 - e \neq 0$ は，$(1-e)\zeta = 0$ を満たし，ζ は分離的でない．逆に，$M'\zeta$ が $\mathcal{H}$ で密であれば，$x\zeta = 0$ から $x\mathcal{H} \subset \overline{xM'\zeta} = \{0\}$ すなわち $x = 0$ が導かれる．

次にW*環 M 上の連続な正汎関数 φ が**忠実**である (faithful) とは，$\varphi(a) = 0$ となる $a \in M_+$ が $a = 0$ しかないことであった．このことは，φ に伴う GNS 表現が忠実であり GNS ベクトル $\varphi^{1/2}$ が分離的であることと同値であり，φ の支えを使って $[\varphi] = 1$ とも表される．一般に，φ を $[\varphi]M[\varphi]$（M の $[\varphi]$ に

1) 冨田稔が道筋をつけ，竹崎正道が整備・発展させたことに因む．

よる切り出し）へ制限したものは忠実となる．

M 上の連続な正汎関数全体を M_*^+ で表せば，$M_+ = \{a \in M; \omega(a) \geq 0\ (\omega \in M_*^+)\}$ であり，$\omega(a) = 0\ (\omega \in M_*^+)$ となる $a \in M$ は $a = 0$ に限る．

問 6.1　$\mathcal{B}(\mathcal{H})$ 上の連続汎関数 φ を密度作用素 ρ により $\varphi = \mathrm{tr}(\rho(\cdot))$ と表すとき，φ が忠実であるための必要十分条件は $\ker \rho = \{0\}$ である．とくに，$\mathcal{B}(\mathcal{H})$ が σ 有限であることと $\mathcal{H}$ が可分であることが同値．

さて，忠実な $\varphi \in M_*^+$ が与えられたとして，左右の GNS 表現空間 $\overline{M\varphi^{1/2}}$, $\overline{\varphi^{1/2}M}$ を $(\varphi^{1/2})^* = \varphi^{1/2}$ であるように同一視し，単一の*双加群 $L^2(M)$ を構成したい．それも，$\{a\varphi^{1/2}a^*; a \in M\}$ の閉凸包が $L^2(M)$ における正錐，すなわち $(\varphi^{1/2}a|a\varphi^{1/2}) = (\varphi^{1/2}|a\varphi^{1/2}a^*) \geq 0\ (a \in M, \varphi \in M_*^+)$ であるようにしたい．そのための手がかりとして，$\Delta^{1/2}(a\varphi^{1/2}) = \varphi^{1/2}a$ で定められる（有界とは限らない）作用素を仮に考えると，正錐条件から $\Delta^{1/2}$ は正作用素である．さらに，反ユニタリー対合 $\xi \mapsto \xi^*\ (\xi \in L^2(M))$ を J という記号で表せば，

$$J\Delta^{1/2}(a\varphi^{1/2}) = a^*\varphi^{1/2}.$$

別の言い方をすると，左 GNS 空間 $\mathcal{H} = \overline{M\varphi^{1/2}}$ における（必ずしも有界ではない）共役線型作用素 $S(a\varphi^{1/2}) = a^*\varphi^{1/2}$ を考えると，J と $\Delta^{1/2}$ は S の極分解の構成要素として捉えられるであろうことがわかる．そこで，$M \subset \mathcal{B}(\mathcal{H})$ とみなし，*演算と $a \in M$ の右作用を $\xi^* = J\xi, \xi a = Ja^*J\xi\ (\xi \in \mathcal{H})$ で定めると，双加群性 $(a\xi)b = a(\xi b)$ および正錐条件は J を使って，$JMJ \subset M'$ および $(a^*\varphi^{1/2}|J(a\varphi^{1/2})) \geq 0\ (a \in M)$ とそれぞれ言い換えられる．

以上の見通しを背景として，フォン・ノイマン環 $M \subset \mathcal{B}(\mathcal{H})$ の巡回的かつ分離的なベクトル ς（σ の異体字）が与えられたとき，共役線型な対合 S_0, F_0 を

$$S_0(a\varsigma) = a^*\varsigma, \quad F_0(a'\varsigma) = (a')^*\varsigma, \quad a \in M, a' \in M'$$

で定め，$S = F_0^*$, $F = S_0^*$ とおく[2)]．ベクトル ς は，M' についても巡回的かつ分離的であることに注意．これらは基本的に非有界であり，今後関連する非有界作用素がふんだんに現れることになる．以下で必要となる事項については付録 C.1 にまとめておいたが，さらに次の用語を導入しておこう．

2) 英語の sharp と flat に由来する．その反ユニタリー部分 J が natural という見立てで．

定義 6.1 ヒルベルト空間 $\mathcal{H}$ における閉作用素 ϱ で密な定義域をもつものが $\mathcal{H}$ 上のフォン・ノイマン環 M と**積交換**する (commute) とは，M のすべてのユニタリー u について $u^*\varrho u = \varrho$ が成り立つことと定め，$[\varrho, M] = 0$ と書き表す．条件 $[\varrho, M] = 0$ は，ϱ の極分解 $v|\varrho|$ を使って，v および $|\varrho|$ のすべてのスペクトル射影が M' に属することと言い換えられる（極分解の唯一性）.

補題 6.2 $S = \overline{S_0}$, $F = \overline{F_0}$ であり，$\xi, \eta \in \mathcal{H}$ について，次の条件は同値.

(i) $\xi \in D(F)$ かつ $\eta = F\xi$ である.

(ii) M と積交換する閉作用素 ϱ を使って $\varrho\varsigma = \xi$, $\varrho^*\varsigma = \eta$ と書き表される.

同様のことが S と M' についても成り立つ.

証明 包含関係 $S_0 \subset S$, $F_0 \subset F$ は即座にわかる．ベクトル $\xi \in \mathcal{H}$ に対して，$M\varsigma$ を定義域とする作用素 ϱ_ξ を $\varrho_\xi(a\varsigma) = a\xi$ $(a \in M)$ で定めると，(i) の状況 $(a\varsigma|\eta) = (\xi|a^*\varsigma)$ $(a \in M)$ の下で，

$$(a\varsigma|\varrho_\xi(b\varsigma)) = (b^*a\varsigma|\xi) = (\eta|a^*b\varsigma) = (\varrho_\eta(a\varsigma)|b\varsigma) \quad (a, b \in M)$$

となるので $\varrho_\xi \subset \varrho_\eta^*$, $\varrho_\eta \subset \varrho_\xi^*$ がわかり，ϱ_ξ の閉包 $\varrho = \varrho_\xi^{**}$ は $\varrho\varsigma = \xi$, $\varrho^*\varsigma = \eta$ を満たす．さらに，ϱ は M と積交換する．実際，ユニタリー $u \in M$ に対して $\varrho_\xi(ua\varsigma) = ua\xi = u\varrho_\xi(a\varsigma)$ であることから $u^*\varrho_\xi u = \varrho_\xi$ が成り立つので，これの作用素閉包として $u^*\varrho u = \varrho$ を得る．以上により (i) から (ii) が導かれた.

次に (ii) を仮定する．$\varrho = v|\varrho|$ と極分解し，区間 $[0, n]$ に対する $|\varrho|$ のスペクトル射影を e'_n で表し $\varrho_n = v|\varrho|e'_n$ とおくとき，$e'_n, \varrho_n \in M'$ および極限式

$$\varrho_n\varsigma = ve'_nv^*\varrho\varsigma = ve'_nv^*\xi \to \xi, \qquad \varrho_n^*\varsigma = e'_n\varrho^*\varsigma = e'_n\eta \to \eta$$

に注意すれば，$\xi \oplus \eta$ が F_0 のグラフの閉包に入ることがわかり，$\overline{F_0} \subset F$ から (i) が成り立つ．また，以上の議論を合わせることで $\overline{F_0} = F$ もわかる． □

問 6.2 M のユニタリー元から生成された*部分環 $\mathcal{A}$ で，M のどのユニタリー元も $\mathcal{A}$ に含まれるユニタリー元により強作用素位相で近似されるものを考える．このとき $F = (S|_{\mathcal{A}\varsigma})^*$ であることを示せ.

閉作用素 S の極分解を $J\Delta^{1/2}$ と書く．ここで $\Delta^{1/2}$ は，$D(\Delta^{1/2}) = D(S)$ および $\|\Delta^{1/2}\xi\|^2 = \|S\xi\|^2$ を満たす正作用素であり，反ユニタリー作用素 J は，$J(\Delta^{1/2}\xi) = S\xi$ $(\xi \in D(S))$ を満たすものとして特徴づけられる.

等式 $S_0 = S_0^{-1}$ の閉包として $S = S^{-1}$ であるから，$J\Delta^{1/2} = \Delta^{-1/2}J^{-1} = J^{-1}J\Delta^{-1/2}J^{-1}$ となり，極分解の唯一性より

$$J^{-1} = J, \quad J\Delta^{1/2}J = \Delta^{-1/2}$$

がわかる．したがって F の極分解は $S^* = \Delta^{1/2}J = J\Delta^{-1/2}$ で与えられ，自己共役な正作用素 $FS = SF$ が $\Delta^{1/2}$ の平方 Δ に一致する．

問 6.3 u を M の中心に属するユニタリー元とするとき，$Ju = u^*J$, $u^*\Delta^{1/2}u = \Delta^{1/2}$ であることを示せ．

〈例 6.3〉 可分ヒルベルト空間 $\mathcal{H}$ における非退化な密度作用素 ρ から作られた $M = \mathcal{B}(\mathcal{H})$ 上の連続状態 $\varphi(x) = \mathrm{tr}(\rho x)$ の場合，$\varsigma \in \mathcal{H} \otimes \mathcal{H}^*$ を $\rho^{1/2} \in \mathcal{C}_2(\mathcal{H})$ に対応するベクトルとすれば，等式 $a^*\rho^{1/2} = (\rho^{1/2}a)^* = (\rho^{1/2}a\rho^{1/2}\rho^{-1/2})^*$ を $J\Delta^{1/2}(a\varsigma) = a^*\varsigma$ と比較することで，

$$\Delta^{1/2}(\xi \otimes \eta^*) = \rho^{1/2}\xi \otimes \eta^*\rho^{-1/2}, \quad J(\xi \otimes \eta^*) = \eta \otimes \xi^*$$

であることがわかる．ただし，$\eta^*\rho^{-1/2} = (\rho^{-1/2}\eta)^*$ において，η は $\rho^{-1/2}$ の定義域に入るものとする．

補題 6.4 (基本評価式) $a \in M$ と $\lambda \in \mathbb{C} \setminus [0, \infty)$ に対して，$\varrho_\lambda \varsigma = \frac{1}{\lambda - \Delta^{-1}} a\varsigma$ となる $\varrho_\lambda \in M'$ が丁度一つ存在し，次を満たす．

$$\|\varrho_\lambda\| \leq \frac{\|a\|}{\sqrt{2|\lambda| - \lambda - \overline{\lambda}}}.$$

証明 $\xi = \frac{1}{\lambda - \Delta^{-1}} a\varsigma$ とする．作用素 $\varrho_\lambda : M\varsigma \ni x\varsigma \mapsto x\xi \in \mathcal{H}$ は M と積交換するので，そのノルム評価が問題である．

$$\|x\xi\|^2 = (x^*x\xi|\xi) = \left(\frac{1}{\overline{\lambda} - \Delta^{-1}} x^*x\xi \middle| a\varsigma \right)$$

という表示において，$\frac{1}{\overline{\lambda} - \Delta^{-1}} x^*x\xi$ が F の定義域に入ることに注意して先の補題を適用すれば，

$$\varrho\varsigma = \frac{1}{\overline{\lambda} - \Delta^{-1}} x^*x\xi, \quad \varrho^*\varsigma = F\left(\frac{1}{\overline{\lambda} - \Delta^{-1}} x^*x\xi \right), \quad [\varrho, M] = 0$$

を満たす閉作用素 ϱ で M と積交換するものが存在する．そこで，その極分解を $\varrho = v|\varrho|$ とし，$a|\varrho|^{1/2} \subset |\varrho|^{1/2}a$ に注意して内積の不等式を使うと，

$$\|x\xi\|^2 = (\varrho\varsigma|a\varsigma) = \left(|\varrho|^{1/2}\varsigma\middle|a|\varrho|^{1/2}v^*\varsigma\right) \leq \|a\|\,\||\varrho|^{1/2}\varsigma\|\,\||\varrho|^{1/2}v^*\varsigma\|.$$

一方で $s = \||\varrho|^{1/2}\varsigma\|^2, t = \||\varrho|^{1/2}v^*\varsigma\|^2$ とおくと，

$$s = (\varrho\varsigma|v\varsigma), \quad t = (v^*\varsigma|\varrho^*\varsigma) = (F(v\varsigma)|F(\varrho\varsigma)) = (\Delta^{-1/2}\varrho\varsigma|\Delta^{-1/2}v\varsigma)$$

と表されるので，$v \in M'$ に注意して

$$\lambda s - t = ((\overline{\lambda} - \Delta^{-1})\varrho\varsigma|v\varsigma) = (x^*x\xi|v\varsigma) = (x\xi|vx\varsigma)$$

と書き直し，内積の不等式に2次不等式をつなげると，

$$\|x\xi\|^2\,\|x\varsigma\|^2 \geq |\lambda s - t|^2 \geq |\lambda s - t|^2 - (|\lambda|s - t)^2 = (2|\lambda| - \lambda - \overline{\lambda})st.$$

これと最初の不等式を合わせることで ϱ_λ のノルム評価式が得られる． □

補題 6.5（基本関係式）$D(\Delta^{1/2}) \cap D(\Delta^{-1/2})$ 上の両線型形式として，

$$Ja^*J = \lambda\Delta^{1/2}\varrho_\lambda\Delta^{-1/2} - \Delta^{-1/2}\varrho_\lambda\Delta^{1/2}.$$

証明　等式 $\varrho_\lambda\varsigma = (\lambda - \Delta^{-1})^{-1}a\varsigma$ を，$x', y' \in M'$ により

$$(x'(y')^*\varsigma|a\varsigma) = \lambda(x'(y')^*\varsigma|\varrho_\lambda\varsigma) - (x'(y')^*\varsigma|\Delta^{-1}\varrho_\lambda\varsigma)$$

と表示し，$\Delta^{-1/2}$ の定義域に注意して，各項を次のように書きなおす．

$$\begin{aligned}
(x'(y')^*\varsigma|a\varsigma) &= (F(y'\varsigma)|aF(x'\varsigma)) = (JaJ\Delta^{-1/2}x'\varsigma|\Delta^{-1/2}y'\varsigma),\\
(x'(y')^*\varsigma|\varrho_\lambda\varsigma) &= (F(y'\varsigma)|F(\varrho_\lambda^* x'\varsigma)) = (\Delta^{-1/2}\varrho_\lambda^* x'\varsigma|\Delta^{-1/2}y'\varsigma),\\
(x'(y')^*\varsigma|\Delta^{-1}\varrho_\lambda\varsigma) &= (F(\varrho_\lambda\varsigma)|F(x'(y')^*\varsigma))\\
&= (\varrho_\lambda^*\varsigma|y'(x')^*\varsigma) = ((y')^*\varrho_\lambda^*\varsigma|(x')^*\varsigma)\\
&= (F(\varrho_\lambda y'\varsigma)|F(x'\varsigma)) = (\Delta^{-1/2}x'\varsigma|\Delta^{-1/2}\varrho_\lambda y'\varsigma).
\end{aligned}$$

次に，x' が，$x \in M$ を使って $x'\varsigma = (1 + \Delta^{-1})^{-1}x\varsigma$ と表される場合（補題6.4）を考え，y' についても同様であるとして，これらを書き改めると，

$$(x'(y')^*\varsigma|a\varsigma) = \left(\frac{\Delta^{-1/2}}{1 + \Delta^{-1}}JaJ\frac{\Delta^{-1/2}}{1 + \Delta^{-1}}x\varsigma\middle|y\varsigma\right),$$

$$(x'(y')^*\varsigma|\varrho_\lambda\varsigma) = \left(\frac{\Delta^{-1}}{1+\Delta^{-1}}\varrho_\lambda^*\frac{1}{1+\Delta^{-1}}x\varsigma\middle|y\varsigma\right),$$
$$(x'(y')^*\varsigma|\Delta^{-1}\varrho_\lambda\varsigma) = \left(\frac{1}{1+\Delta^{-1}}\varrho_\lambda^*\frac{\Delta^{-1}}{1+\Delta^{-1}}x\varsigma\middle|y\varsigma\right).$$

$x, y \in M$ は自由に選べるので，これから有界作用素の等式

$$\frac{\Delta^{-1/2}}{1+\Delta^{-1}}Ja^*J\frac{\Delta^{-1/2}}{1+\Delta^{-1}} = \lambda\frac{1}{1+\Delta^{-1}}\varrho_\lambda\frac{\Delta^{-1}}{1+\Delta^{-1}} - \frac{\Delta^{-1}}{1+\Delta^{-1}}\varrho_\lambda\frac{1}{1+\Delta^{-1}}$$

が導かれ，有界作用素 $\frac{1}{\Delta^{1/2}+\Delta^{-1/2}}$ の値域が $\Delta^{\pm 1/2}$ の芯[3] であることに注意すれば，求める等式を得る． □

定理 6.6 (冨田・竹崎) 実数 t に対して，$\Delta^{it}JMJ\Delta^{-it} = M'$ が成り立つ．

証明 ς は固定して，M と M' の役割を入れ替えて定義したものを Δ', J' とすれば，$\Delta' = \Delta^{-1}$, $J' = J$ であるので，$\Delta^{it}JMJ\Delta^{-it} \subset M'$ $(t \in \mathbb{R})$ が成り立てば，$\Delta^{-it}JM'J\Delta^{it} \subset M'' = M$ $(t \in \mathbb{R})$ も成り立ち，$t = 0$ とおくことで $JMJ = M'$ が得られ，$\Delta^{it}M'\Delta^{-it} \subset M'$ がわかる．さらに t を $-t$ で置き換えることで，逆の包含関係も成り立ち，$\Delta^{it}M'\Delta^{-it} = M'$ を得る．

そこで，$[\Delta^{it}JMJ\Delta^{-it}, M] = 0$ を以下で示す．そのために，Ja^*J と $\varrho_\lambda \in M'$ を結びつける基本関係式を ϱ_λ について解きなおす公式を最初に導いておこう．

ユニタリー群 Δ^{it} の全解析ベクトル[4] 全体を $\mathcal{E}$ とする．$\mathcal{H}$ における有界作用素 C と $\xi, \eta \in \mathcal{E}$ に対して，連続関数 $(\xi|\Delta^{it}C\Delta^{-it}\eta)$ が解析関数 $(\Delta^{\overline{z}}\xi|C\Delta^{-z}\eta)$ $(z \in \mathbb{C})$ に拡張されるので，$\{z \in \mathbb{C}; |\mathrm{Re}(z)| \leq 1/2\} \setminus \{0\}$ で解析的かつ $z = 0$ で留数 r をもつ有理型関数 $g(z)$ を用意し，$G(z) = g(z)(\Delta^{\overline{z}}\xi|C\Delta^{-z}\eta)$ $(|\mathrm{Re}(z)| \leq 1/2)$ という形の複素関数に対してコーシーの積分公式を形式的に適用すれば，

$$2\pi r(\xi|C\eta) = \int_{-\infty}^{\infty}\left(G\left(it+\frac{1}{2}\right) - G\left(it-\frac{1}{2}\right)\right)dt.$$

この右辺

[3] $D \subset \mathcal{H}$ が閉作用素 T の芯 (core) であるとは，D が T の定義域に含まれ，$\{\xi \oplus T\xi; \xi \in D\}$ の閉包が T のグラフに一致すること．

[4] 解析ベクトルについては付録 E 参照．

$$\int_{-\infty}^{\infty} dt \left(\xi \middle| \Delta^{it} \left(g\Big(it+\frac{1}{2}\Big)\Delta^{1/2}C\Delta^{-1/2} - g\Big(it-\frac{1}{2}\Big)\Delta^{-1/2}C\Delta^{1/2} \right) \Delta^{-it}\eta \right)$$

の被積分関数を基本関係式と結びつけるために

$$g\Big(it+\frac{1}{2}\Big) = \lambda g\Big(it-\frac{1}{2}\Big) \quad (t \in \mathbb{R})$$

という条件を課し，$\mu = \log(-\lambda)$ とおくと，$f(z) = g(z)e^{-\mu z}$ は $f(z+1) = -f(z)$ をみたし，整数点だけで極をもつ有理型関数に拡張される．ということで，$g(z)e^{-\mu z} = 1/\sin(\pi z) \iff g(z) = e^{\mu z}/\sin(\pi z)$ とおいてみよう．

このとき，$g(it+s)$ $(t \in \mathbb{R}, -1/2 \leq s \leq 1/2)$ は，条件 $-\pi < \mathrm{Im}\,\mu < \pi \iff \lambda \notin [0,\infty)$ の下，$t \to \pm\infty$ で急減少するので，上の積分公式は，$\mathcal{E}$ 上の両線型形式として次の形で成り立つ．

$$2C = -e^{-\mu/2}\int_{-\infty}^{\infty} dt\, \frac{e^{i\mu t}}{\cosh(\pi t)}\Delta^{it}\left(\lambda\Delta^{1/2}C\Delta^{-1/2} - \Delta^{-1/2}C\Delta^{1/2}\right)\Delta^{-it}.$$

そこで，$C = \varrho_\lambda$ とおいて基本関係式を使えば，

$$-2e^{\mu/2}\varrho_\lambda = \int_{-\infty}^{\infty} dt\, \frac{e^{i\mu t}}{\cosh(\pi t)}\Delta^{it}Ja^*J\Delta^{-it}.$$

この右辺は $\mathcal{H}$ 上の両線型形式として有界であることから，上の等式は $\mathcal{B}(\mathcal{H})$ における弱い収束の意味で成り立つ．

最後に $b \in M$ との交換子をとることで，

$$\int_{-\infty}^{\infty} dt\, \frac{e^{i\mu t}}{\cosh(\pi t)}[\Delta^{it}Ja^*J\Delta^{-it}, b] = 0 \quad (-\pi < \mathrm{Im}\,\mu < \pi)$$

が得られ，これは $[\Delta^{it}JMJ\Delta^{-it}, M] = 0$ $(t \in \mathbb{R})$ を意味する． □

系 6.7 $JMJ = M'$ および $\Delta^{it}M\Delta^{-it} = M$ $(t \in \mathbb{R})$ が成り立つ．

問 6.4 例 6.3 の状況では，$\Delta^{it}(a \otimes 1)\Delta^{-it} = \rho^{it}a\rho^{-it} \otimes 1$ $(a \in \mathcal{B}(\mathcal{H}))$ となることを示せ．

W*環 M, N の上の忠実な連続正汎関数 φ, ψ をそれぞれ用意し，それに伴う GNS 表現のテンソル積を考えると，

$$\varphi(x)\psi(y) = (\varphi^{1/2} \otimes \psi^{1/2}|(x \otimes y)(\varphi^{1/2} \otimes \psi^{1/2}), \quad x \in M, y \in N$$

という表示から，$M \otimes N \ni x \otimes y \mapsto \varphi(x)\psi(y)$ は $M \otimes N$ の連続な正汎関数 $\varphi \otimes \psi$ を定め，さらに，$\varphi \otimes \psi$ の GNS ベクトルが $\varphi^{1/2} \otimes \psi^{1/2}$ で与えられ，$M'\varphi^{1/2} \otimes N'\psi^{1/2} \subset (M \otimes N)'(\varphi^{1/2} \otimes \psi^{1/2})$ が $\overline{M\varphi^{1/2}} \otimes \overline{N\psi^{1/2}}$ で密なことから，$\varphi \otimes \psi$ は忠実である．

M と N の代数的テンソル積が $M \otimes N$ で σ 弱密であることに注意して Kaplansky の密性定理を使えば，$M\varphi^{1/2} \otimes N\psi^{1/2}$ が $S_{\varphi\otimes\psi}$ の芯であることがわかり，それから次が導かれる．

$$J_{\varphi\otimes\psi} = J_\varphi \otimes J_\psi, \quad \Delta_{\varphi\otimes\psi} = \Delta_\varphi \otimes \Delta_\psi.$$

したがって，ヒルベルト空間 $\overline{M\varphi^{1/2}} \otimes \overline{N\psi^{1/2}}$ 上のフォン・ノイマン環として，

$$(M \otimes N)' = J_{\varphi\otimes\psi}(M \otimes N)J_{\varphi\otimes\psi} = (J_\varphi M J_\varphi) \otimes (J_\psi N J_\psi) = M' \otimes N'$$

である．

定理 6.8 (冨田) フォン・ノイマン環 $M \subset \mathcal{B}(\mathcal{H})$, $N \subset \mathcal{B}(\mathcal{K})$ に対して，$(M \otimes N)' = M' \otimes N'$ が $\mathcal{H} \otimes \mathcal{K}$ の上で成り立つ．

証明 まず，フォン・ノイマン環 M の射影 e について，$(eMe)' = M'e$ が一般的に成り立つことに注意する．このことと，上で見たことから，$e = [\varphi]$, $f = [\psi]$ ($\varphi \in M_*^+$, $\psi \in N_*^+$) に対しては，

$$(M \otimes N)'(e \otimes f) = ((e \otimes f)(M \otimes N)(e \otimes f))' = (eMe \otimes fNf)' = M'e \otimes N'f$$

が成り立つので，あとは次の補題を使えばよい． □

補題 6.9 有向集合 M_*^+ を添字とする増大網 $([\varphi])_{\varphi\in M_*^+}$ について，

$$1 = \lim_{\varphi \nearrow \infty} [\varphi]$$

が M における σ 強収束の意味で成り立つ．

証明 $M = (M_*)^*$ と $M_* = M_*^+ - M_*^+ + iM_*^+ - iM_*^+$ に注意すれば，すべての $\varphi \in M_*^+$ に対して $\varphi(a) = 0$ を満たす $a \in M_+$ は $a = 0$ に限ることがわかるので，$1 = \sup\{[\varphi]; \varphi \in M_*^+\}$ である．収束性は命題 4.10 による． □

第7章

フォン・ノイマン環の標準形

前章の結果を受けて，W*環の正則表現と呼ぶべきものを構成する．それは，*環であることを反映して*双加群の形をとり，さらに表現空間内に作用素環の正值性に由来する正錐を伴い，**標準形** (standard form) あるいは**標準表現** (standard representation) と呼び慣わされる．

この標準形を C*環の W*包に適用したものは，C*環の表現相互の関係を記述する一般的な枠組みを提供するものとなっている．

7.1 標準表現

W*環 M の標準表現を構成する．まずは忠実な $\varphi \in M_*^+$ がある場合を考え，M の左 GNS 表現と GNS ベクトル $\varphi^{1/2}$ に伴う Δ と J を引き続き同じ記号で表す．

左 GNS 空間 $\overline{M\varphi^{1/2}}$ と右 GNS 空間[1] $\overline{\varphi^{1/2}M}$ をユニタリー写像 $J(x\varphi^{1/2}) \mapsto \varphi^{1/2}x^*$ により同一視し，得られたヒルベルト空間を（$L^2(\Omega, \mu)$ の非可換版という意味で）$L^2(M, \varphi)$ と書く．同一視の結果，J はヒルベルト空間 $L^2(M, \varphi)$ における*演算 $J(x\varphi^{1/2}) = \varphi^{1/2}x^* = (x\varphi^{1/2})^*$ と同定される．

右 GNS 表現を ρ で表せば，$\rho(b)$ は，右 GNS 空間において $b \in M$ を右から掛けることになるので，

$$\rho(b)J(x\varphi^{1/2}) = \varphi^{1/2}x^*b = J(b^*x\varphi^{1/2}) = Jb^*JJ(x\varphi^{1/2})$$

---

[1] 厳密には，左右の GNS ベクトルを別の記号で表すべきであるが，同一視を先取りして同じ $\varphi^{1/2}$ を用いている．

より $\rho(b) = Jb^*J$ がわかる．したがって，$L^2(M,\varphi)$ における左右の積の結合律 $(a\xi)b = a(\xi b)$ $(a,b \in M,\ \xi \in L^2(M,\varphi))$ が可換性 $JMJ \subset M'$ によって担保される．さらに積と*演算の整合性 $(a\xi b)^* = b^*\xi^*a^*$ も可換性 $Ja(Jb^*J) = b^*(JaJ)J$ から導かれる．また，積と内積に関連した正値性は，$(a^*\varphi^{1/2}|J(a\varphi^{1/2})) = (a\varphi^{1/2}|\Delta^{1/2}a\varphi^{1/2}) \geq 0$ のように，$\Delta^{1/2}$ が正作用素であることからわかる．

ついでながら，別の種類の正値性についても言及しておくと，$a,b \in M_+$ に対して，$aJbJ$ が $L^2(M,\varphi)$ 上の正作用素であることから，$(a\varphi^{1/2}|\varphi^{1/2}b) = (\varphi^{1/2}|aJbJ\varphi^{1/2}) \geq 0$ が成り立つ．

以上，φ は忠実であるとしたが，一般の $\varphi \in M_*^+$ については，M の切出し $[\varphi]M[\varphi]$ への制限を考え，$L^2(M,\varphi) = L^2([\varphi]M[\varphi], \varphi|_{[\varphi]M[\varphi]})$ とおく．

ここで，これまでの構成および同一視がW*代数としての構造的な意味をもつことを指摘しておこう．具体的には，W*環の同型写像 $\theta : M \to N$ が与えられ，$\varphi \in M_*^+, \psi \in N_*^+$ が $\varphi = \psi \circ \theta$ を満たすとき，対応 $x\varphi^{1/2}x' \mapsto \theta(x)\psi^{1/2}\theta(x')$ がユニタリー写像 $\Theta : L^2(M,\varphi) \to L^2(N,\psi)$ を引き起こす．

忠実な $\varphi \in M_*^+$ に対して，左右のGNS空間を同一視するためには J だけで話が済むのであるが，異なる φ 相互の関係を理解するためには，もう一つの基本関係式である $\Delta^{it}M\Delta^{-it} = M$ が重要な働きをする．

定義 7.1　W*環 M の忠実かつ連続な正汎関数 φ に対して，Δ を**倍率作用素** (modular operator)，$\sigma_t(a) = \Delta^{it}a\Delta^{-it}$ $(a \in M)$ で定められる M の自己同型群 $(\sigma_t)_{t\in\mathbb{R}}$ を M の**倍率自己同型群**[2)] (modular automorphism group) と呼ぶ．φ ごとの区別が必要なときは Δ_φ, σ_t^φ のように書く．

倍率作用素および倍率自己同型群も構造的な対応関係を満たす．すなわち，$\Delta_\psi = \Theta\Delta_\varphi\Theta^{-1}$ および $\theta(\sigma_t^\varphi(a)) = \sigma_t^\psi(\theta(a))$ $(a \in M)$ が成り立つ．

倍率自己同型群 (σ_t) の全解析的元全体を $\mathcal{M}$ で表すと，$\mathcal{M}$ は弱*位相で密な M の*部分環である．実際，弱*位相で密なことはガウス型正則化からわかる（付録E)．また，$x,y \in \mathcal{M}$ に対して，$\sigma_t(x)$, $\sigma_t(y)$ の解析的延長を

2) 測度の変換倍率を意味する modulus に由来する．通常 modular は英語のまま読まれ，倍率自己同型群を表す記号としてスペクトルと同じく σ を使う習わしである．

$f(z) = \sigma_z(x)$, $g(z) = \sigma_z(y)$ とすれば，$f(\overline{z})^*$ と $f(z)g(z)$ が $\sigma_t(x^*)$ と $\sigma_t(xy)$ の解析的延長になり，$x^*, xy \in \mathcal{M}$ である．ついでながら，Kaplansky の定理により，$\{xx^*; x \in \mathcal{M}, \|x\| \leq 1\}$ が作用素区間 $\{a \in M_+; \|a\| \leq 1\}$ の中で σ 強位相に関して密であることを注意しておく．

○ 行列拡大

作用素環に限らず環の行列拡大，言い換えると，与えられた環の元を成分とする行列代数を考えることは見かけ以上に強力である．

W*環 M の行列環 $M_n(M) = M \otimes M_n(\mathbb{C})$ が再びW*環であることに注意して，$\omega_j \in M_*^+$ $(j = 1, 2, \ldots, n)$ から $\omega \in M_n(M)_*^+$ を

$$\omega(a) = \sum_{j=1}^{n} \omega_j(a_{jj}), \quad a = (a_{jk}) \in M_n(M)$$

で定めると，支えについての等式 $[\omega] = \mathrm{diag}([\omega_1], \ldots, [\omega_n])$ が成り立ち，次の行列表示を得る．

$$[\omega]M_n(M)[\omega] = \begin{pmatrix} M_{11} & M_{12} & \ldots & M_{1n} \\ M_{21} & M_{22} & \ldots & M_{2n} \\ \vdots & \vdots & \ddots & \vdots \\ M_{n1} & M_{n2} & \ldots & M_{nn} \end{pmatrix}, \quad M_{jk} = [\omega_j]M[\omega_k].$$

また，左右の GNS 空間も次のように行列表示される．

$$\overline{[\omega]M_n(M)\omega^{1/2}} = \begin{pmatrix} \overline{M_{11}\omega_1^{1/2}} & \overline{M_{12}\omega_2^{1/2}} & \ldots & \overline{M_{1n}\omega_n^{1/2}} \\ \overline{M_{21}\omega_1^{1/2}} & \overline{M_{22}\omega_2^{1/2}} & \ldots & \overline{M_{2n}\omega_n^{1/2}} \\ \vdots & \vdots & \ddots & \vdots \\ \overline{M_{n1}\omega_1^{1/2}} & \overline{M_{n2}\omega_2^{1/2}} & \ldots & \overline{M_{nn}\omega_n^{1/2}} \end{pmatrix},$$

$$\overline{\omega^{1/2}M_n(M)[\omega]} = \begin{pmatrix} \overline{\omega_1^{1/2}M_{11}} & \overline{\omega_1^{1/2}M_{12}} & \ldots & \overline{\omega_1^{1/2}M_{1n}} \\ \overline{\omega_2^{1/2}M_{21}} & \overline{\omega_2^{1/2}M_{22}} & \ldots & \overline{\omega_2^{1/2}M_{2n}} \\ \vdots & \vdots & \ddots & \vdots \\ \overline{\omega_n^{1/2}M_{n1}} & \overline{\omega_n^{1/2}M_{n2}} & \ldots & \overline{\omega_n^{1/2}M_{nn}} \end{pmatrix}.$$

ただし，行列構造を反映させた次の同一視を行っている．

$$\omega^{1/2} = \begin{pmatrix} \omega_1^{1/2} & & \mathrm{O} \\ & \ddots & \\ \mathrm{O} & & \omega_n^{1/2} \end{pmatrix}.$$

以上の行列表示に則り，左右のGNS空間を同一視したヒルベルト空間

$$\overline{[\omega]M_n(M)\omega^{1/2}} = L^2(M_n(M), \omega) = \overline{\omega^{1/2}M_n(M)[\omega]}$$

から行列成分を取り出せば，自然な同一視 $\overline{M_{jk}\omega_k^{1/2}} = \overline{\omega_j^{1/2}M_{jk}}$ が得られる．今の状況に即してその仕組みを再確認しておくと，次のようになる．

共役線型写像 $M_{jk}\omega_k^{1/2} \ni a_{jk}\omega_k^{1/2} \mapsto a_{jk}^*\omega_j^{1/2} \in M_{kj}\omega_j^{1/2}$ は閉じることが可能で，その閉じたもの（閉包）を S_{jk} で表すと，等式 $S_{jk}^{-1} = S_{kj}$ が成り立つ．さらに，極分解を $S_{jk} = J_{jk}\Delta_{jk}^{1/2}$ で表せば[3]，$J_{jk} : \overline{M_{jk}\omega_k^{1/2}} \to \overline{M_{kj}\omega_j^{1/2}}$ は反ユニタリーで，上で述べた同一視は次の対応で与えられる．

$$\overline{M_{jk}\omega_k^{1/2}} \ni \xi \mapsto (J_{jk}\xi)^* \in \overline{\omega_j^{1/2}M_{jk}}.$$

ヒルベルト空間 $\overline{M_{jk}\omega_k^{1/2}}$ 上の1径数ユニタリー群 Δ_{jk}^{it} を使って，バナッハ空間 M_{jk} 上の等長作用素の作る弱*連続な1径数群 σ_t^{jk} を次の関係式で定める．

$$\Delta_{jk}^{it}a_{jk}\omega_k^{1/2} = \sigma_t^{jk}(a_{jk})\omega_k^{1/2}.$$

上の同一視はまた，σ^{jk} の解析的元 $a_{jk} \in M_{jk}$ を使うと次の形となる．

$$a_{jk}\omega_k^{1/2} = \omega_j^{1/2}\sigma_{i/2}^{jk}(a_{jk}).$$

とくに，同一視 $\overline{M_{jk}\omega_k^{1/2}} = \overline{\omega_j^{1/2}M_{jk}}$ は ω_j と ω_k のみで定まり，ω に伴う倍率自己同型群は次で与えられる．

$$\sigma_t \begin{pmatrix} a_{11} & a_{12} & \dots & a_{1n} \\ a_{21} & a_{22} & \dots & a_{2n} \\ \vdots & \vdots & \ddots & \vdots \\ a_{n1} & a_{n2} & \dots & a_{nn} \end{pmatrix} = \begin{pmatrix} \sigma_t^{11}(a_{11}) & \sigma_t^{12}(a_{12}) & \dots & \sigma_t^{1n}(a_{1n}) \\ \sigma_t^{21}(a_{21}) & \sigma_t^{22}(a_{22}) & \dots & \sigma_t^{2n}(a_{2n}) \\ \vdots & \vdots & \ddots & \vdots \\ \sigma_t^{n1}(a_{n1}) & \sigma_t^{n2}(a_{n2}) & \dots & \sigma_t^{nn}(a_{nn}) \end{pmatrix}.$$

準備ができたので，標準表現を与えるヒルベルト空間を構成しよう．各 $\varphi \in M_*^+$ ごとに代数的テンソル積 $M \odot M$ を用意し，それを $M \otimes \varphi^{1/2} \otimes M$ という

---

[3] $\Delta_{j,k}$ を相対倍率作用素 (relative modular operator) と呼ぶ．

記号で表す．これは，外側からの掛け算と*演算 $(a \otimes \varphi^{1/2} \otimes b)^* = b^* \otimes \varphi^{1/2} \otimes a^*$ により*双加群である．次にこれの代数的直和

$$\bigoplus_{\varphi \in M_*^+} M \otimes \varphi^{1/2} \otimes M$$

を考え，その上の半内積を

$$\left(\bigoplus_j x_j \otimes \omega_j^{1/2} \otimes y_j \middle| \bigoplus x'_k \otimes \omega_k^{1/2} \otimes y'_k \right) = \sum_{j,k} ([\omega_k](x'_k)^* x_j \omega_j^{1/2} | \omega_k^{1/2} y'_k y_j^* [\omega_j])$$

で定める．両線型性はその形から明らかで，これが実際に正であることは

$$\sum_{j,k} ([\omega_k] x_k^* x_j \omega_j^{1/2} | \omega_k^{1/2} y_k y_j^* [\omega_j]) = (X\omega^{1/2} | \omega^{1/2} Y)$$
$$= (X^{1/2}\omega^{1/2}Y^{1/2} | X^{1/2}\omega^{1/2}Y^{1/2}) \geq 0$$

からわかる．ここで，

$$X = [\omega] \begin{pmatrix} x_1^* \\ \vdots \\ x_n^* \end{pmatrix} \begin{pmatrix} x_1 & \dots & x_n \end{pmatrix} [\omega], \quad Y = [\omega] \begin{pmatrix} y_1 \\ \vdots \\ y_n \end{pmatrix} \begin{pmatrix} y_1^* & \dots & y_n^* \end{pmatrix} [\omega]$$

は $[\omega]M_n(M)[\omega]$ の正元である．

この半内積に伴うヒルベルト空間を $L^2(M)$ で表し，$a \otimes \varphi^{1/2} \otimes b$ の定める $L^2(M)$ の元を $a\varphi^{1/2}b$ と書く．この表記法が $L^2(M, \varphi)$ におけるそれと辻褄が合っていることは，対応

$$[\varphi]M[\varphi] \otimes \varphi^{1/2} \otimes [\varphi]M[\varphi] \ni a \otimes \varphi^{1/2} \otimes b \mapsto a\varphi^{1/2}b \in L^2(M, \varphi)$$

が等長的であることからわかる．同様に，左右の GNS 空間 $\overline{M\varphi^{1/2}}$, $\overline{\varphi^{1/2}M}$ も $L^2(M)$ の部分空間として自然に実現される．

さらに，M の元による左右からの積が $L^2(M)$ への有界な双作用を引き起こすことは，$a \in M$ の左作用であれば，

$$\left\| \bigoplus_j a x_j \otimes \omega_j^{1/2} \otimes y_j \right\|^2 = (\omega^{1/2} | ZJYJ\omega^{1/2}),$$

$$0 \le Z = [\omega] \begin{pmatrix} x_1^* \\ \vdots \\ x_n^* \end{pmatrix} a^* a \begin{pmatrix} x_1 & \dots & x_n \end{pmatrix} [\omega] \le \|a\|^2 X$$

という表示からわかる．また，この作用が M の*表現となっていること，すなわち，$(a\xi|\eta) = (\xi|a^*\eta)$, $(\xi a|\eta) = (\xi|\eta a^*)$ $(\xi, \eta \in L^2(M),\ a \in M)$ であることは半内積の形から明らか．

*演算が $L^2(M)$ の内積を保つことも次からわかる．

$$\begin{aligned}\left\| \left(\bigoplus_j x_j \otimes \omega_j^{1/2} \otimes y_j \right)^* \right\|^2 &= \left\| \bigoplus_j y_j^* \otimes \omega_j^{1/2} \otimes x_j^* \right\|^2 = (Y\omega^{1/2}|\omega^{1/2}X) \\ &= ((\omega^{1/2}X)^*|(Y\omega^{1/2})^*) = (X\omega^{1/2}|\omega^{1/2}Y) \\ &= \left\| \bigoplus_j x_j \otimes \omega_j^{1/2} \otimes y_j \right\|^2 .\end{aligned}$$

これまでの所をまとめると，すべての $\varphi \in M_*^+$ に対して，$\varphi \in M_*^+$ の左右の GNS 空間 $\overline{M\varphi^{1/2}}$, $\overline{\varphi^{1/2}M}$ および $L^2(M, \varphi) = \overline{M\varphi^{1/2}} \cap \overline{\varphi^{1/2}M}$ を閉部分空間として含むような*双加群 $L^2(M)$ が構成された．そこでは，$L^2(M_n(M), \omega)$ のすべての行列成分が $L^2(M)$ の部分空間と同一視されることを反映して，$[\varphi]\overline{M\psi^{1/2}} = \overline{\varphi^{1/2}M}[\psi]$ $(\varphi, \psi \in M_*^+)$ が $L^2(M)$ の部分空間として成り立つ．

〈例 7.2〉 $M = \mathcal{B}(\mathcal{H})$ のとき，$\varphi \in M_*^+$ を密度作用素 $\rho \in \mathcal{C}_1^+(\mathcal{H})$ により $\varphi(x) = \mathrm{tr}(\rho x)$ と表せば，対応 $\varphi^{1/2} \leftrightarrow \rho^{1/2} \in \mathcal{C}_2^+(\mathcal{H})$ は，ヒルベルト空間のユニタリー同型 $L^2(M) \cong \mathcal{C}_2(\mathcal{H})$ を引き起こす．これに自然な同型 $\mathcal{C}_2(\mathcal{H}) \cong \mathcal{H} \otimes \mathcal{H}^*$ をつなげることで，$L^2(M)$ は*双加群として $\mathcal{H} \otimes \mathcal{H}^*$ とも同一視される．

さらに，φ の支え $[\varphi]$ は $\overline{\rho\mathcal{H}}$ への射影に一致し，左右の GNS 空間 $\overline{M\varphi^{1/2}}$, $\overline{\varphi^{1/2}M}$ は，$\mathcal{H} \otimes \mathcal{H}^*[\varphi]$, $[\varphi]\mathcal{H} \otimes \mathcal{H}^*$ で与えられる．とくに，これらが既約であるための必要十分条件は $[\varphi]$ が一次元射影となることで，そのとき，

$$L^2(M) = \overline{M\varphi^{1/2}M} \ni x\varphi^{1/2}y \mapsto \|\varphi\|^{-1/2} x\varphi^{1/2} \otimes \varphi^{1/2}y \in \overline{M\varphi^{1/2}} \otimes \overline{\varphi^{1/2}M}$$

は双加群としてのユニタリー同型を与える．

問 7.1　ベクトル状態 $\varphi(x) = (\xi|x\xi)$, $\psi(x) = (\eta|x\eta)$ $(x \in \mathcal{B}(\mathcal{H}))$ に対して，$(\varphi^{1/2}|\psi^{1/2}) = |(\xi|\eta)|^2$ であることを示せ．

次は，構成の各段階で構造的対応関係が成り立つことからわかる．

定理 7.3　W*環の同型写像 $\theta : M \to N$ は，次の性質をもつユニタリー写像 $\Theta : L^2(M) \to L^2(N)$ を引き起こす．

(i) $\Theta(\varphi^{1/2}) = (\varphi \circ \theta^{-1})^{1/2}$ $(\varphi \in M_*^+)$.

(ii) $\Theta(a\xi b) = \theta(a)\Theta(\xi)\theta(b)$ $(a, b \in M,\ \xi \in L^2(M))$.

(iii) $\Theta(\xi^*) = \Theta(\xi)^*$ $(\xi \in L^2(M))$.

とくに，自己同型群 $\mathrm{Aut}(M)$ は $L^2(M)$ の上にユニタリー表現される．これを**随伴ユニタリー表現** (adjoint unitary representation) と呼ぶ．

補題 7.4　M における列 (a_j) と M_*^+ における列 (φ_j) に対して，M_*^+ の元

$$\varphi = \sum_{\substack{j,k\geq 1 \\ \varphi_k(a_j^*a_j)\neq 0}} \frac{1}{2^{j+k}\varphi_k(a_j^*a_j)} a_j\varphi_k a_j^*$$

は $[\varphi]a_j\varphi_k^{1/2} = a_j\varphi_k^{1/2}$ $(j, k \geq 1)$ を満たす．

証明　$0 = \varphi(1 - [\varphi]) = \sum_{j,k} \frac{1}{2^{j+k}} \|(1 - [\varphi])a_j\varphi_k^{1/2}\|^2 / \|a_j\varphi_k^{1/2}\|^2$ による．　□

命題 7.5　$\varphi \in M_*^+$ の支えを $[\varphi]$ で，中支えを $[[\varphi]]$ で表すと，以下が成り立つ．

$$\overline{\varphi^{1/2}M} = [\varphi]L^2(M), \quad L^2(M, \varphi) = [\varphi]L^2(M)[\varphi], \quad \overline{M\varphi^{1/2}M} = [[\varphi]]L^2(M).$$

証明　最初の等号は次からわかる．

$$[\varphi]\sum_j a_j\omega_j^{1/2}b_j \in \sum_j [\varphi]\overline{M\omega_j^{1/2}}b_j = \sum \overline{\varphi^{1/2}M}[\omega_j]b_j \subset \overline{\varphi^{1/2}M}.$$

2つ目の等号は，これに $L^2(M, \varphi) = \overline{\varphi^{1/2}[\varphi]M[\varphi]} = \overline{\varphi^{1/2}M}[\varphi]$ を合わせる．

最後の等号は，M のユニタリー全体を $\mathcal{U}$ で表すとき，$[[\varphi]] = \bigvee_{u\in\mathcal{U}} u[\varphi]u^*$ に注意すれば，次からわかる．

$$[[\varphi]]L^2(M) = \overline{\sum_{u\in\mathcal{U}} u[\varphi]u^*L^2(M)} = \overline{\sum_{u\in\mathcal{U}} u[\varphi]L^2(M)} = \overline{\sum_{u\in\mathcal{U}} u\overline{\varphi^{1/2}M}} \subset \overline{M\varphi^{1/2}M}.$$

□

系 7.6 和集合 $\bigcup_{\varphi \in M_*^+} M\varphi^{1/2}$ は $L^2(M)$ で密であり，M の $L^2(M)$ における左右の表現は連続となる．

証明 上の補題からわかる $[\varphi] \nearrow 1$ $(\varphi \nearrow \infty)$ に注意すれば，

$$L^2(M) = \lim_{\varphi \nearrow \infty} [\varphi] L^2(M) = \lim_{\varphi \nearrow \infty} \overline{\varphi^{1/2} M}$$

より $\bigcup M\varphi^{1/2}$ は密である．後半は，これと GNS 表現の連続性（例 5.10）による． □

問 7.2 W*環 M の連続正汎関数 φ について，次は同値であることを確かめよ．

(i) $\varphi(a^*a) = 0 \iff \varphi(aa^*) = 0$ $(a \in M)$ である．

(ii) $\overline{M\varphi^{1/2}} = \overline{\varphi^{1/2}M}$ である．

(iii) $[\varphi]$ は M の中心に属する．

補題 7.7 射影 $f \in M$ が $\omega \in M_*^+$ を使って $f = [\omega]$ と表せるとき，$T \in \mathrm{End}({}_M L^2(M) f)$ は，T から決まる元 $a \in fMf$ による右作用で実現される．

証明 $[\varphi] \geq f$ を満たす $\varphi \in M_*^+$ に対して，$T_\varphi \in \mathcal{B}([\varphi] L^2(M)[\varphi])$ を

$$T_\varphi(\xi) = [\varphi] T(\xi f) \quad (\xi \in [\varphi] L^2(M)[\varphi])$$

で定めると，T が M の左作用を保つことから，T_φ は $[\varphi]M[\varphi]$ の左作用と積交換する．命題 7.5 と系 6.7 により，T_φ は唯一つに定まる $a_\varphi \in [\varphi]M[\varphi]$ の右作用で実現される．T_φ の像が $L^2(M)f$ に含まれ，さらに T_φ が $[\varphi]L^2(M)([\varphi] - f)$ の上で消えることから，$a_\varphi \in fMf$ である．

他に $[\psi] \geq f$ となる $\psi \in M_*^+$ をとると，$\omega^{1/2} a_\varphi = T\omega^{1/2} = \omega^{1/2} a_\psi$ であるが，$\omega^{1/2} \in fL^2(M)f$ が fMf の元を区別することから $a_\varphi = a_\psi$ と一致する．そこで，これを a と書けば，

$$[\varphi] T [\varphi] \xi = \xi a \quad ([\varphi] \geq f, \xi \in L^2(M) f)$$

を満たし，極限 $\varphi \nearrow \infty$ をとることで，$T\xi = \xi a$ $(\xi \in L^2(M)f)$ を得る． □

定理 7.8 W*環 M の $L^2(M)$ への左右の作用は，互いの可換子を与える．

証明　射影 $[\varphi] \in M$ ($\varphi \in M_*^+$) による右掛け算が定める作用素を $[\varphi]' \in \mathcal{B}(L^2(M))$ で表す．$T \in \mathcal{B}(L^2(M))$ が M の左作用と積交換すれば，$[\varphi]'T[\varphi]' \in \mathcal{B}(L^2(M)[\varphi])$ は，唯一つに定まる $a_\varphi \in [\varphi]M[\varphi]$ を使って $[\varphi]'T[\varphi]'\xi = \xi a_\varphi$ と表される（補題 7.7）．

さらに，$[\psi] \geq [\varphi]$ である $\psi \in M_*^+$ については，唯一性から $a_\varphi = [\varphi]a_\psi[\varphi]$ となり，関係 $a_\varphi = [\varphi]a[\varphi]$ ($\varphi \in M_*^+$) を満たすような $a \in M$ が存在する．

最後に，$\xi \in L^2(M)$ に対して，$T\xi = \lim_{\varphi\to\infty} [\varphi]'T[\varphi]'\xi = \lim_{\varphi\to\infty} \xi[\varphi]a[\varphi] = \xi a$ である．□

テンソル積環の標準形については次が成り立つ．

定理 7.9　W*環 M, N のテンソル積 $M \otimes N$ について，対応 $\varphi^{1/2} \otimes \psi^{1/2} \mapsto (\varphi \otimes \psi)^{1/2}$ ($\varphi \in M_*^+$, $\psi \in N_*^+$) は $L^2(M) \otimes L^2(N)$ から $L^2(M \otimes N)$ へのユニタリー写像に拡張され，*双加群としての同型を定める．

問 7.3　フォン・ノイマン環としての実現 $M \subset \mathcal{B}(\mathcal{H})$, $N \subset \mathcal{B}(\mathcal{K})$ において，積状態 $\varphi \otimes \psi$ の支えが $[\varphi] \otimes [\psi] \in \mathcal{B}(\mathcal{H} \otimes \mathcal{K})$ と表されることに注意して，このことを確かめよ．また，上の定理から冨田の可換子定理 6.8 を導け．

7.2　正錐

定義 7.10　集合 $\{a\varphi^{1/2}a^*; a \in M, \varphi \in M_*^+\}$ を含む最小の閉凸錐を $L^2(M)$ の**正錐** (positive cone) と呼び $L^2_+(M)$ と書く．

補題 7.11　正汎関数 $\varphi, \psi \in M_*^+$ と元 $a \in M$ について，

$$(\varphi^{1/2}|a\psi^{1/2}a^*) \geq 0.$$

証明　前節の最初のところで見た倍率作用素に由来する正値性から

$$0 \leq \left(\begin{pmatrix} \varphi^{1/2} & 0 \\ 0 & \psi^{1/2} \end{pmatrix} \middle| \begin{pmatrix} 0 & a \\ 0 & 0 \end{pmatrix} \begin{pmatrix} \varphi^{1/2} & 0 \\ 0 & \psi^{1/2} \end{pmatrix} \begin{pmatrix} 0 & 0 \\ a^* & 0 \end{pmatrix} \right) = (\varphi^{1/2}|a\psi^{1/2}a^*)$$

がわかる．□

系 7.12　正錐は $L^2_+(M) \cap (-L^2_+(M)) = \{0\}$ を満たし，$L^2(M)$ に順序構造

を定める.

証明 $\pm\xi \in L^2_+(M)$ とすると，$(\pm\xi|a\varphi^{1/2}a^*) \geq 0$ より $(\xi|a\varphi^{1/2}a^*) = 0$ であるから，a について分極させて $(\xi|a\varphi^{1/2}b^*) = 0$ がわかり，$\xi = 0$ となる. □

〈例 7.13〉 同一視 $L^2(\mathcal{B}(\mathcal{H})) = \mathcal{H} \otimes \mathcal{H}^* = \mathcal{C}_2(\mathcal{H})$ の下，$L^2_+(\mathcal{B}(\mathcal{H}))$ はヒルベルト・シュミット型である正作用素全体 $\mathcal{C}_2^+(\mathcal{H})$ に一致する.

問 7.4 例 7.13 を確かめよ.

ベクトル $\xi, \eta \in L^2(M)$ に対して，その積 $\xi\eta \in M_*$ を

$$\langle x, \xi\eta \rangle = (\eta^*|x\xi), \quad x \in M$$

で定めると $\|\xi\eta\| \leq \|\xi\| \, \|\eta\|$ となり，双線型写像 $\xi \times \eta \mapsto \xi\eta$ は $L^2(M)$ の*双加群構造とかみ合う．すなわち，$(\xi b)\eta = \xi(b\eta)$, $(a\xi)\eta = a(\xi\eta)$, $(\xi\eta)^* = \eta^*\xi^*$ $(a, b \in M)$ が成り立つ．$\varphi^{1/2}\varphi^{1/2} = \varphi$ $(\varphi \in M_*^+)$ に注意.

ベクトル $\xi \in L^2(M)$ の**左 (右) 支え** (left (right) support) とは，条件 $e\xi = \xi$ $(\xi f = \xi)$ を満たす最小射影 $e \in M$ $(f \in M)$ のことをいう．以下，右支えを $[\xi]$ と書くことにする．左支えは $[\xi^*]$ と表されることに注意.

補題 7.14 $\xi \in L^2(M)$ とする．射影 $e \in M$ について，以下の条件は同値.

(i) e は ξ の左支えである.

(ii) $\overline{\xi M} = eL^2(M)$ である.

(iii) e は正汎関数 $\xi\xi^* \in M_*^+$ の支え $[\xi\xi^*]$ に一致する.

証明 (i) $\Longleftrightarrow$ (iii) は $a\xi = 0 \Longleftrightarrow a\xi\xi^* = 0$ $(a \in M)$ からわかる.

次に，閉部分空間 $\overline{\xi M}$ への射影を p とすると，$p\xi = \xi$ であり，p が M の右作用を保つことから $p \in M$ となる．一方，射影 $e \in M$ が $e\xi = \xi$ を満たせば，$e\xi x = \xi x$ $(x \in M)$ から $p \leq e$ を得るので，(i) $\Longleftrightarrow$ (ii) もわかる. □

定理 7.15 (極分解) W*環 M について，$\xi \in L^2(M)$ は，$|\xi| \in L^2_+(M)$ および $v^*v = [|\xi|]$ を満たす $v \in M$ を使って，$\xi = v|\xi|$ とただ一通りに表される.

また $\xi \in L^2_+(M)$ に対して，$\xi = (\xi\xi)^{1/2}$ が成り立つ.

証明 ξ の左右の支えを e, f とし，$\varphi \equiv \xi^*\xi \in M_*^+$ とおくと，対応

$$\varphi^{1/2}x \mapsto \xi x, \quad x \in M$$

は，$fL^2(M)$ から $eL^2(M)$ の上への等長写像を定め，M の右作用を保つので，$u^*u = f, uu^* = e$ なる等長元 $u \in M$ を左から掛けることで実現される．とくに $\xi = u\varphi^{1/2}$ である．

唯一性を見るために，$\xi = v|\xi|$ $(v^*v = [|\xi|] = [\varphi])$ とすると，上の補題により，$\overline{\xi M} = v\overline{|\xi|M} = vv^*vL^2(M) = vL^2(M) = vv^*L^2(M)$ であるから vv^* は ξ の左支えに一致し，したがって $vv^* = uu^*$ となり，とくに v^*u は $[\varphi]M[\varphi]$ のユニタリー元である．そこで，補題7.11を $v^*u\varphi^{1/2} = |\xi| \in L^2_+(M)$ に適用すれば，$x \in M$ に対して，

$$\begin{aligned} 0 \leq (|\xi||x\varphi^{1/2}x^*) &= (x^*\varphi^{1/2}u^*v|\varphi^{1/2}x^*) = (Jv^*uJ(x^*\varphi^{1/2})|\varphi^{1/2}x^*) \\ &= (Jv^*u\Delta^{1/2}(x\varphi^{1/2})|\varphi^{1/2}x^*) = (x\varphi^{1/2}|v^*u\Delta^{1/2}(x\varphi^{1/2})) \end{aligned}$$

となる．ここで，$[\varphi]M\varphi^{1/2}$ が $[\varphi]L^2(M)[\varphi] = L^2(M,\varphi)$ における閉作用素 $v^*u\Delta^{1/2}$ の芯であることから $v^*u\Delta^{1/2} \geq 0$ がわかるので，閉作用素の極分解の唯一性により $v^*u = [\varphi]$ すなわち $|\xi| = \varphi^{1/2}$ および $u = v$ を得る．□

系7.16（ジョルダン分解）$L^2(M)$ のエルミート元 $\xi = \xi^*$ は，互いに直交するベクトル $\xi_\pm \in L^2_+(M)$ を使って $\xi = \xi_+ - \xi_-$ と唯一通りに書ける．

証明　極分解を $\xi = v|\xi|$ とすると，$\xi = \xi^* = |\xi|v^* = v^*(v|\xi|v^*)$ も極分解表示となるので，分解の唯一性から $v = v^*$，$v|\xi|v^* = |\xi|$ である．そこで $v = p_+ - p_-$ とスペクトル分解すると，v が $|\xi|$ と積交換することから $p_\pm$ も $|\xi|$ と積交換し，$p_\pm|\xi|p_\pm \in L^2_+(M)$ に注意すれば，$\xi_\pm = p_\pm|\xi| = |\xi|p_\pm$ が求める分解を与えることがわかる．

次に $\xi = \eta_+ - \eta_-$ $(\eta_\pm \in L^2_+(M))$ を別の分解とすると，$\xi_+ - \eta_+ = \xi_- - \eta_-$ であることと直交性および補題7.11により

$$\|\xi_+ - \eta_+\|^2 = (\xi_+ - \eta_+|\xi_- - \eta_-) = -(\xi_+|\eta_-) - (\eta_+|\xi_-) \leq 0$$

となって，$\xi_+ = \eta_+$ が示された．□

問7.5　$\varphi \in M^+_*$ と $v \in M$ が $v^*v = [\varphi]$ を満たせば，$(v\varphi v^*)^{1/2} = v\varphi^{1/2}v^*$ であることを示せ．

問 7.6 $\xi, \eta \in L^2_+(M)$ に対する3条件 (i) $(\xi|\eta) = 0$, (ii) $[\xi][\eta] = 0$, (iii) $\xi\eta = 0$ は同値であることを示せ.

以上の基本結果の応用として，注目に値する事実をもう2つ挙げておく.

定理 7.17 （Powers-Størmer-Araki[4]） $\varphi, \psi \in M^+_*$ に対して，次が成り立つ.

$$\|\varphi^{1/2} - \psi^{1/2}\|^2 \leq \|\varphi - \psi\| \leq \|\varphi^{1/2} + \psi^{1/2}\| \, \|\varphi^{1/2} - \psi^{1/2}\|.$$

証明 後半の不等式は，次の等式に内積不等式を使えばわかる.

$$\varphi(a) - \psi(a) = \frac{1}{2}\Big((\varphi^{1/2} + \psi^{1/2}|a(\varphi^{1/2} - \psi^{1/2})) + (\varphi^{1/2} - \psi^{1/2}|a(\varphi^{1/2} + \psi^{1/2}))\Big).$$

前半を示すために，ベクトル $\varphi^{1/2} - \psi^{1/2}$ のジョルダン分解を $\xi - \eta$ ($\xi, \eta \in L^2_+(M)$) で表し $a = [\xi] - [\eta]$ とおくと，

$$\begin{aligned}\|\varphi - \psi\| \geq \varphi(a) - \psi(a) &= \mathrm{Re}(\varphi^{1/2} - \psi^{1/2}|a(\varphi^{1/2} + \psi^{1/2})) \\ &= \mathrm{Re}(\xi - \eta|a(\varphi^{1/2} + \psi^{1/2})) = (\xi + \eta|\varphi^{1/2} + \psi^{1/2}) \\ &\geq (\xi - \eta|\varphi^{1/2}) - (\xi - \eta|\psi^{1/2}) = \|\varphi^{1/2} - \psi^{1/2}\|^2.\end{aligned}$$

□

〈例 7.18〉 $M = \mathcal{B}(\mathcal{H})$ の場合，φ, ψ を与える正トレース類作用素を a, b で表し，$\varphi^{1/2}, \psi^{1/2}$ を $a^{1/2}, b^{1/2} \in \mathcal{C}_2(\mathcal{H})$ と同一視すれば，

$$\Big(\|a^{1/2} - b^{1/2}\|_2\Big)^2 \leq \|a - b\|_1$$

が成り立つ. これが元々の Powers-Størmer 不等式である.

問 7.7 W*環のテンソル積 $M \otimes N$ について，代数的テンソル積 $M_* \otimes_{\mathrm{alg}} N_*$ は $(M \otimes N)_*$ の部分空間としてノルム位相に関して密であることを示せ.

定理 7.19 W*環 M の正錐 $L^2_+(M)$ は自己双対的，すなわち次が成り立つ.

$$L^2_+(M) = \{\zeta \in L^2(M); (\xi|\zeta) \geq 0 \ (\xi \in L^2_+(M))\}.$$

---

[4] $M = \mathcal{B}(\mathcal{H})$ の場合の Powers-Størmer 不等式を荒木がこの形に拡張した.

証明　ベクトル $\zeta \in L^2(M)$ をエルミート部分と反エルミート部分に分け，それぞれにジョルダン分解を適用すると，$\zeta = \xi_+ - \xi_- + i(\eta_+ - \eta_-)$ と書ける．そこで，$(\eta_\pm|\zeta) \geq 0$ が成り立てば，$0 = \mathrm{Im}(\eta_\pm|\zeta) = \pm\|\eta_\pm\|^2$ から $\eta_\pm = 0$ である．さらに $(\xi_-|\zeta) \geq 0$ であれば，$(\xi_-|\zeta) = -\|\xi_-\|^2$ から $\xi_- = 0$.　□

M の*自己同型 θ は弱*位相で連続である（系 7.7）ことから，M_* の等長同型 $\phi \mapsto \phi \circ \theta$ を引き起こす．すなわち，$\mathrm{Aut}(M)$ は M_* に等長変換群として右作用し，その転置作用が $\mathrm{Aut}(M)$ そのものとなる．またこの作用を通じた M_* における各点ノルム収束の位相により，$\mathrm{Aut}(M)$ は位相群となる．

一方で，ヒルベルト空間 $\mathcal{H}$ におけるユニタリー作用素全体の作る群 $\mathcal{U}(\mathcal{H})$ は強作用素位相により位相群である．

問 7.8　$\mathcal{U}(\mathcal{H})$ が位相群であることを確かめよ．

系 7.20　$\mathrm{Aut}(M)$ の位相は，$\mathcal{U}(L^2(M))$ の位相から随伴ユニタリー表現により誘導されたものと一致する．

証明　Powers-Størmer の不等式から，$\alpha, \beta \in \mathrm{Aut}(M)$ と $\varphi \in M_*^+$ に対して，

$$\|(\varphi\alpha)^{1/2} - (\varphi\beta)^{1/2}\|^2 \leq \|\varphi\alpha - \varphi\beta\| \leq 2\varphi(1)^{1/2}\|(\varphi\alpha)^{1/2} - (\varphi\beta)^{1/2}\|$$

であることと，M_*, $L^2(M)$ いずれにおいてもジョルダン分解が成り立っていることから，2つの位相が同じであるとわかる．　□

命題 7.21　W*環 M について，以下は同値．

(i) 可分ヒルベルト空間 $\mathcal{H}$ におけるフォン・ノイマン環として実現される．
(ii) W*環 M は σ 有限で，可算個の元から生成される．
(iii) ヒルベルト空間 $L^2(M)$ は可分である．
(iv) 双対前 M_* はバナッハ空間として可分である．

証明　(iii) $\Longrightarrow$ (i) は自明．

(i) $\Longrightarrow$ (ii): $\mathcal{B}(\mathcal{H})$ は忠実な連続状態をもつので，それを M に制限したものも忠実であり，M は σ 有限である．可算個の生成元をもつことは例 4.39 で既に見た．

(ii) $\Longrightarrow$ (iii): σ 有限性から忠実な $\phi \in M_*^+$ の存在がわかる．可算個の生成

元から生成されるC*環 A は可分であることから，定理4.37 より A_1 は M_1 の中で σ 強位相について密となる．これから $M\phi^{1/2}$ が $A\phi^{1/2}$ でノルム近似されるので $L^2(M)=\overline{M\phi^{1/2}}$ は可分である．

(iii) $\Longrightarrow$ (iv): $M_*=L^2(M)L^2(M)$ による．

(iv) $\Longrightarrow$ (iii): M_* の可分性から $(M_*^+)_1$ は可分であり，Powers-Størmer-Araki 不等式により $L_+^2(M)$ も可分．したがって $L^2(M)$ も可分である． □

補題 7.22 正汎関数 $\varphi,\psi\in M_*^+$ が $\varphi\le\psi$ を満たせば，$\varphi^{1/2}=a\psi^{1/2}$ および $a[\psi]=a$ を満たす $a\in M$ が丁度一つ存在する．この a を以後 $\varphi^{1/2}\psi^{-1/2}$ と書く．

証明 等式 $\varphi^{1/2}=a\psi^{1/2}$ から $(1-[\varphi])a\psi^{1/2}=0$ であり，$\psi(a^*(1-[\varphi])a)=0$ となるので，$a[\psi]=a$ であれば $a^*(1-[\varphi])a=0$ すなわち $(1-[\varphi])a=0$ が成り立つ．とくに $a\in[\psi]M[\psi]$ である．そこで M を $[\psi]M[\psi]$ で置き換えて，ψ は忠実であるとしてよい．このとき $M\ni x\mapsto x\psi^{1/2}$ は単射であるから，一意性が成り立つ．仮定から，写像 $\psi^{1/2}M\ni\psi^{1/2}x\mapsto\varphi^{1/2}x\in L^2(M)$ は収縮的であるので，$\psi^{1/2}M$ が $L^2(M)$ で密であることに注意すれば，$L^2(M)$ における有界線型作用素 a を定める．作り方から a は M の右作用を保つため，M に属し，$a\psi^{1/2}=\varphi^{1/2}$ を満たす． □

命題 7.23 列 $\varphi_n\in M_*^+$ に対して，$\varphi=\sum_{n\ge1}\varphi_n\in M_*^+$ であれば，

$$\overline{M\varphi^{1/2}}=\overline{\sum_{n\ge1}M\varphi_n^{1/2}}.$$

さらに，$M(\varphi_1+\cdots+\varphi_n)^{1/2}$ は $n\ge1$ とともに増大し，全体として $M\varphi^{1/2}$ で密となる．

証明 最初に，射影 $e\in M$ に対して，$L^2(M)e$ は ${}_ML^2(M)$ の閉部分加群であり，すべての閉部分加群はこの形であることに注意する．結果として，$L^2(M)(\bigvee_{i\in I}e_i)=\overline{\sum_{i\in I}L^2(M)e_i}$ が成り立つ．

そこで，$[\varphi]=\bigvee_{n\ge1}[\varphi_n]$ から次がわかる．

$$\overline{\sum_{n\ge1}M\varphi_n^{1/2}}=\overline{\sum_{n\ge1}L^2(M)[\varphi_n]}=L^2(M)\left(\bigvee_{n\ge1}[\varphi_n]\right)=L^2(M)[\varphi]=\overline{M\varphi^{1/2}}.$$

最後に, 上の補題から $\varphi_j^{1/2} = a_j(\varphi_1+\cdots+\varphi_n)^{1/2}$ となる $a_j \in M$ $(1 \leq j \leq n)$ があるので, $M\varphi_1^{1/2} \subset M(\varphi_1+\varphi_2)^{1/2} \subset \cdots \subset M\varphi^{1/2}$ および

$$\sum_{j=1}^{n} M\varphi_j^{1/2} = \sum_{j=1}^{n} Ma_j(\varphi_1+\cdots+\varphi_n)^{1/2} \subset M(\varphi_1+\cdots+\varphi_n)^{1/2}$$

を合わせて, 求める主張を得る. □

系 7.24 $\varphi_1, \ldots, \varphi_n \in M_*^+$ とすると,

$$\overline{M(\varphi_1^{1/2}+\cdots+\varphi_n^{1/2})} = \overline{M\varphi_1^{1/2}+\cdots+M\varphi_n^{1/2}} = \overline{M(\varphi_1+\cdots+\varphi_n)^{1/2}}.$$

正錐については倍率作用素を表に出した記述も可能で, 関連した内容を以下で補足する. 扱うのは切り出された形の正錐で, $\varphi \in M_*^+$ に対して, $\{x\varphi^{1/2}x^*; x \in [\varphi]M[\varphi]\}$ の $L^2(M,\varphi)$ における (凸結合をとらない) ノルム閉包を $L_+^2(M,\varphi)$ と書く. 以下, φ に伴う倍率作用素と倍率自己同型群をそれぞれ Δ と σ_t で表し, $(\sigma_t)_{t\in\mathbb{R}}$ について全解析的な M の元全体を $\mathcal{M}$ と書く.

補題 7.25 $\varphi \in M_*^+$ が忠実であるとき, 次が成り立つ.

$$\overline{\Delta^{1/4}(M_+\varphi^{1/2})} = L_+^2(M,\varphi) = \overline{\Delta^{-1/4}(M'_+\varphi^{1/2})}.$$

証明 等式 $\Delta^{it}(aa^*\varphi^{1/2}) = \sigma_t(a)\sigma_t(a)^*\varphi^{1/2}$ $(a \in \mathcal{M})$ の解析的延長により,

$$\begin{aligned}\Delta^{1/4}(aa^*\varphi^{1/2}) &= \sigma_{-i/4}(a)(\sigma_{i/4}(a))^*\varphi^{1/2} = \sigma_{-i/4}(a)J\Delta^{1/2}(\sigma_{i/4}(a)\varphi^{1/2}) \\ &= \sigma_{-i/4}(a)J(\sigma_{-i/4}(a)\varphi^{1/2}) = \sigma_{-i/4}(a)\varphi^{1/2}\sigma_{-i/4}(a)^*.\end{aligned}$$

M の*部分環 $\sigma_{-is}(\mathcal{M}) = \mathcal{M}$ $(s \in \mathbb{R})$ に Kaplansky の定理を適用し, $x \in M$ を $\sigma_{-i/4}(a)$ の形の元でノルム有界な形で*強位相により近似すれば, $L_+^2(M,\varphi) \subset \overline{\Delta^{1/4}M_+\varphi^{1/2}}$ がわかる.

逆に $b \in M_+$ を $b_n = a_na_n^*$ $(a_n \in \mathcal{M})$ の形の元で強作用素位相により近似すれば, $J\Delta^{1/2}(b_n\varphi^{1/2}) = b_n\varphi^{1/2} \to b\varphi^{1/2} = J\Delta^{1/2}(b\varphi^{1/2})$ となり, したがって

$$\|\Delta^{1/4}((b_n-b)\varphi^{1/2})\|^2 = ((b_n-b)\varphi^{1/2}|\Delta^{1/2}(b_n-b)\varphi^{1/2}) \to 0$$

である. これは $\Delta^{1/4}(b\varphi^{1/2})$ が $\Delta^{1/4}(a_na_n^*\varphi^{1/2}) \in L_+^2(M,\varphi)$ によってノルム近似されることを意味する. □

問 7.9 $\overline{M_+\varphi^{1/2}} \subset D(\Delta^{1/4})$ および $\Delta^{1/4}\overline{M_+\varphi^{1/2}} \subset L^2_+(M,\varphi)$ を示せ．

補題 7.26 忠実な $\varphi_j \in M_*^+$ $(j=1,2)$ に対して，$L^2_+(M,\varphi_1) = L^2_+(M,\varphi_2)$．

証明 最初に 7.1 節の行列拡大のところで示したことを今の状況で再確認・補充しよう．$M_2(M)$ 上の忠実な正汎関数 $\varphi = \mathrm{diag}(\varphi_1,\varphi_2)$ に伴う倍率自己同型群 σ_t が行列射影 e_{jj} $(j=1,2)$ を不変にすることから，M における弱*連続な一径数等長群 $(\sigma_t^{j,k})$ を

$$\sigma_t\begin{pmatrix} a_{11} & a_{12} \\ a_{21} & a_{22}\end{pmatrix} = \begin{pmatrix} \sigma_t^{1,1}(a_{11}) & \sigma_t^{1,2}(a_{12}) \\ \sigma_t^{2,1}(a_{21}) & \sigma_t^{2,2}(a_{22})\end{pmatrix}$$

で定めることができ，σ_t^{jk} に対する全解析的な元のつくる部分空間を $\mathcal{M}_{jk}$ で表せば，σ_t に対する全解析的な元の作る集合 $\mathcal{M}$ は $\begin{pmatrix} \mathcal{M}_{11} & \mathcal{M}_{12} \\ \mathcal{M}_{21} & \mathcal{M}_{22}\end{pmatrix}$ と行列表示される．また φ に対する倍率作用素も $\Delta = \begin{pmatrix} \Delta_{1,2} & \Delta_{1,2} \\ \Delta_{2,1} & \Delta_{2,2}\end{pmatrix}$ のように 4 つの部分に分解される．ここで，$L^2(M)$ における正自己共役作用素 $\Delta_{j,k}$ は $\Delta_{j,k}^{1/2}(x\varphi_k^{1/2}) = \varphi_j^{1/2}x$ $(x \in M)$ という関係によって規定されるものであった．

さて前の補題の証明にあるように，$\Delta^{1/4}(aa^*\varphi^{1/2}) = \sigma_{-i/4}(a)\varphi^{1/2}\sigma_{-i/4}(a)^*$ $(a = (a_{jk}) \in \mathcal{M})$ であるから $a = \begin{pmatrix} 0 & x \\ 0 & 0\end{pmatrix}$ $(x \in \mathcal{M}_{12})$ と選ぶことで，

$$\Delta_{1,1}^{1/4}(xx^*\varphi_1^{1/2}) = \sigma_{-i/4}^{1,2}(x)\varphi_2^{1/2}\sigma_{-i/4}^{1,2}(x)^*.$$

一方，$\mathcal{M}$ に Kaplansky の定理を適用すれば，各 $y \in M$ を $\sigma_{-i/4}^{1,2}(\mathcal{M}_{1,2}) = \mathcal{M}_{1,2}$ の元でノルムが有界なまま*強位相により近似することができるので，$y\varphi_2^{1/2}y^*$ は $\Delta_{1,1}^{1/4}(M_+\varphi_1^{1/2}) \subset L^2_+(M,\varphi_1)$ の閉包に含まれる． □

定理 7.27 W*環 M の連続正汎関数 $\varphi \in M_*^+$ とそれに伴う倍率作用素 Δ_φ について次が成り立つ．

(i) $L^2_+(M,\varphi) = [\varphi]L^2_+(M)[\varphi]$ であり，$L^2_+(M,\varphi)$ の上のユニタリー作用素 Δ_φ^{it} は $[\varphi]L^2(M)[\varphi]$ を不変にする．

(ii) $[[\varphi]]L^2_+(M) = L^2_+(M)[[\varphi]]$ は $\{a\varphi^{1/2}a^*; a \in M\}$ の $L^2(M)$ における閉凸包 C に一致する．ただし，$[[\varphi]] \in M \cap M'$ は φ の中支えを表す．

証明　(i) $L^2_+(M,\varphi) \subset [\varphi]L^2_+(M)[\varphi]$ は当然なので, 逆を示す. $[\varphi]L^2_+(M)[\varphi] \subset L^2_+(M)$ であるから, $[\varphi]L^2_+(M)[\varphi]$ の元は $\omega^{1/2}$ ($\omega \in M_*^+$) の形であり, $\omega = \omega^{1/2}\omega^{1/2} \in [\varphi]M_*^+[\varphi]$ は $[\omega] \leq [\varphi]$ を満たす. そこで $\omega + \epsilon\varphi$ ($\epsilon > 0$) と φ の支えが一致し, 上の補題から $(\omega+\epsilon\varphi)^{1/2} \in L^2_+(M, \omega+\epsilon\varphi) = L^2_+(M,\varphi)$ となって, $\omega^{1/2} = \lim_{\epsilon\to+0}(\omega+\epsilon\varphi)^{1/2} \in L^2_+(M,\varphi)$ がわかる.

(ii) $[[\varphi]] = \bigvee_{u\in\mathcal{U}} u[\varphi]u^*$ であるから, $\omega \in M_*^+$ が $[\omega] \leq [[\varphi]]$ を満たせば, $[\varphi]$ により右から支えられた M の部分等長元の列 (u_n) で $u_n[\varphi] = u_n$ かつ $[\omega] = \bigvee_{n\geq 1} u_n[\varphi]u_n^*$ となるものをとることができる. そこで, $\psi^{1/2} = \sum_{n\geq 1} 2^{-n}u_n\varphi^{1/2}u_n^* \in L^2_+(M)$ とおけば, $\psi = \psi^{1/2}\psi^{1/2} \in M_*^+$ は $[\omega] = [\psi]$ を満たすので, 上の補題により $\omega^{1/2} \in L^2_+(M,\omega) = L^2_+(M,\psi)$ であり, $L^2_+(M,\psi)$ が $\{a\psi^{1/2}a^*; a \in [\psi]M[\psi]\}$ の閉包であることから, $\omega^{1/2} \in C$ がわかる.　□

系 7.28　正錐 $L^2_+(M,\varphi)$ は $L^2(M,\varphi)$ において自己双対的である.

7.3　標準形の特徴づけ

W*環 M の*双加群 $\mathcal{H}$ と $\mathcal{H}$ のエルミート元からなる正錐 $\mathcal{H}_+$ の組で以下の条件を満たすものを M の**標準形** (standard form) という.

(i) 左加群 ${}_M\mathcal{H}$ から定まる M の*表現は連続かつ忠実であり, M を $\mathcal{H}$ におけるフォン・ノイマン環とみなしたものは $\mathrm{End}(\mathcal{H}_M)$ に一致する.
(ii) $\mathcal{H}_+$ は自己双対的であり, $a\mathcal{H}_+a^* \subset \mathcal{H}_+$ ($a \in M$) を満たす.

標準形におては, $\mathcal{H}_+$ の自己双対性 $\mathcal{H}_+ = \{\xi \in \mathcal{H}; (\xi|\eta) \geq 0\ \forall\eta \in \mathcal{H}_+\}$ から $\mathcal{H}_+^\perp = \{0\}$ が成り立つ. 実際, $\xi \in \mathcal{H}_+^\perp$ とすると, $\pm(\xi|\eta) = 0$ ($\eta \in \mathcal{H}_+$) より $\pm\xi \in \mathcal{H}_+$ となるので, $-\|\xi\| = (-\xi|\xi) \geq 0$ である.

定理 7.29　(Haagerup)　W*環 M の標準形 $\mathcal{H}$ に対して, *双加群としてのユニタリー同型 $\mathcal{H} \to L^2(M)$ で正錐を保つものが丁度一つ存在する.

一つしかないことは, 左作用を保つ $L^2(M)$ のユニタリー作用素が $u \in \mathcal{U}(M)$ を使って $\xi \mapsto \xi u$ と書けることから, それが $L^2_+(M)$ を保てば, $\xi u \in L^2_+(M)$ ($\xi \in L^2_+(M)$) となり, 極分解の唯一性から $[\xi]u = [\xi]$ である. これは $\xi = \xi u$

$(\xi \in L^2_+(M))$ を意味するので，$L^2_+(M)$ が $L^2(M)$ を張ることから $u = 1$ でなければならない．

存在の方は，いくつかの段階に分けて示す．以下，M を $\mathcal{H}$ におけるフォン・ノイマン環と同一視し，射影 $e \in M$ $(e' \in M')$ に対して，その中支えを $[e]$ $([e'])$ と書く．

反ユニタリー作用素 $\xi \mapsto \xi^*$ を J という記号で表せば，$M = \mathrm{End}(\mathcal{H}_M)$ は $JMJ = M'$ と表されることに注意する．

補題 7.30 射影 $0 \neq e \in M$ が $[e] = [JeJ]$ を満たすとき，$e\mathcal{H}_+e \subset e\mathcal{H}e$ は eMe の標準形である．とくに $e\mathcal{H}_+e \neq \{0\}$ である．

証明 $e' = JeJ \in M'$ とおくと，$e\mathcal{H}e = ee'\mathcal{H}$ となるので，eMe の $e\mathcal{H}e$ への左作用は，フォン・ノイマン環 $eMe \subset \mathcal{B}(e\mathcal{H})$ を射影 $ee' \in (eMe)' = eM'$ により引出したものである．ee' の $(eMe)'$ における中支え $e[e']$ は仮定により $e[e] = e$ に一致することから，$eMe \to eMee' \subset \mathcal{B}(e\mathcal{H}e)$ は eMe の忠実かつ連続な表現を与える．さらに，$ee'J = Jee'$ に注意してこれを J_e とおくと，切引出し関係 $(eMee')' = ee'(eMe)'ee' = ee'M'ee' = ee'JMJee' = J_e(eMee')J_e$ から，$eMee' = \mathrm{End}(e\mathcal{H}e_{eMe})$ がわかる．

最後に，$\xi \in e\mathcal{H}e$ が $(\xi|e\mathcal{H}_+e) \subset [0, \infty)$ を満たせば，$(\xi|\eta) = (\xi|e\eta e) \geq 0$ $(\eta \in \mathcal{H}_+)$ より，$\xi = e\xi e \in e\mathcal{H}_+e$ となり，$(eae)(e\mathcal{H}_+e)(eae)^* = e((ae)\mathcal{H}_+(ae)^*e \subset e\mathcal{H}_+e$ $(a \in M)$ でもある． □

エルミート元 $\xi = \xi^* \in \mathcal{H}$ に対して，射影 $e \in M, e' \in M'$ を $e\mathcal{H} = \overline{M'\xi}$, $e'\mathcal{H} = \overline{M\xi}$ により定め，それらの中支えを $[e], [e'] \in M \cap M'$ で表す．

このとき，$JM'\xi = M\xi$ より $e' = JeJ$ である．とくに，ξ が M について巡回的であることと分離的であることは同値．また，

$$[e]\mathcal{H} = \overline{MM'e\mathcal{H}} = \overline{MM'\xi} = \overline{MM'e'\mathcal{H}} = [e']\mathcal{H}$$

より $[e] = [e']$ であり，$e\mathcal{H}_+e \subset e\mathcal{H}e$ は eMe の標準形を与える．

補題 7.31 $\xi \in \mathcal{H}_+$ のとき，eMe の*双加群の間のユニタリー同型 $e\mathcal{H}e \to L^2(eMe) = eL^2(M)e$ で，$e\mathcal{H}_+e$ を $L^2_+(eMe) = eL^2_+(M)e$ の上に移すものが存在する．

証明　M を eMe で置き換えて，$e = 1 = e'$ であるとしてよい．このとき，$\varphi \in M_*^+$ を $\varphi(x) = (\xi|x\xi)$ $(x \in M)$ で定めると φ は忠実となるので，GNS 表現の一意性から，ユニタリー写像 $U : \mathcal{H} \to L^2(M)$ が $a\xi \mapsto a\varphi^{1/2}$ $(a \in M)$ で定まり，M の左作用を取持つ．

次に，U が*演算を保つことを示す．そのために，巡回的かつ分離的ベクトル ξ に関連した倍率作用素を J_ξ, Δ_ξ, S_ξ, F_ξ で表す．$J_\xi = U^* J_\varphi U$ は $L^2(M)$ における*演算を U で引き戻したものであることに注意する．さて，$\mathcal{H}$ における非有界作用素を $R_0(a\xi) = Ja^*\xi$ $(a \in M)$ で定めると，$\xi \in \mathcal{H}_+$ であることから $(a\xi|R_0(a\xi)) = (a\xi|Ja^*\xi) = (\xi|a^*\xi a) \geq 0$ となる．とくに $R_0 \subset R_0^*$ で，R_0 の閉包 $R = (R_0^*)^*$ は，$R = JS_\xi = JJ_\xi\Delta_\xi^{1/2}$ を満たす．そこで R が自己共役であることがわかれば $R \geq 0$ となり，極分解の唯一性により $J = J_\xi$ を得る．$R^* = F_\xi J$ であり，$M'\xi$ が F_ξ の芯であることから，$JM'\xi = M\xi$ は R^* の芯となり，したがって，$R^* = \overline{R_0} = R$ である．

最後に，$U\mathcal{H}_+ \supset U\overline{\{a\xi a^*; a \in M\}} = \overline{\{a\varphi^{1/2}a^*; a \in M\}} = L^2_+(M)$ において，$U\mathcal{H}_+$ も $L^2_+(M)$ も自己双対な錐であることに注意すれば，双対錐は逆向きの包含を与え，両者は一致する．　□

補題 7.32　ベクトル列 $\xi_n \in \mathcal{H}_+$ に対して，$\xi \in \mathcal{H}_+$ かつ $[\xi] = [\xi_1] \vee [\xi_2] \vee \cdots$ となるものがある．

証明　$e = [\xi_1] \vee [\xi_2] \vee \cdots$ とするとき，$[JeJ] = [J[\xi_1]J] \vee [J[\xi_2]J] \vee \cdots = [[\xi_1]] \vee \cdots = [e]$ であるから，$M, \mathcal{H}$ を $eMe, e\mathcal{H}e$ で置き換えて，$e = 1$ すなわち $\overline{\sum \xi_n M} = \mathcal{H}$ であるとしてよい．

さて，単位ベクトルの集まり $\eta_i \in \mathcal{H}_+$ $(i \in I)$ で $f_i = [\eta_i]$ が互いに直交するものを考えると，射影 $f = \sum_{i \in I} f_i$ が $[JfJ] = \bigvee_{i \in I}[Jf_iJ] = \bigvee_{i \in I}[f_j] = [f]$ を満たすことから，$f \neq 1$ であれば $(1-f)\mathcal{H}_+(1-f) \neq \{0\}$（補題 7.30）となり，支えが f と直交する単位ベクトルを $(1-f)\mathcal{H}_+(1-f)$ に見いだせる．したがって，極大な $\{\eta_i\}$ については $1 = \sum_{i \in I}[\eta_i]$ でなければならない．

一方，$\eta_i M$ が互いに直交することから，$I_n = \{i \in I; (\xi_n|\eta_i M) \neq 0\}$ が，したがって $I' = \bigcup_n I_n$ が可算集合となる．$i \notin I'$ については，$(\xi_n M|\eta_i) = (\xi_n|\eta_i M) = 0$ $(n \geq 1)$ となるので，$\sum_n \xi_n M$ が密であることから，$\eta_i = 0$ となって，仮定 $\eta_i \neq 0$ に反する．したがって I は可算集合であり，$\{\eta_n\}_{n \geq 1}$ と

してよい．そこで，$\xi = \sum_{n\geq 1} \eta_n/2^n \in \mathcal{H}_+$ とおくと，これは M を分離する．実際，$a\xi = 0$ とすると，$Ja\eta_n \in M'\eta_n = \eta_n M$ が互いに直交することから，$a\eta_n = 0$ $(n \geq 1)$ となって，$a\sum_n \eta_n M = 0$ より $a = 0$ が従う．これは $\overline{\xi M} = \mathcal{H}$ ということなので，$[\xi] = 1$ がわかる． □

$\mathcal{H}_+$ の有限部分集合 F に対して，M の射影を $e_F = \bigvee_{\xi \in F}[\xi]$ で定めると，上の補題から $e_F = [\xi]$ となる $\xi \in \mathcal{H}_+$ があるので，$e_F M e_F$ の作用と正錐および*演算を保つユニタリー $U_F : e_F \mathcal{H} e_F \to e_F L^2(M) e_F$ が丁度一つ存在する．さらに，$F \subset G$ のとき，U_G の $e_F \mathcal{H} e_F$ への制限も U_F と同じ性質をもつことから，U_F に一致する．すなわち，$U_F \subset U_G$ である．

一方，射影の増大網 (e_F) が $\bigcup_F e_F \mathcal{H} \supset \sum_{\xi \in \mathcal{H}_+} \xi M$ より $\lim_{F\to\infty} e_F = 1$ を満たすことに注意すれば，$\mathcal{H}$ から $L^2(M)$ の上への*演算を保つユニタリーを $U|_{e_F \mathcal{H} e_F} = U_F$ であるように定めることができて，$U(e_F \mathcal{H}_+ e_F) = e_F L^2_+(M) e_F$ で $F \to \infty$ とすれば，$U(\mathcal{H}_+) = L^2_+(M)$ である．さらに，$a \in M$ に対して，$U(e_F a e_G \xi) = e_F a e_G U(\xi)$ で $F, G \to \infty$ とすれば，U は M の作用を取持つこともわかる．

〈**注意**〉 Haagerup の元々の標準形では，$c\xi = \xi c$ $(c \in M \cap M')$ という条件が仮定されていた．これが自然表現 $L^2(M)$ について成り立つことは容易に確かめられるものの，一般の標準形においても正しいことは，比較的最近 安藤・Haagerup[5)] によって示された．上の証明はそれを反映させたものになっている．

7.4 普遍表現

可換 C*環の普遍表現の標準的構成を 5 章の終わりで与えた．ここでは，それを一般の C*環 A の場合にまで拡張する*双加群 $L^2(A)$ について考えよう．定義そのものは簡単で，A の W*包を $M = A^{**}$ とするとき，$L^2(A) = L^2(M)$ とおくだけである．これを A の作用する*双加群と考え，適宜 M の作用に拡張するものとする．勝手な $\varphi \in A^*_+$ が $\varphi(a) = (\varphi^{1/2}|a\varphi^{1/2})$ $(a \in A)$ の形であることから，${}_AL^2(A)$ が普遍表現を与える．これを A の**標準普遍表現** (the

---

5) H. Ando and U. Haagerup, Ultraproducts of von Neumann algebras, *J. Funct. Analysis*, **266**(2014), pp.6842-6913.

universal representation) と呼ぶ.

〈例 7.33〉 コンパクト作用素環では，$L^2(\mathcal{C}(\mathcal{H})) = L^2(\mathcal{B}(\mathcal{H})) = \mathcal{H} \otimes \mathcal{H}^*$.

問 7.10 可換 C*環 $A = C_0(\Omega)$ (Ω は局所コンパクト空間) の場合，$L^2(A)$ が5章で与えたものに一致することを確かめよ.

一般の*表現 $\pi : A \to \mathcal{B}(\mathcal{H})$ について，$\pi(A)'' = [\pi]A^{**}$ の双対前が $[\pi]A^*$ で与えられることから，ヒルベルト空間 $L^2(\pi(A)'')$ は $L^2(A)[\pi] = \overline{\sum_{\varphi \in [\pi]A^*_+} A\varphi^{1/2}A}$ と同一視される (命題 7.5 参照). $L^2(A) = L^2(M)$ は既に巨大なヒルベルト空間であるが，標準表現の形をとっていることもあり，${}_A\mathcal{H}$ を収容するためには，重複度を添字集合 I により再度調整した列拡大

$$
{}_AL^2(A)^I = \bigoplus_{i \in I} {}_AL^2(A) = {}_AL^2(A) \otimes \ell^2(I)
$$

を用いる必要がある. フォン・ノイマン環 $\mathrm{End}({}_AL^2(A)^I)$ の反転が M の行列拡大 $M_I(M) = M \otimes \mathcal{B}(\ell^2(I))$ と自然に同一視されるので，$L^2(A)^I$ は A-$M_I(M)$ 双加群であり，行列射影 $e \in M_I(M)$ が部分加群 ${}_AL^2(A)^I e$ を定める. これを e に伴う射影加群と呼び，対応する A の*表現を π_e で表す.

定理 5.13 をこの状況に則して言い換えると，すべての左 A 加群 ${}_A\mathcal{H}$ は，この意味での射影加群とユニタリー同値となることがわかる. これを ${}_A\mathcal{H}$ の射影表示[6] という.

さて，添字集合は十分大きくとることで，考察の対象となる A の*表現がすべて ${}_AL^2(A)^I$ の部分表現として射影表示されるものとしてよい. このとき，2つの射影加群 ${}_AL^2(A)^I e$, ${}_AL^2(A)^I f$ のユニタリー同値性は射影 e, f の $M_I(M)$ における同値性に読み替えられる. さらに π_e の支えが e の $M_I(M)$ における中支え $[e]$ で与えられることから，π_e と π_f が準同値である条件は $[e] = [f]$ と言い換えられるのであった (4章の終わり参照).

定理 7.34 C*環 A の正汎関数 φ, ψ について，次が成り立つ.

(i) φ と ψ が無縁であることは $A\varphi^{1/2}A$ と $A\psi^{1/2}A$ が直交すること.

(ii) φ と ψ が準同値であるとは，$\overline{A\varphi^{1/2}A} = \overline{A\psi^{1/2}A}$ となること.

---

[6] 添字集合 I としては，巡回表現の直交和分解 $\mathcal{H} = \bigoplus_{i \in I} \overline{A\xi_i}$ を行う際に現れるものをとれば十分である.

(iii) φ が純粋であるとは，$\overline{A\varphi^{1/2}} \cap \overline{\varphi^{1/2}A} = \mathbb{C}\varphi^{1/2}$ となること．さらにこのとき，対応 $a\varphi^{1/2}b \mapsto \|\varphi\|^{-1/2}a\varphi^{1/2}\otimes\varphi^{1/2}b$ は，$\overline{A\varphi^{1/2}A}$ から $\overline{A\varphi^{1/2}}\otimes\overline{\varphi^{1/2}A}$ へのユニタリー写像を与える．

証明　(i) と (ii) は，$[{}_A\overline{A\varphi^{1/2}}]L^2(A) = \overline{A\varphi^{1/2}A}$（補題7.14参照）からわかる．

φ の支えを $e \in A^{**}$ とするとき，

$$\overline{A\varphi^{1/2}} \cap \overline{\varphi^{1/2}A} = L^2(A^{**})e \cap eL^2(A^{**}) = L^2(eA^{**}e)$$

であるから (iii) の条件は $eA^{**}e = \mathbb{C}e$ と同値．そこで，$\mathrm{End}({}_AL^2(A)e)^\circ \cong eA^{**}e$ および $\overline{A\varphi^{1/2}} = L^2(A)e$（補題7.14）に注意すれば，この条件は，${}_A\overline{A\varphi^{1/2}}$ が既約であることと同値．最後に，純粋な φ に対する双加群の対応は，例7.2からわかる．□

〈注意〉　(i) の条件は，$\overline{A\varphi^{1/2}} = \overline{\varphi^{1/2}A}$ のとき，さらに $(\varphi^{1/2}|\psi^{1/2}) = 0$ と同値である．実際，L^4 計算を使った等式 $(\varphi^{1/2}|\psi^{1/2}) = \|\varphi^{1/4}\psi^{1/4}\|^2$ に注意すれば，$(\varphi^{1/2}|\psi^{1/2}) = 0$ から $\varphi^{1/2}\psi^{1/2} = 0$ が従うので，$A\varphi^{1/2}$ と $A\psi^{1/2}$ が直交する．そこで，$\overline{A\varphi^{1/2}} = \overline{\varphi^{1/2}A}$ であれば，これから

$$(A\varphi^{1/2}A|A\psi^{1/2}A) \subset (A\varphi^{1/2}A|A\psi^{1/2}) \subset (\overline{A\varphi^{1/2}}|A\psi^{1/2}) = \{0\}.$$

上で使った非可換 L^p 算は Haagerup によるものである．

問7.11　$\varphi \in A^*_+$ の GNS 表現から生成されるフォン・ノイマン環 M と $[[\varphi]]A^{**}$ との自然な同一視の下，$L^2(M) = [[\varphi]]L^2(A) = \overline{A\varphi^{1/2}A}$ であることを示せ．ただし，$[[\varphi]]$ は φ の A^{**} における中支えを表す．

〈例7.35〉　可換C*環 $A = C_0(\Omega)$ の上の正汎関数 φ, ψ をラドン測度により

$$\varphi(a) = \int_\Omega a(\omega)\,\mu(d\omega), \quad \psi(a) = \int_\Omega a(\omega)\,\nu(d\omega)$$

と表すとき，以下が成り立つ．

(i) φ と ψ が無縁であるための必要十分条件は，$\Omega_\mu \cap \Omega_\nu = \emptyset$, $\mu(\Omega \setminus \Omega_\mu) = 0 = \nu(\Omega \setminus \Omega_\nu)$ であるようなボレル集合 Ω_μ, Ω_ν がとれること．実際，

$$(\varphi^{1/2}|\psi^{1/2}) = \int_\Omega \sqrt{\frac{d\mu}{d(\mu+\nu)}(\omega)\frac{d\nu}{d(\mu+\nu)}(\omega)}(\mu+\nu)(d\omega),$$

なる表示で，Radon-Nikodym 密度関数 $d\mu/d(\mu+\nu)$, $d\nu/d(\mu+\nu)$ の支えを Ω_μ, Ω_ν とするとき，$(\varphi^{1/2}|\psi^{1/2})=0$ であれば，$\mu+\nu$ についての零集合を調整することで，$\Omega_\mu\cap\Omega_\nu=\emptyset$ であるように選べる．

(ii) $\varphi^{1/2}\in\overline{A\psi^{1/2}}$ となることと μ が ν に関して絶対連続であることは同値であり，その結果，φ と ψ が準同値であるための必要十分条件は μ,ν が同値な測度となることである．実際，$\mu\prec\nu$ のとき，$\mu(d\omega)=f(\omega)\nu(d\omega)$ $(0\leq f\in L^1(\Omega,\nu))$ と表せば，$\varphi^{1/2}=\sqrt{f(\omega)}\sqrt{\nu(d\omega)}\in L^2(\Omega,\nu)=\overline{A\psi^{1/2}}$ である．逆に，$\mu\prec\nu$ を否定すれば，$\mu(\Omega\setminus\Omega_\nu)>0$ であり，それでもなお $\mu^{1/2}\in L^2(\Omega,\nu)$，すなわち $\sqrt{\mu(d\omega)}=g(\omega)\sqrt{\nu(d\omega)}$ $(g\in L^2(\Omega,\nu))$ であれば，$\int_{\Omega\setminus\Omega_\nu}\mu(d\omega)=\int_{\Omega\setminus\Omega_\nu}|g(\omega)|^2\,\nu(d\omega)=0$ となって矛盾である．

7.5 角谷の二分律

直積測度に関する角谷の二分律 (Kakutani dichotomy) の積状態への拡張を与える．もともとは，von Neumann が無限テンソル積の論文で予告していた内容に連なるものではある．作用素環の無限テンソル積は，物理でいうところの無限自由度系の数学的モデルという意味合いもあり，古くから多くの研究がなされてきた．ここでは，標準表現を利用してそのエッセンスを味わってみる．

さて，von Neumann も指摘しているように，テンソル積をとる対象は，一列に並んでいる必要も可算である必要もない．また，構造的にラベルの取り替えには依存しない．具体例ではラベルがしばしば空間的な位置を表す場合が扱われ，その幾何学的位置関係がテンソル積に反映されているように錯覚されがちな点を戒めているのだろうと思われる．

ということで，単位的C*環の集まり $(A_i)_{i\in I}$ を扱う．各 A_i が単位的であることから，代数的なテンソル積 $\mathcal{A}=\bigodot_{i\in I}A_i$ が*環として意味をもつ．$\mathcal{A}$ の元は，$\bigotimes_{i\in I}a_i$（ただし，$a_i\in A_i$ で $a_i\neq 1$ となる i は有限個）の一次結合の形であることに注意．さらに，$\mathcal{A}$ もユニタリーとなるので，そのC*包を $\bigotimes_{i\in I}A_i$ で表す．この操作は，添字の分割について結合的である：$I=\bigsqcup_{j\in J}I_j$ とするとき，$\bigotimes_{j\in J}(\bigotimes_{i\in I_j}A_i)$ と $\bigotimes_{i\in I}A_i$ は自然に同型となるので，以下，これを

同一視する．

<u>問 7.12</u>　添字の分割についての結合性を確かめよ．

〈例 7.36〉　離散群の集まり $(G_i)_{i\in I}$ の不完全直積[7] G とすれば，$\bigotimes_{i\in I} C^*(G_i)$ は $C^*(G)$ と自然に同一視される．

各 A_i の状態 φ_i から作った $\mathcal{A}$ の積状態を φ で表す．すなわち，φ は

$$\varphi\left(\bigotimes_{i\in I} a_i\right) = \prod_{i\in I}\varphi_i(a_i)$$

という関係で定められる状態である（右辺の無限積は，有限個の i を除いて $a_i = 1$ であることから，事実上の有限積である）．φ から引き起こされる A の状態も同じ記号で表す．

ここで，ヒルベルト空間の**無限テンソル積** (infinite tensor product) について述べておこう．ヒルベルト空間の集まり $(\mathcal{H}_i)_{i\in I}$ から，$\bigotimes_{i\in I}\mathcal{H}_i$ といったものを作りたいのであるが，そのためには，$\bigotimes_{i\in I}\xi_i$ の意味から調べる必要がある．その一般的な分析は von Neumann によってなされ，完全テンソル積として知られているのであるが，ここではその一部をなす不完全テンソル積を導入する．これは，無限テンソル積の解析的問題をある意味回避するもので，各ヒルベルト空間 $\mathcal{H}_i$ には予め単位ベクトル ς_i が指定されているとし（単位ベクトル付きヒルベルト空間と呼ぶ），$\otimes\xi_i$ としては，$\xi_i \neq \varsigma_i$ となる i は有限個であるもののみを考える．そのようなものどうしの内積を

$$(\otimes\xi_i|\otimes\eta_i) = \prod(\xi_i|\eta_i)$$

で定め（右辺の積は実質的に有限積であることに注意），この内積による完備化が $(\mathcal{H}_i)$ の単位ベクトル系 (ς_i) に関する（不完全）テンソル積である．

さて，単位ベクトル付きヒルベルト空間 $\varphi^{1/2} \in \overline{(\bigotimes_{i\in I} A_i)\varphi^{1/2}(\bigotimes_{i\in I} A_i)}$ は，単位ベクトル付きヒルベルト空間の集まり $(\varphi_i^{1/2} \in \overline{A_i\varphi_i^{1/2}A_i})$ のテンソル積と，対応

$$(\odot a_i)\varphi^{1/2}(\odot b_i) \longleftrightarrow \bigotimes_{i\in I}(a_i\varphi_i^{1/2}b_i)$$

[7] $G = \{(g_i) \in \prod_i G_i;$ 有限個の i を除いて g_i は G_i の単位元$\}$ である．

によりユニタリー同型である．その結果，個々の A_i は $\otimes_i A_i$ に C*環として埋め込まれる．とくに，部分集合 $J \subset I$ に対して，$\bigotimes_{j\in J} A_j \subset \bigotimes_{i\in I} A_i$ である．

問7.13 $\bigodot_{i\in I} A_i \subset \bigotimes_{i\in I} A_i$ を確かめよ．

〈注意〉 一般に2つのC*環のテンソル積の場合でも，$\sum_{\varphi,\psi}(A\otimes B)(\varphi^{1/2}\otimes\psi^{1/2}(A\otimes B)$ が $L^2(A\otimes B)$ で密とは限らない．言い換えると，自然な $L^2(A)\otimes L^2(B) \subset L^2(A\otimes B)$ が一般には一致しない．

命題 7.37 2つの積状態 $\varphi = \otimes\varphi_i$, $\psi = \otimes\psi_i$ について，

$$(\varphi^{1/2}|\psi^{1/2}) = \prod_{i\in I}(\varphi_i^{1/2}|\psi_i^{1/2})$$

が成り立つ．

証明 有限部分集合 $F \subset I$ に対して，$\varphi = \varphi_1 \otimes \varphi_2$, $\varphi_1 = \bigotimes_{i\in F}\varphi_i$, $\varphi_2 = \bigotimes_{i\notin F}\varphi_i$ と2つの積に分け，ψ についても同様の記号を用いると，

$$(\varphi^{1/2}|\psi^{1/2}) = (\varphi_1^{1/2}|\psi_1^{1/2})(\varphi_2^{1/2}|\psi_2^{1/2}) \le (\varphi_1^{1/2}|\psi_1^{1/2}) = \prod_{i\in F}(\varphi_i^{1/2}|\psi_i^{1/2})$$

と評価されるので，不等式 $(\varphi^{1/2}|\psi^{1/2}) \le \prod_{i\in I}(\varphi_i^{1/2}|\psi_i^{1/2})$ が成り立つ．したがって，$\{i\in I; (\varphi_i^{1/2}|\psi_i^{1/2}) \ne 1\}$ が非可算であれば無限積が 0 となって，主張は正しい．状態については $(\varphi_i^{1/2}|\psi_i^{1/2}) = 1 \iff \varphi_i = \psi_i$ となるから，問題は $I = \{1,2,\cdots\}$ で $\prod_{n=1}^\infty(\varphi_n^{1/2}|\psi_n^{1/2}) > 0 \iff \sum_{n=1}^\infty \log(\varphi_n^{1/2}|\psi_n^{1/2}) > -\infty$ の場合に帰着する．このとき，$\phi_n = \varphi_1\otimes\cdots\otimes\varphi_n\otimes\psi_{n+1}\otimes\cdots$ とおくと，

$$\|\phi_m^{1/2} - \phi_n^{1/2}\|^2 = 2 - 2\exp\Bigl(\sum_{k=m+1}^n \log(\varphi_k^{1/2}|\psi_k^{1/2})\Bigr) \to 0 \ (m,n\to\infty)$$

であるから $\phi^{1/2} = \lim_{n\to\infty}\phi_n^{1/2}$ が存在し，

$$(\phi^{1/2}|a\phi^{1/2}) = \lim_{n\to\infty}(\phi_n^{1/2}|a\phi_n^{1/2}) = \varphi(a), \quad a \in A_1\otimes\cdots\otimes A_m \subset \bigotimes_{k=1}^\infty A_k$$

より $\phi^{1/2} = \varphi^{1/2}$ がわかる．かくして

$$(\varphi^{1/2}|\psi^{1/2}) = \lim_{n\to\infty}(\phi_n^{1/2}|\psi^{1/2}) = \lim_{n\to\infty}\prod_{k=1}^n(\varphi_k^{1/2}|\psi_k^{1/2}) = \prod_{n=1}^\infty(\varphi_n^{1/2}|\psi_n^{1/2})$$

が示された． □

系 7.38 $(\varphi_i^{1/2}|\psi_i^{1/2}) > 0$ $(i \in I)$ かつ $\prod_{i\in I}(\varphi_i^{1/2}|\psi_i^{1/2}) = 0$ であれば，φ と ψ は無縁である．

証明 $a, b \in \bigotimes_{i\in F} A_i$ のとき，仮定から $\prod_{i\notin F}(\varphi_i^{1/2}|\psi_i^{1/2}) = 0$ となるので，

$$(a\varphi^{1/2}|\psi^{1/2}b) = (a\varphi_F^{1/2}|\psi_F^{1/2}b)\prod_{i\notin F}(\varphi_i^{1/2}|\psi_i^{1/2}) = 0$$

が成り立ち，これは $A\varphi^{1/2}A \perp A\psi^{1/2}A$ を意味する．□

以上，C*環のテンソル積について述べたことは，W*環のテンソル積 $\bigotimes_{i\in I} M_i$ にもそのまま引き継がれる．注意点として，有限個のテンソル積 $\bigotimes_{i\in F} M_i$ についてはW*環としてのテンソル積を，言い換えると，$\bigotimes_{i\in I} M_i$ の線型汎関数としては，それをW*環 $\bigotimes_{i\in F} M_i$ に制限したものが弱い位相で連続となるものものを専ら考える．そのような線型汎関数は，局所連続 (locally normal) と呼ばれる．その結果，有限部分集合 $F \subset I$ については，W*環としてのテンソル積 $\bigotimes_{i\in F} M_i$ を部分環として含み，$\bigotimes_{i\in I} M_i$ 自体は $\bigcup_{F\subset I}\bigotimes_{i\in F} M_i$ のC*包とすることで，ハイブリッドなC*環が得られる．これを局所連続なテンソル積と呼ぶことにする．

したがって，連続な状態 $\varphi_i \in (M_i)_*^+$ から作られた積状態が $\bigotimes M_i$ の状態を与えることになる．

定理 7.39 W*環の局所連続なテンソル積 $M = \bigotimes_{i\in I} M_i$ において，連続な状態の集まり (φ_i), (ψ_i) から作られた積状態を φ, ψ で表す．

このとき，$(\varphi_i^{1/2}|\psi_i^{1/2}) > 0$ および $\overline{M_i\varphi_i^{1/2}M_i} = \overline{M_i\psi_i^{1/2}M_i}$ $(i \in I)$ が満たされれば，次のいずれかが成り立つ．

(i) $\overline{M\varphi^{1/2}M} = \overline{M\psi^{1/2}M} \iff (\varphi^{1/2}|\psi^{1/2}) > 0$ である．

(ii) $\overline{M\varphi^{1/2}M} \perp \overline{M\psi^{1/2}M} \iff (\varphi^{1/2}|\psi^{1/2}) = 0$ である．

証明 (ii) は上の系からわかるので，$(\varphi^{1/2}|\psi^{1/2}) > 0$ とする．このとき，命題の証明から $\varphi^{1/2} = \lim \phi_n^{1/2}$ であり，仮定から $\overline{M\phi_n^{1/2}M} = \overline{M\psi^{1/2}M}$ が成り立つので，$\overline{M\varphi^{1/2}M} \subset \overline{M\psi^{1/2}M}$ がしたがう．逆の包含も同様である．□

系 7.40 (角谷の二分律) 可測空間の列 Ω_n とその上の確率測度の列 μ_n, ν_n から作られた直積可測空間 $\Omega = \prod \Omega_n$ における直積測度を $\mu = \prod \mu_n$,

$\nu = \prod \nu_n$ で表すとき，$(\mu^{1/2}|\nu^{1/2}) = \prod(\mu_n^{1/2}|\nu_n^{1/2})$ であり，さらに $\mu_n \sim \nu_n$ $(n = 1, 2, \dots)$ のとき，次が成り立つ．

(i) $(\mu^{1/2}|\nu^{1/2}) > 0$ ならば，μ と ν は同値．

(ii) $(\mu^{1/2}|\nu^{1/2}) = 0$ ならば，μ と ν は無縁．

〈例 7.41〉 ヒルベルト空間 $\mathcal{H}_i$ におけるコンパクト作用素環 $A_i = \mathcal{C}(\mathcal{H}_i)$ $(i \in I)$ を考え，その上の状態を密度行列により $\varphi_i = \mathrm{tr}(\rho_i(\cdot))$, $\psi_i = \mathrm{tr}(\sigma_i(\cdot))$ のように表す．このとき，$(\varphi^{1/2}|\psi^{1/2}) = \prod_{i \in I} \mathrm{tr}(\rho_i^{1/2}\sigma_i^{1/2})$ であり，

$$(\varphi^{1/2}|\psi^{1/2}) > 0 \iff \sum_{i \in I} \|\rho_i^{1/2} - \sigma_i^{1/2}\|_2^2 < \infty$$

となる．また φ が純粋であることと $\mathrm{rank}(\rho_i) = 1$ $(i \in I)$ が同値．

第8章
群作用とKMS状態

数学における対称性は群を通じて調べるのが常道であり，作用素環においては自己同型群を経由した群作用ということになる．その中でもC*環あるいはW*環については，位相が順序構造で規定されるため，すべての*自己同型は自動的に連続となる．

以下，G を位相群とし，G の作用素環 A への作用，すなわち G から A の*自己同型群 $\mathrm{Aut}(A)$ への準同型 $\theta : G \to \mathrm{Aut}(A)$ について考える．位相群というと抽象的すぎて捉えどころのない感じのものであるが，実際のところは，ベクトル群，幾何学的線型変換群，置換群，あるいは電荷などの保存量を統制するコンパクトな行列群をまとめて論じる際の便利な枠組みと思うべきで，これらを含む扱いよく広いクラスに局所コンパクト群がある．局所コンパクト群の重要な性質として，不変測度（ハール測度）の存在[1]と唯一性がある．

量子力学において，群 G に関する対称性は，ユニタリー表現 $u : G \to \mathcal{U}(\mathcal{H})$ を通じて実現される．これは，ベクトル状態の対称性を直接的に記述するとともに，観測可能量を表すエルミート作用素 a には $u(g)au(g)^*$ の形の変化，すなわち全作用素環 $\mathcal{B}(\mathcal{H})$ への自己同型作用 $\theta_g(a) = u(g)au(g)^*$ ($g \in G$, $a \in \mathcal{B}(\mathcal{H})$) を引き起こす．作用素環的には，$\mathcal{B}(\mathcal{H})$ と u は，相合わせて群作用を伴った作用素環の表現と見るのが自然で，共変表現と呼ばれる．

8.1 自己同型作用

さて，位相群を扱う以上，その群作用についても何らかの連続性を要求する

[1] 逆に不変測度が存在すれば，それは局所コンパクト群に伴うものに限る（Weil の定理）．

のが自然である．位相群 G の C* 環への作用 $\theta_g \in \mathrm{Aut}(A)$ の連続性として通常採用されるのがノルム位相に関するもので，各 $a \in A$ に対して $\theta_g(a) \in A$ が変数 $g \in G$ についてノルム連続とするものであるが，状況によってはこの条件が強すぎるということも起こり得る．ここでは証明しないが，局所コンパクト群については，このノルム連続性が見かけ上それより弱い連続性，すなわち，$a \in A$ と $\phi \in A^*$ に対して，$\phi(\theta_g(a))$ が $g \in G$ について連続，という性質と同値であることが知られている．

〈注意〉 証明の方針は以下の通り．$f \in C_c(G)$ に対して，$\{f(g)\theta_g(a); g \in G\}$ がコンパクト集合 $[f] \subset G$ の連続像として弱コンパクトであることから，その閉凸包も弱コンパクトになり (Krein-Smulian)，結果として，ハール測度に関する弱積分 $\theta_f(a) = \int_G f(g)\theta_g(a)\,dg \in A$ が意味をもち（例えば，Rudin 定理 3.37)，不等式 $\|\theta_f(a)\| \leq \|a\|\|f\|_1$ を満たす．これから，$G \ni g \mapsto \theta_g\theta_f(a) \in A$ のノルム連続性が従うので，f をデルタ関数に近づけることで $\theta_g(a)$ のノルム連続性がわかる．

他方，双対作用 $\phi \circ \theta_g \in A^*$ $(\phi \in A^*)$ のノルム連続性は，これらに比べて遥かに強い条件である．

〈例 8.1〉 位相群 G の可換 C*環 $A = C_0(\Omega)$ への作用とそれに伴う G の局所コンパクト空間 Ω への同相作用について，G の A への作用がノルム連続であることと，写像 $G \times \Omega \to \Omega$ が連続であることは同値である．

この状況で，G の A^* への双対作用は一般にノルム連続とならない．これは，Ω における確率測度 ϕ の支えを $e \neq g \in G$ が横断的に動かす状況を考えれば，$\|g\phi - \phi\| = 2$ となることからわかる．

問 8.1 例 8.1 を確かめよ．

双対作用のノルム連続性と密接に関係するのが共変表現の存在である．

定義 8.2 群作用 $\theta : G \to \mathrm{Aut}(A)$ の**共変表現** (covariant representation) とは，A の*表現 π と G の連続なユニタリー表現 u が共通のヒルベルト空間 $\mathcal{H}$ の上で実現され，共変関係 $\pi(\theta_g(a)) = u(g)\pi(a)u(g)^*$ を満たすものをいう．

共変表現があると，表現空間のベクトルから作られるベクトル汎関数は G の作用についてノルム連続となる．実際，$\phi(a) = (\xi|\pi(a)\eta)$ $(a \in A)$ は不等式

$\|\phi\theta_g - \phi\theta_h\| \leq \|u(g)^*\xi - u(h)^*\xi\| \, \|\eta\| + \|\xi\| \, \|u(g)^*\eta - u(h)^*\eta\| \ (g, h \in G)$ を満たすので，u の連続性から $\phi \circ \theta_g$ のノルム連続性が従う．

この場合の連続性は，すべての $\phi \in A^*$ についてを保証するものではなく，表現ないし状態に依存したものとなっていることに注意する．

そこで $A^*_c = \{\phi \in A^*; G \ni g \mapsto \phi \circ \theta_g \in A^*$ はノルム連続$\}$ とおくと，これは A^* の G 不変な部分空間であり，*演算とノルム位相に関して閉じている．のみならず，定理 5.20 により，$\phi \in A^*_c$ ならば $|\phi| \in A^*_c$ である．また $A^*_G = \{\phi \in A^*; A\phi A \subset A^*_c\}$ とおくと，作り方から $AA^*_G A \subset A^*_G$ であり，A^*_c の性質が遺伝して，A^*_G も G 不変で，*演算とノルム位相に関して閉じている．A と A^* の積は，A^{**} と A^* との積にまで連続に拡張されるので，命題 5.4 により，中心射影 $c \in A^{**}$ を使って，$A^*_G = cA^*$ と書かれ，A^*_G は W*環 $M = cA^{**}$ の双対前であることがわかる．

命題 8.3 M は，A の*表現で共変表現に拡張できるもの全体から生成された W*環として特徴づけられる．

証明 上での観察から，A^*_G が共変表現に伴うものであることを確かめればよい．これは，θ の $L^2(A)$ における随伴ユニタリー表現が $L^2_+(M) = \{\varphi^{1/2}; \varphi \in A^*_G, \varphi \geq 0\}$ を不変にし，そこへの制限が $g \in G$ について連続となることからわかる． □

〈例 8.4〉 $A = C_0(\mathbb{R})$ に加法群 $G = \mathbb{R}$ が平行移動により作用している場合を考えると，$A^*_G = L^1(\mathbb{R})$ であり $M = L^\infty(\mathbb{R})$ となる．

問 8.2 G の A への作用がノルム連続であれば，$A^*_c = A^*_G$ であることを示せ．

以上を踏まえて，W*環への群作用の連続性を導入する．

定理 8.5 位相群 G の W*環 M への自己同型作用 θ について，以下の条件は同値．

(i) 各 $a \in M$ と $\phi \in M_*$ に対して，$G \ni g \mapsto \phi(\theta_g(a))$ が連続．

(ii) 各 $\phi \in M_*$ に対して，$G \ni g \mapsto \phi \circ \theta_g \in M_*$ がノルム連続．

(iii) θ に伴う G の $L^2(M)$ における随伴ユニタリー表現が連続．

証明 (ii) $\Longrightarrow$ (i) は当然成り立つ．ユニタリー表現については弱い連続性と強い連続性が同値なので，(i) $\Longrightarrow$ (iii) が従う．(iii) $\Longleftrightarrow$ (ii) は Powers-Størmer-Araki 不等式からわかる． □

定義 8.6 位相群 G の W*環 M への自己同型作用は，上の同値な条件を満たすとき**連続**であるといい，以下では，とくに断らない限り連続な作用のみを扱う．また，その共変表現 $\pi : M \to \mathcal{B}(\mathcal{H})$, $u : G \to \mathcal{U}(\mathcal{H})$ においても，π に弱*連続性を仮定する．

命題 8.7 局所コンパクト群 G の W*環 M への連続作用 θ について，$G \ni g \mapsto \theta_g(a)$ がノルム連続となる $a \in M$ 全体は M の弱*密な C*部分環となる．

証明 条件を満たす a 全体を A とすると，A が M の C*部分環であることは直ちにわかるので，$x \in M$ が A の元で弱*近似されることを確かめよう．関数 $f \in C_c(G)$ に対して，ハール測度に関する $M = (M_*)^*$ での弱*積分

$$\theta_f(x) = \int_G f(g)\theta_g(x)\,dg$$

が $\|\theta_g(\theta_f(x)) - \theta_f(x)\| \leq \|x\|\|gf - f\|_1$ を満たすことから，$\theta_f(x) \in A$ であり，さらに f として $L^1(G)$ における近似デルタ関数をとれば，$\theta_f(x)$ が x に弱*収束する． □

A の正汎関数（とくに状態）ϕ が G 不変，すなわち G の作用の固定点であるとき，随伴ユニタリー表現は，ϕ の GNS 空間 $\overline{A\phi^{1/2}}$ を保ち，その上では，$u_g(a\phi^{1/2}) = \theta_g(a)\phi^{1/2}$ で与えられるので取扱い易くなる．例えば，$a\phi \in A_c^*$ となる条件は $\phi(a^*\theta_g(a))$ が $g \in G$ の連続関数であることと言い換えられる．

問 8.3 上の言い換えを確かめよ．

不変な状態というものは，物理的には対称性が完全に実現された状況を表していて，これまでにも様々な視点から多くの研究がなされている．その具体的な内容については，Bratteli-Robinson [12] I §4.3 の辺りを見るとよい．

8.2 KMS条件

C*環 A の一径数自己同型群 $(\tau_t)_{t\in\mathbb{R}}$ について考える．パラメータ t を時刻と思えば，これは系の時間変化（発展）を表すことになるので，力学系という言い方もしばしばなされる．力学系であるから t について何らかの連続性を想定しているのであるが，以下では $\tau_t(a)$ $(a\in A)$ が t についてノルム連続であることは必ずしも仮定せず，表現ないし状態と関連した形で連続性を取り扱うことにする．これは奇を衒ってのことではなく，後ほど12.1節で論じるCCR C*環で実際に必要となることに備えるためである．

正汎関数 $\omega\in A^*_+$ に対して，A における半ノルムを $\|c\|_\omega=\|c\omega^{1/2}\|\vee\|c^*\omega^{1/2}\|$ $(c\in A)$ で定める．また，A の部分空間 $\mathcal{D}$ に対して，$\omega(a\tau_t(b))$ $(a,b\in\mathcal{D})$ という形の t の関数が $-1\le\operatorname{Im}\zeta\le 0$ における有界解析関数 $\omega(a\tau_\zeta(b))$ への拡張をもち $\omega(a\tau_{t-i}(b))=\omega(\tau_t(b)a)$ $(t\in\mathbb{R})$ であるとき，ω は $\mathcal{D}$ において境界条件を満たすという．

ここで，複素関数論における三線定理[2)](three line theorem) について思い出しておくと，

定理 8.8（三線定理） 帯状閉領域 $\overline{D}=\{z\in\mathbb{C};0\le\operatorname{Re}z\le 1\}$ の上で定義された有界連続関数 $f(z)$ で，$\overline{D}$ の内部で解析的なものに対して，

$$M_x=\sup\{|f(x+iy)|;y\in\mathbb{R}\},\quad 0\le x\le 1$$

とおくと，不等式 $M_x\le M_0^{1-x}M_1^x$ $(0\le x\le 1)$ が成り立つ．

命題 8.9 C*環 A 上の正汎関数 ω について，次の条件は同値である．

(i) 境界条件を満たす τ 不変*部分環 $\mathcal{A}\subset A$ でノルム位相について密なものが存在する．

(ii) ω は A において境界条件を満たす．

この条件が成り立つとき，正汎関数 ω は τ_t 不変であり，複素関数 $\omega(a\tau_\zeta(b))$ $(-1\le\operatorname{Im}\zeta\le 0)$ は $|\omega(a\tau_\zeta(b))|\le\|a\|_\omega\,\|b\|_\omega$ $(a,b\in A)$ と評価される．

証明 (i) $\Longrightarrow$ (ii) が問題である．はじめに，後半部分の評価式の弱い形を $a,b\in\mathcal{A}$ に対して導く．有界解析関数 $\omega(a\tau_\zeta(b))$ に三線定理を適用し，

---

2) 気のきいた複素関数の本には書いてある，はずである．

$$\omega(a\tau_t(b)) = (a^*\omega^{1/2}|\tau_t(b)\omega^{1/2}), \quad \omega(\tau_t(b)a) = (\tau_t(b^*)\omega^{1/2}|a\omega^{1/2})$$

なる表示と合わせると，$|\omega(a\tau_\zeta(b))| \leq \sqrt{\|\omega\|}\|b\|\,\|a\|_\omega$ がわかる．

次に，ω が τ_t で不変なことを示す．*部分環 $\mathcal{A}$ は A^{**} の弱い位相で密であるから，エルミート元 $a_n = a_n^* \in \mathcal{A}$ を $\lim \|\omega^{1/2} - a_n\omega^{1/2}\| = 0$ のようにとることができて，

$$|\omega((a_m - a_n)\tau_\zeta(b))| \leq \sqrt{\|\omega\|}\|b\|\|a_m - a_n\|_\omega \to 0$$

が ζ について一様に成り立つ．このことから，$\omega(\tau_t(b))$ は有界複素解析関数 $\omega(\tau_\zeta(b)) = \lim_{n\to\infty} \omega(a_n\tau_\zeta(b))$ を拡張としてもち，

$$\omega(\tau_{t-i}(b)) = \lim_{n\to\infty} \omega(a_n\tau_{t-i}(b)) = \lim_{n\to\infty} \omega(\tau_t(b)a_n) = \omega(\tau_t(b))$$

を満たす．したがって，$\omega(\tau_\zeta(b))$ は複素平面全体に周期的に拡張され，とくに $\omega(\tau_t(b))$ は t によらず値が一定である．すなわち $\omega \circ \tau_t = \omega$ が $\mathcal{A}$ の上で，したがって A 全体で成り立つ．

さて，不変性を利用して $\overline{A\omega^{1/2}} = \overline{\mathcal{A}\omega^{1/2}}$ 上のユニタリー作用素 u_t を $u_t(x\omega^{1/2}) = \tau_t(x)\omega^{1/2}$ $(x \in A)$ で定めると，境界値関数が

$$\begin{aligned}
|\omega(a\tau_t(b))| &= |(a^*\omega^{1/2}|u_t(b\omega^{1/2}))| \leq \|a^*\omega^{1/2}\|\,\|b\omega^{1/2}\|, \\
|\omega(\tau_t(b)a)| &= |(u_t(b^*\omega^{1/2})|a\omega^{1/2})| \leq \|b^*\omega^{1/2}\|\,\|a\omega^{1/2}\|
\end{aligned}$$

のように評価されるので，不等式 $|\omega(a\tau_\zeta(b))| \leq \|a\|_\omega\,\|b\|_\omega$ $(a, b \in \mathcal{A})$ を得る．

一般の $a, b \in A$ に対しては，$a_n, b_n \in \mathcal{A}$ によりノルム近似すると，$F_n(\zeta) = \omega(a_n\tau_\zeta(b_n))$ は帯領域上一様に収束し，その極限関数 $F(\zeta)$ は有界かつ解析的で，

$$F(t-i) = \lim_n \omega(a_n\tau_{t-i}(b_n)) = \lim_n \omega(\tau_t(b_n)a_n) = \omega(\tau_t(b)a)$$

となることから，(ii) が評価式 $|\omega(a\tau_\zeta(b))| \leq \|a\|_\omega\,\|b\|_\omega$ と共に成り立つ．　□

上の命題における同値な条件を **KMS 条件**[3] と呼び，KMS 条件を満たす状態を **KMS 状態** (KMS state) という．KMS 条件と言った場合には，自己同

---

[3] 熱平衡状態の性質として R. Kubo (1957) と P.C. Martin-J. Schwinger (1959) が導入した境界条件を Haag-Hugenholtz-Winnik (1967) が作用素環的に定式化し直した．

型群と状態の間の関係を表し，それに対して，KMS 状態の方は，自己同型群を前提にした状態に関する条件という意味合いである．

ここでは作用素環での慣例に従った言い回しになっているが，元々の物理での用法も述べておくと，状態 ω が（時間発展を記述する）自己同型群 τ_t に関して，逆数温度 $\beta \in \mathbb{R}$ の KMS 条件を満たすとは，パラメータを無次元化した自己同型群 $\sigma_s = \tau_{-\beta s}$ が（上の意味での）KMS 条件を満たすことをいう．象徴的に $\omega(a\tau_{i\beta}(b)) = \omega(ba)$ ということであり，最初に述べた意味での KMS 状態は $\beta = -1$ に関する KMS 状態となる．なお，$\beta = 0$ の場合は τ_t と無関係に $\omega(ab) = \omega(ba)$ と表されるので，KMS 条件とはトレース条件に他ならない．

問 8.4 C*環 A の単位元付加 $\widetilde{A} = \mathbb{C}1 + A$ において，$\tau_t \in \mathrm{Aut}(A)$ の $\mathrm{Aut}(\widetilde{A})$ への拡張を $\widetilde{\tau}_t$ で表すとき，正汎関数の対応 $A_+^* \ni \omega \mapsto \widetilde{\omega} \in (\widetilde{A})_+^*$ ($\widetilde{\omega}(\lambda 1 + a) = \lambda\|\omega\| + \omega(a)$) に関して，$\omega$ が (τ_t) について KMS 条件を満たすことと，$\widetilde{\omega}$ が $(\widetilde{\tau}_t)$ について KMS 条件を満たすことは同値であることを示せ．

命題 8.10 各 $a \in A$ について，$\mathbb{R} \ni t \mapsto \tau_t(a)$ がノルム連続であるとし，解析的な元全体を A_τ という記号で表す．また，$a \in A_\tau$ に対して，$\tau_t(a)$ の解析的延長を $\tau_\zeta(a)$ ($\zeta \in \mathbb{C}$) と書く．A_τ は A でノルム密であることに注意．このとき，C*環 A 上の正汎関数 ω についての以下の条件は同値である．

(i) 等式 $\omega(a\tau_{-i}(b)) = \omega(ba)$ ($a \in A$, $b \in A_\tau$, $t \in \mathbb{R}$) が成り立つ．

(ii) ω は KMS 条件を満たす．

(iii) 各 $a, b \in A$ と $f \in C_c^\infty(\mathbb{R})$ のフーリエ変換 $\widehat{f}$ に対して，次が成り立つ．

$$\int_{-\infty}^{\infty} \widehat{f}(t+i)\omega(a\tau_t(b))\,dt = \int_{-\infty}^{\infty} \widehat{f}(t)\omega(\tau_t(b)a)\,dt.$$

証明 (ii) $\Longrightarrow$ (iii) はコーシーの積分定理を使って積分路を変更する．

(iii) $\Longrightarrow$ (i)：$b \in A_\tau$ とすると，コーシーの積分定理により

$$\int_{-\infty}^{\infty} \widehat{f}(t)F(t)\,dt = 0, \quad F(t) = \omega(a\tau_{t-i}(b)) - \omega(\tau_t(b)a)$$

となるので，F の超関数としてのフーリエ変換は 0 になり，したがって $F \equiv 0$ がわかる（ここのところは基本的にフーリエ解析であるから色々な方法が可能．問 8.5 参照）．

(i) $\Longrightarrow$ (ii)： $\tau_t(A_\tau) = A_\tau$ に注意すれば，$\omega(a\tau_{t-i}(b)) = \omega(a\tau_{-i}(\tau_t(b)) = \tau(\tau_t(b)a)$ がわかる．また $\omega(a\tau_t(b))$ の解析的延長である $\omega(a\tau_{t-ir}(b))$ は，$\|\tau_{t-ir}(b)\| = \|\tau_{-ir}(b)\|$ が $0 \le r \le 1$ で有界であることから有界関数であり，ω は A_τ において境界条件を満たす． □

系 8.11 KMS 状態全体は，弱*位相で閉じた A^* の凸部分集合である．

〈注意〉 C*環 A の一径数自己同型群 τ_t で不変な正汎関数 ω に対して，ユニタリー作用素 $u_t(a\omega^{1/2}) = \tau_t(a)\omega^{1/2}$ のスペクトル分解 $u_t = \int e^{ist}e(ds)$ を使った

$$\int \widehat{f}(t)\omega(a^*\tau_t(b))\,dt = \int \widehat{f}(t)(a\omega^{1/2}|u_t^*(b\omega^{1/2}))\,dt$$
$$= 2\pi \int f(-s)(a\omega^{1/2}|e(ds)(b\omega^{1/2}))\,ds$$

という表示から，連続関数 $\omega(a^*\tau_t(b))$ のフーリエ変換は $\mathbb{R}$ 上の複素測度 $\mu_{a,b}$ で与えられ，(iii) の条件は複素測度についての等式 $\mu_{a,b}(dt) = e^t\mu_{b^*,a^*}(-dt)$ となる．

〈例 8.12〉 ヒルベルト空間 $\mathcal{H}$ における一径数ユニタリー群 $U(t) = e^{itH}$ を用意し，コンパクト作用素環 $\mathcal{C}(\mathcal{H})$ の一径数自己同型群を $\tau_t(a) = e^{itH}ae^{-itH}$ で定めるとき，密度作用素 $\rho \in \mathcal{C}_1(\mathcal{H})$ の与える状態 ω が (τ, β)-KMS 条件を満たすための必要十分条件は，$e^{-\beta H} \in \mathcal{C}_1(\mathcal{H})$ かつ $\rho = e^{-\beta H}/\mathrm{tr}(e^{-\beta H})$ となることである．このような ω を **Gibbs 状態** (Gibbs state) と呼ぶ．

問 8.5 C*環 A の正汎関数 ω が，一径数自己同型群 $\tau_t \in \mathrm{Aut}(A)$ $(t \in \mathbb{R})$ について KMS 条件を満たすとする．$a \in A$ が $\tau_t(a) = a$ であるとき，$\omega(b\tau_t(a))$ の解析接続から $\omega(ab) = \omega(ba)$ $(b \in A)$ 導かれ，逆にこの性質があれば，KMS 条件は周期的になって $\tau_t(a) = a$ が得られることを示せ．

問 8.6 有界連続関数 $F(t)$ で $\int_{\mathbb{R}} \widehat{f}(t)F(t)\,dt = 0$ $(f \in C_c^\infty(\mathbb{R}))$ となるものは 0 に限ることを以下の手順で示せ．

(i) $C_c^\infty(\mathbb{R})$ がたたみ込みについて閉じていることから，$\int_{-\infty}^\infty \widehat{g}(t)\widehat{h}(t)F(t)\,dt = 0(g, h \in C_c^\infty(\mathbb{R}))$.

(ii) $C_c^\infty(\mathbb{R})$ は $L^2(\mathbb{R})$ で密であり，フーリエ変換は $L^2(\mathbb{R})$ のユニタリー作用素を引き起こすことから，$\int_{-\infty}^\infty \xi(t)(t)\eta(t)F(t)\,dt = 0$ $(\xi, \eta \in L^2(\mathbb{R}))$.

(iii) $C_c(\mathbb{R}) \subset L^2(\mathbb{R})L^2(\mathbb{R})$ および F が有界連続関数であることから，$F(t) = 0$ $(t \in \mathbb{R})$.

補題 8.13 正汎関数 ω がKMS条件を満たせば $\overline{A\omega^{1/2}} = \overline{\omega^{1/2}A}$ である．

証明 ω の中支えを $c \in A^{**}$ で表し，$\omega^{1/2}$ を $cL^2(A) = L^2(cA^{**})$ のベクトルと思うとき，これが $cA^{**} = A^{**}c$ の左作用について分離的であることがわかれば，左作用の交換子を与える右作用については巡回的となり，

$$\overline{A\omega^{1/2}} = \overline{A^{**}c\omega^{1/2}} = \overline{\omega^{1/2}cA^{**}} = \overline{\omega^{1/2}A}.$$

分離的であることを示すために，τ_t に伴う $\overline{A\omega^{1/2}}$ 上のユニタリーを u_t で表し，$x, y \in A^{**}$ に対して，$x_n, y_n \in A$ を

$$\lim_{n\to\infty} \|x_n - x\|_\omega = 0 = \lim_{n\to\infty} \|y_n - y\|_\omega$$

であるようにとって近似すれば（系 4.24），関数

$$\mathbb{R} \ni t \mapsto (x\omega^{1/2}|u_t(y\omega^{1/2})) = \lim_{n\to\infty} \omega(x_n^*\tau_t(y_n))$$

は，命題 8.9 により帯領域 $\{-1 \leq \mathrm{Im}\,\zeta \leq 0\}$ にまで有界かつ解析的に拡張され，

$$(x\omega^{1/2}|u_t(y\omega^{1/2}))|_{t=-i} = (\omega^{1/2}x|\omega^{1/2}y)$$

を満たす．

そこで，$z\omega^{1/2} = 0$ となる $z \in cA^{**}$ に対して，$(xz\omega^{1/2}|u_t(y\omega^{1/2})) = 0$ を解析接続することで，$(\omega^{1/2}xz|\omega^{1/2}y) = 0$ が $x, y \in A^{**}$ について成り立ち，$\omega^{1/2}xz = 0$ を得る．これは，$cL^2(A) = \overline{A\omega^{1/2}A}$（命題 7.5）であるから，$L^2(cA^{**})z = cL^2(A)z = \{0\}$ すなわち $z = 0$ を意味する．□

上の補題から，KMS 状態 ω の A^{**} における支え $[\omega]$ は A^{**} の中心に属し，ω に伴う GNS 表現 π から生成されたフォン・ノイマン環 $M = \pi(A)''$ は $[\omega]A^{**} = A^{**}[\omega]$ と自然に同一視される．

さて，$\pi(\tau_t(a)) = u_t\pi(a)u_t^*$ $(a \in A)$ に注意して，M の自己同型群 (σ_t) を $\sigma_t(x) = u_txu_t^*$ によって定めると，各 $\phi \in M_*$ と $x \in M$ に対して，$\phi(\sigma_t(x))$ が $t \in \mathbb{R}$ について連続になるという意味で (σ_t) は連続である．実際，$\phi(x) = (\xi|x\eta)$ $(\xi, \eta \in \overline{A\omega^{1/2}})$ と表されることから，$\phi(\sigma_t(x)) = (u_t^*\xi|xu_t^*\eta)$ は $t \in \mathbb{R}$ の連続関数である．

さらに，M 上の連続正汎関数 $\varphi(x) = (\omega^{1/2}|x\omega^{1/2})$ $(x \in M)$ は忠実であり，(σ_t) と φ は M の弱*部分環 $\pi(A)$ において境界条件を満たす．実

際，忠実であることは，$\varphi(x)=0 \iff x^{1/2}\omega^{1/2}=0$ $(x\in M_+)$ のとき，$x^{1/2}\overline{A\omega^{1/2}}=x^{1/2}\overline{\omega^{1/2}A}=\{0\}$ を経由して $x^{1/2}=0$ となるからであり，境界条件については，(τ_t) と ω についてのものがそのまま引き継がれる．

命題 8.14 W*環 M の連続な自己同型群 (σ_t) があるとき，(σ_t) について全解析的な元全体を M_σ で表せば，M_σ は M を生成する*部分環であり，$\varphi\in M_*^+$ について以下の条件（これも KMS 条件という）は同値となる．

(i) 等式 $\varphi(x\sigma_{t-i}(y))=\varphi(\sigma_t(y)x)$ $(x\in M,\ t\in\mathbb{R})$ を満たす $y\in M_\sigma$ が弱*位相で密にある．

(ii) 各 $x,y\in M$ に対して，関数 $\mathbb{R}\ni t\mapsto\varphi(x\sigma_t(y))$ が帯領域 $-1\le\operatorname{Im}\zeta\le 0$ 上の連続関数（$\varphi(x\sigma_\zeta(y))$ と書く）に複素解析的に拡張され，等式 $\varphi(x\sigma_{-i}(y))=\varphi(yx)$ を満たす．

(iii) 各 $x,y\in M$ と $f\in C_c^\infty(\mathbb{R})$ に対して，次が成り立つ．

$$\int_{-\infty}^{\infty}\widehat{f}(t+i)\varphi(x\sigma_t(y))\,dt=\int_{-\infty}^{\infty}\widehat{f}(t)\varphi(\sigma_t(y)x)\,dt.$$

KMS 条件を満たす φ は σ_t 不変であり，$\overline{M\varphi^{1/2}}=\overline{\varphi^{1/2}M}$ を満たし，$x,y\in M$ について次の不等式が成り立つ．

$$|\varphi(x\sigma_\zeta(y))|\le\|x\|_\varphi\,\|y\|_\varphi\quad(-1\le\operatorname{Im}\zeta\le 0).$$

問 8.7 C*環の場合を参考に，上の命題の証明を与えよ．また問 8.5 の W*版についても調べよ．

定理 8.15（竹崎） W*環 M の忠実な連続正汎関数 φ は，それに伴う倍率自己同型群 (σ_t) に関して KMS 条件を満たし，逆に φ が KMS 条件を満たすような M の連続な自己同型群は (σ_t) に限る．

証明 $x\in M$ と (σ_t) に関して全解析的な $y\in M$ に対して，

$$\begin{aligned}\varphi(x\sigma_{t-i}(y))&=(x^*\varphi^{1/2}|\Delta(\sigma_t(y)\varphi^{1/2}))\\&=(J\Delta^{1/2}(\sigma_t(y)\varphi^{1/2})|J\Delta^{1/2}(x^*\varphi^{1/2}))\\&=(\sigma_t(y)^*\varphi^{1/2}|x\varphi^{1/2})=\varphi(\sigma_t(y)x)\end{aligned}$$

となって，φ は KMS 条件を満たす．ここで，$\Delta^{it}(y\varphi^{1/2})=\sigma_t(y)\varphi^{1/2}$ が t

について全解析的であることから，命題 E.4 により，$y\varphi^{1/2} \in D(\Delta^r)$ かつ $\Delta^r(y\omega^{1/2}) = \sigma_{-ir}(y)\varphi^{1/2}$ $(r \in \mathbb{R})$ であることに注意.

M の連続自己同型群 (τ_t) で φ が KMS 条件を満たすものが他にあったとしよう．自己同型群 (σ_t), (τ_t) に伴う $\overline{M\varphi^{1/2}}$ におけるユニタリー群をそれぞれ $(u(t))$, $(v(t))$ で表す．このとき (σ_t) について全解析的な元 $x \in M$ と (τ_t) について全解析的な元 $y \in M$ に対して，

$$(u(-i)(x\varphi^{1/2})|y\varphi^{1/2}) = (\varphi^{1/2}x|\varphi^{1/2}y) = (x\varphi^{1/2}|v(-i)(y\varphi^{1/2}))$$

となり，$\{x\varphi^{1/2}\}$ と $\{y\varphi^{1/2}\}$ それぞれが正自己共役作用素 $u(-i)$, $v(-i)$ の芯 (core) である（例 E.10）ことから，$u(-i)$ と $v(-i)$ は互いのエルミート共役となり，等号 $u(-i) = v(-i)$ および $u(t) = v(t)$ $(t \in \mathbb{R})$ がわかる. □

定理 8.16 W*環 M の連続かつ忠実な正汎関数 φ に対して，それに伴う M の倍率自己同型群を σ_t で表す．このとき，次の 2 つの間には，関係 $\phi(x) = \varphi(cx)$ $(x \in M)$ により一対一の対応がある.

(i) $\phi \leq \varphi$ となる連続正汎関数 ϕ で σ_t について KMS 条件を満たすもの.

(ii) M の中心元 c で $0 \leq c \leq 1$ となるもの.

証明 (ii) $\Longrightarrow$ (i) は，M の中心元が σ_t で変わらないことからわかる.

そこで (i) を仮定する．不等式 $\phi \leq \varphi$ は，命題 1.38 により，$\phi(x) = (\varphi^{1/2}|c'x\varphi^{1/2})$ $(x \in M)$ を意味する．ここで $c' \in M'$ は，$0 \leq c' \leq 1$ を満たす．一方，ϕ が σ_t で不変であることから，

$$\begin{aligned}(\Delta^{it}x\varphi^{1/2}|c'\Delta^{it}y\varphi^{1/2}) &= (\sigma_t(x)\varphi^{1/2}|c'\sigma_t(y)\varphi^{1/2}) = (\varphi^{1/2}|c'\sigma_t(x^*y)\varphi^{1/2}) \\ &= \phi(\sigma_t(x^*y)) = (x\varphi^{1/2}|c'y\varphi^{1/2}) \qquad (x, y \in M)\end{aligned}$$

となって $\Delta^{-it}c'\Delta^{it} = c'$ $(t \in \mathbb{R})$ を得る．そこで $c = Jc'J \in M$ とおくとき，

$$c\varphi^{1/2} = Jc'\varphi^{1/2} = Jc'\Delta^{-1/2}\varphi^{1/2} = J\Delta^{-1/2}c'\varphi^{1/2} = c'\varphi^{1/2}$$

に注意すれば，$\phi(x) = (\varphi^{1/2}|xc'\varphi^{1/2}) = (\varphi^{1/2}|xc\varphi^{1/2}) = \varphi(xc)$ がわかる.

最後に，$x \in M$ と全解析的な $y \in M$ に対して KMS 条件を使うと，

$$\varphi(xcy) = \varphi(\sigma_i(y)xc) = \phi(\sigma_i(y)x) = \phi(xy) = \varphi(xyc)$$

であるから，φ の忠実性により $cy = yc$ となり，c は M の中心に属する. □

系 8.17　単位的C*環 A の一径数自己同型群 (τ_t) に関する逆数温度 β の τ KMS 状態全体を K で表せば，K は A^* の弱*コンパクトな凸集合であり，$\varphi \in K$ が K の端点であるための必要十分条件は，φ の GNS 表現が因子環となること．また，2つの端点 $\varphi_j \in K$ $(j = 1, 2)$ は一致しなければ無縁である．

証明　系 8.11 と Banach-Alaoglu により K は弱*コンパクトな凸集合.

KMS 状態 φ の GNS 表現の生成するフォン・ノイマン環を M で表し $[\varphi]A^{**}$ と同一視しておく．このとき $[0, \varphi] \cap K$ は，対応 $\phi(x) = \varphi(cx)$ により，$[0, c] \cap M \cap M'$ と順序集合として同型であり，$[\phi] = [c]$ が成り立つ．とくに φ が端点であることと $M \cap M' = \mathbb{C}$ であること，すなわち $[\varphi]$ が中心の中で極小な射影であること，が同値であり，2つの端点 $\varphi_1 \neq \varphi_2$ が互いに無縁であることもこれからわかる．　□

問 8.8　単位的C*環の一径数自己同型群に関してKMS条件を満たす正汎関数全体は，汎関数としての順序に関して束 (lattice) を成すことを示せ．

第9章

直積分と直分解

直和の概念を解析的に一般化したものに直積分 (direct integral) があり，その逆の操作を直分解 (disintegration) という．これは還元理論 (reduction theory) とも称されるのであるが，フォン・ノイマン環の（切出しではなく）引出しに相当するので，混乱を避けるため以下では使わない．

9.1 可換環の膨らまし

テンソル積ヒルベルト空間 $L^2(\Omega, \mu) \otimes \mathcal{H}$ を，$\mathcal{H}$ に値をとる可測関数で記述するところから話を始めよう．

関数 $f \in L^2(\Omega, \mu)$ に対して，有界線型写像 $\mathcal{H} \ni \delta \mapsto f \otimes \delta \in L^2(\Omega, \mu) \otimes \mathcal{H}$ のエルミート共役を $L^2(\Omega, \mu) \otimes \mathcal{H} \ni \xi \mapsto \langle \xi \rangle_f \in \mathcal{H}$ という記号で表し，集合 $\{\langle \xi \rangle_f; f \in L^2(\Omega, \mu)\}$ によって張られる $\mathcal{H}$ の閉部分空間を $\mathcal{H}_\xi$ と書けば，$\mathcal{H}_\xi$ は可分となる．実際，$\mathcal{H}_\xi$ の正規直交基底 (δ_j) を用意して $\xi = \sum_j f_j \otimes \delta_j$ $(f_j \in L^2(\Omega, \mu))$ と展開すれば，

$$\|\xi\|^2 = \sum_j \|f_j\|^2 = \sum_j \int_\Omega |f_j(\omega)|^2 \, \mu(d\omega) < \infty$$

より $f_j \neq 0$ となる j は可算であり，$\langle \xi \rangle_f = \sum_j (f|f_j)\delta_j$ は $\{\delta_j; f_j \neq 0\}$ で張られる．そこで改めて $j = 1, 2, \ldots$ とすれば，ほとんど全ての $\omega \in \Omega$ について $(f_j(\omega))_{j \geq 1} \in \ell^2$ であり，ξ は $\mathcal{H}_\xi$ に値をとる $\omega \in \Omega$ の関数

$$\xi(\omega) = \sum_j f_j(\omega)\delta_j$$

を定める．この関数 $\xi(\omega) \in \mathcal{H}$ は，$\Omega \ni \omega \mapsto (\alpha|\xi(\omega))$ がすべての $\alpha \in \mathcal{H}$ について μ 可測である，という意味で μ **弱可測** (weakly μ-measurable) と呼ばれる．

逆に μ 弱可測な関数 $\Omega \ni \omega \mapsto \xi(\omega) \in \mathcal{H}$ で，その像が可分となるものがあれば，

$$\|\xi(\omega)\|^2 = \sum_{j\geq 1}(\xi(\omega)|\delta_j)(\delta_j|\xi(\omega))$$

は $\omega \in \Omega$ の μ 可測関数となり，$\xi(\omega)$ の二乗可積分性

$$\int_\Omega \|\xi(\omega)\|^2 \, \mu(d\omega) < \infty$$

が意味をもつ．

そこで，可分な像をもつ μ 弱可測関数でそのノルム関数が二乗可積分であるもの全体を $L^2(\Omega,\mu;\mathcal{H})$ と書けば，これは内積

$$(\xi|\eta) = \int_\Omega (\xi(\omega)|\eta(\omega)) \, \mu(d\omega)$$

により内積空間となる．ただし，積分論的同一視により，零集合上で値の異なる2つの関数は区別しない．このとき次が成り立つ．

命題 9.1　内積空間 $L^2(\Omega,\mu;\mathcal{H})$ は完備であり，対応 $f\otimes\alpha \mapsto \xi, \xi(\omega) = f(\omega)\alpha$ が $L^2(\Omega,\mu)\otimes\mathcal{H}$ から $L^2(\Omega,\mu;\mathcal{H})$ の上へのユニタリー写像を定める．

問 9.1　$L^2(\Omega,\mu)$ の完備性の証明に倣って，これを確かめよ．

これ以降，測度論的な議論の都合上，特に断らない限り，ヒルベルト空間 $\mathcal{H}$ は可分であるものを，測度としては σ 有限なものを扱うものとする．

$\mathcal{H}$ の正規直交基底 $(\delta_j)_{j\geq 1}$ を用意し，$\mathcal{D} = \sum_{j\geq 1}(\mathbb{Q}+i\mathbb{Q})\delta_j$ とおく．ベクトル $\alpha,\beta \in \mathcal{H}$ に対して，弱*連続な線型写像 $\langle\alpha,\beta\rangle : \mathcal{B}(L^2(\Omega,\mu)\otimes\mathcal{H}) \ni a \mapsto \langle\alpha,a\beta\rangle \in \mathcal{B}(L^2(\Omega,\mu))$ を

$$(f|\langle\alpha,a\beta\rangle g) = (f\otimes\alpha|a(g\otimes\beta))$$

によって定める．$a \in (L^\infty(\Omega,\mu)\otimes 1)'$ であれば，$L^2(\Omega,\mu)$ における作用素 $\langle\alpha,a\beta\rangle$ は $L^\infty(\Omega,\mu)$ と積交換し，したがって $L^\infty(\Omega,\mu)$ に属する（例 4.20）．

とくに $\langle \delta_j, a\delta_k \rangle$ の場合の μ 可測関数を $a_{j,k}$ と書くと，$\alpha, \beta \in \mathcal{D}$ に対して，

$$\sum_{j,k} a_{j,k}(\omega)(\alpha|\delta_j)(\delta_k|\beta)$$

は $\langle \alpha, a\beta \rangle \in L^\infty(\Omega, \mu)$ を表し，さらに不等式 $\|\langle \alpha, a\beta \rangle\| \leq \|a\| \, \|\alpha\| \, \|\beta\|$ から

$$N_{\alpha,\beta} = \left\{ \omega \in \Omega; \left| \sum_{j,k} a_{j,k}(\omega)(\alpha|\delta_j)(\delta_k|\beta) \right| > \|a\| \, \|\alpha\| \, \|\beta\| \right\}$$

が，したがってそれらの可算和 $N = \bigcup_{\alpha,\beta \in \mathcal{D}} N_{\alpha,\beta}$ が μ 零集合となる．そこで，α, β について両線型な有界可測関数を

$$a_{\alpha,\beta}(\omega) = \begin{cases} \sum_{j,k} a_{j,k}(\omega)(\alpha|\delta_j)(\delta_k|\beta) & \omega \notin N \text{ のとき,} \\ 0 & \omega \in N \text{ のとき} \end{cases}$$

で定めると，これにより $\langle \alpha, a\beta \rangle$ は掛算作用素として実現され，

$$|a_{\alpha,\beta}(\omega)| \leq \|a\| \, \|\alpha\| \, \|\beta\| \quad (\omega \in \Omega, \, \alpha, \beta \in \mathcal{D})$$

を満たす．

一般の $\alpha, \beta \in \mathcal{H}$ については，それを $\alpha = \lim_n \alpha_n$, $\beta = \lim_n \beta_n$ のように $\alpha_n, \beta_n \in \mathcal{D}$ で近似するとき，

$$\begin{aligned} |a_{\alpha_m,\beta_m}(\omega) - a_{\alpha_n,\beta_n}(\omega)| &\leq |a_{\alpha_m - \alpha_n,\beta_m}(\omega)| + |a_{\alpha_n,\beta_m - \beta_n}(\omega)| \\ &\leq \|a\|\|\beta_m\|\|\alpha_m - \alpha_n\| + \|a\|\|\alpha_n\|\|\beta_m - \beta_n\| \end{aligned}$$

であることから，関数列 $(a_{\alpha_n,\beta_n}(\cdot))$ が Ω 上一様収束する．そこで，その極限関数を $a_{\alpha,\beta}$ で表せば，これは $\langle \alpha, a\beta \rangle$ を掛算作用素として実現し，不等式 $|a_{\alpha,\beta}(\omega)| \leq \|a\| \, \|\alpha\| \, \|\beta\|$ が $\alpha, \beta \in \mathcal{H}$ と $\omega \in \Omega$ について成り立つ．さらに，$\omega \in \Omega$ ごとに，$a_{\alpha,\beta}(\omega)$ が α, β について両線型となることから，$a(\omega) \in \mathcal{B}(\mathcal{H})$ を $a_{\alpha,\beta}(\omega) = (\alpha|a(\omega)\beta)$ $(\alpha, \beta \in \mathcal{H})$ により定めることができ，$\|a(\omega)\| \leq \|a\|$ を満たす．

逆に，一様にノルム有界な $\omega \in \Omega$ の作用素値関数 $a(\omega) \in \mathcal{B}(\mathcal{H})$ で $(\alpha|a(\omega)\beta)$ がどの $\alpha, \beta \in \mathcal{H}$ についても μ 可測となるものがあったとする．このとき，各 $\xi \in L^2(\Omega, \mu; \mathcal{H})$ と $\alpha \in \mathcal{H}$ に対して成り立つ表示

$$(\alpha|a(\omega)\xi(\omega)) = \sum_j (\alpha|a(\omega)\delta_j)(\delta_j|\xi(\omega))$$

から，関数 $a(\omega)\xi(\omega) \in \mathcal{H}$ が μ 弱可測であるとわかり，不等式

$$\int_\Omega \|a(\omega)\xi(\omega)\|^2 \mu(d\omega) \leq \|a\|_\infty^2 \int_\Omega \|\xi(\omega)\|^2 \mu(d\omega)$$

を得る．ここで，関数

$$\|a(\omega)\| = \sup\{|(\alpha|a(\omega)\beta)|; \alpha, \beta \in \mathcal{D}, \|\alpha\| \leq 1, \|\beta\| \leq 1\}$$

は μ 可測であり，$\|a\|_\infty$ は，その $L^\infty(\Omega, \mu)$ におけるノルムを表す．

したがって，$a(\omega)\xi(\omega) \in L^2(\Omega, \mu; \mathcal{H})$ であり，対応 $\xi \mapsto (a(\omega)\xi(\omega))_{\omega\in\Omega}$ は，$L^2(\Omega, \mu; \mathcal{H})$ における有界線型作用素 a で $L^\infty(\Omega, \mu)$ の掛算作用と積交換するものを定め $\|a\| = \|a\|_\infty$ を満たす．

かくして，このような $a(\omega)$ 全体 $L^\infty(\Omega, \mu; \mathcal{B}(\mathcal{H}))$（ただし $\|a - b\|_\infty = 0$ である二つの $\mathcal{B}(\mathcal{H})$ 値関数 $a(\omega)$, $b(\omega)$ は区別しない）が $L^\infty(\Omega, \mu) \otimes 1_{\mathcal{H}}$ の $L^2(\Omega, \mu) \otimes \mathcal{H} = L^2(\Omega, \mu; \mathcal{H})$ における可換子と同定された．

〈注意〉 上でも用いられた以下の論法は今後も繰り返し使われる：$\omega \in \Omega$ についての命題の列 $P_j(\omega)$ が，各 $j \geq 1$ ごとにほとんどすべての $\omega \in \Omega$ で成り立てば，$\bigwedge_{j\geq 1} P_j(\omega)$ もほとんどすべての $\omega \in \Omega$ で正しい．

定義 9.2 可分ヒルベルト空間 $\mathcal{H}$ におけるフォン・ノイマン環 M に対して，M に値をとる μ 可測関数全体の成す $L^\infty(\Omega, \mu; \mathcal{B}(\mathcal{H}))$ の*部分環を $L^\infty(\Omega, \mu; M)$ で表す．

命題 9.3 $L^\infty(\Omega, \mu; M)$ の $L^2(\Omega, \mu; \mathcal{H})$ における可換子は $L^\infty(\Omega, \mu; M')$ に一致する．

証明 M を生成するユニタリー列 (u_n) を用意する（例 2.40 と例 4.39 参照）と，$a' \in L^\infty(\Omega, \mu; M)'$ は $L^\infty(\Omega, \mu; \mathcal{B}(\mathcal{H}))$ に含まれ，$u_n a' u_n^* = a'$ $(n \geq 1)$ を満たす．そこで，a' を実現する $a'(\omega)$ として $u_n a'(\omega) u_n^* = a'(\omega)$ $(\omega,\ n \geq 1)$ であるものをとれば，$a' \in L^\infty(\Omega, \mu; M')$ すなわち

$$L^\infty(\Omega, \mu; M)' \subset L^\infty(\Omega, \mu; M')$$

である．一方，逆向きの包含は明らかであるから，主張が確かめられた． □

系 9.4 $(L^\infty(\Omega, \mu) \otimes M)' = L^\infty(\Omega, \mu; M') = L^\infty(\Omega, \mu) \otimes M'$.

証明　フォン・ノイマン環 $L^\infty(\Omega,\mu)\otimes M$ が $L^\infty\otimes 1$ と $1\otimes M$ によって生成され，一方 M は (u_n) によって生成されるので，上の証明から $(L^\infty\otimes M)'\subset L^\infty(\Omega,\mu;M')$ がわかり，明らかな逆の包含関係と合わせて $(L^\infty\otimes M)'=L^\infty(\Omega,\mu;M')$ を得る．もうひとつの等号は，M を M' で置き換えたものの可換子をとり，命題を適用すればわかる．□

〈注意〉　等号 $(L^\infty(\Omega,\mu)\otimes M)'=L^\infty(\Omega,\mu)\otimes M'$ は，冨田の可換子定理6.8の特別な場合でもある．

9.2　可測族

測度空間 (Ω,μ) に伴う可換W*環 $L^\infty(\Omega,\mu)$ が，可分ヒルベルト空間 $\mathcal{H}$ の上で忠実に表現されている状況を考える．定理 5.13 により，そのような表現は，標準表現を膨らました $L^2(\Omega,\mu)\otimes\ell^2$ の部分表現 $e(L^2(\Omega)\otimes\ell^2)$ とユニタリー同値である．ここで e は $(L^\infty(\Omega,\mu)\otimes 1)'=L^\infty(\Omega,\mu;\mathcal{B}(\ell^2))$ の射影を表す．その作用素値関数表示 $e(\omega)$ を考えると，e が射影であることから，$e(\omega)$ は ℓ^2 における射影作用素としてよく（射影作用素でない ω は零集合となるので，それを 0 に取り替えておく），これから得られる可分ヒルベルト空間の族 $(\mathcal{H}_\omega=e(\omega)\ell^2)_{\omega\in\Omega}$ は，次が成り立つという意味で **可測**である（ℓ^2 の標準基底を δ_n で表すとき，$\xi_n(\omega)=e(\omega)\delta_n$ とおけばよい）．

〈注意〉　以下で言及する可測性は（測度 μ に関する）零集合も含めたものを想定しているが，与えられた σ 体に関する可測性の意味で議論を進めることも可能である．

族 $(\mathcal{H}_\omega)$ には，その切取り[1] の列 $(\xi_n(\omega))$ $(n\geq 1)$ で，以下の条件を満たすものがある．

(i)　ほとんど全ての $\omega\in\Omega$ について，$(\xi_n(\omega);n\geq 1)$ は $\mathcal{H}_\omega$ を張る．
(ii)　各 $m,n\geq 1$ について，$\omega\mapsto(\xi_m(\omega)|\xi_n(\omega))$ は可測関数である．

そこで，切取り $(\xi(\omega)\in\mathcal{H}_\omega)_{\omega\in\Omega}$ が $(\xi_n)_{n\geq 1}$ に関して可測であるということを，どの $n\geq 1$ についても $\omega\mapsto(\xi_n(\omega)|\xi(\omega))$ が可測関数となることと定義す

[1] 一般に，集合族 (S_ω) の切取り (section) とは，各集合の元の集まり $(s_\omega\in S_\omega)$ のこと．

ると，ベクトル $\xi \in e(L^2(\Omega, \mu; \ell^2))$ は，族 $(e(\omega)\ell^2)$ の可測な切取り $(\xi(\omega))$ で

$$\int_\Omega \|\xi(\omega)\|^2 \mu(d\omega) < \infty$$

を満たすものとして特徴づけられる．

一般に，可分ヒルベルト空間の族 $(\mathcal{H}_\omega)_{\omega \in \Omega}$ において，上の条件 (i), (ii) を満たす切取りの列 (ξ_n) を**可測生成列** (generating sequence of measurability) と呼び，与えられた可測生成列に関する切取り $(\xi(\omega))$ の**可測性**を上と同様に定める．定義から，各 ξ_n は可測生成列 (ξ_n) に関して可測である．

可測生成列 $(\delta_n)_{n \geq 1}$ で，$(\delta_j(\omega)|\delta_k(\omega)) = 0$ $(j \neq k)$ かつ $\|\delta_n(\omega)\| \in \{0, 1\}$ $(n \geq 1)$ という性質をもつものを**正規直交生成列**と呼ぶ．正規直交生成列においては，ほとんど全ての ω で，$(\delta_n(\omega))_{n \geq 1}$ が $\mathcal{H}_\omega$ に対する正規直交基底に 0 を付け加えたものになっている．

2つの可測生成列 (ξ_n), (η_n) が**同値**であるとは，切取りに関する可測性が，どちらを基準にしても同じであることと定義する．

補題 9.5　可測生成列 (ξ_n) に対して，それと同値な正規直交生成列 (δ_n) が存在する．

証明　$(\xi_n(\omega))_{n \geq 1}$ に Gram-Schmidt の直交化を施したものを $(\delta_n(\omega))_{n \geq 1}$ とする．ただし直交化の過程で一次独立性が成り立たない n においては $\delta_n(\omega) = 0$ とおく．作り方から，すべての ω で $(\delta_n(\omega))$ は互いに直交し $\|\delta_n(\omega)\| \in \{0, 1\}$ を満たす．このとき，各 δ_n は Ω 上の複素数値可測関数 $f_1, \ldots, f_n$ を使って $\delta_n(\omega) = f_1(\omega)\xi_1(\omega) + \cdots + f_n(\omega)\xi_n(\omega)$ と表され，逆に，各 ξ_n は Ω 上の複素数値可測関数 $g_1, \ldots, g_n$ を使って $\xi_n(\omega) = g_1(\omega)\delta_1(\omega) + \cdots + g_n(\omega)\delta_n(\omega)$ と表される．これから，(δ_n) が (ξ_n) と同値な可測生成列であるとわかる．　□

系 9.6　可測生成列があれば，$\dim \mathcal{H}_\omega$ は ω の可測関数である．

証明　正規直交生成列 (δ_n) により，ほとんど全ての ω について $\dim \mathcal{H}_\omega = \sum_{n \geq 1}(\delta_n(\omega)|\delta_n(\omega))$ と表されるので，次元関数は可測である．　□

補題 9.7　可測生成列 (ξ_n), (η_n) が同値であるための必要十分条件は，どの $m, n \geq 1$ についても，関数 $\omega \mapsto (\xi_m(\omega)|\eta_n(\omega))$ が可測であること．

証明　条件の対称性から，(ξ_n) に関して可測な切取り $\xi = (\xi(\omega))$ が (η_n) に関しても可測であることを言えばよい．(ξ_n) と同値な正規直交生成列 (δ_n) をとってくると，η_n が (ξ_n) に関して可測であることから各 $(\eta_n(\omega)|\delta_m(\omega))$ も可測関数であり，さらに

$$(\eta_n(\omega)|\xi(\omega)) = \sum_{m\geq 1}(\eta_n(\omega)|\delta_m(\omega))(\delta_m(\omega)|\xi(\omega))$$

と表せば，ξ は (η_n) に関して可測であるとわかる．□

可測生成列の同値類が指定された可分ヒルベルト空間の族 $(\mathcal{H}_\omega)_{\omega\in\Omega}$ を（可測空間 Ω 上の）ヒルベルト空間の**可測族** (measurable family) と称する．その可測な切取りは**可測ベクトル場** (measurable vector field) とも呼ばれる．

問 9.2　ヒルベルト空間の可測族 $(\mathcal{H}_\omega)$, $(\mathcal{K}_\omega)$ に対して，その直和 $(\mathcal{H}_\omega \oplus \mathcal{K}_\omega)$ とテンソル積 $(\mathcal{H}_\omega \otimes \mathcal{K}_\omega)$ を可測族として定式化せよ．また双対空間の族 $(\mathcal{H}_\omega^*)$ についてはどうか．

測度空間 (Ω, μ) 上のヒルベルト空間の可測族 $(\mathcal{H}_\omega)$ が与えられたとき，ベクトル値二乗可積分関数からヒルベルト空間を作ったのと同じく，二乗可積分なベクトル場の作るベクトル空間は，内積

$$(\xi|\eta) = \int_\Omega (\xi(\omega)|\eta(\omega))\,\mu(d\omega)$$

に関してヒルベルト空間となる．これを可測族 $(\mathcal{H}_\omega)$ の**直積分**[2] (direct integral) と呼び，次のように書く．

$$\oint_\Omega \mathcal{H}_\omega\,\mu(d\omega).$$

この記号に合わせて，二乗可積分なベクトル場 $\xi = (\xi(\omega))$ の定める元は

$$\oint_\Omega \xi(\omega)\,\mu(d\omega)$$

---

2) 直積分を表す記号としては $\int^\oplus$ がよく使われるのであるが，これだと和の意味が $\int$ と $\oplus$ で重複し，また場所もとるので，ここでは $\oint$ という記号を採用した．また，これを受ける $\mu(d\omega)$ は，von Neumann もそうしているように $\sqrt{\mu(d\omega)}$ と書くべきであるが，こちらは慣例に従っておいた．

のように書く．

掛算作用により $L^\infty(\Omega,\mu)$ は $\oint_\Omega \mathcal{H}_\omega\,\mu(d\omega)$ において表現され，そのような形で表される作用素は**対角作用素** (diagonal operator) と呼ばれる．

〈例 9.8〉 可換 W*環 $L^\infty(\Omega,\mu)$ が可分ヒルベルト空間 $\mathcal{H}$ 上のフォン・ノイマン環として実現されているとき，この節の冒頭で与えた可測族 $(\mathcal{H}_\omega = e(\omega)\ell^2)$ に対して，ユニタリー同型 $\mathcal{H} \cong \oint_\Omega \mathcal{H}_\omega\,\mu(d\omega)$ が $L^\infty(\Omega,\mu)$ の作用を保つ形で成り立つ．これを $\mathcal{H}$ の $L^\infty(\Omega,\mu) \subset \mathcal{B}(\mathcal{H})$ に関する**直分解** (disintegration) という．直分解を使えば，スペクトル測度としての射影 $e(B)$（$B \subset \Omega$ は可測集合）は，支持関数 $1_B \in L^\infty(\Omega,\mu)$ の定める対角作用素として表される．

測度空間 (Ω,μ) 上の可測族 $(\mathcal{H}_\omega)$, $(\mathcal{K}_\omega)$ があるとき，有界線型写像の集まり $(T(\omega) : \mathcal{H}_\omega \to \mathcal{K}_\omega)$ が**可測場**であるとは，すべての可測ベクトル場 ξ, η に対して $(\eta(\omega)|T(\omega)\xi(\omega))$ が可測関数となることと定める．

問 9.3　可測族 $(\mathcal{H}_\omega)$, $(\mathcal{K}_\omega)$ の生成列をそれぞれ (ξ_n), (η_n) とするとき，$(T(\omega))$ の可測性は，関数 $(\eta_n(\omega)|T(\omega)\xi_m(\omega))$ $(m, n \geq 1)$ の可測性と同値であることを示せ．

線型写像の可測場 $(T(\omega))$ が本質的に有界であるとは，可測関数 $\|T(\omega)\|$ の $L^\infty(\Omega,\mu)$ でのノルム $\|T\|_\infty$ が有限となること．このとき，

$$T\left(\oint_\Omega \xi(\omega)\,\mu(d\omega)\right) = \oint_\Omega T(\omega)\xi(\omega)\,\mu(d\omega)$$

によって定められる有界線型写像 $T : \oint_\Omega \mathcal{H}_\omega\,\mu(d\omega) \to \oint_\Omega \mathcal{K}_\omega\,\mu(d\omega)$ の作用素ノルムは $\|T\|_\infty$ で与えられる．とくに，$T = 0$ であることと，ほとんど全ての ω で $T(\omega) = 0$ であることは同値．上の形の有界線型写像は**分解可能** (decomposable) と呼ばれ，

$$T = \oint_\Omega T(\omega)\,\mu(d\omega)$$

のように書き表される[3]．分解可能なユニタリー写像があるとき，可測族 $(\mathcal{H}_\omega)$, $(\mathcal{K}_\omega)$ は**ユニタリー同値**であるという．

[3] T は測度そのものではなく，その同値類のみに依存する．その意味で，右辺に現れる $\mu(d\omega)$ は $\mu(d\omega)^{1/p}$ $(p = \infty)$ とでも書くべきものではある．

線型写像（作用素）の可測場とその積分形である分解可能な線型写像（作用素）の間には次のような自然な代数対応が成り立つ．

命題 9.9 有界線型写像の可測場 $(S(\omega) : \mathcal{K}_\omega \to \mathcal{L}_\omega)$ をもう一つ用意する．このとき $(S(\omega)T(\omega))$ と $(T(\omega)^*)$ は可測で，さらに $\|S\|_\infty < \infty$ であれば以下が成り立つ．

(i) $\displaystyle \left(\oint_\Omega S(\omega)\,\mu(d\omega)\right)\left(\oint_\Omega T(\omega)\,\mu(d\omega)\right) = \oint_\Omega S(\omega)T(\omega)\,\mu(d\omega).$

(ii) $\displaystyle \left(\oint_\Omega T(\omega)\,\mu(d\omega)\right)^* = \oint_\Omega T(\omega)^*\,\mu(d\omega).$

問 9.4 T がエルミート（ユニタリー）であるための必要十分条件は，ほとんど全ての $\omega \in \Omega$ について $T(\omega)$ がエルミート（ユニタリー）であることを示せ．

可測関数の切りはりの自由度の高さの反映として，ヒルベルト空間の可測族は，次元についての情報だけでそのユニタリー同値性が決まる．位相的なベクトル束では底空間の大域的位相が反映されることとの違いに注意する．

定理 9.10 二つの可測族 $(\mathcal{H}_\omega)$, $(\mathcal{K}_\omega)$ がユニタリー同値であるための必要十分条件は，それぞれの次元関数 $\dim \mathcal{H}_\omega$, $\dim \mathcal{K}_\omega$ がほとんど全ての ω で一致することである．

証明 可測族 $(\mathcal{H}_\omega)$ の正規直交生成列 (ξ_n) を用意し，これに ω ごとの切り貼りと並べ替えを施し，$(\delta_n(\omega))_{n \leq \dim \mathcal{H}_\omega}$ が $\mathcal{H}_\omega$ の正規直交基底をなすように作り直す．

まず，正規直交生成列 (ξ'_n) を次のように定める．$\xi'_1(\omega)$ は，$\xi_n(\omega) \neq 0$ となる最初の $n \geq 1$ から決まる $\xi_n(\omega)$ を次々切り貼りして並べたものとし，$\xi'_n(\omega)$ $(n \geq 2)$ は，$\xi_n(\omega)$ から $\xi'_1(\omega)$ として切りとられなかった残りの部分とする．具体的には $\Omega_n = \{\omega \in \Omega; \xi_n(\omega) \neq 0\}$ とおいて，

$$\xi_1'(\omega) = \begin{cases} \xi_1(\omega) & \text{if } \omega \in \Omega_1, \\ \xi_2(\omega) & \text{if } \omega \in \Omega_2 \setminus \Omega_1, \\ \vdots & \\ \xi_n(\omega) & \text{if } \omega \in \Omega_n \setminus (\Omega_1 \cup \cdots \cup \Omega_{n-1}) \\ \vdots & \end{cases}$$

とし，$n \geq 2$ については

$$\xi_n'(\omega) = \begin{cases} \xi_n(\omega) & \text{if } \omega \in \Omega_n \cap (\Omega_1 \cup \cdots \cup \Omega_{n-1}) \\ 0 & \text{otherwise} \end{cases}$$

とおく．この形から，(ξ_n') は (ξ_n) と同値な正規直交生成列で，代数和についての等号 $\sum_{n\geq 1} \mathbb{C}\xi_n(\omega) = \sum_{n\geq 1} \mathbb{C}\xi_n'(\omega)$ が各 ω において成り立つことがわかる．

次に，以上の操作を $(\xi_n'|_{\Omega'})_{n\geq 2}$ $(\Omega' = \bigcup_{n\geq 1} \Omega_n)$ に適用することで得られるものを $(\xi_n'')_{n\geq 2}$ とし，以下 $(\xi_n'')_{n\geq 2}$ の $\Omega'' = \bigcup_{n\geq 2} \Omega_n' \subset \Omega'$ への制限に上の操作を適用した結果を ξ_n''' で表し，…といったことを繰り返すことで，可測集合の減少列 $\Omega^{(k)}$ $(k \geq 1)$ と $\Omega^{(k)}$ における正規直交生成列 $(\xi^{(k)})_{n\geq k+1}$ を得る．

最後に互いに直交する可測な切取りの列 (δ_n) を

$$\delta_n(\omega) = \begin{cases} \xi_n^{(n)}(\omega) & \text{if } \omega \in \Omega^{(n)}, \\ 0 & \text{if } \omega \in \Omega \setminus \Omega^{(n)} \end{cases}$$

で定めれば，$\sum_{n\geq 1} \mathbb{C}\xi_n(\omega) = \sum_{n\geq 1} \mathbb{C}\delta_n(\omega)$ $(\omega \in \Omega)$ を満たすことから，これが求める正規直交生成列である．

可測族 $(\mathcal{K}_\omega)$ についても同様の処理を施して，正規直交生成列 (ϵ_n) で $\{\epsilon_n(\omega)\}_{n\leq \dim \mathcal{K}_\omega}$ となるものを作り，$\dim \mathcal{H}_\omega = \dim \mathcal{K}_\omega$ に注意すれば，ユニタリー写像の可測場 $(U(\omega) : \mathcal{H}_\omega \to \mathcal{K}_\omega)$ を $U(\omega)\delta_n(\omega) = \epsilon_n(\omega)$ $(\omega \in \Omega,\, n \geq 1)$ により与えることができる． □

系 9.11 自然数 $n \geq 1$ または $n = \infty$（可算無限）に対して，n 次元の数ヒルベルト空間を $\ell^2(n)$ で表し，$\Omega_n = \{\omega \in \Omega; \dim \mathcal{H}_\omega = n\}$ とおくとき，ヒルベルト空間の可測族 $(\mathcal{H}_\omega)_{\omega\in\Omega_n}$ は，定可測族 $(\ell^2(n))_{\omega\in\Omega_n}$ とユニタリー同値．とくに，$\oint_\Omega \mathcal{H}_\omega\, \mu(d\omega) \cong \bigoplus_{n\geq 1} L^2(\Omega_n, \mu|_{\Omega_n}) \otimes \ell^2(n)$ である．

定理 9.12 直積分空間の間の有界線型写像 $T : \oint_\Omega \mathcal{H}_\omega \, \mu(d\omega) \to \oint_\Omega \mathcal{K}_\omega \, \mu(d\omega)$ が分解可能となるための必要十分条件は，T が $L^\infty(\Omega, \mu)$ による対角作用と積交換することである．

証明 上の系と可換膨らましについての命題 9.3 を合わせるとわかる． □

補題 9.13 一様に有界な分解可能作用素の列 $(a_n)_{n\geq 1}$ が a に強作用素位相で収束すれば，部分列 $(n_k)_{k\geq 1}$ を適切に選ぶことで，ほとんどすべての $\omega \in \Omega$ について，

$$\lim_{k\to\infty} a_{n_k}(\omega) = a(\omega)$$

が $\mathcal{B}(\mathcal{H}_\omega)$ における強作用素位相で成り立つようにできる．

証明 上の定理により a が分解可能であるから，a_n を $a_n - a$ で置き換えることで，$a = 0$ としてよい．すなわち，各ベクトル $\xi = \oint \xi(\omega) \, \mu(d\omega)$ に対して，$\lim_n \|a_n\xi\| = 0$ とする．このとき，確率変数における平均収束と概収束との関係に相当することが成り立つ．実際，部分列 $(n')_{n\geq 1}$ を $\|a_{(n+1)'}\xi - a_{n'}\xi\| \leq 1/2^n$ $(n \geq 1)$ となるように選び，L^2 ノルムについての三角不等式

$$\left(\int_\Omega \left(\sum_{k=1}^n \|a_{(k+1)'}(\omega)\xi(\omega) - a_{k'}(\omega)\xi(\omega)\| \right)^2 \mu(dx) \right)^{1/2} \leq \sum_{k=1}^n \|a_{(k+1)'}\xi - a_{k'}\xi\| \leq 1$$

において極限 $n \to \infty$ をとると，

$$\int_\Omega \left(\sum_{k=1}^\infty \|a_{(k+1)'}(\omega)\xi(\omega) - a_{k'}(\omega)\xi(\omega)\| \right)^2 \mu(dx) \leq 1$$

となる．これから

$$\sum_{k=1}^\infty \|a_{(k+1)'}(\omega)\xi(\omega) - a_{k'}(\omega)\xi(\omega)\| < \infty \quad (\mu\text{-a.e. } \omega)$$

がわかり，したがってほとんど全ての $\omega \in \Omega$ について

$$\lim_{n\to\infty} a_{n'}(\omega)\xi(\omega) = a_{1'}(\omega)\xi(\omega) + \sum_{k=1}^\infty (a_{(k+1)'}(\omega)\xi(\omega) - a_{k'}(\omega)\xi(\omega)) \in \mathcal{H}_\omega$$

がノルム収束の意味で成り立つ．ここで，$\|a_n(\omega)\xi(\omega)\| \leq \sup\{\|a_n\|\}\|\xi(\omega)\|$ (μ-a.e. $\omega \in \Omega$) と $\int \|\xi(\omega)\|^2 \mu(d\omega) = \|\xi\|^2 < \infty$ に注意して押え込み収束定理を使うと，

$$\int_\Omega \lim_{n\to\infty} \|a_{n'}(\omega)\xi(\omega)\|^2 \mu(d\omega) = \lim_{n\to\infty} \|a_{n'}\xi\|^2 = 0$$

を得る．すなわち，$\lim_{n\to\infty} \|a_{n'}(\omega)\xi(\omega)\| = 0$ (μ-a.e. $\omega \in \Omega$) である．

以上の準備の下，$(\mathcal{H}_\omega)$ の可測生成列 $(\xi_j)_{j\geq 1}$ を用意し，$\lim_n \|a_n\xi_j\| = 0$ $(j = 1, 2, \ldots)$ に上の議論を順次適用していけば，部分列の縮少系列 $(k^{(j)})_{k\geq 1}$ で，ほとんど全ての ω で $\lim_{k\to\infty} \|a_{k^{(j)}}(\omega)\xi_j(\omega)\| = 0$ となるものが見出せる．そこで，その対角部分 $n_k = k^{(k)}$ を取り出すと，どの $j \geq 1$ についても，ほとんど全ての $\omega \in \Omega$ で

$$\lim_{k\to\infty} \|a_{n_k}(\omega)\xi_j(\omega)\| = 0$$

がわかる．ヒルベルト空間 $\mathcal{H}_\omega$ は（ほとんど全ての ω において）$(\xi_j(\omega))_{j\geq 1}$ によって張られるので，一様有界性 $\sup\{\|a_n\|; n \geq 1\} < \infty$ に注意すれば，

$$\lim_{k\to\infty} a_{n_k}(\omega) = 0$$

が，ほとんど全ての $\omega \in \Omega$ について，強作用素位相の意味で成り立つ． □

9.3 フォン・ノイマン環の可測族

与えられたヒルベルト空間の可測族 $(\mathcal{H}_\omega \neq 0)$ とフォン・ノイマン環の族 $(M_\omega \subset \mathcal{B}(\mathcal{H}_\omega))$ を考える．有界作用素の可測場 $(a(\omega) \in \mathcal{B}(\mathcal{H}_\omega))$ が (M_ω) に**適合**しているとは，ほとんど全ての $\omega \in \Omega$ で $a(\omega) \in M_\omega$ が成り立つこと．族 (M_ω) に適合した可測場 $(a(\omega))$ の積分で与えられる分解可能な有界作用素全体は $\mathcal{B}(\oint \mathcal{H}_\omega\, \mu(d\omega))$ の*部分環である．これを (M_ω) の**適合環** (adapted algebra) と称し，

$$\oint_\Omega M_\omega\, \mu(d\omega)$$

と書く．適合環が $L^\infty(\Omega, \mu)$ を対角作用素として含むことに注意．

問 9.5 直積分空間 $\oint \mathcal{H}_\omega\, \mu(d\omega)$ が可分であれば，$\oint M_\omega\, \mu(d\omega)$ は，その上のフォン・ノイマン環であることを示せ．

定義 9.14 可測族 $(\mathcal{H}_\omega)$ におけるフォン・ノイマン環の族 $(M_\omega)_{\omega\in\Omega}$ について，これに適合した可測作用素場の列 $(a_n(\omega))$ $(n=1,2,\ldots)$ が**可測生成列** (generating sequence of measurability) であるとは，ほとんど全ての $\omega\in\Omega$ について M_ω が $(a_n(\omega))_{n\geq 1}$ によってフォン・ノイマン環として生成されること．またフォン・ノイマン環の族 (M_ω) が**可測** (measurable) であるとは，可測生成列が存在すること．可測な族に伴う適合環を**直積分環**という．

〈例 9.15〉 可分ヒルベルト空間 $\mathcal{H}$ における可換フォン・ノイマン環 C とフォン・ノイマン環 M が $C\subset M\subset C'$ を満たすとする．命題 7.21 により，C を生成する可分な単位的 C*部分環 $A\subset\mathcal{B}(\mathcal{H})$ がとれるので，コンパクト距離空間 $\Omega=\sigma_A$ とその上のラドン測度 μ を使って，$C=L^\infty(\Omega,\mu)$ と表示することができる．それに伴う $\mathcal{H}$ の直分解を $\oint_\Omega \mathcal{H}_\omega\,\mu(d\omega)$ で表せば，$M\subset C'$ は分解可能な作用素の集まりである．

可分なヒルベルト空間におけるフォン・ノイマン環として M は分解可能な作用素の列 $a_n=\oint a_n(\omega)\,\mu(d\omega)$ $(n\geq 1)$ により生成される（例 4.39）ので，$\{a_n(\omega); n\geq 1\}$ から生成された $\mathcal{H}_\omega$ におけるフォン・ノイマン環を M_ω で表せば，フォン・ノイマン環の可測族 (M_ω) を得る．とくに $C'=M$ の場合を考えると，$(\mathcal{B}(\mathcal{H}_\omega))$ はフォン・ノイマン環の可測族である．

命題 9.16 直積分空間 $\oint\mathcal{H}_\omega\,\mu(d\omega)$ における分解可能な射影作用素 $e=\oint e(\omega)\,\mu(d\omega)$, $e'=\oint e'(\omega)\,\mu(d\omega)$ がフォン・ノイマン環の可測族 $(M_\omega\subset\mathcal{B}(\mathcal{H}_\omega))$ に関して，$(e(\omega))$ は (M_ω) に，$(e'(\omega))$ は (M'_ω) に適合しているものとする．

このとき，(M_ω) の $(e(\omega))$ による切出し $(e(\omega)M_\omega e(\omega))$ は $(e(\omega)\mathcal{H}_\omega)$ に基づくフォン・ノイマン環の可測な族であり，$(e'(\omega))$ による引出し $(e'(\omega)M_\omega)$ は $(e'(\omega)\mathcal{H}_\omega)$ に基づくフォン・ノイマン環の可測な族である．

証明 (M_ω) の可測生成列 $(a_n(\omega))$ を用意すると，引出し $e'(\omega)M_\omega$ は $e'(\omega)a_n(\omega)$ によって生成される．

切出しの方は，$\{a_n(\omega),a_n(\omega)^*\}_{n\geq 1}$ から作られる有限積全体を一列に並べたものを $(b_n(\omega))$ とすれば，$(e(\omega)b_n(\omega)e(\omega))_{n\geq 1}$ が $e(\omega)M_\omega e(\omega)$ を生成することから，可測な族であるとわかる． □

フォン・ノイマン環の可測族 (M_ω) には，その標準表現としてのヒルベルト空間の族 $(L^2(M_\omega))$ が伴う．これの可測構造について調べよう．そのための用語と記号を用意する．

ヒルベルト空間の可測族 $(\mathcal{H}_\omega)$ に基づくフォン・ノイマン環の可測族 (M_ω) に対して，(M_ω) に適合した可測場全体からなる*環を $\mathcal{M}$ で表す．このうち，作用素ノルムが本質的に有界なもの全体 $\mathcal{M}^\infty$ は，$\mathcal{M}$ の*部分環であり，零集合の上でのみ異なるものを同一視すれば，$\mathcal{M}^\infty \cong \oint M_\omega\,\mu(d\omega)$ である．

次に，連続汎関数の集まり $(\phi_\omega : M_\omega \to \mathbb{C})$ が**可測**であるとは，どの $(a(\omega)) \in \mathcal{M}$ についても $\phi_\omega(a(\omega))$ が ω の可測関数となることと定める．そのような (ϕ_ω)（連続汎関数の可測場という）全体を $\mathcal{M}_*$ と書き，そのうち正汎関数からなる可測場全体を $\mathcal{M}_*^+$ という記号で表す．集合 $\mathcal{M}_*$ は自然な形で $\mathcal{M}$ の作用する*双加群の構造をもつ．

〈例 9.17〉 連続汎関数の可測場は沢山ある．実際，$(\mathcal{H}_\omega)$ における可測ベクトル場 $(\xi(\omega))$, $(\eta(\omega))$ から $\varphi_\omega(\cdot) = (\xi(\omega)|(\cdot)\eta(\omega))$ で定められた連続汎関数の集まりは可測である．さらに，$(\mathcal{H}_\omega)$ の可測生成列 $(\xi_n)_{n\geq 1}$ から作られる

$$\phi_\omega(x) = \sum_{n=1}^{\infty} \frac{1}{2^n} \frac{(\xi_n(\omega)|x\xi_n(\omega))}{(\xi_n(\omega)|\xi_n(\omega))}, \quad x \in M_\omega$$

は忠実かつ連続な状態の可測場を与える．

さて，$(L^2(M_\omega))$ の可測性についてであるが，まず可測場 $\phi = (\phi_\omega) \in \mathcal{M}_*^+$ で各 ϕ_ω が忠実なものを用意する．このとき，$(a(\omega)\phi_\omega^{1/2}|b(\omega)\phi_\omega^{1/2})$ $(a, b \in \mathcal{M})$ が可測関数であることから，$\mathcal{M}\phi^{1/2} = \{a\phi^{1/2} = (a(\omega)\phi_\omega^{1/2}); a \in \mathcal{M}\}$ を可測場の集まりとするような可測構造を $(L^2(M_\omega))$ に定めることができる．可測生成列としては，(M_ω) の可測生成列 $(a_n \in \mathcal{M})_{n\geq 1}$ で*演算と積について閉じているものを用意し，$(a_n\phi^{1/2})_{n\geq 1}$ とおけばよい．

次に，$S_\omega(x\phi_\omega^{1/2}) = x^*\phi_\omega^{1/2}$ $(x \in M_\omega)$ で記述される閉作用素 S_ω を考え，その極分解の反ユニタリー部分を J_ω とすると，(J_ω) は可測である．これは，(S_ω) が可測であること（この後の定義と例を参照）と，補題 9.20 よりわかる．とくに $b\phi^{1/2}c = (b(\omega)\phi_\omega^{1/2}c(\omega))$ は可測ベクトル場である．

可測構造が忠実な可測場 ϕ の選び方に依らないことは，(M_ω) の行列拡大

$(M_2(M_\omega) \subset \mathcal{B}(\mathcal{H}_\omega \oplus \mathcal{H}_\omega))$ に伴う $M_2(\mathcal{M})$, $M_2(\mathcal{M}_*)$ を考え，忠実な $\phi_j \in \mathcal{M}_*^+$ を並べた $\phi = \mathrm{diag}(\phi_1, \phi_2) \in M_2(\mathcal{M}_*)$ に上の議論を適用することで得られる $(a(\omega)\phi_{1,\omega}^{1/2} | \phi_{2,\omega}^{1/2} b(\omega))$ の可測性からわかる．

さらに忠実とは限らない $\varphi \in \mathcal{M}_*^+$ については，Powers-Størmer 不等式より

$$\left\| \varphi_\omega^{1/2} - \left(\varphi_\omega + \frac{1}{n}\phi_\omega \right)^{1/2} \right\|^2 \leq \frac{1}{n}\|\phi_\omega\| \to 0 \ (n \to \infty)$$

となることから，ベクトル場 $a\varphi^{1/2}b$ $(a, b \in \mathcal{M})$ の可測性がわかる．

ここまでをまとめると，$(L^2(M_\omega))$ の可測構造で，$a\varphi^{1/2}b$ $(a, b \in \mathcal{M}, \varphi \in \mathcal{M}_*^+)$ が可測ベクトル場となるようなものが丁度一つ存在する．とくに，(J_ω) および $a \in \mathcal{M}$ は，$(L^2(M_\omega))$ における作用素の族として可測であり，(M_ω) および $(J_\omega M_\omega J_\omega)$ は，フォン・ノイマン環の族としても可測である．

定義 9.18 可分ヒルベルト空間の可測な族 $(\mathcal{H}_\omega)$ における閉作用素の族 $(T_\omega : D(T_\omega) \to \mathcal{H}_\omega)$ が可測であるとは，$(\mathcal{H}_\omega)$ の可測生成列 $(\xi_n)_{n \geq 1}$ で以下の条件を満たすものが存在することと定める．

(i) $\xi_n(\omega) \in D(T_\omega)$ $(n \geq 1, \omega \in \Omega)$ である．

(ii) 各 $n \geq 1$ について，$\Omega \ni \omega \mapsto T_\omega \xi_n(\omega) \in \mathcal{H}_\omega$ は可測.

(iii) ほとんど全ての $\omega \in \Omega$ について，$\sum_{n \geq 1} \mathbb{C}\xi_n(\omega)$ は T_ω の芯である．

〈例 9.19〉 上で扱った閉作用素の族 (S_ω) は可測である．

実際，(M_ω) の可測生成列 (a_n) として，*演算と積で閉じているものがあるので，$\sum_{n \geq 1}(\mathbb{Q} + i\mathbb{Q})a_n$ に含まれるエルミート元全体を $\{h_n\}_{n \geq 1}$ と一列に並べ，ユニタリー列を $u_n = e^{ih_n}$ で定める．このとき，$M_\omega = \{a_n(\omega); n \geq 1\}''$ となる ω と M_ω のユニタリー元 u に対して，$u = e^{ih}$ $(h \in M_\omega, -\pi \leq h \leq \pi)$ と表示し，h を強作用素位相で近似する $h_n \in M_\omega$ がとれる（定理 4.37）ことから，u を強*作用素位相で近似する u_n が存在し，問 6.2 により，可測生成列 $(u_n \phi^{1/2})$ に関して (S_ω) が可測であることがわかる．

補題 9.20 T_ω の極分解を $V_\omega|T_\omega|$ とするとき，(V_ω) および $(|T_\omega|)$ は可測である．

証明 T_ω と T_ω^* のグラフにより

$$\mathcal{H}_\omega \oplus \mathcal{H}_\omega = \{\xi \oplus T_\omega \xi; \xi \in D(T_\omega)\} + \{T_\omega^* \eta \oplus -\eta; \eta \in D(T_\omega^*)\}$$

と直交分解されるので，T_ω のグラフへの射影を E_ω で表せば，(T_ω) の可測性から (E_ω) および $(1 - E(\omega))$ が可測となり，$(\mathcal{H}_\omega)$ の可測生成列 $(\zeta_n)_{n \geq 1}$ に対して，

$$(1 - E_\omega)(\zeta_j(\omega) \oplus \zeta_k(\omega)) = -T_\omega^* \eta_{j,k}(\omega) \oplus \eta_{j,k}(\omega)$$

とおけば，$(\eta_{j,k})$ は $(\mathcal{H}_\omega)$ の可測生成列であると同時に，$(T_\omega^* \eta_{j,k}(\omega))$ も可測であり，$\{\eta_{j,k}(\omega); j, k \geq 1\}$ が T_ω^* の芯となる．すなわち (T_ω^*) は可測である．

次に，可測ベクトル場 $(\zeta(\omega))$ から，可測ベクトル場 $(\xi(\omega) \in D(T_\omega))$ と $(\eta(\omega) \in D(T_\omega^*))$ を

$$\zeta(\omega) \oplus 0 = (\xi(\omega) \oplus T_\omega \xi(\omega)) + (T_\omega^* \eta(\omega) \oplus -\eta(\omega))$$

という関係で定めると，$\xi(\omega) = (1 + T_\omega^* T_\omega)^{-1} \zeta(\omega)$ であることから $((1 + T_\omega^* T_\omega)^{-1})$ および

$$\frac{T_\omega^* T_\omega}{1 + T_\omega^* T_\omega} = 1 - \frac{1}{1 + T_\omega^* T_\omega}$$

が可測であるとわかる．有界正作用素の平方根は多項式によって一様近似されるので，

$$\sqrt{\frac{T_\omega^* T_\omega}{1 + T_\omega^* T_\omega}}$$

も可測である．ここで T_ω を tT_ω $(t > 0)$ で置き換え，改めて可測場 $(\xi_\omega \in D(T_\omega))$ で $(T_\omega \xi_\omega)$ が可測となるものを考えると，スペクトル算により，正作用素の可測場の極限として

$$|T_\omega| \xi_\omega = \lim_{t \to +0} \sqrt{\frac{T_\omega^* T_\omega}{1 + t^2 T_\omega^* T_\omega}} \xi_\omega$$

も可測ベクトル場となる．さらに T_ω の極分解における部分等長 V_ω は，(T_ω^*) の可測性を与える可測生成列 (η_n) に対して，

$$V_\omega^* \eta_n(\omega) = \lim_{t \to \infty} \frac{t}{\sqrt{1 + t^2 T_\omega^* T_\omega}} T_\omega^* \eta_n(\omega)$$

が再び可測となることから (V_ω^*) したがって (V_ω) の可測性がわかる． □

ここで一旦 $(L^2(M_\omega))$ についての考察を中断して，可換子環についての結果を導いておこう．

定理 9.21　測度空間 (Ω, μ)（μ は σ 有限）に基づくフォン・ノイマン環の可測な族 $(M_\omega \subset \mathcal{B}(\mathcal{H}_\omega))$ に対して，次が成り立つ．

(i) 射影作用素の作る可測場の列 $(e_n(\omega) \in M_\omega)$ $(n \geq 1)$ と M_ω の左作用を保つユニタリー写像 $U_\omega : \mathcal{H}_\omega \to \bigoplus_{n\geq 1} L^2(M_\omega)e_n(\omega)$ からなる可測場 (U_ω) が存在する．

(ii) 可換子環の族 (M'_ω) も可測であり，直積分環について

$$\oint_\Omega M_\omega\, \mu(d\omega) = \left(\oint_\Omega M'_\omega\, \mu(d\omega)\right)'$$

が成り立つ．とくに，$\oint_\Omega M_\omega\, \mu(d\omega)$ はフォン・ノイマン環である．

証明　(i) と (ii) の前半：フォン・ノイマン環の族 (M_ω) が可測生成列を持つことに注意して Gram-Schmidt の直交化を適用すれば，$\mathcal{H}_\omega = \bigoplus_{n\geq 1} \overline{M_\omega \xi_n(\omega)}$ となる可測ベクトル場 $\xi_n(\omega) \in \mathcal{H}_\omega$ の存在がわかる．そこで $\varphi_n \in \mathcal{M}_*^+$ を $\varphi_{n,\omega}(a(\omega)) = (\xi_n(\omega)|a(\omega)\xi_n(\omega))$ $(a \in \mathcal{M})$ で定めると，閉部分空間 $\overline{M_\omega \varphi_{n,\omega}^{1/2}} \subset L^2(M_\omega)$ への射影 $e'_n(\omega) \in \mathrm{End}({}_{M_\omega}L^2(M_\omega))$ は $\mathcal{M}\varphi_n^{1/2}$ が可測ベクトル場であることから ω について可測であり，ヒルベルト空間の可測族 $(\overline{M_\omega \xi_n(\omega)})$ と $(\overline{M_\omega \varphi_{n,\omega}^{1/2}})$ が，対応 $a(\omega)\xi_n(\omega) \mapsto a(\omega)\varphi_{n,\omega}^{1/2}$ $(a \in \mathcal{M})$ によりユニタリー同値となるので，可測な埋込み

$$\mathcal{H}_\omega \cong \bigoplus_{n\geq 1} \overline{M_\omega \varphi_{n,\omega}^{1/2}} \subset L^2(M_\omega) \otimes \ell^2$$

を得る．そこで $e'(\omega) = \bigoplus_{n\geq 1} e'_n(\omega) \in \bigoplus_{n\geq 1} \mathcal{B}(L^2(M_\omega)) \cong \mathcal{B}(L^2(M_\omega) \otimes \ell^2)$ とおけば，

$$M'_\omega = \mathrm{End}({}_{M_\omega}\mathcal{H}_\omega) \cong e'(\omega)\Big(\mathrm{End}({}_{M_\omega}L^2(M_\omega)) \otimes \mathcal{B}(\ell^2)\Big)e'(\omega)$$

は，命題 9.16 により $(J_\omega M_\omega J_\omega) \otimes \mathcal{B}(\ell^2)$ の $e'(\omega)$ による切出しと同定され，ω について可測なフォン・ノイマン環の族であることがわかる．

(ii) の後半：まず，$C = L^\infty(\Omega, \mu)$ とおけば $C \subset \oint M'_\omega\, \mu(d\omega)$ より，$(\oint M'_\omega\, \mu(d\omega))' \subset C'$ である．したがって，$(\oint M'_\omega\, \mu(d\omega))'$ の元は分解可能な作用素 $a = \oint_\Omega a(\omega)\, \mu(d\omega)$ であり $\oint_\Omega M'_\omega\, \mu(d\omega)$ の元と積交換する．

そこで，可換子環の族 (M'_ω) を生成する可測作用素列 $(a'_n(\omega))$ を用意すると，ほとんど全ての $\omega \in \Omega$ に対して，$a(\omega)a'_n(\omega) = a'_n(\omega)a(\omega)$ $(n \geq 1)$ が成り立ち，$a(\omega) \in M_\omega$ でなければならない．すなわち，$a \in \oint_\Omega M_\omega\, \mu(d\omega)$.

逆の包含関係 $\oint_\Omega M_\omega\,\mu(d\omega) \subset (\oint_\Omega M'_\omega\,\mu(d\omega))'$ は当然成り立つので，主張が確かめられた. □

系 9.22 フォン・ノイマン環の可測な族 (M_ω) に対して，その可測生成列 $(a_n(\omega))_n$ を用意し，$a_n = \oint a_n(\omega)\,\mu(d\omega)$ とおくと，直積分環 $\oint_\Omega M_\omega\,\mu(d\omega)$ は，対角作用素全体 $C = L^\infty(\Omega,\mu)$ と $\{a_n\}$ によって生成される.

証明 定義からわかる等式 $C' \cap \{a_n\}' = \oint M'_\omega\,\mu(d\omega)$ の可換子をとれば，

$$\oint_\Omega M_\omega\,\mu(d\omega) = \left(\oint_\Omega M'_\omega\,\mu(d\omega)\right)' = (C \cup \{a_n\})''. \qquad \square$$

〈例 9.23〉 例 9.15 におけるフォン・ノイマン環 M は，そこで構成したフォン・ノイマン環の可測な族 (M_ω) から直積分環として復元される．また M_ω は，零集合の上での例外を除いて，M の可算生成元のとり方によらずに定まる.

実際，M の別の生成列 (b_n) に対して，$N_\omega = \{b_n(\omega), b_n(\omega)^*; n \geq 1\}''$ とおけば，$b_n \in \oint_\Omega M_\omega\,\mu(d\omega)$ は，ほとんど全ての ω で $b_n(\omega) \in M_\omega$ を意味するので，$N_\omega \subset M_\omega$ である．対称性により，$M_\omega \subset N_\omega$ がほとんど全ての ω について正しいので，$M_\omega = N_\omega$ もほとんど全ての $\omega \in \Omega$ で成り立つ.

定理 9.24 σ 有限な測度空間上のヒルベルト空間の可測族 $(\mathcal{H}_\omega)$ におけるフォン・ノイマン環の可測族の列 $(M_{n,\omega})$ $(n \geq 1)$ があれば，フォン・ノイマン環の族 $(\bigvee_{n\geq 1} M_{n,\omega})$, $(\bigcap_{n\geq 1} M_{n,\omega})$ はいずれも可測であり，次が成り立つ.

$$\bigvee_{n\geq 1} \oint_\Omega M_{n,\omega}\,\mu(d\omega) = \oint_\Omega \bigvee_{n\geq 1} M_{n,\omega}\,\mu(d\omega),$$

$$\bigcap_{n\geq 1} \oint_\Omega M_{n,\omega}\,\mu(d\omega) = \oint_\Omega \bigcap_{n\geq 1} M_{n,\omega}\,\mu(d\omega).$$

証明 可測族 $(M_{n,\omega})$ の可測生成列 $(a_{n,k}(\omega))_{k\geq 1}$ を用意すると，$(\bigvee_{n\geq 1} M_{n,\omega})$ は $(a_{n,k}(\omega))_{n,k\geq 1}$ で生成されるので，系 9.22 により

$$\bigvee_{n\geq 1} \oint_\Omega M_{n,\omega}\mu(d\omega) = \{a_{n,k}, f; f \in L^\infty(\Omega), n, k \geq 1\}'' = \oint_\Omega \bigvee_{n\geq 1} M_{n,\omega}\,\mu(d\omega)$$

であり，この可換子環の右辺に定理 9.21 を施せば，残りの主張もわかる. □

ここで，中断していた $(L^2(M_\omega))$ についての考察を再開する．定理 9.21 (i) により，族 (M_ω) については，それを $(\mathcal{H}_\omega)$ において考えるか，$(L^2(M_\omega))$ において考えるかにかかわらず同一の可測場の作る*環 $\mathcal{M}$ を定める．とくに，二つの直積分環は一致する．以下，この共通の W*環を M で表し，その標準形を $\oint L^2(M_\omega)\,\mu(d\omega)$ の上で実現しよう．

〈注意〉 $\{\phi_\omega\} \in \mathcal{M}_*$ に対して，$\phi_\omega = v_\omega|\phi_\omega|$ を極分解とするとき，$(v_\omega) \in \mathcal{M}$, $(|\phi_\omega|) \in \mathcal{M}_*$ となることが Haagerup の非可換積分論と補題 9.20 によりわかる．

正汎関数の可測場 $(\varphi_\omega) \in \mathcal{M}_*^+$ で

$$\int_\Omega \|\varphi_\omega^{1/2}\|^2\,\mu(d\omega) = \int_\Omega \varphi_\omega(1)\,\mu(d\omega) < \infty$$

という条件を満たすもの（可積分と呼ぶ）に対して，正汎関数 $\varphi : M \to \mathbb{C}$ を

$$\varphi(a) = \int_\Omega \varphi_\omega(a(\omega))\,\mu(d\omega), \quad a = \oint_\Omega a(\omega)\,\mu(d\omega) \in M$$

で定め $\varphi = \oint_\Omega \varphi_\omega\,\mu(d\omega)$ のように表記するとき，

$$\varphi(a) = \left(\oint_\Omega \varphi_\omega^{1/2}\mu(d\omega) \middle| \left(\oint_\Omega a(\omega)\,\mu(d\omega) \right) \oint_\Omega \varphi_\omega^{1/2}\mu(d\omega) \right)$$

という表示から $\varphi \in M_*^+$ がわかり，対応 $a\varphi^{1/2} \to \oint a(\omega)\varphi_\omega^{1/2}\,\mu(d\omega)$ が等長写像 $\overline{M\varphi^{1/2}} \to \oint L^2(M_\omega)\,\mu(d\omega)$ を与える．とくに，ほとんど全ての ω について φ_ω が忠実であれば φ も忠実であり，上の埋込みはユニタリーとなる．

こうして得られた同型写像が (φ_ω) の取り方によらない．実際 $\varphi_\omega \le \psi_\omega$ $(\omega \in \Omega)$ であるとき，$\psi = \oint \psi_\omega\,\mu(d\omega) \in M_*^+$ は $\varphi \le \psi$ を満たし，可測場 $(\varphi_\omega^{1/2}\psi_\omega^{-1/2})$ の直積分が $\varphi^{1/2}\psi^{-1/2} \in M$ に一致する[4]．これから，$a\varphi^{1/2}$ を $a(\varphi^{1/2}\psi^{-1/2})\psi^{1/2}$ と書き直したものの移し先が，

$$\oint a(\omega)(\varphi_\omega^{1/2}\psi_\omega^{-1/2})\psi_\omega^{1/2}\,\mu(d\omega) = \oint a(\omega)\varphi_\omega^{1/2}\,\mu(d\omega)$$

となって，$a\varphi^{1/2}$ を直接移したものに一致する．因みに，$(\varphi_\omega^{1/2}\psi_\omega^{-1/2})$ が可測であることは，$\psi^{1/2}\mathcal{M}$ が $(L^2(M_\omega))$ の可測性を生成することと

$$(\psi_\omega^{1/2}b(\omega)|\varphi_\omega^{1/2}\psi_\omega^{-1/2}\psi_\omega^{1/2}c(\omega)) = (\psi_\omega^{1/2}b(\omega)|\varphi_\omega^{1/2}c(\omega))$$

[4] 記号の意味については，補題 7.22 参照．

が可測関数であることからわかる．

このユニタリー同型 $L^2(M) \cong \oint L^2(M_\omega)\,\mu(d\omega)$ が*演算を保つことは，忠実な $\varphi = \oint \varphi_\omega\,\mu(d\omega)$ についての S 作用素が，φ_ω についてのそれ S_ω と $S = \oint S_\omega\,\mu(d\omega)$ によって関係づけられているので，極分解の唯一性からわかる．また，M の $\oint \xi(\omega)\,\mu(d\omega) \in \oint L^2(M_\omega)\,\mu(d\omega)$ への右作用を

$$\oint \xi(\omega)a(\omega)\,\mu(d\omega) = \oint J_\omega\,\mu(d\omega) \oint a(\omega)^*\,\mu(d\omega) \oint J_\omega\,\mu(d\omega) \oint \xi(\omega)\,\mu(d\omega)$$

で定めると，$L^2(M)$ と $\oint L^2(M_\omega)\,\mu(d\omega)$ とは，*双加群としても同型である．

正錐の対応を見るに，ベクトル $\xi = \oint \xi(\omega)\,\mu(d\omega) \in \oint L^2(M_\omega)\,\mu(d\omega)$ が $L^2_+(M)$ の像に属するための必要十分条件は，$\xi(\omega) \in L^2_+(M_\omega)$ がほとんど全ての ω について成り立つことである．実際，$\xi(\omega) \in L^2_+(M_\omega)$ とすると，$a = \oint a(\omega)\,\mu(d\omega) \in M$ について

$$\left(\xi \middle| \oint a(\omega)\varphi_\omega^{1/2}a(\omega)^*\,\mu(d\omega)\right) = \int (\xi(\omega)|a(\omega)\varphi_\omega^{1/2}a(\omega)^*)\,\mu(d\omega) \geq 0$$

であるから，系7.28により，ξ は $L^2_+(M)$ の像の元である．逆に ξ を $L^2_+(M)$ の像からとれば，忠実な $\varphi = \oint \varphi_\omega\,\mu(d\omega)$ に対して，$L^2_+(M) = \overline{\{a\varphi^{1/2}a^*; a \in M\}}$ である（定理7.27）ことから，$\xi = \lim_n \oint a_n(\omega)\varphi_\omega^{1/2}a_n(\omega)^*\,\mu(d\omega)$ と表される．したがって，部分列 n_k を適切に選ぶことで，ほとんど全ての $\omega \in \Omega$ について，$\xi(\omega) = \lim_k a_{n_k}(\omega)\varphi_\omega^{1/2}a_{n_k}(\omega)^*$ が $L^2(M_\omega)$ のノルム位相で成り立つようにできる（補題9.13の証明参照）．これは $\xi(\omega) \in L^2_+(M_\omega)$ (μ-a.e. $\omega \in \Omega$) を意味する．

問9.6 倍率作用素については，$\Delta_\varphi^{it} = \oint_\Omega \Delta_{\varphi_\omega}^{it}\,\mu(d\omega)$ ($t \in \mathbb{R}$) のように直分解される．これを確かめよ．

以上をまとめて，次を得る．

定理9.25 測度空間 (Ω, μ)（μ は σ 有限）上のフォン・ノイマン環の可測な族 $(M_\omega \subset \mathcal{B}(\mathcal{H}_\omega))$ に対して，ヒルベルト空間族 $(L^2(M_\omega))$ の可測構造で，$(a(\omega)\varphi_\omega^{1/2}b(\omega))$ ($(\varphi_\omega) \in \mathcal{M}_*^+$, $(a(\omega)), (b(\omega)) \in \mathcal{M}$) が可測ベクトル場となるようなものが丁度一つ存在し，以下が成り立つ．

(i) 直積分環 $M = \oint_\Omega M_\omega\,\mu(d\omega)$ は，$\oint \mathcal{H}_\omega\,\mu(d\omega)$ あるいは $\oint L^2(M_\omega)\,\mu(d\omega)$ のどちらにおいて考えても同一の W*環を与える．

(ii) ヒルベルト空間 $L^2(M_\omega)$ における標準*演算を J_ω で表せば，(J_ω) は可測で，$(J_\omega M_\omega J_\omega)$ はフォン・ノイマン環の可測な族を与え，その直積分作用素 $J = \oint J_\omega\, \mu(d\omega)$ は，ヒルベルト空間 $\oint L^2(M_\omega)\, \mu(d\omega)$ における*演算を定める．さらに，$\xi a = JaJ\xi$ により，$\oint L^2(M_\omega)\, \mu(d\omega)$ は，M の作用する*双加群となる．

(iii) 対応

$$\oint a(\omega)\varphi_\omega^{1/2} b(\omega)\, \mu(d\omega) \mapsto a\varphi^{1/2} b$$

は，$\oint L^2(M_\omega)\, \mu(d\omega)$ から $L^2(M)$ へのユニタリー写像を定め，*双加群の同型を与える．ここで，$(a(\omega)), (b(\omega)) \in \mathcal{M}$ および可積分な $(\varphi_\omega) \in \mathcal{M}_*^+$ に対して，$a = \oint a(\omega), b = \oint b(\omega)\, \mu(d\omega) \in M, \varphi = \oint \varphi_\omega\, \mu(d\omega) \in M_*^+$ である．

(iv) (iii) におけるユニタリー同型により，M の正錐 $L^2(M)$ は，

$$\oint \xi(\omega)\, \mu(d\omega) \in \oint L^2(M_\omega)\, \mu(d\omega)$$

で $\xi(\omega) \in L_+^2(M_\omega)$ (μ-a.e. ω) となるもの全体に一致する．

9.4　表現の直積分と直分解

測度空間 (Ω, μ) の元 $\omega \in \Omega$ を添字にもつ C*環 A の*表現の族 $(\pi_\omega : A \to \mathcal{B}(\mathcal{H}_\omega))$ が可測であるとは，$(\mathcal{H}_\omega)$ が可分ヒルベルト空間の可測族で，各 $a \in A$ について $(\pi_\omega(a))$ が作用素の可測な場となることをいう．このとき，A の $\oint \mathcal{H}_\omega\, \mu(d\omega)$ における*表現 π が

$$\pi(a) = \oint_\Omega \pi_\omega(a)\, \mu(d\omega)$$

で定められる．これを**直積分表現**といい，$\pi = \oint \pi_\omega\, \mu(d\omega)$ と書き表す．

定理 9.26　直積分ヒルベルト空間 $\mathcal{H} = \oint \mathcal{H}_\omega\, \mu(d\omega)$ における可分 C*環 A の*表現 π が $\pi(A) \subset L^\infty(\Omega, \mu)'$ を満たすとき，A の*表現の可測な族 $(\pi_\omega : A \to \mathcal{B}(\mathcal{H}_\omega))$ で $\pi = \oint \pi_\omega\, \mu(d\omega)$ を満たすものが，零集合の上での違いを除いて丁度一つ存在する．

証明 A を $A/\ker\pi$ で置き換えて，$A \subset \mathcal{B}(\mathcal{H})$ としてよい．このとき A の可算密部分集合 $D \subset A$ で，(i) $D^* = D$, (ii) $(\mathbb{Q}+i\mathbb{Q})D \subset D$, (iii) $D+D \subset D$, (iv) $D^2 \subset D$ となるものがとれるので，各 $a \in D$ を $a = \oint a(\omega)\,\mu(d\omega)$ のように有界作用素の可測場 $(a(\omega))$ の直積分として表示すると，$a, b \in D$, $\lambda \in \mathbb{Q}+i\mathbb{Q}$ について，$\{\omega; a(\omega)^* \neq a^*(\omega)\}$, $\{\omega; (a+b)(\omega) \neq a(\omega)+b(\omega)\}$, $\{\omega; (ab)(\omega) \neq a(\omega)b(\omega)\}$, $\{\omega; (\lambda a)(\omega) \neq \lambda a(\omega)\}$, $\{\omega; \|a(\omega)\| > \|a\|\}$ はそれぞれ零集合となり，これをすべて合わせた零集合を $\mathcal{N}$ とすれば，すべての $a, b \in D$, $\lambda \in \mathbb{Q}+i\mathbb{Q}$ と $\omega \notin \mathcal{N}$ について，$a(\omega)^* = a^*(\omega)$, $(a+b)(\omega) = a(\omega)+b(\omega)$, $(ab)(\omega) = a(\omega)b(\omega)$, $(\lambda a)(\omega) = \lambda a(\omega)$, $\|a(\omega)\| \leq \|a\|$ が成り立つ．

そこで，$\omega \notin \mathcal{N}$ に対して，写像 $D \ni a \mapsto a(\omega) \in \mathcal{B}(\mathcal{H}_\omega)$ を考えると，その一様連続性 $\|a(\omega) - b(\omega)\| = \|(a-b)(\omega)\| \leq \|a-b\|$ により，A へのノルム連続な拡張が $a(\omega) = \lim_{n\to\infty} a_n(\omega)$ ($a \in A$, $a_n \in D$, $\lim_n \|a_n a\| = 0$) によりうまく定められ，D と $\mathbb{Q}+i\mathbb{Q}$ について成り立つ等式が，A と $\mathbb{C}$ についても成り立つ．すなわち，A の*表現 $\pi_\omega : A \ni a \mapsto a(\omega) \in \mathcal{B}(\mathcal{H}_\omega)$ が得られた．表現の集まり (π_ω) の可測性は，$a \in A$ が D の元でノルム近似され，$b \in D$ については，$(b(\omega))$ が可測であることから従う．

作り方から $a = \oint a(\omega)\,\mu(d\omega)$ $(a \in D)$ であり，A の元は D の元でノルム近似されることから，この等式は $a \in A$ についても成り立つ．

最後に，もう一つの表示 $a = \oint a'(\omega)\,\mu(d\omega)$ $(a \in A)$ があったとすると，各 $a \in D$ について $\{\omega; a(\omega) \neq a'(\omega)\}$ は零集合であるから，それらを合わせた零集合を $\mathcal{N}'$ とすれば，$a(\omega) = a'(\omega)$ $(a \in D, \omega \notin \mathcal{N}')$ であり，$a \mapsto a(\omega), a'(\omega)$ $(a \in A)$ がノルム連続であることと $D \subset A$ がノルム密であることから，$a(\omega) = a'(\omega)$ $(a \in A, \omega \notin \mathcal{N}')$ がわかる． □

系 9.27 可分 C*環 A が可分ヒルベルト空間 $\mathcal{H}$ の上で π により表現されているとする．$\pi(A)'$ の可換な部分フォン・ノイマン環 C を $C \cong L^\infty(\Omega, \mu)$ と表すとき，$\mathcal{H}$ の直分解 $\oint \mathcal{H}_\omega\,\mu(d\omega)$ と表現の可測な族 (π_ω) があって，$\pi = \oint \pi_\omega\,\mu(d\omega)$ と表示される．これを π の $C = L^\infty(\Omega, \mu)$ に関する**直分解**という．C の選び方に応じて様々な直分解が考えられる．

問 9.7 可分な局所コンパクト群 G の可分ヒルベルト空間 $\mathcal{H}$ におけるユニタリー表現 u と $u(G)'$ に含まれる可換フォン・ノイマン環 $C \cong L^\infty(\Omega, \mu)$ に対して，u の直分解 $u(g) = \oint u_\omega(g)\,\mu(d\omega)$ の存在を次の手順で示せ．

(i) u に対応する $C^*(G)$ の*表現 π の直分解 $\pi = \oint \pi_\omega\,\mu(d\omega)$ を構成する．

(ii) π_ω に対応する G のユニタリー表現を u_ω で表すとき，$(u_\omega(g))$ がユニタリー作用素の可測場であることを示す．

(iii) $u(g) = \oint u_\omega(g)\,\mu(d\omega)$ を確かめる．

命題 9.28 中心分解と既約分解

(i) $C = \pi(A)'' \cap \pi(A)'$ に対する直分解は**中心分解**と呼ばれ，その分解成分 π_ω は，$\pi_\omega(A)'' \cap \pi_\omega(A)' = \mathbb{C}1_{\mathcal{H}_\omega}$ (μ-a.e. ω) を満たす．

(ii) C が $\pi(A)'$ の極大可換部分環である，すなわち $C' \cap \pi(A)' = C$ であるとき，その分解成分 π_ω は，ほとんどすべての ω について既約であり，対応する直分解は**既約分解**と呼ばれる．

問 9.8 命題 9.28 の主張を確かめよ．

以上の一般的な仕組みの簡単な例として，2 つの射影の角表示に関連した場合を調べよう．具体的には，位数 2 の元 a, b から生成された群 G を考える．$b(ab)b^{-1} = b(ab)b = ba = (ab)^{-1}$ であるから，群としては巡回群 $\langle g = ab\rangle$ と $\mathbb{Z}_2 = \langle b\rangle$ の作用 $g \mapsto g^{-1}$ に関する半直積である．一方，$a^2 = 1 = b^2$ であるから，群環 $\mathbb{C}G$ としては 2 つの射影元 $e = (1+a)/2$ と $f = (1+b)/2$ から生成されたものでもある．群環の元として，$c = 1 - (e-f)^2 = (2 + ab + ba)/4$ は，a, b と積交換するので，$\mathbb{C}G$ の中心に属する．

以上を踏まえて，$\mathbb{C}G$ の可分ヒルベルト空間 $\mathcal{H}$ における*表現 π を記述してみよう．まず $\pi(g) = \pi(ab)$ はユニタリーであるから，

$$\mathcal{H} = \oint_{[0,\pi)} \mathcal{H}_\theta\,\mu(d\theta), \quad \pi(ab) = \oint_{[0,\pi)} e^{-2i\theta} 1_{\mathcal{H}_\theta}\,\mu(d\theta)$$

のように直分解[5)]される．$\pi(b)\pi(g)\pi(b)^* = \pi(g)^*$ であるから，測度 μ は，対応 $e^{2i\theta} \leftrightarrow e^{-2i\theta}$ すなわち $\theta \leftrightarrow \pi - \theta$ の下で同値となり，この操作に関する平均を改めて μ とすることで，μ はこの操作で不変であるとして良い．このとき，エルミートなユニタリー作用素 $\pi(b)$ を

5) パラメータの選び方は射影元の角表示（付録 D）に合うように調整してある．

$$\pi(b) = \oint (v_\theta : \mathcal{H}_\theta \to \mathcal{H}_{\pi-\theta})\, \mu(d\theta)$$

と分解するとき，v_θ はユニタリーかつ $v_\theta^* = v_{\pi-\theta}$ がほとんどすべての $0 < \theta < \pi$ について成り立つ．そこで，$(\mathcal{H}_\theta)_{\theta\in(0,\pi/2)\cup(\pi/2,\pi)}$ を v_θ $(0 < \theta < \pi/2)$ で折りたたみ，$\mu(\{0\}) = 0$ または $\mu(\{\pi/2\}) = 0$ に応じて $\mathcal{H}_0 = \{0\}$ または $\mathcal{H}_{\pi/2} = \{0\}$ とおくことで，

$$\mathcal{H} = \mathcal{H}_0 \oplus \mathcal{H}_{\pi/2} \oplus \oint_{(0,\pi/2)} (\mathcal{H}_\theta \oplus \mathcal{H}_\theta)\, \mu(d\theta)$$

という表示が得られ，その上で $\pi(ab), \pi(b)$ は

$$\pi(ab) = 1_{\mathcal{H}_0} \oplus -1_{\mathcal{H}_{\pi/2}} \oplus \oint_{(0,\pi/2)} \begin{pmatrix} e^{-2i\theta} & 0 \\ 0 & e^{2i\theta} \end{pmatrix} \mu(d\theta),$$

$$\pi(b) = v_0 \oplus v_{\pi/2} \oplus \oint_{(0,\pi/2)} \begin{pmatrix} 0 & 1 \\ 1 & 0 \end{pmatrix} \mu(d\theta)$$

と直分解される．ここで，v_0 $(v_{\pi/2})$ は $\mathcal{H}_0$ $(\mathcal{H}_{\pi/2})$ でのエルミートなユニタリーを表す．これから，

$$\pi(c) = \frac{2 + \pi(ab) + \pi(ba)}{4} = 1_{\mathcal{H}_0} \oplus 0_{\mathcal{H}_{\pi/2}} \oplus \oint_{(0,\pi/2)} \begin{pmatrix} \cos^2\theta & 0 \\ 0 & \cos^2\theta \end{pmatrix} \mu(d\theta)$$

となるので，$\pi(c)$ が $\pi(\mathbb{C}G)$ の中心に属することが見てとれる．のみならず，連続関数 $\cos^2\theta$ $(0 \le \theta \le \pi/2)$ の多項式全体が一様収束の位相に関して連続関数環 $C[0,\pi/2]$ を生成する（定理 2.35）ことから，

$$\{\pi(c)\}'' = \mathbb{C}1_{\mathcal{H}_0} \oplus \mathbb{C}1_{\mathcal{H}_{\pi/2}} \oplus L^\infty\left(\left(0, \frac{\pi}{2}\right), \mu\right)$$

となる．$\theta \in \{0, \pi/2\}$ の部分は，$(1 \pm v_\theta)/2$ でさらに分解することで，

$$\mathcal{H}_0 = \mathcal{H}_{0,+} \oplus \mathcal{H}_{0,-}, \quad \mathcal{H}_{\pi/2} = \mathcal{H}_{\pi/2,+} \oplus \mathcal{H}_{\pi/2,-}$$

と表される．ここで符号 $\epsilon = \pm$ は $\pi(b) = \pm 1$ となる部分という意味である．

これまでのことを表現の分解として記述するために，各 $0 < \theta < \pi/2$ に対して，$\mathbb{C}G$ の $\mathbb{C}^2$ における*表現 π_θ を

$$\pi_\theta(a) = \begin{pmatrix} 0 & e^{-2i\theta} \\ e^{2i\theta} & 0 \end{pmatrix}, \quad \pi_\theta(b) = \begin{pmatrix} 0 & 1 \\ 1 & 0 \end{pmatrix}$$

により定める．また1次元表現 $\pi_{\theta,\epsilon}$ $(\theta \in \{0, \pi/2\}, \epsilon = \pm)$ を

$$\pi_{\theta,\epsilon}(a) = e^{2i\theta}1, \quad \pi_{\theta,\epsilon}(b) = \epsilon 1$$

で定める．

問 9.9 π_θ $(0 < \theta < \pi/2)$ が既約であることを確かめよ．

ここで，$[0, \pi/2]$ の端点をそれぞれ二点 (θ, ϵ) $(\theta \in \{0, \pi/2\})$ で置き換えたものを

$$\left[0, \frac{\pi}{2}\right]^* = \{(0, \pm)\} \sqcup \left(0, \frac{\pi}{2}\right) \sqcup \left\{\left(\frac{\pi}{2}, \pm\right)\right\}$$

という記号で表し，それに呼応して μ を $[0, \pi/2]^*$ の上の測度 μ^* に拡充し，$\mu^*(\{(\theta, \epsilon)\}) \in \{0, 1\}$ と規格化しておく．すなわち，μ^* は $(0, \pi/2)$ の上では μ に一致し，一点集合 $\{(\theta, \epsilon)\}$ での値は $\mathcal{H}_{\theta,\epsilon} \neq \{0\}$ のとき 1 で，そうでなければ 0 とする．

表現 π_θ のヒルベルト空間 $\mathcal{H}_\theta$ による膨らまし $\pi_\theta \otimes 1_{\mathcal{H}_\theta}$ を $\mathcal{H}_\theta \oplus \mathcal{H}_\theta$ における作用素行列表示と同一視し，$\pi_{\theta,\epsilon}$ の膨らまし $\pi_{\theta,\epsilon} \otimes 1_{\mathcal{H}_{\theta,\epsilon}}$ をヒルベルト空間 $\mathcal{H}_{\theta,\epsilon}$ における表現と見なせば，表現 $\pi_{\theta^*} \otimes 1_{\mathcal{H}_{\theta^*}}$ $(\theta^* \in [0, \pi/2]^*)$ の測度 μ^* に関する直積分 $\oint \pi_{\theta^*} \otimes 1\, \mu^*(d\theta^*)$ が上で与えた π に他ならない．この段階で，G の既約表現は，π_{θ^*} $(\theta^* \in [0, \pi/2]^*)$ で尽くされることがわかる．この μ^* による直積分はまた，

$$\pi(G)'' = \oint_{[0,\pi/2]^*} \pi_{\theta^*}(G)'' \otimes 1_{\mathcal{H}_{\theta^*}}\, \mu^*(d\theta^*),$$
$$\pi(G)' = \oint_{[0,\pi/2]^*} 1 \otimes \mathcal{B}(\mathcal{H}_{\theta^*})\, \mu^*(d\theta^*),$$

が成り立つという意味で完全な分解となっている．とくに $\pi(G)''$ の中心は，$L^\infty([0, \pi/2]^*, \mu^*)$ で与えられる．

問 9.10 群 C*環 $C^*(a, b)$ は，

$$C^*(a, b) \cong \left\{ \begin{pmatrix} \alpha(\theta) & \beta(\theta) \\ \gamma(\theta) & \delta(\theta) \end{pmatrix}; \alpha, \delta \in C\left[0, \frac{\pi}{2}\right], \beta, \gamma \in C_0\left(0, \frac{\pi}{2}\right) \right\}$$

と表示されることを確かめよ．

最後に，射影 $\pi(e)$, $\pi(f)$ の直分解表示と角表示の関係について述べる．そのために，行列 $\pi_\theta(b) = \begin{pmatrix} 0 & 1 \\ 1 & 0 \end{pmatrix}$ のユニタリー行列による対角化

$$\begin{pmatrix} 0 & 1 \\ 1 & 0 \end{pmatrix}\begin{pmatrix} -i/\sqrt{2} & -1/\sqrt{2} \\ -i/\sqrt{2} & 1/\sqrt{2} \end{pmatrix} = \begin{pmatrix} -i/\sqrt{2} & -1/\sqrt{2} \\ -i/\sqrt{2} & 1/\sqrt{2} \end{pmatrix}\begin{pmatrix} 1 & 0 \\ 0 & -1 \end{pmatrix}$$

に従って π_θ を書き直したものを π'_θ で表せば,

$$\pi'_\theta(a) = \begin{pmatrix} \cos(2\theta) & \sin(2\theta) \\ \sin(2\theta) & -\cos(2\theta) \end{pmatrix}, \quad \pi'_\theta(b) = \begin{pmatrix} 1 & 0 \\ 0 & -1 \end{pmatrix}$$

すなわち,

$$\pi'_\theta(e) = \begin{pmatrix} \cos^2\theta & \cos\theta\sin\theta \\ \cos\theta\sin\theta & \sin^2\theta \end{pmatrix}, \quad \pi'_\theta(f) = \begin{pmatrix} 1 & 0 \\ 0 & 0 \end{pmatrix}$$

となって，2つの射影の角表示が得られる．

問 9.11　表現 $(\pi, \mathcal{H})$ における射影と部分空間について，以下の対応関係が成り立つ．これを確かめよ．

$$\pi(e) \wedge \pi(f) \leftrightarrow \mathcal{H}_{0,+}, \quad \pi(e) \wedge \pi(1-f) \leftrightarrow \mathcal{H}_{0,+},$$
$$\pi(1-e) \wedge \pi(f) \leftrightarrow \mathcal{H}_{\pi/2,+}, \quad \pi(1-e) \wedge \pi(1-f) \leftrightarrow \mathcal{H}_{\pi/2,-}.$$

第10章

正準量子環

正統的とも言える正準量子化の手続きで現れる代数関係式を*環の観点から導入しよう．ここでは，おもにその代数的な部分について取り上げ，より解析的な扱いが必要となるものについては章を改めて紹介する．

10.1 正準交換関係

2つのエルミート元 p, q と単位元 1 から，いわゆる**正準交換関係**[1] (canonical commutation relation) $qp - pq = i1$ によって生成された*環 $\mathcal{A}$ は，本章で詳しく調べる CCR 環の最も簡単な場合であり，量子力学を支える基本でもある．その*表現であるが，通常の L^2 内積が備わったシュワルツ空間 $\mathcal{S}(\mathbb{R})$ におけるエルミート作用素として，次のように実現される．

$$(qf)(x) = xf(x), \quad (pf)(x) = -i\frac{d}{dx}f(x).$$

これを**シュレーディンガー表現** (Schrödinger representation) という．

正準交換関係は，正準座標と正準運動量を記述するエルミート作用素 q, p に関するものであるが，その複素座標化である

$$a = \frac{q+ip}{\sqrt{2}}, \qquad a^* = \frac{q-ip}{\sqrt{2}}$$

を用いて書き改めると $[a, a^*] = 1$ となり，これから更に次の交換関係を得る．

[1] ハイゼンベルクの交換関係とも呼ばれるが，M. Born と P. Jordan によって Heisenberg の研究内容から抽出されたのがそもそもの始まりであった．

$$[a^*a, a] = -a, \qquad [a^*a, a^*] = a^*.$$

いま，$\mathcal{A}$ の*表現を実現する内積空間のベクトル $\eta \neq 0$ が a^*a の固有ベクトル，すなわち $a^*a\eta = h\eta$（$h \geq 0$ は 固有値）であったとしよう．このとき，上の2つの交換関係は $a^*a(a^*\eta) = (h+1)a^*\eta$, $a^*a(a\eta) = (h-1)a\eta$ を導くので，$a^*\eta \neq 0$ あるいは $a\eta \neq 0$ であれば，$a^*\eta$, $a\eta$ は再び a^*a の固有ベクトルになり，その固有値は1だけ増減する．これを繰り返すと，$a^n\eta \neq 0$ であれば a^*a の固有値として $h - n \geq 0$ が成り立つので，$a^n\eta = 0$ となる最小の $n \geq 1$ の存在がわかる．そこで $a^{n-1}\eta \neq 0$ を改めて υ と書けば，$a\upsilon = 0$ である．実際にこのような（*表現と）ベクトルが存在することは，シュレーディンガー表現の場合にこの条件を書き下してみると，微分方程式

$$\left(x + \frac{d}{dx}\right)\upsilon(x) = 0$$

で表され，その規格化された解 $\upsilon(x) = \pi^{-1/4}e^{-x^2/2}$ が $\mathcal{S}(\mathbb{R})$ に属することからわかる．

問10.1　微分作用素の等式 $e^{-x^2/2}\left(x - \frac{d}{dx}\right)e^{x^2/2} = -\frac{d}{dx}$ を利用して，

$$(a^*)^n\upsilon = \frac{1}{2^{n/2}}H_n(x)\upsilon(x)$$

を示せ．ここで，$H_n(x) = (-1)^n e^{x^2}\frac{d^n}{dx^n}e^{-x^2}$ はエルミート多項式を表す．

問10.2　*環 $\mathcal{A}$ の状態 φ に関する p, q の分散 $\Delta_p^2 = \varphi((p')^2)$ $(p' = p - \varphi(p)1)$, $\Delta_q^2 = \varphi((q')^2)$ $(q' = q - \varphi(q)1)$ は不等式[2] $\Delta_p\Delta_q \geq 1/2$ を満たすことを示せ．さらに等号が成り立つ条件は，φ がシュレーディンガー表現のベクトル状態として $\varphi(\cdot) = (\varsigma|(\cdot)\varsigma)$, $\varsigma(x) = \frac{1}{\pi^{1/4}\sqrt{\lambda}}e^{-x^2/2\lambda^2}$ と表されることを示せ．ただし $\lambda = \sqrt{2}\Delta_q = 1/\sqrt{2}\Delta_p$ とする．

ここで改めて $a\upsilon = 0$ となる単位ベクトル υ から出発し，$(a^*)^n\upsilon$ を考えると，これらが a^*a の異なる固有値の固有空間に属することから，互いに直交することがわかる．また，$a(a^*)^n\upsilon = [a, (a^*)^n]\upsilon = n(a^*)^{n-1}\upsilon$ に注意して，

$$\|(a^*)^n\upsilon\|^2 = ((a^*)^{n-1}|a(a^*)^n\upsilon) = n\|(a^*)^{n-1}\upsilon\|^2$$

---

[2] 有名なハイゼンベルグの不確定性原理に対する数学的解釈となっている．

のように計算すれば，$\|(a^*)^n v\|^2 = n!$ であることがわかるので，$|n) = (n!)^{-1/2}(a^*)^n v$ $(n \geq 0)$ は正規直交系を成す．逆に，正規直交基底 $|k)$ $(k \geq 0)$ によって代数的に張られる内積空間 $\mathcal{H}$ への a の作用を

$$a|k) = \sqrt{k}|k-1)(k \geq 1), \quad a|0) = 0$$

で定めると，a のエルミート共役が

$$a^*|k) = \sqrt{k+1}|k+1)$$

で与えられ，$[a, a^*] = 1$ を満たす．これを正準交換関係の**フォック表現** (Fock representation) という．a^* と a は，a^*a によって記述される量子を一つ増減させるという解釈の下，それぞれ**生成・消滅作用素** (creation and annihilation operators) と呼ばれる．

これらは内積空間 $\mathcal{H}$ 上の作用素として非有界であるが，それは仕方のないことで，有界作用素 A, B で $AB - BA = c1_{\mathcal{H}}$ $(0 \neq c \in \mathbb{C})$ となるものは存在しない．実際，自然数 $l \leq m$ に対して成り立つ等式

$$(ad\, A)^l B^m = c^l m(m-1)\cdots(m-l+1)B^{m-l}, \quad (\mathrm{ad}\, A)X = [A, X]$$

で $l = m$ とおくと，A, B が有界であるときには

$$|c|^m m! \leq \|ad\, A\|^m \|B\|^m \leq (2\|A\|\,\|B\|)^m, \quad m = 1, 2, \ldots$$

となって矛盾である．有限サイズの行列表示が不可能であることは，もっと単純に，トレースをとってみればわかる．

問 10.3　$[A, XY] = [A, X]Y + X[A, Y]$ を利用して，上の交換関係式を導け．

以上の議論は，容易に多自由度化することができる．添字集合 I により区別された（作用素の）集団 $(a_i)_{i \in I}$ に対する正準交換関係を

$$[a_i, a_j] = 0, \qquad [a_i, a_j^*] = \delta_{i,j}1$$

で定義し，「真空ベクトル」を

$$a_i v = 0, \qquad i \in I$$

なるものとするとき，多重指数 $n=(n_i)_{i\in I}$ ($n_i\in\mathbb{N}$ ただし $n_i\neq 0$ となる i は有限個) によって識別されたベクトル

$$|n)=\frac{(a^*)^n}{\sqrt{n!}}v,\qquad (a^*)^n=\prod_{i\in I}(a_i^*)^{n_i},\quad n!=\prod_{i\in I}n_i!$$

を正規直交基底とする表現が得られる．ベクトル $|n)$ は，$i\in I$ 番目の量子が n_i 個存在する状態を表すものと解釈され，場の量子化の基本的な枠組みを提供する．有限集合 $I=\{1,2,\ldots,l\}$ の場合には，シュワルツ空間 $\mathcal{S}(\mathbb{R}^l)\subset L^2(\mathbb{R}^l)$ におけるシュレーディンガー表現

$$a_i=\frac{1}{\sqrt{2}}\left(x_i+\frac{\partial}{\partial x_i}\right),\quad a_i^*=\frac{1}{\sqrt{2}}\left(x_i-\frac{\partial}{\partial x_i}\right)$$

の部分表現としてフォック表現が実現されるので，両者は実質的に同じものであることがわかる．場の量子論などで現れる無限集合の場合には，シュレーディンガー表現が素朴な形ではその意味を失う[3)] 一方で，フォック表現の方は有効であり続ける．またこのことと連動して本質的に異なる表現が無数（非可算無限個）に現れ，このことが場の量子論の数学的な取り扱いを難しく，言い換えると面白くしている．

問10.4 自由度 l のシュレーディンガー表現において，真空ベクトル $v(x)=\pi^{-l/4}e^{-|x|^2/2}\in L^2(\mathbb{R}^l)$ は，掛算作用素 $e^{i\xi\cdot x}$ ($\xi\in\mathbb{R}^l$) に関して巡回的であること，すなわち，$\{e^{i\xi\cdot x}v(x);\xi\in\mathbb{R}^l\}$ で張られる部分空間は $L^2(\mathbb{R}^l)$ で密であることを示せ．

10.2 フォック空間

ここで，フォック表現の一般形[4)] を見ておこう．ヒルベルト空間 K に対して，その n 重テンソル積ヒルベルト空間 $K^{\otimes n}$（ただし $K^{\otimes 0}=\mathbb{C}$）の代数直和 $\bigoplus_{n\geq 0}K^{\otimes n}$ を $e^{\otimes}(K)$ という記号で表すと，$e^{\otimes}(K)$ は積 $(\xi\eta)_n=\sum_{j+k=n}\xi_j\otimes\eta_k$ に関して多元環となる．これを K 上のテンソル代数とよ

[3)] 無限次元のガウス測度を利用してシュレーディンガー表現もどきを復活させることは可能.

[4)] V.A. Fock の仕事を以下のようにまとめ直したのは J.M. Cook である.

ぶ．また，その上のノルム $\|\xi\|_p = (\sum_{n\geq 0}\|\xi_n\|^p)^{1/p}$ $(p \geq 1)$ $(\xi = \bigoplus_n \xi_n$, $\xi_n \in K^{\otimes n})$ による完備化を $e_p^{\otimes}(K)$ で表す．$e_2^{\otimes}(K)$ は $(K^{\otimes n})_{n\geq 0}$ のヒルベルト空間としての直和に他ならない．これを K の全フォック空間 (full Fock space) と呼ぶ．

問 10.5 K が*ヒルベルト空間であれば，$e^{\otimes}(K)$ は K における*演算を拡張する形で*環となることを示せ．

ヒルベルト空間 K 上のテンソル代数 $e^{\otimes}(K)$ のノルムについて，

$$\|\xi\eta\|_1 \leq \|\xi\|_1\|\eta\|_1, \quad \|\xi\eta\|_2 \leq \|\xi\|_1\|\eta\|_2 \quad (\xi, \eta \in e^{\otimes}(K))$$

が成り立つので，$e_1^{\otimes}(K)$ は単位的バナッハ環となり，左からの積により全フォック空間 $e_2^{\otimes}(K)$ の上で有界に表現される．なお，2つ目の不等式については，$\eta \in e_2^{\otimes}(K)$ に対して，$|\eta| \in \ell^2(\mathbb{Z})$ を

$$|\eta|_n = \begin{cases} \|\eta_n\| & \text{if } n \geq 0, \\ 0 & \text{otherwise} \end{cases}$$

で定めると，$|\xi\eta|_n \leq \sum_{k\geq 0}|\xi|_k|\eta|_{n-k}$ となるので，移動作用素 S を使って，

$$\|\xi\eta\|_2 \leq \Bigl\|\sum_{k\geq 0}|\xi|_k S^k|\eta|\Bigr\|_2 \leq \sum_{k\geq 0}|\xi|_k\bigl\|S^k|\eta|\bigr\|_2 \leq \|\xi\|_1\|\eta\|_2$$

のように評価すればわかる．

問 10.6 $K = \mathbb{C}$ のとき，$e^{\otimes}(K)$ は一変数多項式環 $\mathbb{C}[t]$ と，$e_p^{\otimes}(K)$ は $\ell^p(\mathbb{N})$ と同定される．さらに $\xi \in \ell^1(\mathbb{N})$ が $\xi_n \geq 0$ $(n \geq 0)$ を満たせば，

$$\sup\{\|\xi\eta\|_2; \eta \in \ell^2(\mathbb{N}), \|\eta\|_2 \leq 1\} = \sum_{n=0}^{\infty}\xi_n = \|\xi\|_1$$

となるので，積は ℓ^2 ノルムに関して連続ではない．以上を示せ．

全フォック空間を利用して，本来のフォック空間を導入しよう．対称群 S_n の $K^{\otimes n}$ への右作用を $(\xi_1 \otimes \cdots \otimes \xi_n)^{\sigma} = \xi_{\sigma(1)} \otimes \cdots \otimes \xi_{\sigma(n)}$ で定め，

$$P_{\pm}\xi = \frac{1}{n!}\sum_{\sigma\in S_n}(\pm 1)^{|\sigma|}\xi^{\sigma}, \quad \xi \in K^{\otimes n}$$

とおくと（$|\sigma|$ は σ の偶奇を表す），$P_\pm$ は $K^{\otimes n}$ における射影を定める．その像を $\bigvee^n K = P_+ K^{\otimes n}$, $\bigwedge^n K = P_- K^{\otimes n}$ と書いて[5]，それぞれ対称テンソル空間，交代（反対称）テンソル空間と呼ぶ．ただし，$\bigvee^0 K = \bigwedge^0 K = \mathbb{C}$ とする．2つを並列する際は，$P_\mp K^{\otimes n} = \Diamond^n K$ のようにも書く．

ヒルベルト空間 $\bigvee^n K$, $\bigwedge^n K$ の $n \geq 0$ についての ℓ^2 直和を $e_2^\vee(K)$, $e_2^\wedge(K)$ と書いて対称（交代）**フォック空間** (Fock space) という．また代数的直和を $e^\vee(K)$, $e^\wedge(K)$ と書いて対称テンソル代数，交代（反対称）テンソル代数と呼ぶ．交代テンソル代数はまた外積代数ともいう．ただし，多元環としての積は $\xi \in P_\pm K^{\otimes j}$, $\eta \in P_\pm K^{\otimes k}$ に対して，$\xi \vee \eta$ または $\xi \wedge \eta$ と書き，

$$\xi \diamond \eta = \sqrt{\frac{(j+k)!}{j!k!}} P_\mp(\xi \otimes \eta)$$

で定める[6]．ただし，$\diamond$ は $\vee$ か $\wedge$ のいずれかを表す．これが結合律を満たすことは，$P_\pm(\xi^\sigma) = (\pm 1)^{|\sigma|} P_\pm \xi$ に注意して $\xi \in \Diamond^j K, \eta \in \Diamond^k K, \zeta \in \Diamond^l K$ について $(\xi \diamond \eta) \diamond \zeta, \xi \diamond (\eta \diamond \zeta)$ を計算すると，

$$\sqrt{\frac{(j+k+l)!}{j!k!l!}} P_\mp(\xi \otimes \eta \otimes \zeta)$$

となることからわかる．同様に，$\xi_j \in \Diamond^{n_j} K$ $(1 \leq j \leq r)$ のとき，

$$\xi_1 \diamond \cdots \diamond \xi_r = \sqrt{\frac{(n_1 + \cdots + n_r)!}{n_1! \cdots n_r!}} P_\mp(\xi_1 \otimes \cdots \otimes \xi_r)$$

であり，不等式

$$\|\xi_1 \diamond \cdots \diamond \xi_r\| \leq \sqrt{\frac{(n_1 + \cdots + n_r)!}{n_1! \cdots n_r!}} \|\xi_1\| \cdots \|\xi_r\|$$

が成り立つ．とくに $\xi_j \in K$ であれば，

$$\xi_1 \diamond \cdots \diamond \xi_r = \sqrt{r!} P_\mp(\xi_1 \otimes \cdots \otimes \xi_r) = (\mp 1)^{|\sigma|} \xi_{\sigma(1)} \diamond \cdots \diamond \xi_{\sigma(r)} \quad (\sigma \in S_r)$$

となり，これから内積の表示式[7]

$$(\xi_1 \diamond \cdots \diamond \xi_r | \eta_1 \diamond \cdots \diamond \eta_r) = \sum_{\sigma \in S_r} (\mp 1)^{|\sigma|} (\xi_1 | \eta_{\sigma(1)}) \cdots (\xi_r | \eta_{\sigma(r)})$$

---

[5] 外積の記号は一般的であるが対称テンソル積に $\vee$ を使うことはそれほど多くない．いずれにせよ束論における上限・下限の記号と干渉するものであることには注意を要する．

[6] 係数の選び方であるが，二項係数のべきであればよい．いずれも多元環として同型となる．

[7] 交代の場合は周知の determinant であるが，対称の場合は permanent と呼ばれる．

を得る．また K の正規直交基底[8] $(\delta_j)_{j\geq 1}$ から，$\bigvee^r K$ および $\bigwedge^r K$ における正規直交基底をそれぞれ $\delta_n = \bigvee_j \delta_j^{n_j}/\sqrt{n!}$, $\delta_F = \delta_{j_1} \wedge \cdots \wedge \delta_{j_r}$ で定めることができる．ここで $n = (n_j)_{j\geq 1}$ は $n_1 + \cdots = r$ となる多重指数を，$F = \{j_1 < \cdots < j_r\}$ は r 個の添字集団を表し，$n! = n_1!n_2!\cdots$ である．

問 10.7　自然数 $n \geq 2$ について，対称テンソル空間 $\bigvee^n K$ は $\{\xi^{\vee n} = \xi \vee \cdots \vee \xi; \xi \in K\}$ を含む最小の閉部分空間に一致する．また $e(\xi) = \sum_{n\geq 0} \frac{1}{n!}\xi^{\vee n} = \sum_{n\geq 0} \frac{1}{\sqrt{n!}}\xi^{\otimes n}$ とおくとき，$(e(\xi)|e(\eta)) = e^{(\xi|\eta)}$ $(\xi, \eta \in K)$ であり，対称フォック空間は $\{e(\xi); \xi \in K\}$ の閉線型包に一致する．以上を示せ．

テンソル代数 $e^\diamond(K)$ をヒルベルト空間 $\diamondsuit^r K$ の代数的直和としての内積空間と見て，その上の線型作用素 $a^*(\xi)$ $(\xi \in K)$ を $a^*(\xi)\eta = \xi \diamond \eta$ $(\eta \in e^\diamond(K))$ で定め，$a^*(\xi)$ のエルミート共役を $a(\xi)$ で表せば，$\xi_j \in K$ $(1 \leq j \leq r)$ に対して，

$$a(\xi)(\xi_1 \wedge \cdots \wedge \xi_r) = \sum_{j=1}^r (-1)^{j-1}(\xi|\xi_j)\xi_1 \wedge \cdots \widehat{\xi_j} \cdots \wedge \xi_r,$$

$$a(\xi)(\xi_1 \vee \cdots \vee \xi_r) = \sum_{j=1}^r (\xi|\xi_j)\xi_1 \vee \cdots \widehat{\xi_j} \cdots \vee \xi_r$$

であり[9]，これから $a^*(\xi), a(\xi)$ は

$$a(\xi)a^*(\eta) \pm a^*(\eta)a(\xi) = (\xi|\eta)1, \quad a^*(\xi)a^*(\eta) \pm a^*(\eta)a^*(\xi) = 0$$

満たすことがわかる．

問 10.8　これを確かめよ．

一般に，内積空間 $\mathcal{H}$ における作用素環 $\mathcal{L}(\mathcal{H})$ への線型写像 $a^* : K \to \mathcal{L}(\mathcal{H})$ に対する上段の等式を**正準反交換関係** (Canonical Antiommutation Relations)，下段の等式を**正準交換関係** (Canonical Commutation Relations) と呼び，それぞれ CAR, CCR と略記する．とくに上で与えたフォック空間における実現は**フォック表現** (Fock representation) と称される．

---

8) ここでは，便宜上 $\mathcal{H}$ は可算次元としてある．

9) $\widehat{\xi_j}$ は ξ_j の部分の削除を意味する．

〈例 10.1〉　K が有限次元の場合，正規直交基底 $(\delta_j)_{1\le j\le l}$ を用意して，$a_j = a(\delta_j)$ とおけば，$a^*(\delta_j) = a_j^*$ であり，対応 $|n) \leftrightarrow \delta_n$（$n$ は多重指数）により，こうして得られる CCR は既に見た正準交換関係のフォック表現に他ならない．また CAR については，対応

$$c_{2j-1} = a_j + a_j^*, \quad c_{2j} = i(a_j - a_j^*)$$

$(1 \le j \le r)$ によりクリフォード環 C_{2l} の*表現を与えることがわかる．こちらもフォック表現と呼ぶ．

既に見たように CCR は非有界作用素でしか実現されない．これに対して，CAR を満たす $a(\xi)$ は常に有界作用素である．実際，

$$\begin{aligned}(a(\xi)\eta|a(\xi)\eta) &\le (a(\xi)\eta|a(\xi)\eta) + (a^*(\xi)\eta|a^*(\xi)\eta)\\ &= (\eta|(a^*(\xi)a(\xi) + a(\xi)a^*(\xi))\eta) = (\xi|\xi)(\eta|\eta)\end{aligned}$$

から $\|a(\xi)\| \le \|\xi\|$ である．

問 10.9　CAR から生成される*環はユニタリー元により生成されることを示せ．これからも CAR の有界性がわかる．

フォック表現に関連して，テンソル代数の単位元 $1 \in \mathbb{C} = K^{\diamond 0}$ の表す単位ベクトルを**真空ベクトル** (vacuum vector) と呼び，真空ベクトルの定めるベクトル状態を**フォック状態** (Fock state) という．真空ベクトルを ς と書けば，$a(\xi)\varsigma = 0$ であり，フォック状態 ω は $\omega(x) = (\varsigma|x\varsigma)$ で与えられる．ここで x は，CAR/CCR から生成された $\mathcal{L}(e^{\diamond}(K))$ の*部分環の元を表す．

消滅生成が混ざった積の真空期待値すなわちフォック状態での値を記述するために，ヒルベルト空間 $K \oplus K^*$ に*演算を $(\xi \oplus \eta^*)^* = \eta \oplus \xi^*$ で定め，「混合作用素」を $c(\xi \oplus \eta^*) = a^*(\xi) + a(\eta)$ で導入すると，$K \oplus K^* \ni v \mapsto c(v) \in \mathcal{L}(\mathcal{H})$ は*線型であり，CCR および CAR は

$$c(v)^*c(w) \pm c(w)c(v)^* = \langle v, w\rangle_\pm 1$$

という等式にまとめられる．ここで，$\langle v, w\rangle_\pm$ は

$$\langle \xi \oplus \eta^*, \xi \oplus \eta^*\rangle_\pm = (\xi|\xi) \pm (\eta|\eta)$$

で定められる $K \oplus K^*$ 上のエルミート形式を表す．

命題 10.2 (Wick formula)　このとき，次が成り立つ．

$$\omega(c_1\cdots c_n)=\sum(\mp 1)^{\epsilon}\prod_1^m \omega(c_jc_k),\quad c_j=c(v_j),\ v_j\in K\oplus K^*.$$

ここで，右辺の和は $1,2,\ldots,n$ を m 個の対 $\{j,k\}$ $(j<k)$ に分ける仕方について，積は m 個の対についてとる．また，$\epsilon\in\{0,1\}$ は $1,2,\ldots,2m$ を m 対に並べ替える際の偶奇性を表す．とくに n が奇数のとき，右辺は 0 である．

証明　両辺ともに $v_1,\ldots,v_n$ について多重線型であるから，各 v_j は $K\oplus 0$ か $0\oplus K^*$ であるとしてよい．このとき，$v_j\in K\oplus 0$ となる j の個数を l, $v_j\in 0\oplus K^*$ となる j の個数を m とすれば，$l+m=n$ であり，$c(v_1)\cdots c(v_n)\Omega\in K^{\diamond(l-m)}$ となる．したがって $l=m$ でなければ左辺は零となり，一方右辺の積にも値が零となる対が現れるか，そもそも対に分けられないかのいずれかなので Wick 等式は正しい．

次に $l=m$ の場合であるが，$m=2$ については，

$$\omega(c_1c_2c_3c_4)=\omega(c_1c_2)\omega(c_3c_4)\mp\omega(c_1c_3)\omega(c_2c_4)+\omega(c_1c_4)\omega(c_2c_3)$$

という形になり，$v_1\in K\oplus 0$ のとき, c_1 が生成作用素であることから，両辺ともに消える．$v_1\in 0\oplus K^*$ のときは，等式

$$c_1c_2c_3c_4=[c_1,c_2]_\pm c_3c_4\mp c_2[c_1,c_3]_\pm c_4+c_2c_3[c_1,c_4]_\pm\mp c_2c_3c_4c_1$$

において，$[c_1,c_j]_\pm=c_1c_j\pm c_jc_1=\omega(c_1c_j\pm c_jc_1)1=\omega(c_1c_j)1$ および $\omega(c_2c_3c_4c_1)=0$ に注意して ω を施せばよい．

$m\geq 3$ についても $v_1\in K\oplus 0$ の場合は両辺ともに零になるので, $v_1\in 0\oplus K^*$ とし，m についての帰納法を使う．等式

$$c_1c_2\cdots c_{2m}=\sum_{j=2}^{2m}(\mp)^j c_2\cdots[c_1,c_j]_\pm\cdots c_{2m}\mp c_2\cdots c_{2m}c_1$$

に ω を施せば,

$$\omega(c_1c_2\cdots c_{2m})=\sum_{j=2}^{2m}(\mp)^j\omega(c_1c_j)\omega(c_2\cdots\widehat{c_j}\cdots c_{2m})$$

となって，帰納法が進む．

□

問 10.10　並べ替え $\sigma \in S_{2m}$ で $\sigma(1) < \cdots < \sigma(m)$ かつ $\sigma(j) < \sigma(m+j)$ $(1 \leq j \leq m)$ となるもの全体を T_{2m} で表せば，Wick 等式の右辺は

$$\sum_{\sigma \in T_{2m}} (\mp 1)^{|\sigma|} \prod_{j=1}^{m} \omega(c(v_{\sigma(j)})c(v_{\sigma(m+j)}))$$

となることを示せ．ここで，$|\sigma|$ は並べ替え σ の偶奇性を表す．

〈注意〉　Wick の公式で，$n = 2m$ に対する右辺の和の項数は

$$\frac{(2m)!}{2^m m!} = (2m-1)!! = (2m-1) \times (2m-3) \times \cdots \times 1.$$

〈例 10.3〉　エルミート作用素 $c(v)$ $(v = \xi \oplus \xi^*)$ のフォック状態に関するモーメント母関数を求めると，結果は以下の通り．

(i)　CCR の場合：$\omega(c(v)^2) = (\Omega|a(\xi)a^*(\xi)\Omega) = (\xi|\xi) = \frac{1}{2}(v|v)$ により，

$$\sum_{n=0}^{\infty} \frac{(it)^n}{n!}\omega(c(v)^n) = \sum_{m=0}^{\infty} \frac{(it)^{2m}}{(2m)!}\frac{(2m)!}{2^m m!}\left(\frac{(v|v)}{2}\right)^m = e^{-t^2(v|v)/4}.$$

(ii)　CAR の場合：$e^{ic(v)} = 1\cos\|\xi\| + ic(v)(\sin\|\xi\|)/\|\xi\|$ であるから，

$$\sum_{n=0}^{\infty} \frac{(it)^n}{n!}\omega(c(v)^n) = \cos\frac{\|v\||t|}{\sqrt{2}}.$$

10.3　CAR 環と CCR 環

ここでは，前節の交換関係を受けて，それを代数的観点から一般化した構造[10] について調べる．*ベクトル空間 $V^{\mathbb{C}}$ (V はその実部) から単位的*環 C への*線型写像 c が $c(v)c(w) + c(w)c(v) \in \mathbb{C}1_C$ $(v, w \in V)$ を満たすとしよう．$(c(v)c(w) + c(w)c(v))^* = c(v)c(w) + c(w)c(v)$ であることから，V 上の実対称形式 $(\ ,\ )$ を使って，$c(v)c(w) + c(w)c(v) = (v, w)1_C$ と書かれることがわかる．これを実対称形式に伴う**正準反交換関係**（canonical anticommutation relations，略して CAR）という．CAR はまた，対称形式に伴う二次形式

[10] これについての定まった呼び方が無いため，ここでは CAR と CCR を流用する．

(quadratic form) $q(v) = (v, v)/2$ を使って，$c(v)^2 = q(v)1_C$ $(v \in V)$ とも表される．

同様に，$c(v)c(w) - c(w)c(v) \in \mathbb{C}1_C$ という条件は，V 上の実交代形式 σ を使って，$c(v)c(w) - c(w)c(v) = i\sigma(v, w)1_C$ と書かれる．これを σ に伴う**正準交換関係**（canonical commutation relations，略して CCR）という．

以上，実部に限定して述べたことは，$V^{\mathbb{C}}$ 上のエルミート形式を使って，

$$c(v)^*c(w) \pm c(w)c(v)^* = \langle v, w\rangle 1_C, \quad v, w \in V$$

のように書き表すことができる．ここで，右辺のエルミート形式 $\langle\ ,\ \rangle$ は，CAR の場合は実対称形式 $(\ ,\ )$ を，CCR の場合は $i\sigma$ を両線型に拡張したものを表し，それぞれの場合に応じて，$\langle v^*, w^*\rangle = \pm\langle w, v\rangle$ を満たす．このようなエルミート形式を**対称** (symmetric) あるいは**交代** (alternating) と呼ぶことにする．

対称（交代）エルミート形式を伴った*ベクトル空間 $V^{\mathbb{C}}$ から，関係式 $v^*w \pm wv^* = \langle v, w\rangle 1$ $(v, w \in V^{\mathbb{C}})$ によって生成された最大の単位的*環を CAR 環（CCR 環）といい $\mathcal{C}_\wedge(V)$ $(\mathcal{C}_\vee(V))$ で表す[11]．両者をあわせて**正準量子環** (canonical quantum algebra) と呼ぶことにする．並列的に表記する際は $\mathcal{C}_\diamond(V)$ を使う．紛れが無いときは $\diamond$ を省略して $\mathcal{C}(V)$ のようにも書く．

ここで「最大」の意味は，$V^{\mathbb{C}}$ から単位的*環 $\mathcal{A}$ への*線型写像 ϕ で $\phi(v)^*\phi(w) \pm \phi(w)\phi(v)^* = \langle v, w\rangle 1_{\mathcal{A}}$ を満たすものがあれば，$\mathcal{C}_\diamond(V)$ から $\mathcal{A}$ への単位元を保つ*準同型で ϕ の拡張になっているものが丁度一つ存在するということである．

そのような*環 $\mathcal{C}_\diamond(V)$ が存在することは，テンソル代数 $TV^{\mathbb{C}}$ の普遍性を利用して，$\{v \otimes w \pm w \otimes v - \langle v^*, w\rangle 1; v, w \in V\}$ から生成された $TV^{\mathbb{C}}$ のイデアル $I_\diamond$ を使って $\mathcal{C}_\diamond(V) = TV^{\mathbb{C}}/I_\diamond$ とおけることからわかる．ここで，$(v^* \otimes w \pm w \otimes v^* - \langle v, w\rangle 1)^* = (w^* \otimes v \pm v \otimes w^* - \langle w, v\rangle 1)$ のように生成関係式が*演算で閉じた形をしているので，$I_\diamond$ は $TV^{\mathbb{C}}$ の*イデアルであることに注意する．テンソル代数については付録 G.2 を参照．

問 10.11 $\mathcal{C}_\diamond(V) = TV^{\mathbb{C}}/I_\diamond$ が普遍性を満たすことを確かめよ．

---

[11] compact 作用素環の記号 $\mathcal{C}$ と字体を変えてある．

〈例 10.4〉 対称形式を伴った n 次元実ベクトル空間 V について考える.

(i) 対称形式が正定値であれば，実正規直交基底 (δ_j) を選ぶことで，対応 $\sqrt{2}\delta_j \longleftrightarrow c_j$ により，$\mathcal{C}(V)$ はクリフォード環 C_n と*同型である.

(ii) 対称形式が負定値の場合との違いを見るために，$n = 1$ とし $c^2 = -1$ となるように $c = c^* \in V$ を選ぶ. このとき，$\mathbb{C}^2 \ni (z, w) \mapsto z(1 + ic)/2 + w(1 - ic)/2$ という対応により，$\mathcal{C}(V)$ は，可換環 $\mathbb{C} \oplus \mathbb{C}$ に*演算を $(z, w)^* = (\overline{w}, \overline{z})$ $(z, w \in \mathbb{C})$ で定めたものと*同型である.

〈例 10.5〉 有限次元実ベクトル空間 V に非退化交代形式 (symplectic form) σ が与えられた場合を考える. 交代形式の標準形により，V の基底 $(e_j, f_j)_{1 \leq j \leq n}$ で $\sigma(e_j, e_k) = 0 = \sigma(f_j, f_k)$, $\sigma(e_j, f_k) = \delta_{j,k}$ となるものがとれるので，対応 $e_j \leftrightarrow q_j$, $f_j \leftrightarrow p_j$ により，$\mathcal{C}(V)$ の生成関係は元々の正準交換関係に一致する.

〈例 10.6〉 ヒルベルト空間 K とその双対空間 K^* の直和 $K \oplus K^*$ に*演算を $(\xi \oplus \eta^*)^* = \eta \oplus \xi^*$ $(\xi, \eta \in K)$ で与え，その実部を $V = \{\xi \oplus \xi^*; \xi \in K\}$ とし，$V^{\mathbb{C}} = K \oplus K^*$ 上の対称／交代エルミート形式を

$$\langle \xi \oplus \eta^*, \xi' \oplus (\eta')^* \rangle_\pm = (\xi|\xi') \pm (\eta^*|(\eta')^*) = (\xi|\xi') \pm (\eta'|\eta)$$

で定め，**標準対称／交代エルミート形式**と呼ぶ. これに伴う V 上の実形式は

$$\langle \xi \oplus \xi^*, \eta \oplus \eta^* \rangle_\pm = (\xi|\eta) \pm (\eta|\xi) = \begin{cases} 2\mathrm{Re}(\xi|\eta) \\ 2i\mathrm{Im}(\xi|\eta) \end{cases}$$

のようになる.

ここで，$a(\xi) = 0 \oplus \xi^*$, $a^*(\xi) = a(\xi)^* = \xi \oplus 0$ $(\xi \in K)$ とおけば，$\mathcal{C}_\diamond(V)$ の生成関係式 $v^*w \pm wv^* = \langle v, w \rangle 1$ は

$$[a(\xi), a(\eta)]_\pm = 0 = [a^*(\xi), a^*(\eta)]_\pm, \quad [a(\xi), a^*(\eta)]_\pm = (\xi|\eta)1$$

となり，ヒルベルト空間 K に伴う CAR/CCR に一致する. とくに $\mathcal{C}_\diamond(V)$ は，K から作られるフォック内積空間 $e^\diamond(K)$ において*表現される. これを $\mathcal{C}_\diamond(V)$ の**標準フォック表現** (standard Fock representation) と呼ぶ.

対称（交代）形式を伴った実ベクトル空間[12] V, W に対して，実線型写像

---

[12] 対称（交代）形式空間と呼ぶことにする.

$\phi: V \to W$ が対称（交代）形式を保てば，正準量子環の普遍性により，ϕ は $\mathcal{C}(V)$ から $\mathcal{C}(W)$ への単位的*準同型に拡張される．これを $\mathcal{C}(\phi)$ で表せば，対応 $\phi \mapsto \mathcal{C}(\phi)$ は，対称（交代）形式空間の作る圏から*環の作る圏への関手を定める．とくに，対称（交代）形式を保つ可逆変換全体の作る線型群を $\mathrm{Aut}(V)$ で表せば，$\mathcal{C}(\phi)$ $(\phi \in \mathrm{Aut}(V))$ は $\mathrm{Aut}(V)$ の $\mathcal{C}(V)$ への自己同型作用を定める．

この作用の特別な場合として，$-1_V \in \mathrm{Aut}(V)$ の引き起こす（偶奇）自己同型を ϖ で表せば，$\mathcal{C}(V)$ は $\{1, \varpi\} \cong \mathbb{Z}_2$ からの作用を受け，したがって $\widehat{\mathbb{Z}_2} = \mathbb{Z}_2$ 環の構造をもつ．これは $\mathcal{C}(V)$ の元を生成元 V の積の個数の偶奇性で2つの部分に分けることに他ならず，$\mathcal{C}(V)$ はそれらの直和となる．

一般に $\mathbb{Z}_2$ 環 $\mathcal{A} = \mathcal{A}_0 \oplus \mathcal{A}_1$, $\mathcal{B} = \mathcal{B}_0 \oplus \mathcal{B}_1$ に対して，テンソル積 $\mathcal{A} \otimes \mathcal{B}$ は

$$(\mathcal{A} \otimes \mathcal{B})_0 = \mathcal{A}_0 \otimes \mathcal{B}_0 \oplus \mathcal{A}_1 \otimes \mathcal{B}_1, \quad (\mathcal{A} \otimes \mathcal{B})_1 = \mathcal{A}_0 \otimes \mathcal{B}_1 \oplus \mathcal{A}_1 \otimes \mathcal{B}_0$$

という等級づけにより $\mathbb{Z}_2$ 環となる．一方，積の定義を

$$(a \otimes b)(a' \otimes b') = (-1)^{jk} aa' \otimes bb' \quad (b \in \mathcal{B}_j,\, a' \in \mathcal{A}_k)$$

に変えたものも $\mathbb{Z}_2$ 環となる．これを $\mathcal{A} \widehat{\otimes} \mathcal{B}$ という記号で表し，$\mathcal{A}$ と $\mathcal{B}$ の $\mathbb{Z}_2$ テンソル積 ($\mathbb{Z}_2$-graded tensor product) と呼ぶ．$\mathcal{A}$, $\mathcal{B}$ が可換であっても $\mathcal{A} \widehat{\otimes} \mathcal{B}$ は，$\mathcal{A}_1 \neq \{0\} \neq \mathcal{B}_1$ である限り非可換となることに注意．通常のテンソル積と同様，$\mathbb{Z}_2$ テンソル積も結合法則を満たす．

問 10.12 $\mathcal{A} \widehat{\otimes} \mathcal{B}$ が実際に*環であること及び結合法則を確かめよ．

補題 10.7 $\mathbb{Z}_2$ 環 $\mathcal{A}$, $\mathcal{B}$ から*環 $\mathcal{C}$ への*準同型 $\varphi: \mathcal{A} \to \mathcal{C}$, $\psi: \mathcal{B} \to \mathcal{C}$ が，

$$\varphi(a_j)\psi(b_k) = (-1)^{jk} \psi(b_k)\varphi(a_j) \quad (a_j \in \mathcal{A}_j, b_k \in \mathcal{B}_k, j, k \in \{0, 1\})$$

を満たせば，$\mathcal{A} \widehat{\otimes} \mathcal{B}$ から $\mathcal{C}$ への*準同型に拡張される．

証明 テンソル積の普遍性から線型写像 $\mathcal{A} \widehat{\otimes} \mathcal{B} \to \mathcal{C}$ が定まり，仮定からそれは*準同型である． □

系 10.8 対称（交代）形式空間の直和に関して，次の*同型が成り立つ．

$$\mathcal{C}_\wedge(V \oplus W) \cong \mathcal{C}_\wedge(V) \widehat{\otimes} \mathcal{C}_\wedge(W), \quad \mathcal{C}_\vee(V \oplus W) \cong \mathcal{C}_\vee(V) \otimes \mathcal{C}_\vee(W).$$

〈例 10.9〉 エルミート形式が恒等的に零である場合には，CAR/CCR 環の双方が意味をもち，交代/対称テンソル代数 $T_\diamond V^{\mathbb{C}}$ に一致する．

一般の正準量子環をこの極端な場合と結び付けるために，$\mathcal{C}_\diamond(V)$ における階層構造 (filtration) を

$$V_n = \sum_{k=0}^{n} V^k, \quad V^k = \langle v_1 \cdots v_k ; v_1, \cdots, v_k \in V^{\mathbb{C}} \rangle, \quad V^0 = \mathbb{C} = V_0$$

で定める．生成関係式から明らかな $vw \in \mp wv + V^0$ $(v, w \in V^{\mathbb{C}})$ に注意すれば，対称／交代テンソル積の普遍性から，線型写像 $\bigdiamond^n V \to V_n/V_{n-1}$ が対応 $v_1 \diamond \cdots \diamond v_n \mapsto v_1 \cdots v_n + V_{n-1}$ により定まることがわかる．

この逆の対応を得るために，$T_\diamond V^{\mathbb{C}}$ における作用素 $c(v)$ $(v \in V^{\mathbb{C}})$ を

$$c(v)\xi = \frac{1}{\sqrt{2}}(v \diamond \xi + \langle v^*, \xi \rangle), \quad \xi \in T_\diamond V^{\mathbb{C}}$$

($\langle v^*, \xi \rangle$ は，$V^{\mathbb{C}}$ の対称／交代エルミート形式に関する縮約 (付録 G.2) を表す) で定めると，これは正準量子関係を満たす：

$$\begin{aligned} 2(c(v)c(w) \pm c(w)c(v))\xi &= v \diamond \langle w^*, \xi \rangle + \langle v^*, w \diamond \xi \rangle \pm w \diamond \langle v^*, \xi \rangle \pm \langle w^*, v \diamond \xi \rangle \\ &= \langle v^*, w \rangle \xi \pm \langle w^*, v \rangle \xi = 2\langle v^*, w \rangle \xi. \end{aligned}$$

したがって $TV^{\mathbb{C}}/I_\diamond$ という表示を思い起こせば，対応 $V^{\mathbb{C}} \ni v \mapsto c(v)$ は，$\mathcal{C}_\diamond(V)$ の $T_\diamond V^{\mathbb{C}}$ における表現（これも c で表す）を導くことがわかる．

問 10.13 上で与えた表現 c は，$V^{\mathbb{C}}$ のエルミート形式の $T_\diamond V^{\mathbb{C}}$ への自然な拡張形式について，$\langle c(v)\xi, \eta \rangle = \langle \xi, c(v^*)\eta \rangle$ $(\xi, \eta \in T_\diamond V^{\mathbb{C}})$ を満たすことを示せ．

線型写像 $\mathrm{gr} : \mathcal{C}_\diamond(V) \to T_\diamond V^{\mathbb{C}}$ を $\mathrm{gr}(x) = c(x)1$ で定め，とくにその $\bigdiamond^n V^{\mathbb{C}}$ 成分を gr_n で表し階級 (grading) と呼ぶ．作り方から $\mathrm{gr}(V^n) \subset \bigoplus_{k=0}^n \bigdiamond^k V^{\mathbb{C}}$ であり，$\mathrm{gr}_n(V_{n-1}) = 0$ となることから，gr_n は V_n/V_{n-1} から $\bigdiamond^n V^{\mathbb{C}}$ への線型写像(これも同じ記号で表す)を引き起こす．その具体的な形 $\mathrm{gr}_n(v_1 \cdots v_n) = v_1 \diamond \cdots \diamond v_n$ から，合成写像 $\bigdiamond^n V^{\mathbb{C}} \to V_n/V_{n-1} \to \bigdiamond^n V^{\mathbb{C}}$, $V_n/V_{n-1} \to \bigdiamond^n V^{\mathbb{C}} \to V_n/V_{n-1}$ はいずれも恒等写像である．すなわち，gr_n は $\bigdiamond^n V^{\mathbb{C}} \to V_n/V_{n-1}$ の逆写像を与え，同型 $V_n/V_{n-1} \cong \bigdiamond^n V$ を引き起こす．このことと gr が階層を保つことから，$\mathrm{gr} : V_n \to \bigoplus_{k=0}^n \bigdiamond^k V^{\mathbb{C}}$ が同型であることが n についての帰納法でわかる．以上をまとめて次を得る．

定理 10.10 対称／交代形式を伴った実ベクトル空間 V, W について,

(i) $\mathrm{gr} : \mathcal{C}_\diamond(V) \to T_\diamond V^{\mathbb{C}}$ は階層を保ち，ベクトル空間としての同型を与える．とくに $\mathrm{gr}_n : V_n/V_{n-1} \to \diamond^n V^{\mathbb{C}}$ は全単射であり，自然な写像 $V^{\mathbb{C}} \to \mathcal{C}_\diamond(V)$ は単射である．

(ii) 対称／交代形式を保つ実線型写像 $\phi : V \to W$ が単射であれば，$\mathcal{C}_\diamond(\phi) : \mathcal{C}_\diamond(V) \to \mathcal{C}_\diamond(W)$ も単射である．

問 10.14 $V^{\mathbb{C}}$ の代数的基底 $(e_i)_{i\in I}$ をとり，多重指数 $\alpha = (\alpha_i)_{i\in I}$ ($\alpha_i \in \mathbb{N}$, $\sum \alpha_i < \infty$) および有限部分集合 $F \subset I$ に対して，$e_\alpha = \prod_{i\in I} e_i^{\alpha_i}$, $e_F = \prod_{i\in F} e_i$ とおく．ただし，I には予め全順序を定めておき，積の順番はその順序に従ってとるものとする．このとき，(e_α) は $\mathcal{C}_\vee(V)$ の基底を，(e_F) は $\mathcal{C}_\wedge(V)$ の基底を与えることを示せ．

〈注意〉 関手 $\mathcal{C}_\diamond$ は帰納極限について，$\mathcal{C}_\diamond(\varinjlim V_\alpha) = \varinjlim \mathcal{C}_\diamond(V_\alpha)$ を満たす．

〈例 10.11〉 ヒルベルト空間 K に伴う標準対称／交代形式空間 $V^{\mathbb{C}} = K \oplus K^*$ の場合，フォック空間における消滅・生成作用素を $a(\xi)$, $a^*(\xi)$ $(\xi \in K)$ で表せば，対応 $V^{\mathbb{C}} \ni \xi \oplus \eta^* \mapsto a^*(\xi) + a(\eta)$ が $\mathcal{C}_\diamond(V)$ の*表現を誘導し，かつ単射的であることからも $V \to \mathcal{C}_\diamond(V)$ の単射性がわかる．

また，K におけるユニタリー作用素の作る群を $\mathcal{U}(K)$ で表せば，$\mathcal{U}(K) \ni u \mapsto u \oplus \overline{u} \in \mathrm{Aut}(V)$ は群の埋め込みを与える．ここで，$\overline{u} \in \mathcal{U}(K^*)$ は $\overline{u}\xi^* = (u\xi)^*$ $(\xi \in K)$ である．したがって，$\mathcal{U}(K)$ は自己同型群として $\mathcal{C}_\diamond(V)$ に作用する．とくに $e^{i\theta} \in \mathbb{T}$ をスカラー作用素 $e^{i\theta}1_K \in \mathcal{U}(K)$ と同一視すれば, $\mathbb{T}$ の $\mathcal{C}_\diamond(V)$ への作用が定まる．多少曖昧ながら，これをゲージ作用 (gauge action) と呼ぶ．

〈注意〉 本来 CAR/CCR と呼ぶべきは，正定値形式（内積）あるいは非退化交代形式に関する場合である．一方で，非退化な対称形式に伴う CAR 環はクリフォード環と呼ばれる．クリフォード環の例として，符号数が $(1,3)$ または $(3,1)$ の場合を考えると，いわゆる Dirac 行列がその生成元となる．

○ 正準量子環の反転

CAR 環においては，生成関係式が積の入替えで変わらないことから，積

の順序を反転させる操作が意味をもち，対合 (involution) を定める．転置記号を流用してこれを ${}^t(v_1\cdots v_n) = {}^tv_n\cdots{}^tv_1$ のように書く．この転置操作の存在により，$\mathcal{C}_\wedge(V)$ の反転 $\mathcal{C}_\wedge(V)^\circ$ は，対応 $x^\circ \leftrightarrow {}^tx$ により，もとのCAR環 $\mathcal{C}_\wedge(V)$ と同一視される．とくに $V \subset \mathcal{C}_\wedge(V)$ に限定すると，$v^\circ = {}^tv = v$ $(v \in V)$ であるので，このことを $V^\circ = V$ のようにも表す．具体的には，$(v_1\cdots v_n)^\circ = v_n\cdots v_1$ $(v_j \in V^{\mathbb{C}})$ ということである．

一方，CCR環については，交換関係式が $\mathcal{C}_\vee(V)^\circ$ では，

$$[v^\circ, w^\circ] = (wv)^\circ - (vw)^\circ = -i\sigma(v,w)1^\circ$$

のように変化するので，V の交代形式を σ から $-\sigma$ に代えた交代形式空間を V° と書き，V の反転と呼ぶことにすれば，$\mathcal{C}_\vee(V)^\circ \cong \mathcal{C}_\vee(V^\circ)$ という自然な*同型が得られる．以後，この二つを同一視する．具体的に書けば $(v_1\cdots v_n)^\circ = v_1^\circ\cdots v_n^\circ$ $(v_j \in V^{\mathbb{C}})$ となる．

〈例10.12〉 *ヒルベルト空間 $K \oplus K^*$ の実部を V で表せば，対応 $K \ni \sqrt{2}\xi \mapsto \xi \oplus \xi^* \in V \subset K \oplus K^*$ により，V は K の下部構造としての実ヒルベルト空間とみなされる．その標準的な実交代形式は，

$$\sigma(\xi\oplus\xi^*, \eta\oplus\eta^*) = -i[a(\xi)+a^*(\xi), a(\eta)+a^*(\eta)] = -i(\xi|\eta)+i(\eta|\xi) = 2\mathrm{Im}(\xi|\eta)$$

で与えられるのであった．この構成を双対ヒルベルト空間 K^* に適用すれば，*ヒルベルト空間 $K^* \oplus K$ の実部としての K^* は，対応 $K^* \ni \sqrt{2}\xi^* \mapsto \xi^* \oplus \xi \in K^* \oplus K$ によるものであり，その標準的な実交代形式が $\sigma(\xi^* \oplus \xi, \eta^* \oplus \eta) = 2\mathrm{Im}(\xi^*|\eta^*) = -2\mathrm{Im}(\xi|\eta) = -\sigma(\xi \oplus \xi^*, \eta \oplus \eta^*)$ となることから，実ヒルベルト空間としては，対応 $\xi \leftrightarrow \xi^*$ により，K と K^* が同一視される一方で，その交代形式は符号が反転する．これを踏まえて，$K^* \oplus K$ の実部を $K \oplus K^*$ の実部の反転とみなす．すなわち，$v = \xi \oplus \xi^*$ の反転 v° を $\xi^* \oplus \xi$ と同一視する．言い換えると $(K \oplus K^*)^\circ = K^* \oplus K$, $(\xi \oplus \eta^*)^\circ = \eta^* \oplus \xi$ となる．

以上のことを $K \oplus K^*$ から生成されるCCR環 $\mathcal{C}(V)$ に適用することで，$K^* \oplus K$ に伴うCCR環を $\mathcal{C}(V)$ の反転と同一視する．

10.4　共分散形式と自由状態

正準量子環 $\mathcal{C}_\diamond(V)$ 上の状態 φ に対して，$S(v,w)=\varphi(v^*w)$ で定められる $V^{\mathbb{C}}$ 上の半内積 S を考えると，交換関係式の結果，$S(v,w)\pm\overline{S}(v,w)=\langle v,w\rangle$ を満たす[13)]．この条件は，CCR の場合，交代エルミート形式についての特段の制約とならない一方で，CAR の場合は，対称エルミート形式が正である，すなわち半内積でなければならないという強い制限をもたらす．

一般に，$V^{\mathbb{C}}$ 上の半内積 S で上の関係式を満たすものを**共分散形式** (covariance form) と呼び，共分散形式全体を $\mathrm{Cov}(V)$ で表す．$\mathrm{Cov}(V)$ は凸集合であり，$\mathrm{Aut}(V)$ が自然に作用する．以下，$\mathrm{Cov}(V)\neq\emptyset$ を仮定する．

〈例 10.13〉　標準内積空間 $V=\mathbb{R}^2$ の場合，その共分散形式に対応する行列は

$$S(t)=\begin{pmatrix}1/2 & -it\\ it & 1/2\end{pmatrix}$$

$(-1/2\leq t\leq 1/2)$ と表示され，$\mathrm{Aut}(V)=O(2)$ の共役作用による軌道は $\{S(t),S(-t)\}$ $(0\leq t\leq 1/2)$ となる．

〈例 10.14〉　交代形式 σ を伴った実ベクトル空間 V について考える．

(i)　$\sigma\equiv 0$ のとき，共分散形式は $V^{\mathbb{C}}$ 上の実半内積に他ならない．

(ii)　$V=\mathbb{R}^2$ 上の交代形式 σ は，基底の選び方による違いを除いて，行列

$$\begin{pmatrix}0 & 2\mu\\ -2\mu & 0\end{pmatrix},\quad \mu\in\mathbb{R}$$

で与えられる．そしてこれに対する $S\in\mathrm{Cov}(V)$ は，行列

$$\begin{pmatrix}z+x & y+i\mu\\ y-i\mu & z-x\end{pmatrix},\quad x^2+y^2+\mu^2\leq z^2, z\geq 0$$

で表示され，$\mathrm{Cov}(V)$ は，二葉双曲面の正部分 $(\mu\neq 0)$ か正円錐 $(\mu=0)$ を境界とする閉凸集合と同一視される．また，

$$\mathrm{Aut}(V,\sigma)=\begin{cases}\mathrm{GL}(2,\mathbb{R}) & \mu=0\ \text{のとき,}\\ \mathrm{SL}(2,\mathbb{R}) & \mu\neq 0\ \text{のとき}\end{cases}$$

---

13) $\overline{S}(v,w)$ は $\overline{S(v^*,w^*)}=S(w^*,v^*)$ で定められる半内積を表す．

であるから，$\mathrm{Cov}(V)$ における $\mathrm{Aut}(V)$ の共役軌道は，$\mu \neq 0$ か $\mu = 0$ に応じて双曲面の集まり ($z = \sqrt{x^2 + y^2 + m^2}$, $m \geq |\mu|$) か3つの部分（円錐の内部，表面，頂点）からなる．

〈例 10.15〉 例 10.6 の状況で，*ヒルベルト空間 $V^{\mathbb{C}} = K \oplus K^*$ 上の連続なエルミート形式 S が $S(v, w) \pm \overline{S}(v, w) = \langle v, w \rangle_{\pm}$ を満たすための必要十分条件は

$$S(\xi \oplus \eta^*, \xi \oplus \eta^*) = \begin{pmatrix} \xi \\ \eta^* \end{pmatrix}^* \begin{pmatrix} 1 \mp \overline{D} & B \\ B^* & D \end{pmatrix} \begin{pmatrix} \xi \\ \eta^* \end{pmatrix}$$
$$= (\xi|(1 + \overline{D})\xi) + (\eta^*|D\eta^*) + (\xi|B\eta^*) + (\eta^*|B^*\xi)$$

と書けることである．ここで，D は K^* におけるエルミート作用素で，$B : K^* \to K$ は $\overline{B} = \mp B^*$ を満たす線型写像[14] である．したがって，S が共分散形式を与えるための追加条件は，

$$\begin{pmatrix} 1 \mp \overline{D} & B \\ B^* & D \end{pmatrix} \geq 0$$

となる．とくに $B = 0$ に対しては，$0 \leq D \leq 1$ (CAR), $D \geq 0$ (CCR) がその条件となる．

同様に，エルミート形式 $\langle\ ,\ \rangle_{\pm}$ と*演算を保つ $K \oplus K^*$ 上の可逆有界作用素は，$A : K \to K$ と $C : K \to \overline{K}$ で $A^*A \pm C^*C = 1_K$ かつ $A^*\overline{C} = \mp C^*\overline{A}$ を満たすものを使って $\begin{pmatrix} A & \overline{C} \\ C & \overline{A} \end{pmatrix}$ と行列表示され，その S への作用は

$$\begin{pmatrix} A & \overline{C} \\ C & \overline{A} \end{pmatrix}^* \begin{pmatrix} 1 \mp \overline{D} & B \\ B^* & D \end{pmatrix} \begin{pmatrix} A & \overline{C} \\ C & \overline{A} \end{pmatrix}$$

で与えられる．そのうち，分解 $K \oplus K^*$ を保つもの ($C = 0$) は，例 10.11 で見たように，K におけるユニタリー作用素 A によって与えられる．

定義 10.16 標準対称／交代形式空間 $K \oplus K^*$ において，$F(\xi \oplus \eta^*, \xi' \oplus (\eta')^*) = (\xi|\xi')$ で与えられる共分散形式を**標準フォック形式** (standard Fock form) と呼ぶ．

---

[14] B^* は内積に関するエルミート共役で，$\overline{B}$ は $\overline{B}\xi = (B\xi^*)^*$ $(\xi \in K)$ の意味である．

<u>問 10.15</u>　$K=\mathbb{C}$ の場合の交代形式において，V の基底として $e=(1\oplus 1)/\sqrt{2}$, $f=(i\oplus -i)/\sqrt{2}$ をとれば，$\sigma(e,f)=1$ となる．これは一つ前の例でパラメータが $\mu=1/2$ の場合に相当する．また，実数 x,y,z を

$$S(e,e)=z+x,\quad S(f,f)=z-x,\quad S(e,f)=y+\frac{i}{2}$$

で定めるとき，上の行列表示との関係は

$$\overline{D}=z-\frac{1}{2},\qquad B=x+iy$$

となり，S が $\mathrm{Cov}(V)$ の境界点であるための必要十分条件は $D^2+D=|B|^2$ であることを示せ．

<u>問 10.16</u>　ユニタリー群 $\mathcal{U}(K)\subset\mathrm{Aut}(K\oplus K^*)$ の作用で不変な共分散形式は，$B=0$ かつ D がスカラー作用素に対応するものである．とくに，標準フォック形式は $\mathcal{U}(K)$ 不変であることを示せ．

<u>問 10.17</u>　共分散形式と反転の関係：対称／交代形式空間 V の反転 V° について，対応 $\mathrm{Cov}(V)\ni S\mapsto\overline{S}\in\mathrm{Cov}(V^\circ)$ は凸集合としての同型を与える．また，$\mathrm{Aut}(V)=\mathrm{Aut}(V^\circ)$ の群作用を保つことを示せ．

定義 10.17　正準量子環 $\mathcal{C}_\diamond(V)$ の状態 φ で Wick 等式，すなわち，$v_1,\dots,v_n\in V^{\mathbb{C}}$ に対して，

$$\varphi(v_1\cdots v_n)=\sum(\mp 1)^\epsilon\prod\varphi(v_jv_k)$$

が成り立つものを**自由状態**[15] (free state) という．ここで，右辺の和は $v_1,\dots v_n$ を対に分ける可能性について，積は対 $j<k$ についてとり，$\epsilon\in\{0,1\}$ は対に並べ替える際の偶奇性を表す．自由状態は，その共分散形式 S で決まるので，$\varphi=\varphi_S$ のようにも書く．

〈例 10.18〉　例 10.15 の状況で，$\mathcal{C}_\diamond(V)$ の $e^\diamond(K)$ におけるフォック表現から得られる真空ベクトル状態（フォック状態と呼ぶ）は自由状態であり，その共分散形式は標準フォック形式で与えられる．これは命題 10.2 の言い換えである．

15) 準自由状態 (quasi-free state) と呼ぶのが一般的だが，元々の自由状態はフォック状態と言い済ませられるので，ここでは「自由」(interaction-free) の意味を広くとる．

定理 10.19 どのような共分散形式 S に対しても，$\varphi(v^*w) = S(v,w)$ $(v, w \in V^{\mathbb{C}})$ となる自由状態 φ が存在する．

証明 共分散形式 S に対して，$V^{\mathbb{C}}$ 上の半内積 $S + \overline{S}$ に伴う*ヒルベルト空間を $V_S^{\mathbb{C}}$ （実部を V_S）とし，その内積を $(\ ,\ )_S$ で表す．（対称形式の場合，$S + \overline{S} = \langle\ ,\ \rangle$ は S に依らないのであるが，このように書いておく）．さらに，$V_S^{\mathbb{C}}$ における正作用素 $\mathbf{S}$ を $S(v,w) = ([v], \mathbf{S}[w])_S$ で定める．ただし，$[v] = v + \ker(S + \overline{S})$ とおいた．$S(v,w) + \overline{S}(v,w) = ([v],[w])_S$ であることから，$\mathbf{S} + \overline{\mathbf{S}} = 1$ が成り立ち，$V_S^{\mathbb{C}}$ 上の対称/交代エルミート形式を $(x, (\mathbf{S} \pm \overline{\mathbf{S}})y)_S$ で定めると，自然な*線型写像 $V^{\mathbb{C}} \to V_S^{\mathbb{C}}$ がこれをもとの対称/交代エルミート形式に引き戻す．したがって，量子環の間の*準同型 $\mathcal{C}_\diamond(V) \to \mathcal{C}_\diamond(V_S)$ を引き起こす．

*ヒルベルト空間 $V_S^{\mathbb{C}}$ に対して，その*演算を $v \mapsto -v^*$ に変えたものを $\sqrt{-1}V_S^{\mathbb{C}}$ で表し[16]，直和空間 $W^{\mathbb{C}} = V_S^{\mathbb{C}} \oplus \sqrt{-1}V_S^{\mathbb{C}}$ における射影を

$$E = \begin{pmatrix} \mathbf{S} & \sqrt{\mathbf{S}\overline{\mathbf{S}}} \\ \sqrt{\mathbf{S}\overline{\mathbf{S}}} & \overline{\mathbf{S}} \end{pmatrix} = \begin{pmatrix} \sqrt{\mathbf{S}} \\ \sqrt{\overline{\mathbf{S}}} \end{pmatrix} \begin{pmatrix} \sqrt{\mathbf{S}} & \sqrt{\overline{\mathbf{S}}} \end{pmatrix}$$

で定めると，E と $\overline{E}$ は直交し，

$$E + \overline{E} = 1, \quad E - \overline{E} = \begin{pmatrix} \mathbf{S} - \overline{\mathbf{S}} & 2\sqrt{\mathbf{S}\overline{\mathbf{S}}} \\ 2\sqrt{\mathbf{S}\overline{\mathbf{S}}} & \overline{\mathbf{S}} - \mathbf{S} \end{pmatrix}$$

となる．これから，$W^{\mathbb{C}}$ の対称/交代エルミート形式をエルミート作用素 $E \pm \overline{E}$ によって定めると，埋込み写像 $V_S^{\mathbb{C}} \ni v \mapsto v \oplus 0 \in W^{\mathbb{C}}$ はエルミート形式を保つことがわかる．

一方，$W^{\mathbb{C}}$ は閉部分空間 $K = EW^{\mathbb{C}}$ を使って $W^{\mathbb{C}} = K + K^*$ と直交分解され，これに則して

$$(\xi + \eta^* | (E \pm \overline{E})(\xi + \eta^*)) = (\xi|\xi) \pm (\eta|\eta) = \langle \xi + \eta^*, \xi + \eta^* \rangle_\pm \quad (\xi, \eta \in K)$$

と計算すれば，上で与えた対称/交代エルミート形式が K のフォック表現に伴う $\langle\ ,\ \rangle_\pm$ に一致することがわかる．

---

16) ヒルベルト空間としては $\sqrt{-1}V_S^{\mathbb{C}} = V_S^{\mathbb{C}}$ であるが，その実部は $\sqrt{-1}V_S$ で与えられる．

例 10.18 により，フォック真空による状態は，共分散形式が E で与えられる自由状態である．そこで次の補題を適用すれば，S を共分散形式とする自由状態の存在がわかる． □

補題 10.20　対称／交代形式を保つ実線型写像 $\phi : V \to W$ に対して，T を共分散形式とする $\mathcal{C}_\diamond(W)$ 上の自由状態 ψ が存在すれば，$\varphi = \psi \circ \mathcal{C}(\phi)$ は，$S = T \circ (\phi \times \phi)$ を共分散形式とする $\mathcal{C}_\diamond(V)$ 上の自由状態である．

問 10.18　補題 10.20 を確かめよ．

〈注意〉　上の証明の中で S から E を作るところは，この補題が使えるように逆算を試みた結果に他ならない．

命題 10.21　交代エルミート形式 $\langle\ ,\ \rangle$ に対する共分散形式 S と $V^{\mathbb{C}}$ 上の半内積 $(\ ,\ )$ で $(x,y) = (y^*, x^*)$ および $|\langle x, y\rangle|^2 \leq (x,x)\,(y,y)$ $(x, y \in V^{\mathbb{C}})$ を満たすものとは，関係 $(x,y) = (x,y)_S$ により対応し合う．

証明　エルミート形式 $\langle\ ,\ \rangle$ が S と $\overline{S}$ の差であることから，$\langle x, y\rangle = ([x], (\mathbf{S} - \overline{\mathbf{S}})[y])_S$ と表され，作用素不等式 $-1 \leq \mathbf{S} - \overline{\mathbf{S}} \leq 1$ に注意すれば，

$$|\langle x, y\rangle|^2 \leq (x,x)_S\,(y,y)_S \quad (x, y \in V^{\mathbb{C}})$$

がわかる．とくに $S + \overline{S}$ の核は $\langle\ ,\ \rangle$ の核に含まれる．

作り方から，$(\xi|(\mathbf{S} - \overline{\mathbf{S}})\eta)_S$ は $V_S^{\mathbb{C}}$ 上の交代エルミート形式となり，写像 $V \ni v \mapsto [v] \in V_S$ は交代形式を保つ．

逆に $V^{\mathbb{C}}$ 上の半内積 $(\ ,\ )$ で $(x,y) = (y^*, x^*)$ $(x, y \in V^{\mathbb{C}})$ および不等式 $|\langle x, y\rangle|^2 \leq (x,x)\,(y,y)$ $(x, y \in V^{\mathbb{C}})$ を満たすものがあったとしよう．これに伴う*ヒルベルト空間を H とし，その上の内積も $(\ ,\ )$ で表すとき，H 上のエルミート作用素 $-1 \leq A \leq 1$ が $\langle x, y\rangle = ([x], A[y])$ によって定められ，$\langle\ ,\ \rangle$ が交代エルミート形式であることから $\overline{A} = -A$ を満たす．そこで $S(x,y) = ([x], \frac{A+1}{2}[y])$ とおけば，$S(y^*, x^*) = ([x], \frac{\overline{A}+1}{2}[y])$ であり，これが $(x,y) = S(x,y) + S(y^*, x^*)$ $(x, y \in V^{\mathbb{C}})$ を満たす共分散形式となる． □

一般に，共分散形式が与える情報は状態のごく一部に過ぎないのであるが，フォック状態に限ると，共分散形式が状態を完全に決定する．

命題 10.22 $V^{\mathbb{C}} = K \oplus K^*$ 上の対称／交代エルミート形式 $\langle \xi \oplus \eta^*, \xi \oplus \eta^* \rangle_\pm = (\xi|\xi) \pm (\eta|\eta)$ に関する正準量子環 $\mathcal{C}_\diamond(V)$ 上の状態 φ が，$\varphi(a^*(\xi)a(\xi)) = 0$ $(\xi \in K)$ を満たせば，φ の共分散形式 S は，$S(\xi \oplus \eta^*, \xi \oplus \eta^*) = (\xi|\xi)$ で与えられ，φ はフォック状態に一致する．ただし，$\xi \oplus 0, 0 \oplus \xi^* \in V^{\mathbb{C}}$ を $\mathcal{C}_\diamond(V)$ の元と思ったものが $a^*(\xi), a(\xi)$ である．

証明 例 10.15 での記号の下，$\varphi(a^*(\xi)a(\xi)) = 0$ という条件は，S がエルミート作用素 $\begin{pmatrix} 1 & B \\ B^* & 0 \end{pmatrix}$ に対応することを意味するので，これが正であることから $B = 0$ となり，共分散形式の形が定まる．そこで，GNS ベクトルによる条件の言い換えである $a(\xi)\varphi^{1/2} = 0$ と交換関係に注意すれば，すべての内積が与えられた条件から決まり，真空ベクトルの与えるものと一致することがわかる．実際，$\xi_j, \eta \in K$ に対して，恒等式

$$a(\eta)a^*(\xi_1)\cdots a^*(\xi_m) = \sum_{k=1}^{m} (\mp)^{k-1} a^*(\xi_1)\cdots[a(\eta), a^*(\xi_k)]_\pm \cdots a^*(\xi_m) + (\mp)^m a^*(\xi_1)\cdots a^*(\xi_m)a(\eta)$$

を使えば，

$$a(\eta)a^*(\xi_1)\cdots a^*(\xi_m)\varphi^{1/2} = \sum_{k=1}^{m} (\mp)^{k-1} a^*(\xi_1)\cdots(\eta|\xi_k)\cdots a^*(\xi_m)\varphi^{1/2}$$

となるので，これを繰り返すことで，$a(\eta_n)\cdots a(\eta_n)a^*(\xi_1)\cdots a^*(\xi_m)\varphi^{1/2} = 0$ $(n > m)$ となり，$a^*(K)^m\varphi^{1/2} \perp a^*(K)^n\varphi^{1/2}$ $(m \neq n)$ を得る．さらに，n についての帰納法で

$$(a^*(\xi_1)\cdots a^*(\xi_n)\varphi^{1/2} | a^*(\eta_1)\cdots a^*(\eta_n)\varphi^{1/2}) = \det/\mathrm{perm}(\xi_j|\eta_k)$$

がわかるので，対応 $a^*(\xi_1)\cdots a^*(\xi_n)\varphi^{1/2} \mapsto \xi_1 \diamond \cdots \diamond \xi_n$ は $\overline{\mathcal{C}_\diamond(V)\varphi^{1/2}}$ からフォック空間 $e_2^\diamond(K)$ へのユニタリー写像を定め，$\mathcal{C}_\diamond(V)$ の GNS 表現と標準フォック表現の間を取持つ． □

10.5 中心極限定理

単位的*環 $\mathcal{A}$ に対して，*環の増大列 $(\mathcal{A}^{\otimes n})_{n \geq 1}$ を埋込み $\mathcal{A}^{\otimes n} \ni a \mapsto a \otimes 1 \in$

$\mathcal{A}^{\otimes(n+1)}$ で定め，その帰納極限を $\mathcal{A}^{\otimes\infty}$ で表す．また，$\mathcal{A}$ の状態 ω の積状態 $\omega^{\otimes n}$ を考え，その射影極限を $\omega^{\otimes\infty}$ で表す．

ずらし自己準同型 (Bernoulli shift) $\sigma : \mathcal{A}^{\otimes\infty} \to \mathcal{A}^{\otimes\infty}$ を $a \mapsto 1 \otimes a$ で定める．$a \in \mathcal{A}$ に対して，列 $\sigma^i(a) \in \mathcal{A}^{\otimes\infty}$ $(i = 0, 1, 2, \ldots)$ は独立試行の確率変数の量子版と考えられ，その標本平均を

$$[a]_n = \frac{1}{\sqrt{n}} \sum_{i=0}^{n-1} (\sigma^i(a) - \omega(a)1)$$

で定める．ただし，$\sigma^0(a) = a \in \mathcal{A} = \mathcal{A}^{\otimes 1} \subset \mathcal{A}^{\otimes\infty}$ とおいた．

一方，$\mathcal{A}$ を*ベクトル空間と見て，その上の交代エルミート形式を $\langle a, b\rangle = \omega(a^*b - ba^*)$ で定めると，半内積 $S(a, b) = \omega(a^*b)$ は，$\mathcal{A}$ の共分散形式を与える．ここでは，S の定める CCR 環 $\mathcal{C}_\vee(\mathrm{Re}\mathcal{A})$ の自由状態を $\langle\cdot\rangle_S$ で表すことにする．

定理 10.23 $a_1, \ldots, a_m \in \mathcal{A}$ とするとき，

$$\lim_{n\to\infty} \omega^{\otimes\infty}([a_1]_n \cdots [a_m]_n) = \langle (a_1 - \omega(a_1)1) \cdots (a_m - \omega(a_m)1) \rangle_S.$$

証明 a_j を $a_j - \omega(a_j)1$ で置き換えて，$\omega(a_j) = 0$ $(1 \le j \le m)$ としてよい．$[a_1] \cdots [a_m]_n$ は $\sigma^{i_1}(a_1) \cdots \sigma^{i_m}(a_m)$ の形の項の和であるから，テンソル積の可換性により同じ σ^i の因子をまとめると，$n^{m/2}\omega^{\otimes\infty}([a_1]_n \cdots [a_m]_n)$ は，

$$\omega(a_{\pi_1}) \cdots \omega(a_{\pi_l})$$

の形の項の和である．ここで，$\pi = \{\pi_1, \ldots, \pi_l\}$ は，$\{1, \ldots, m\}$ の分割[17) を表し（l は分割のグループ数)，a_{π_j} は $(a_k)_{k\in\pi_j}$ を添字の順に掛けたものを表す．例えば $\pi_j = \{2, 7, 8\}$ であれば，$a_{\pi_j} = a_2 a_7 a_8$ である．与えられた分割 π に対して，上の形の項は $n(n-1) \cdots (n-l+1)$ だけ現れる．実際，π_1 に属する a_k に対する σ^i の i の選び方は，$0, 1, \ldots, n-1$ のどれか一つで，次に π_2 に属する a_k に対する σ^i の i の選び方は，残りの $n-1$ の中の一つで，…という数え方を繰り返せばよい．

---

17) 分割の総数 B_m はベル数 (Bell number) と呼ばれ，$B_{m+1} = \sum_{k=0}^{m} \binom{m}{k} B_k$ を満たす．

ここまでをまとめると，

$$n^{m/2}\omega^{\otimes\infty}([a_1]_n\cdots[a_m]_n)=\sum_{l=1}^{m}n(n-1)\cdots(n-l+1)\sum_{|\pi|=l}\omega(a_{\pi_1})\cdots\omega(a_{\pi_l})$$

となる．$\sum_{l=1}^{m}\sum_{|\pi|=l}|\omega(a_{\pi_1})\cdots\omega(a_{\pi_l})|$ は，$a_1,\ldots,a_m$ と ω だけで決まることに注意．

仮定 $\omega(a_j)=0$ から，分割に一点集合が現れると項の値は零となり，$l>m/2$ ならば必ず一点集合を含む（か分割が存在しない）ので，l についての和は $1\leq l\leq m/2$ について考えればよい．さらに，$\omega^{\otimes\infty}([a_1]_n\cdots[a_m]_n)$ に含まれる分割数 l の項の和は $O(n^{l-m/2})$ と評価され $1\leq l<m/2$ の項が漸近的に消えるので，m が奇数であれば，$\lim_{n\to\infty}\omega^{\otimes\infty}([a_1]_n\cdots[a_m]_n)=0$ となり，m が偶数であれば，$l=m/2$ とおいて，

$$\lim_{n\to\infty}\omega^{\otimes\infty}([a_1]_n\cdots[a_m]_n)=\sum_{|\pi|=l}\omega(a_{\pi_1})\cdots\omega(a_{\pi_l})$$

を得る．一方で右辺の和は $\{1,\ldots,m\}$ を対に分割する方法についてとればよいので，自由状態の定義10.17から $\langle a_1\cdots a_m\rangle_S$ に一致する． □

第11章

クリフォード環

ここから正準量子環に関連して現れるC*環について述べる．その様子は反交換・交換で大きく異なるため，対称形式・交代形式で分けて説明する．最初に対称形式の場合を扱う．

11.1　対称形式と反交換関係

対称形式は共分散形式とその複素共役の和で表されるので，$\mathrm{Cov}(V) \neq \emptyset$ であれば $\langle v, v\rangle \geq 0$ $(v \in V^{\mathbb{C}})$ が成り立つ．逆にこのとき，$V_0^{\mathbb{C}} = \{w \in V; \langle w, w\rangle = 0\}$ は $V^{\mathbb{C}}$ の*部分空間となり，$w = w^* \in V_0$ が $w^2 = 0$ を満たすことから，$\mathcal{C}_\wedge(V)$ の*表現は $V_0^{\mathbb{C}}$ を零作用素にうつす．言い換えると，$\mathcal{C}_\wedge(V)$ の*表現は全射準同型 $\mathcal{C}_\wedge(V) \to \mathcal{C}_\wedge(V/V_0)$ を通じて $\mathcal{C}_\wedge(V/V_0)$ の*表現から誘導されるものである．一方で，$C \in \mathrm{Cov}(V)$ も $C(w, w) = 0$ $(w \in V_0^{\mathbb{C}})$ を満たすことから，$V^{\mathbb{C}} \to V^{\mathbb{C}}/V_0^{\mathbb{C}}$ は，凸空間の同型 $\mathrm{Cov}(V) \cong \mathrm{Cov}(V/V_0)$ も引き起こす．かくして，*表現に関わる問題は対称形式が正定値である場合すなわち実内積の場合に帰着されるので，以下これを仮定する．

命題 11.1　対称形式が正定値のとき，$\mathcal{C}_\wedge(V)$ にはC*ノルム $\|\cdot\|_{C^*}$ が丁度一つ存在し，$\langle v, v\rangle/2 \leq \|v\|_{C^*}^2 \leq \langle v, v\rangle$ $(v \in V^{\mathbb{C}})$ を満たす．

証明　V が有限次元であれば，$\mathcal{C}_\wedge(V)$ はクリフォード環 $C_{\dim V}$ と同型であり，例1.10により $C_{2n} \cong M_{2^n}(\mathbb{C})$, $C_{2n+1} \cong M_{2^n}(\mathbb{C}) \oplus M_{2^n}(\mathbb{C})$ となって，それ自身がC*環である．とくにその上のC*ノルムは一つしかない．無限次元の

場合は，有限次元実部分空間 $F \subset V$ から生成されたC*環 $\mathcal{C}_\wedge(F)$ の増大列の帰納極限として，$\mathcal{C}_\wedge(V)$ に C*ノルムが丁度一つ存在する．

ノルムについての不等式は，$v = v^*$ であれば，$2v^2 = \langle v, v\rangle 1$ の結果である等式 $2\|v\|_{C^*}^2 = \langle v, v\rangle$ からわかり，$v^* \neq v$ であれば，$\mathbb{C}v + \mathbb{C}v^*$ の正規直交基底として $\{a, a^*\}$ の形のものがとれるので，それを

$$a = \begin{pmatrix} 0 & 0 \\ 1 & 0 \end{pmatrix}, \quad a^* = \begin{pmatrix} 0 & 1 \\ 0 & 0 \end{pmatrix}$$

と行列表示することで，$v = za + wa^*$ $(z, w \in \mathbb{C})$ の C*ノルムが $|z| \vee |w|$ で与えられる．後はこれを $\langle v, v\rangle = |z|^2 + |w|^2$ を比較すればよい． □

実内積空間 V に対して，$\mathcal{C}_\wedge(V)$ の C*包[1] を**クリフォードC*環** (Clifford C*-algebra) と呼び $C^*(V)$ と書くことにすれば，以上のことから，$C^*(V) = C^*(\widetilde{V})$ と自然に同一視される．ここで $\widetilde{V}$ は V の内積についての完備化を表す．また，共分散形式についても，$\mathrm{Cov}(V) = \mathrm{Cov}(\widetilde{V})$ と同一視される．

そこで初めから $\langle v, w\rangle$ が $V^{\mathbb{C}}$ の完備内積である，すなわち $V^{\mathbb{C}}$ は*ヒルベルト空間である，としてよい．そうすると，各 $C \in \mathrm{Cov}(V)$ は，正作用素 $\mathbf{C} \in \mathcal{B}(V^{\mathbb{C}})$ で $\mathbf{C} + \overline{\mathbf{C}} = 1$ となるものを使って $C(v, w) = \langle v, \mathbf{C}w\rangle$ と表示される．ただし，$\overline{\mathbf{C}}v = (\mathbf{C}v^*)^*$ $(v \in V^{\mathbb{C}})$ は $\mathbf{C}$ の複素共役作用素である．このような作用素を**共分散作用素** (covariance operator) と呼ぶ．以下，実ヒルベルト空間 V に対しては，共分散形式の代わりに共分散作用素を専ら使い，共分散作用素の作る凸集合自体を $\mathrm{Cov}(V)$ で表すものとする．これに呼応して，共分散作用素自体を C と書くことにする．

命題 11.2 実ヒルベルト空間の等長埋込み $\phi : V \to W$ に対して，ϕ の引き起こすクリフォードC*環の単射*準同型 $C^*(V) \to C^*(W)$ を $C^*(\phi)$ で表せば，共分散作用素 $D \in \mathrm{Cov}(W)$ の定める $C^*(W)$ の自由状態 φ に対して，$\varphi \circ C^*(\phi)$ は $C^*(V)$ の自由状態であり，その共分散作用素 C は $\langle v', Cv\rangle = \langle \phi(v'), D\phi(v)\rangle$ $(v, v' \in V^{\mathbb{C}})$ で与えられる．

とくに，自由状態 φ_C と直交変換 $T \in O(V)$ に対して，$\varphi_C \circ C^*(T) = \varphi_{T^*CT}$ となる．

---

[1] $\mathcal{C}(V)$ はユニタリーな*環であることから $\|x\|_{C^*} < \infty$ $(x \in \mathcal{C}_\wedge(V))$ に注意．

証明　これは，補題 10.20 の言い換えである．□

問 11.1　クリフォード C*環 $C^*(V)$ の状態 φ に対して，状態 $\overline{\varphi}$ を $\overline{\varphi}(x) = \varphi({}^t x)$ で定めると，$\overline{\varphi_C} = \varphi_{\overline{C}}$ であることを示せ．(${}^t x$ については，系 10.8 の後を見よ．)

定義 11.3　共分散作用素である射影を**フォック射影** (Fock projection) と呼び，共分散形式がフォック射影で与えられるクリフォード C*環の状態を**フォック状態** (Fock state) という．また，$V^{\mathbb{C}}$ の正規直交基底 (a_j, a_j^*) で部分空間 $\langle a_j^* \rangle$ への射影がフォック射影となるものを**フォック基底** (Fock basis) と呼ぶ．これは，混合形式を与える*ヒルベルト空間を消滅・生成部分へ分離する方法を指定することに他ならず，その意味では，分離射影・分離基底という意味合いのものである．

問 11.2　フォック射影が存在するための必要十分条件は，V が偶数次元（無限次元の場合も含む）であることを示せ．

定理 11.4　*ヒルベルト空間 $V^{\mathbb{C}}$ におけるフォック射影 E に対して，共分散形式が E で与えられる クリフォード C*環 $C^*(V)$ の状態は自由状態 φ_E に一致する．その GNS 表現とフォック表現はユニタリー同値であり，ともに既約である．

証明　命題 10.22 の言い換えである．既約性については，$\varphi \leq \varphi_E$ を満たす正汎関数は $\varphi(xx^*) \leq \varphi_E(xx^*) = 0$ $(x \in EV^{\mathbb{C}})$ を満たし，同じく命題により $\varphi = \varphi(1)\varphi_E$ となるので，系 1.39 を適用すればよい．□

2 次元フォック基底 $\{a, a^*\}$ を考える．対称エルミート形式空間 $\mathbb{C}a + \mathbb{C}a^*$ における共分散作用素は

$$C_t = t|a)(a| + (1-t)|a^*)(a^*| \quad (0 \leq t \leq 1)$$

の形であり，その自由状態 φ_t は

$$\varphi_t(a) = \varphi(a^*) = 0, \quad \varphi_t(a^*a) = t, \quad \varphi_t(aa^*) = 1-t$$

を満たす．とくに $t = 1/2$ の場合はトレースである．

また例1.9の拡張として，直和*内積空間 $W = \mathbb{R}^{2n} \oplus V$ から*環の同型 $\mathcal{C}_\wedge(W) \cong C_{2n} \otimes \mathcal{C}_\wedge(V)$ を

$$\delta_j \oplus 0 \mapsto c_j \otimes 1 \ (1 \leq j \leq 2n), \quad 0 \oplus v \mapsto i^n c_1 \cdots c_{2n} \otimes v,$$

で定めると，これは両者のC*ノルムを保ち，C*環としての同型 $C^*(W) \cong C_{2n} \otimes C^*(V)$ を引き起こす．

命題 11.5 *内積空間 $W^{\mathbb{C}} = \mathbb{C}^{2n} \oplus V^{\mathbb{C}}$ 上の直和共分散作用素 $B \oplus C$ に対して，上の同型 $C^*(W) \cong C_{2n} \otimes C^*(V)$ の下，$\varphi_{B \oplus C}$ は積状態 $\varphi_B \otimes \varphi_C$ で与えられる．

証明 例えば，$\varphi_{B \oplus C}$ の $u_1 \cdots u_{2k} v_1 \cdots v_{2l} \in C^*(W)$ $(u_1, \ldots, u_{2k} \in C_{2n},\ v_1, \ldots, v_{2l} \in V^{\mathbb{C}})$ での値は，$(i^n c_1 \cdots c_{2n})^2 = 1$ に注意すれば，

$$\begin{aligned}\varphi_{B \oplus C}(u_1 \cdots u_{2k} v_1 \cdots v_{2l}) &= \varphi_B(u_1 \cdots u_{2k}) \varphi_C(v_1 \cdots v_{2l}) \\ &= (\varphi_B \otimes \varphi_C)(u_1 \cdots u_{2k} (i^n c_1 \cdots c_{2n})^{2l} \otimes v_1 \cdots v_{2l})\end{aligned}$$

のように一致する．他の組合せについても同様． □

系 11.6 $V = \bigoplus_{j=1}^n (\mathbb{C} a_j + \mathbb{C} a_j^*)$ という分解に伴うC*環としての同型 $C^*(V) \cong \bigotimes_{j=1}^n M_2(\mathbb{C})$ の下，$C = \bigoplus_{j=1}^n C_j$ $(C_j = C_{t_j})$ と表される共分散作用素について，$\varphi_C = \bigotimes_{j=1}^n \varphi_{C_j}$ である．とくに $\varphi_{1/2}$ はトレースとなる．

〈例 11.7〉 $\dim V = 2n$ とし，共分散作用素 C をフォック基底 $\{a_j, a_j^*\}$ により

$$C = \sum_j \Big(c_j |a_j)(a_j| + (1 - c_j)|a_j^*)(a_j^*| \Big), \quad 0 \leq c_j \leq \frac{1}{2}$$

とスペクトル分解する．このとき，自由状態 φ_C は，密度作用素

$$\rho_C = \prod_j ((1 - c_j) a_j a_j^* + c_j a_j^* a_j) \in C^*(V)$$

を使って，$\varphi_C(x) = \varphi_{1/2}(\rho_C x)$ $(x \in C^*(V))$ のように表される．

11.2 正方表現と自由状態

クリフォードC*環 $C^*(V)$ の偶奇自己同型 ϖ から，随伴ユニタリー表現に

よって引き起こされるユニタリー対合 $\Pi : L^2(C^*(V)) \to L^2(C^*(V))$ を使って，$L^2(C^*(V))$ における有界作用素 $\pi(v \oplus w)$ $(v, w \in V^{\mathbb{C}} \subset C^*(V))$ を

$$\pi(v \oplus w)\xi = v\xi + (\Pi\xi)w, \quad \xi \in L^2(C^*(V))$$

で定めると，$\pi(v \oplus w)^* = \pi(\overline{v} \oplus -\overline{w})$ および

$$\pi(\overline{v} \oplus -\overline{w})\pi(v' \oplus w') + \pi(v' \oplus w')\pi(\overline{v} \oplus -\overline{w}) = (v|v')1 + (w|w')1$$

を満たすので，π は $C^*(V \oplus \sqrt{-1}V)$ の*表現に拡張される．これを**正方表現**[2)] (quadrate representation) と呼び，同じく π で表す．ここで，偶状態 $\varphi = \varphi \circ \varpi$ に対しては $\pi(C^*(V \oplus \sqrt{-1}V))\varphi^{1/2} = C^*(V)\varphi^{1/2}C^*(V)$ であることに注意する．とくに共分散作用素 C の自由状態 φ_C から閉部分空間を

$$L^2(C) = \overline{C^*(V)\varphi_C^{1/2}C^*(V)} = \overline{\pi(C^*(V \oplus iV))\varphi_C^{1/2}}$$

で定めると，$L^2(C)$ は π で不変となるので，その部分表現を π_C と書く．

問 11.3　V が有限次元であれば，$\dim V$ の偶奇にかかわらず π は既約であることを示せ．

クリフォード C*環 $C^*(V)$ の状態 φ に対して，

$$\Phi(x) = (\varphi^{1/2}|\pi(x)\varphi^{1/2}), \quad x \in C^*(V \oplus \sqrt{-1}V)$$

で定められる $C^*(V \oplus \sqrt{-1}V)$ の状態 Φ を φ の**正方化** (quadrature) と呼ぶ．一方で，*ヒルベルト空間 $V^{\mathbb{C}}$ 上の共分散作用素 C に対して，定理 10.19 の証明に現れた $(V \oplus \sqrt{-1}V)^{\mathbb{C}}$ 上のフォック射影 E を C の**正方化**と呼ぶ．

この二種類の正方化の関係を明らかにするために，実ヒルベルト空間 V から生成された クリフォード C*環 $C^*(V)$ の自由状態 φ_C について，φ_C を KMS 状態とするような $C^*(V)$ の一径数自己同型群 (θ_t) をまず求めてみる．

*ヒルベルト空間 $V^{\mathbb{C}}$ の一径数直交変換群 $(e^{itH})_{t\in\mathbb{R}}$（$H$ は $V^{\mathbb{C}}$ における自己共役作用素で $\overline{H} = -H$ を満たす）の引き起こす クリフォード C*環 $C^*(V)$ の一径数自己同型群 $(\theta_t)_{t\in\mathbb{R}}$ に関して，$C^*(V)$ の偶状態 φ が KMS 条件を満たすとしよう．このとき，

$$\varphi^{1/2}w = \theta_{-i/2}(w)\varphi^{1/2} = (e^{H/2}w)\varphi^{1/2}$$

2) 解剖学の用語に合わせると方形表現ということになるが，ここでは正方と意訳する．

($w \in V^{\mathbb{C}}$ は e^{itH} について全解析的とする) が成り立つことから

$$\pi(v \oplus w)\varphi^{1/2} = (v + e^{H/2}w)\varphi^{1/2} \quad (v \in V^{\mathbb{C}})$$

となり，$\pi(v \oplus w)\varphi^{1/2} = 0 \Longleftarrow v + e^{H/2}w = 0$ がわかる.

これを E に関するフォック真空条件 $\overline{E}(v \oplus w)\varphi_E^{1/2} = 0$ と比べる.

$$\overline{E} = \begin{pmatrix} \sqrt{1-C} \\ -\sqrt{C} \end{pmatrix} \begin{pmatrix} \sqrt{1-C} & -\sqrt{C} \end{pmatrix}$$

という表示から，$v \oplus w \in V^{\mathbb{C}} \oplus V^{\mathbb{C}}$ が $\overline{E}$ の像に入る条件は，$\zeta \in V^{\mathbb{C}}$ を使って

$$v = \sqrt{1-C}\zeta, \qquad w = -\sqrt{C}\zeta$$

と表されることで，この表示を $v + e^{H/2}w = 0$ に代入すれば，

$$e^H = \frac{1-C}{C} \iff C = \frac{1}{1+e^H}$$

という関係が示唆される．逆に $C = (1+e^H)^{-1}$ とするとき，これが共分散作用素であることは，

$$C + \overline{C} = \frac{1}{1+e^H} + \frac{1}{1+e^{-H}} = 1$$

からわかる．さらに，フォック状態の特徴付け（命題 10.22）から

$$(\varphi^{1/2}|\pi(x)\varphi^{1/2}) = \varphi_E(x) \quad x \in C(V \oplus \sqrt{-1}V)$$

を得る．したがって，φ の正方化がフォック状態 φ_E であり，$x \in C^*(V) = C^*(V \oplus 0) \subset C^*(V \oplus \sqrt{-1}V)$ に制限することで，$\varphi = \varphi_C$ もわかる.

これまでの議論の一部を命題の形にまとめておく.

命題 11.8 共分散作用素 C に対する以下の条件は同値である.

(i) $\ker C = \{0\}$ である.

(ii) $\ker(1-C) = \{0\}$ である.

(iii) *ヒルベルト空間 $V^{\mathbb{C}}$ における自己共役作用素 $H = -\overline{H}$ を使って $C = (1+e^H)^{-1}$ と表される.

共分散作用素がこの同値な条件を満たすとき，**非退化** (non-degenerate) であると呼ぶ.

非退化な共分散作用素 C に対して，(iii) における自己共役作用素 H は $V^{\mathbb{C}}$ の一径数直交変換群 $(e^{itH})_{t\in\mathbb{R}}$ を与えるので，それを $C^*(V)$ の自己同型群に拡張したものも上と同様 (θ_t) で表す．

定理 11.9 非退化な共分散作用素 C をもつ自由状態 φ_C は，自己同型群 $(\theta_t)_{t\in\mathbb{R}}$ に関する KMS 条件 $\varphi_C(x\theta_t(y))\Big|_{t=-i} = \varphi_C(yx)$ $(x, y \in C^*(V))$ を満たす．

証明 直交変換群 (e^{itH}) について全解析的ベクトル全体 $V_0^{\mathbb{C}}$ は $V^{\mathbb{C}}$ の密な*部分空間を成し，$\mathcal{C}_\wedge(V_0)$ は $C^*(V)$ で密な*部分環となるので，$\mathcal{C}_\wedge(V_0)$ の元について KMS 条件を確かめればよい．$V_0^{\mathbb{C}} \subset C^*(V)$ は (θ_t) について全解析的であるから，等式

$$\varphi_C(v_1\cdots v_m(e^H w_1)\cdots(e^H w_n)) = \varphi_C(w_1\cdots w_n v_1\cdots v_m), \quad v_j, w_k \in V_0^{\mathbb{C}}$$

の成立が問題である．

最初に $v, w \in V_0^{\mathbb{C}}$ とするとき，

$$\varphi_C(v(e^H w)) = (\overline{v}|Ce^H w) = (\overline{v}|\overline{C}w) = (\overline{w}|Cv) = \varphi_C(wv)$$

および

$$\varphi_C((e^H v)(e^H w)) = (\overline{e^H v}|Ce^H w) = (\overline{v}|e^{-H}Ce^H w) = (\overline{v}|Cw) = \varphi_C(vw)$$

に注意する．

一般の場合は Wick 公式を使って上の等式に帰着させる．その際に問題となるのが両辺における展開項の符号の一致である．項に含まれる対を $v, \dots, v_m$ の中，あるいは $w_1, \dots, w_n$ 中からとった場合は，双方の符号が一致する．そこで $\cdots v_j \cdots e^H w_k \cdots$ と $\cdots w_k \cdots v_j \cdots$ の場合を調べると，前者から対を取り出した際の符号は $(-1)^{m-j+k-1}$ である．後者からの符号は $(-1)^{n-k+j-1}$ となり，両者は $(-1)^m = (-1)^n$ のとき，すなわち $m+n$ が偶数の場合は一致する．一方で $m+n$ が奇数の場合は，両辺ともに消えてやはり一致する． □

系 11.10 C が非退化であるとき，φ_C に伴う倍率自己同型群を σ_t で表せば，

$$\sigma_t(v) = (1-C)^{it}C^{-it}v, \quad v \in V^{\mathbb{C}} \subset C^*(V).$$

命題 11.11 $V^{\mathbb{C}}$ 上の共分散作用素 C に対して，$\overline{C^*(V)\varphi_C^{1/2}} = \overline{\varphi_C^{1/2}C^*(V)}$ であることと C が非退化であることが同値.

証明 $\ker C(1-C)$ が零でなければ，$\overline{C^*(V)\varphi_C^{1/2}}$ は既約なテンソル因子を含み（命題 11.5），左右の作用の行き来がそこで途絶える．一方，C が非退化であれば，φ_C は KMS 状態なので，左右の GNS 空間が一致する． □

定理 11.12 共分散作用素 C の正方化を E とするとき，自由状態 φ_C の正方化は φ_E で与えられ，特に $C^*(V \oplus \sqrt{-1}V)$ の表現 π_C は既約である.

証明 C が非退化であるときは，定理 11.9 に至る準備のところで既に見た.

退化している場合を処理するために，$\ker C(1-C)$ への射影を P とし，V の閉部分空間 W は $(1-P)V^{\mathbb{C}} = W^{\mathbb{C}}$ を満たすものとする．そして，φ_C の $C^*(W) \subset C^*(V)$ $(C^*(W^\perp) \subset C^*(V))$ への制限を φ_W (ψ) とすれば，これは $C(1-P)$ (CP) を共分散作用素とする自由状態である.

ここで，フォック空間 $\overline{C^*(W^\perp)\psi^{1/2}}$ におけるユニタリー作用素 u を

$$u(w_1 \cdots w_n \psi^{1/2}) = (-1)^n w_1 \cdots w_n \psi^{1/2} \quad (w_1, \ldots, w_n \in W^\perp)$$

で定め，$C^*(V)$ の $\overline{C^*(W)\varphi_W^{1/2}} \otimes \overline{C^*(W^\perp)\psi^{1/2}}$ における*表現 θ を生成元の上で

$$v + w \mapsto v \otimes u + 1 \otimes w, \quad v \in W,\ w \in W^\perp$$

となるように与える．ただし，右辺の v, w は左からの積作用を意味する．このとき，Wick の公式と等式 $u\psi^{1/2} = \psi^{1/2}$ から，

$$\begin{aligned}(\varphi_W^{1/2} \otimes \psi^{1/2} &| (v_1 \cdots v_m \otimes u^m w_1 \cdots w_n)(\varphi_W^{1/2} \otimes \psi^{1/2})) \\ &= \varphi_W(v_1 \cdots v_m)\psi(w_1 \cdots w_n) = \varphi_C(v_1 \cdots v_m w_1 \cdots w_n)\end{aligned}$$

がわかるので，対応

$$v_1 \cdots v_m w_1 \cdots w_n \varphi_C^{1/2} \mapsto \theta(v_1 \cdots v_m w_1 \cdots w_n)(\varphi_W^{1/2} \otimes \psi^{1/2})$$

は等長写像 U を定める．フォック表現の既約性により，u は $C^*(W^\perp)$ の元による左作用で近似されることから，U は全射でもあり，θ はフォン・ノイマン環の同型 $C^*(V)'' \to C^*(W)'' \otimes \mathcal{B}(\overline{C^*(W^\perp)\psi^{1/2}})$ に拡張される．一方で

$\varphi_C = (\varphi_W \otimes \psi)\theta$ となることから，

$$\Theta(x\varphi_C^{1/2}y) = \theta(x)(\varphi_W^{1/2} \otimes \psi^{1/2})\theta(y), \quad x, y \in C^*(V)$$

という関係を満たすような双加群としての等長同型

$$\Theta : \overline{C^*(V)\varphi_C^{1/2}C^*(V)} \to \overline{C^*(W)\varphi_W^{1/2}C^*(W)} \otimes \overline{C^*(W^\perp)\psi^{1/2}C^*(W^\perp)}$$

が引き起こされる．

最後に，$v + w \in V^{\mathbb{C}} = (1-P)V^{\mathbb{C}} + PV^{\mathbb{C}}$ に対して，$((1-C)w)\psi^{1/2} = 0 = ((Cw)^*\psi^{1/2})^* = \psi^{1/2}(Cw)$ であることから，

$$\begin{aligned}
\Theta(\varphi_C^{1/2}(\sqrt{C}(v+w)) &= (\varphi_W^{1/2} \otimes \psi^{1/2})\theta(\sqrt{C}(v+w)) \\
&= (\varphi_W^{1/2} \otimes \psi^{1/2})(\sqrt{C}v \otimes u + 1 \otimes \sqrt{C}w) \\
&= \varphi_W^{1/2}(\sqrt{C}v) \otimes \psi^{1/2} = (\sqrt{1-C}v)\varphi_W^{1/2} \otimes \psi^{1/2} \\
&= \theta(\sqrt{1-C}(v+w))(\varphi_W^{1/2} \otimes \psi^{1/2}) \\
&= \Theta(\sqrt{1-C}(v+w)\varphi_C^{1/2}),
\end{aligned}$$

すなわち $\pi(v \oplus w)\varphi_C^{1/2} = 0$ $(v \oplus w \in \overline{E}(V^{\mathbb{C}} \oplus V^{\mathbb{C}}))$ となるので，$(\varphi_C^{1/2}|\pi(\cdot)\varphi_C^{1/2})$ はフォック状態 φ_E に一致する．　□

定理 11.13（二分律）　*ヒルベルト空間 $V^{\mathbb{C}}$ における共分散作用素 C, D に対して，$L^2(C) \perp L^2(D)$ か $L^2(C) = L^2(D)$ のいずれかが起こる．

さらに，C, D の正方化を E, F とするとき，次が成り立つ．

$$(\varphi_E^{1/2}|\varphi_F^{1/2}) = (\varphi_C^{1/2}|\varphi_D^{1/2})^2.$$

証明　正方表現 π を $L^2(C)$, $L^2(D)$ で切り取った π_C, π_D はどちらも既約であることから，π_C と π_D はユニタリー同値でなければ無縁である．さて，$L^2(C^*(V))$ から $\overline{\pi(C^*(V \oplus \sqrt{-1}V))\varphi_C^{1/2}} = L^2(C)$ への射影を z_C とし，z_D も同様に定めるとき，$L^2(C)$ が $C^*(V)$ の右作用で不変であることから，z_C はその可換子に入り，したがって $C^*(V)$ の左作用，すなわち $\pi(C^*(V \oplus 0))$ の元で近似される．そこで，π_C と π_D を取持つユニタリー $U : L^2(C) \to L^2(D)$ があれば，

$$U(\xi) = U(z_C\xi) = z_CU(\xi), \quad \xi \in L^2(C)$$

となって，$z_C = z_D$ すなわち $L^2(C) = L^2(D)$ である．さらにこのとき，φ_C, φ_D の正方化ということで，φ_E, φ_F は，ベクトル $\varphi_C^{1/2}, \varphi_D^{1/2}$ の定める状態を π によって引き戻したものに一致するので，

$$(\varphi_E^{1/2}|\varphi_F^{1/2}) = \mathrm{trace}\Big(|\varphi_C^{1/2})(\varphi_C^{1/2}|\,|\varphi_D^{1/2})(\varphi_D^{1/2}|\Big) = (\varphi_C^{1/2}|\varphi_D^{1/2})^2.$$

最後に，π_C と π_D が無縁であれば $z_C \perp z_D$ となるので(問5.7)，$(\varphi_E^{1/2}|\varphi_F^{1/2}) = 0 = (\varphi_C^{1/2}|\varphi_D^{1/2})^2$ となり，この場合も等式が成り立つ． □

第12章
ワイル環

交代形式に伴うCCRをユニタリー化したワイルの交換関係を導入し，それから生成された*環上の正汎関数として自由状態を定式化し直す．そうすることで，有界作用素環の成果が広く適用できるようになり，その数学的な形態の違いにもかかわらず，CAR とよく似た結果がこの場合にも成り立つことがわかる．

12.1 交代形式とワイルの交換関係

交代形式についてはそれが零でない限り，CCR 環 $\mathcal{C}_{\vee}(V)$ の*表現は必然的に非有界となるのであった．数学としてみた場合，非有界作用素の扱いには色々と難しいところがあり，物理的な要請とも相俟って，Hermann Weyl は正準交換関係をユニタリー作用素の n 径数群 $U_p(x) = e^{ix\cdot p}$, $U_q(x) = e^{ix\cdot q}$ ($x, p \in \mathbb{R}^n$, $x \cdot p = \sum_j x_j p_j$ など）についての関係式

$$U_p(x)U_q(y) = e^{ix\cdot y}U_q(y)U_p(x), \qquad x, y \in \mathbb{R}^n$$

の形に書き改めた．これは行列の場合の等式[1)]

$$e^X e^Y e^{-X} = \exp\left(Y + [X,Y] + \frac{1}{2}[X[X,Y]] + \frac{1}{3!}[X,[X,[X,Y]]] + \cdots\right)$$

---

1) 一般のリー群において，$\log(e^X e^Y)$ を X, Y についてべき級数表示するとき，すべての項はリー環の括弧積の組合せになっていて (Baker-Campbell-Hausdorff)，最初の数項を書き下すと $X + Y + \frac{1}{2}[X,Y] + \frac{1}{12}[X-Y,[X,Y]] + \cdots$ となる．一般項に対する閉じた公式 (Dynkin) も知られている．

に $X = ix \cdot p$, $Y = iy \cdot q$ を形式的に代入すると得られるもので，リー群とリー環の関係と言ってよく，母関数の手法と見ることもできる．

問 12.1　行列関数 $F(t) = e^{tX} Y e^{-tX}$ が微分方程式

$$\frac{d}{dt} F(t) = X e^{tX} Y e^{-tX} - e^{tX} Y e^{-tX} X = [X, F(t)]$$

の解であることから $e^X Y e^{-X} = Y + [X, Y] + \cdots$ を示し，上の等式を導け．

さらに，行列 X, Y が $[[X,Y],X] = [[X,Y],Y] = 0$ を満たすときに成り立つ等式

$$e^{X+Y} = e^X e^Y e^{-\frac{1}{2}[X,Y]}$$

において，形式的に $X = ix \cdot p$, $Y = iy \cdot q$ を代入することで，

$$U(x,y) = e^{-ix \cdot y/2} U_p(x) U_q(y)$$

は $e^{i(x \cdot p + y \cdot q)}$ と一致するであろうことが期待される．

問 12.2　行列関数 $G(t) = e^{tX} e^{tY} e^{-t^2[X,Y]/2}$ が $G(s)G(t) = G(s+t)$ および $\frac{d}{dt} G(t)\Big|_{t=0} = X + Y$ を満たすことから，$G(t) = e^{t(X+Y)}$ を導け．

このワイル形式を使えば，シュレーディンガーの与えた表現は

$$(U_p(y)f)(x) = f(x+y), \quad (U_q(y))(x) = e^{ix \cdot y} f(x), \qquad f \in L^2(\mathbb{R}^n)$$

のようになる．$U_q(y)$ のような掛算作用素全てと積交換する作用素は，やはり関数を掛ける形のものに限られるので，それがもしさらに移動作用素 $U_p(x)$ と積交換すれば，スカラー作用素にならざるを得ない．この意味でシュレーディンガー表現は既約である．逆にワイルの交換関係の既約な表現は，このようなものに限る (Stone-von Neumann の定理)．このワイルの交換関係およびそれから生成される*環については，12.3 節で詳しく調べることにして，ここでは次の等式が成り立つ（と期待される）ことを指摘しておこう．

$$U(x,y)U(x',y') = e^{i(xy' - x'y)/2} U(x+x', y+y').$$

問 12.3　上の方針によるシュレーディンガー表現の既約性の証明は，詳しく書けば次のようになる．各ステップを確かめよ．

(i) $U_q(y)$ $(y \in \mathbb{R}^n)$ が $L^\infty(\mathbb{R}^n)$ を生成することは，$L^1(\mathbb{R}^n)$ のフーリエ変換がシュワルツ空間を含むことから，Stone-Weierstrass と可測関数の連続関数による近似を経てわかる．

(ii) 命題9.3により，$L^\infty(\mathbb{R}^n)' = L^\infty(\mathbb{R}^n)$ である．

(iii) 移動と積交換する掛算作用素がスカラー作用素に限ることは，移動平均を考えればわかる．

ここまでは，有限自由度の場合の話であった．ここからは，有限とは限らない一般の自由度について考える．実交代形式 σ を備えた実ベクトル空間 V に対して，記号 $\{e^{ix}; x \in V\}$ から生成された自由ベクトル空間は，次の演算[2] により*環となる．

$$(e^{ix})^* = e^{-ix}, \quad e^{ix}e^{iy} = e^{-i\sigma(x,y)/2}e^{i(x+y)}, \quad x, y \in V.$$

これを $\mathbb{C}e^{iV}$ という記号で表し，**ワイル環** (Weyl algebra[3]) と呼ぶ．この関係式から，e^{i0}（指数にある零は V の零ベクトルを表す）は単位元であり，ワイル環はユニタリー $\{e^{ix}\}$ によって生成されるので，その*表現は常に有界である．

〈例 12.1〉 ヒルベルト空間 $\ell^2(V)$ における $\mathbb{C}e^{iV}$ の*表現 π を $\pi(e^{ix})\delta_y = e^{-i\sigma(x,y)/2}\delta_{x+y}$ で与えることができる．ここで，$(\delta_x)_{x\in V}$ は $\ell^2(V)$ の標準基底を表す．このとき $\pi(e^{ix})$ は一次独立となるので，e^{ix} も一次独立である．ただし，パラメータについての連続性はまったく成り立たない．

ワイル環 $\mathbb{C}e^{iV}$ の C*包を**ワイル C*環** (Weyl C*-algebra) と呼び[4]，$C^*(e^{iV})$ と書く．

CCR 環と同様，ワイル環は実交代形式空間の作る圏から*環の作る圏への関手を与える．すなわち，交代形式を保つ実線型写像 $\phi : V \to W$ は，対応 $e^{ix} \mapsto e^{i\phi(x)}$ によって，単位的*準同型 $C^*(\phi) : C^*(e^{iV}) \to C^*(e^{iW})$ を誘導する．とくに $\mathrm{Aut}(V, \sigma)$ は*自己同型群として $C^*(e^{iV})$ に作用する．

命題 12.2 (i) 実交代形式空間 (V, σ) に対して，その反転を $(V^\circ, \sigma^\circ) =$

---

2) 正準交換関係 $[x, y] = i\sigma(x, y)1$ を形式的に指数関数化（ユニタリー化）したものである．

3) 代数方面では，*構造を忘れた CCR 環を Weyl algebra と呼ぶ習慣がある．

4) CCR C*環ともいう．

$(V, -\sigma)$ で定めるとき，ワイル環 $\mathbb{C}e^{iV}$ の反転は，対応 $(e^{iv})^\circ \leftrightarrow e^{iv^\circ}$ により，$\mathbb{C}e^{iV^\circ}$ と自然に同一視される．（ベクトル空間としては $V^\circ = V$ であるが，$v \in V$ を V° の元と思ったものを v° と書く．）

(ii) 実交代形式空間としての直和 $V = V_1 \oplus V_2$ $(\sigma = \sigma_1 \oplus \sigma_2)$ に対して，自然な対応 $e^{i(v_1 \oplus v_2)} \leftrightarrow e^{iv_1} \otimes e^{iv_2}$ により $\mathbb{C}e^{iV} \cong \mathbb{C}e^{iV_1} \otimes \mathbb{C}e^{iV_2}$ である．

同様のことがワイルC*環についても成り立つ．

問 12.4 V 上の実線型汎関数 f に対して，$\mathbb{C}e^{iV}$ の*自己同型を対応 $e^{ix} \mapsto e^{if(x)}e^{ix}$ によって定めることができることを示せ．

次は，群環の正汎関数と群上の正定値関数との関係に相当する．証明も同様．

命題 12.3 ワイルC*環（あるいはワイル環）上の正汎関数 φ の特性関数 $\widehat{\varphi}(x) = \varphi(e^{ix})$ $(x \in V)$ は，次の条件で特徴づけられる．有限複素数列 $(z_j)_{1 \le j \le n}$ と有限ベクトル列 $(x_j \in V)_{1 \le j \le n}$ に対して，

$$\sum_{1 \le j,k \le n} \overline{z_j} z_k \widehat{\varphi}(x_k - x_j) e^{i\sigma(x_j, x_k)/2} \ge 0.$$

ワイル環のヒルベルト空間 $\mathcal{H}$ における*表現 π を考える．表現空間のベクトル $\xi \in \mathcal{H}$ が**連続・（全）解析的** (continuous, (entirely) analytic) であるとは，$x \in V$ が有限次元部分空間の上を動くとき $\pi(e^{ix})\xi$ が連続・（全）解析的であることと定める．ただし，有限次元実部分空間 $F \subset V$ 上のベクトル値関数 $\xi(x)$ が全解析的であるとは，それが $F^{\mathbb{C}} = F + iF$ 上の正則関数に拡張できることを意味する．また $\mathbb{C}e^{iV}$ の正汎関数 φ が連続・（全）解析的であるとは，φ の特性関数 $\widehat{\varphi}(x)$ が有限次元部分空間の上で連続・（全）解析的であることをいう．有限次元ベクトル空間では標準的な位相が一つに定まることに注意．

連続・解析的・全解析的なベクトル全体をそれぞれ $\mathcal{H}^c, \mathcal{H}^a, \mathcal{H}^e$ で表せば，これらは $\pi(e^{iV})$ 不変な部分空間である．すべてのベクトルが連続であるとき，すなわち $\mathcal{H}^c = \mathcal{H}$ であるとき，π は連続であるという．また，$\mathcal{H}^a, \mathcal{H}^e$ が $\mathcal{H}$ で密であるとき，π は解析的あるいは全解析的であるという．

問 12.5 ワイル環 $\mathbb{C}e^{iV}$ の*表現 π が連続であるための必要十分条件は一次元的に連続であること，すなわち，すべての $x \in V$ と勝手な $\xi, \eta \in \mathcal{H}$ に対して，$(\xi|\pi(e^{itx})\eta)$ が $t \in \mathbb{R}$ の連続関数になることを示せ．

問 12.6　$\mathcal{H}^c$ は $\mathcal{H}$ の閉部分空間である．とくに解析的であれば連続である．また，φ が解析的（全解析的）であることと，その GNS 表現が解析的（全解析的）であることが同値である．以上を示せ．

次はリー群のユニタリー表現の場合に知られていることの類似物であり，付録 E.4 の結果からわかる．

定理 12.4　ベクトル $\xi \in \mathcal{H}$ が連続・(全) 解析的であるための必要十分条件は，関数 $V \ni x \mapsto (\xi|\pi(e^{ix})\xi)$ が有限次元部分空間の上で連続・(全) 解析的であること．とくに，$\mathbb{C}e^{iV}$ 上の正汎関数 φ が連続・(全) 解析的であるための必要十分条件は，その GNS ベクトル $\varphi^{1/2}$ が GNS 表現において連続・(全) 解析的であること．

連続な*表現 π においては，$x \in V$ の定める一径数ユニタリー群 $(\pi(e^{itx}))$ の Stone 生成作用素を $\pi(x)$ で表す．すなわち，$\pi(x)$ は $\pi(e^{itx}) = e^{it\pi(x)}$ $(t \in \mathbb{R})$ を満たす自己共役作用素である．ベクトル $\xi \in \mathcal{H}$ が $\pi(x)$ の定義域に入るための必要十分条件は，ノルム極限

$$\lim_{t \to 0} \frac{1}{it}(\pi(e^{itx})\xi - \xi)$$

が存在することであり，この極限が $\pi(x)\xi$ に一致する（例 C.6）．

さらに，等式 $e^{i(x+y)} = e^{i\sigma(x,y)/2}e^{ix}e^{iy} = e^{-i\sigma(x,y)/2}e^{iy}e^{ix}$ を一部の変数について微分することで次がわかる．

定理 12.5　ワイル環 $\mathbb{C}e^{iV}$ のヒルベルト空間 $\mathcal{H}$ での連続な*表現 π について，以下が成り立つ．

(i) $\mathcal{H}^a$ および $\mathcal{H}^e$ は $\pi(x)$ $(x \in V)$ で不変である．

(ii) $x, y \in V$ に対して，$\mathcal{H}^a$ の上の作用素等式の意味で

$$\pi(x)\pi(y) - \pi(y)\pi(x) = i\sigma(x,y)1, \quad \pi(e^{ix})\pi(y)\pi(e^{-ix}) = \pi(y) - \sigma(x,y)1.$$

とくに，CCR 環 $\mathcal{C}_\vee(V)$ の $\mathcal{H}^a$ における*表現 π^a およびその部分表現 π^e が引き起こされる．これを π の**微分表現** (infinitesimal representation) という．

系 12.6　解析的な状態 φ に対して，GNS 表現の微分表現から*環 $\mathcal{C}_\vee(V)$ の状態が誘導され，逆に誘導された状態からもとの状態が

$$\varphi(e^{itx}) = \sum_{n=0}^{\infty} \frac{(it)^n}{n!}\varphi(x^n)$$

によって復元する．ただし，上の等式で，t は x に依存してきまる開区間 $(-r, r)$ $(r > 0)$ 内を動き，次に解析接続によりすべての $t \in \mathbb{R}$ での左辺の値が定まる．さらに，$x \in V$ の GNS 微分表現 $\pi^a(x)$ は，$\mathcal{C}_\vee(V)\varphi^{1/2}$ の上で本質的に自己共役であり，その閉包が $\pi(x)$ に一致する（定理 E.8）．すなわち，$\mathcal{C}_\vee(V)\varphi^{1/2}$ は $\pi(x)$ の芯である．

12.2 ワイル環と自由状態

補題 12.7（Hadamard-Schur 積） サイズの等しい2つの正行列 (a_{jk}), (b_{jk}) に対して，成分ごとの積 $(a_{jk}b_{jk}))_{1\le j,k\le n}$ も正行列である．

証明 これは正行列をランク 1 の正行列の凸結合で表せばわかる． □

系 12.8 正行列 (a_{jk}) に対して，行列 $(e^{a_{jk}})$ も正である．

共分散形式 S に対して，$\varphi_S(e^{ix}) = e^{-S(x,x)/2}$ $(x \in V)$ で与えられる $\mathbb{C}e^{iV}$ の状態 φ_S を**自由状態** (free state) と呼ぶ．

〈例 12.9〉 $\sigma \equiv 0$ のとき，可換*環 $\mathbb{C}e^{iV}$ 上の自由状態 φ_S は，S を共分散形式とする**ガウス測度** (Gaussian measure) に他ならない．

上の式が実際にワイル環の状態を与えることを見るために，さらにその全解析性を理解しやすくするために，ワイル環の複素リー群的拡張である*環 $\mathbb{C}e^{V+iV}$ を導入しておこう．これは，記号 $\{e^v; v \in V^{\mathbb{C}}\}$ から生成された自由ベクトル空間に，次の演算を与えたものである．

$$(e^v)^* = e^{v^*}, \quad e^v e^w = e^{i\sigma(v,w)/2}e^{v+w}, \quad v, w \in V^{\mathbb{C}}.$$

ここで右辺に現れる $\sigma(v, w)$ は実交代形式を複素双線型に拡張したものを表す．ワイル環の自由状態を定める式は複素解析的に $\mathbb{C}e^{V+iV}$ まで

$$\varphi(e^v) = e^{S(v^*,v)/2}, \quad v \in V^{\mathbb{C}}$$

と拡張され，線型汎関数 φ を定める．これが正汎関数であることは，$v_j \in V^{\mathbb{C}}$ と $z_j \in \mathbb{C}$ $(1 \le j \le n)$ に対して，

$$\varphi\Big(\Big(\sum_j z_j e^{v_j}\Big)^*\Big(\sum_k z_k e^{v_k}\Big)\Big) = \sum_{j,k} \overline{z_j} z_k e^{S(v_j+v_k^*, v_j^*+v_k)/2 + i\sigma(v_j^*, v_k)/2}$$
$$= \sum_{j,k} \overline{e^{S(v_j^*, v_j)/2} z_j} e^{S(v_k^*, v_k)/2} z_k e^{S(v_j, v_k)}$$

が上の系により正となることからわかる．

定理 12.10 ワイル環 $\mathbb{C}e^{iV}$ の自由状態 φ_S から作られた GNS 表現は全解析的であり，その微分表現を $\{v_1 \cdots v_n \varphi_S^{1/2}; n \ge 0, v_1, \ldots, v_n \in V^{\mathbb{C}}\}$ で張られる部分空間に制限したものは，CCR 環 $\mathcal{C}_\vee(V)$ の自由状態に伴う GNS 表現である．逆に CCR 環の自由状態に関する GNS 表現から

$$e^v \varphi_S^{1/2} = \sum_{n \ge 0} \frac{1}{n!} v^n \varphi_S^{1/2}, \quad v \in V^{\mathbb{C}}$$

によってワイル環の全解析的表現が復元し，ワイル環の自由状態に伴う GNS 表現に一致する．

証明 ベクトル $x_1, \ldots, x_n \in V$ に対して，$\varphi_S(e^{it_1x_1} \cdots e^{it_nx_n})$ が $(t_1, \ldots, t_n) \in \mathbb{R}^n$ の全解析関数であることから，CCR 環 $\mathcal{C}(V, \sigma)$ 上の状態 φ を微分によって

$$\varphi(x_1 \cdots x_n) = (-i)^n \left.\frac{\partial^n}{\partial t_1 \cdots \partial t_n}\right|_{t_1 = \cdots = t_n = 0} \varphi_S(e^{it_1x_1} \cdots e^{it_nx_n})$$

で与えることができる．ワイル環の交換関係を使って

$$e^{it_1x_1} \cdots e^{it_nx_n} = e^{-\sum_{j<k} t_j t_k [x_j, x_k]/2} e^{i(t_1x_1 + \cdots + t_nx_n)}$$

と書き改め，自由状態 φ_S での値を求めると，

$$\exp\left(-\frac{1}{2}\sum_{j<k} t_j t_k [x_j, x_k] - \frac{1}{2} S(t_1x_1 + \cdots + t_nx_n, t_1x_1 + \cdots + t_nx_n)\right)$$

となる．この指数に現れる 2 つの部分を

$$S(t_1x_1 + \cdots + t_nx_n, t_1x_1 + \cdots + t_nx_n)$$
$$= \sum_{j<k} t_j t_k (S(x_j, x_k) + S(x_k, x_j)) + \sum t_j^2 S(x_j, x_j),$$

$$\sum_{j<k} t_j t_k [x_j, x_k] = \sum_{j<k} t_j t_k (S(x_j, x_k) - \overline{S}(x_j, x_k))$$
$$= \sum_{j<k} t_j t_k (S(x_j, x_k) - S(x_k, x_j))$$

のように書き直せば，

$$\varphi_S(e^{it_1 x_1} \cdots e^{it_n x_n}) = \exp\left(-\sum_{j<k} t_j t_k S(x_j, x_k) - \frac{1}{2} \sum t_j^2 S(x_j, x_j) \right)$$

となり，両辺における $t_1 \cdots t_n$ の係数を比較することで，φ が共分散形式 S の定める自由状態に一致することがわかる． □

問 12.7 ノルム $\|v^n \varphi_S^{1/2}\|$ を求め，見積もることで，$z \in \mathbb{C}$ のべき級数 $\sum \frac{1}{n!} z^n \|v^n \varphi_S^{1/2}\|$ の収束半径が無限大であることを確かめよ．

実線型写像 $\phi : V \to W$ が，2つの共分散形式 $S \in \mathrm{Cov}(V)$, $T \in \mathrm{Cov}(W)$ を $S(v, v) = T(\phi(v), \phi(v))$ という形で結びつけるとき，対応 $e^{iv}\varphi_S^{1/2} \mapsto e^{i\phi(v)}\varphi_T^{1/2}$ により定められる GNS 空間の間の等長写像 $\Phi : \overline{C^*(e^{iV})\varphi_S^{1/2}} \to \overline{C^*(e^{iW})\varphi_T^{1/2}}$ は*準同型 $C^*(\phi) : C^*(e^{iV}) \to C^*(e^{iW})$ を次の意味で取持つ．

$$\begin{array}{ccc} \mathcal{H}_S & \xrightarrow{\Phi} & \mathcal{H}_T \\ {\scriptstyle \pi_S(a)} \downarrow & & \downarrow {\scriptstyle \pi_T(C^*(\phi)a)}, \quad a \in C^*(e^{iV}). \\ \mathcal{H}_S & \xrightarrow[\Phi]{} & \mathcal{H}_T \end{array}$$

さらに，$\phi(V)$ が半内積 $(\ ,\ )_T$ に関して W で密であれば，Φ はユニタリーとなる．言い換えると，GNS 表現 π_T を $C^*(\phi)$ で引き戻した表現は GNS 表現 π_S とユニタリー同値である．

とくに，定理 10.19 の証明で利用した，共分散形式 $S \in \mathrm{Cov}(V)$ から定まる自然な実線型写像 $V \to V_S$ は，このような状況を与える．ここで V_S は，V を半内積 $S + \overline{S}$ に関して完備化した実ヒルベルト空間である．ついでに復習すると，S と $S + \overline{S}$ の比で表される $V_S^{\mathbb{C}}$ における正作用素が $\mathbf{S}$ であった．

定義 12.11 共分散形式 S に付随した正作用素 $\mathbf{S} \in \mathcal{B}(V_S^{\mathbb{C}})$ が射影であるとき，S を**フォック形式** (Fock form) と呼ぶ．共分散形式がフォック形式となる自由状態を**フォック状態** (Fock state) と呼ぶ．

〈例 12.12〉 ヒルベルト空間 K に伴う*ヒルベルト空間 $K \oplus K^*$ 上の標準交代エルミート形式 $\langle \xi \oplus \eta^*, \xi \oplus \eta^* \rangle = (\xi|\xi) - (\eta|\eta)$ は，実部 $V = \{\xi \oplus \xi^*\}$ 上の実交代形式 $\sigma(\xi \oplus \xi^*, \eta \oplus \eta^*) = -i((\xi|\eta) - (\eta|\xi)) = 2\mathrm{Im}(\xi|\eta)$ に対応し，その共分散形式を $S(\xi \oplus \eta^*, \xi \oplus \eta^*) = (\xi|\eta)$ で定めるとき，$S + \overline{S}$ が $K \oplus K^*$ における自然な内積に一致することから，$V_S = V$ であり，$\mathbf{S}$ は $K \oplus K^*$ から $K \oplus 0$ への射影となる．したがって S はフォック形式であり，それに伴うフォック状態の特性関数は次の通り．

$$\varphi_S(e^{i(\xi \oplus \xi^*)}) = e^{-(\xi|\xi)/2} = e^{-\|\xi \oplus \xi^*\|^2/4}, \quad \xi \in K.$$

フォック形式の定義前の議論と上の例を定理 12.10 に基づいて併せまとめることで，次を得る．

補題 12.13 フォック形式 S を共分散形式とする CCR 環 $\mathcal{C}_\vee(V)$ のフォック状態に伴う GNS 表現は，$V_S^\mathbb{C}$ の閉部分空間 $K = \mathbf{S}V_S^\mathbb{C}$ から作られたフォック空間 $e_2^\vee(K)$ における標準フォック表現を自然な*準同型 $\mathcal{C}_\vee(V) \to \mathcal{C}_\vee(V_S)$ で引き戻したものである．

定理 12.14 ワイル環 $\mathbb{C}e^{iV}$ の自由状態 φ_S が純粋であるための必要十分条件はそれがフォック状態であること．

証明 必要性は後ほど系 12.19 の辺りで示すことにして，ここではフォック状態が純粋であることを，フォック表現の既約性を経由して確かめる．その方針は，フォック表現の解析性を使って，真空ベクトルの特徴付け（生成・消滅計算）を繰り返すというものである．

上の補題と定理 12.10 により，$V^\mathbb{C} = K \oplus K^*$ としてよく，$\mathbb{C}e^{iV}$ の標準フォック表現 π に対して，ユニタリー $U \in \pi(e^{iV})'$ がスカラー作用素であることを示せばよい．表現空間であるフォック空間 $e_2^\vee(K)$ の全解析的ベクトル全体を $\mathcal{E}$ とし，微分により π から誘導された $\mathcal{C}_\vee(V)$ の $\mathcal{E}$ における*表現を $\pi_\mathcal{E}$ で表す．$e^\vee(K) \subset \mathcal{E}$ であり，$\pi_\mathcal{E}(\xi \oplus 0), \pi_\mathcal{E}(0 \oplus \xi^*)$ $(\xi \in K)$ を $e^\vee(K)$ に制限したものが $a^*(\xi), a(\xi)$ であることに注意．

さて，等式 $U\pi(e^{iv})U^* = \pi(e^{iv})$ $(v \in V)$ の結果として $U\mathcal{E} = \mathcal{E}$ および $U\pi_\mathcal{E}(x)U^* = \pi_\mathcal{E}(x)$ $(x \in \mathcal{C}_\vee(V))$ が成り立つ．そこで，フォック真空ベクトルを ς で表せば，$\xi_1, \ldots, \xi_m, \eta_1, \ldots, \eta_n \in K$ に対して，

$$
\begin{aligned}
(\xi_1 \vee \cdots \vee \xi_m | U(\eta_1 \vee \cdots \vee \eta_n)) &= (\pi_{\mathcal{E}}(\xi_1 \cdots \xi_m)\varsigma | U(\pi_{\mathcal{E}}(\eta_1 \cdots \eta_n)\varsigma)) \\
&= (\pi_{\mathcal{E}}(\eta_1 \cdots \eta_n)^* \pi_{\mathcal{E}}(\xi_1 \cdots \xi_m)\varsigma | U\varsigma) \\
&= (\varsigma | U(\pi_{\mathcal{E}}(\xi_1 \cdots \xi_m)^* \pi_{\mathcal{E}}(\eta_1 \cdots \eta_n)\varsigma)
\end{aligned}
$$

は $m \neq n$ のとき零であり，$m = n$ に対しては，

$$
(\pi_{\mathcal{E}}(\eta_1 \cdots \eta_n)^* \pi_{\mathcal{E}}(\xi_1 \cdots \xi_n)\varsigma | U\varsigma) = (\pi_{\mathcal{E}}(\eta_1 \cdots \eta_n)^* \pi_{\mathcal{E}}(\xi_1 \cdots \xi_n)\varsigma | \varsigma)(\varsigma | U\varsigma)
$$

となる．したがって，

$$
(\xi_1 \vee \cdots \vee \xi_m | U(\eta_1 \vee \cdots \vee \eta_n)) = (\varsigma | U\varsigma)(\xi_1 \vee \cdots \vee \xi_m | \eta_1 \vee \cdots \vee \eta_n)
$$

がすべての m, n について成り立ち，$U = (\varsigma | U\varsigma)1$ がわかる． □

先に量子環の反転のところで，CCR 環について $\mathcal{C}_\vee(V)^\circ = \mathcal{C}_\vee(V^\circ)$ であり，とくに $K \oplus K^*$ の実部としての V については $K^* \oplus K$ の実部が V° と同定されることを見た．これに関連して，CCR 環 $\mathcal{C} = \mathcal{C}_\vee(V)$ の標準フォック状態を ω と書くとき，$a(\xi)\omega^{1/2} = 0 = \omega^{1/2}a^*(\xi)$ $(\xi \in K)$ となることから，

$$
a^*(\xi_1) \cdots a^*(\xi_m)\omega^{1/2} \longleftrightarrow \xi_1 \vee \cdots \vee \xi_m, \quad \omega^{1/2} a(\eta_1) \cdots a(\eta_n) \longleftrightarrow \eta_1^* \vee \cdots \vee \eta_n^*
$$

という対応により，ユニタリー同型 $\overline{\mathcal{C}\omega^{1/2}} \cong e_2^\vee(K)$, $\overline{\omega^{1/2}\mathcal{C}} \cong e_2^\vee(K^*)$ を得る．前者は ω の左 GNS 表現と K の標準フォック表現の間のユニタリー同値性を与えるものであるが，後者の意味は次の通り．まず，対応 $(\xi_1 \vee \cdots \vee \xi_n)^* \leftrightarrow \xi_1^* \vee \cdots \vee \xi_n^* = \xi_n^* \vee \cdots \vee \xi_1^*$ を通じて $e_2^\vee(K)^*$ と $e_2^\vee(K^*)$ を同一視する．別の言い方をすると，$\xi_1^* \vee \cdots \vee \xi_n^*$ と $\eta_1 \vee \cdots \vee \eta_n$ との対形式 (duality pairing) を

$$
\langle \xi_1^* \vee \cdots \vee \xi_n^*, \eta_1 \vee \cdots \vee \eta_n \rangle = \mathrm{perm}(\xi_j | \eta_k)
$$

で与えるということである．次にこの同一視を通じて，$\mathcal{C}$ の左 GNS 表現を双対空間 $e_2^\vee(K^*)$ 上の右表現に読み替えると，

$$
(\eta_1^* \vee \cdots \vee \eta_n^*)a(\xi) = (a^*(\xi)(\eta_1 \vee \cdots \vee \eta_n))^* = (\xi \vee \eta_1 \vee \cdots \vee \eta_n)^* = \eta_1^* \vee \cdots \vee \eta_n^* \vee \xi^*.
$$

ここで，$a(\xi)$ の消滅と生成の意味が入れ替わっていることに注意する．この $\mathcal{C}$ の $e_2^\vee(K^*)$ への右作用は，$\mathcal{C}^\circ = \mathcal{C}(V^\circ)$ の左 GNS 表現の読み替えに他ならず辻褄が合っている．

最後に，フォック表現が既約であることから，

$$\overline{\mathcal{C}\omega^{1/2}\mathcal{C}} \cong \overline{\mathcal{C}\omega^{1/2}} \otimes \overline{\omega^{1/2}\mathcal{C}} = e_2^\vee(K) \otimes e_2^\vee(K^*) \cong e_2^\vee(K \oplus K^*)$$

という同型が存在する．最初と最後の対応を抜き出せば，

$$a^*(\xi_1)\cdots a^*(\xi_m)\omega^{1/2}a(\eta_1)\cdots a(\eta_n) \longleftrightarrow \xi_1 \vee \cdots \vee \xi_m \vee \eta_1^* \vee \cdots \vee \eta_n^*$$

ということである．

この状況の下で，$e^{i(\xi^*\oplus\xi)} = (e^{i(\xi\oplus\xi^*)})^\circ \in \mathcal{C}^\circ$ の $\Xi \in e^\vee(K^*)$ への左作用を $e^{i(\xi\oplus\xi^*)} \in \mathcal{C}$ の右作用に読み替えた等式が，$e^{i(\xi^*\oplus\xi)}\Xi^* = \Xi^* e^{i(\xi\oplus\xi^*)}$ の意味である．この同型は，両辺をさらに $\overline{\mathcal{C}\omega^{1/2}\mathcal{C}} = \mathcal{H} \otimes \mathcal{H}^*$ ($\mathcal{H} = \overline{\mathcal{C}\omega^{1/2}}$), $e_2^\vee(K \oplus K^*) = e_2^\vee(K) \otimes e_2^\vee(K^*) = e_2^\vee(K) \otimes (e_2^\vee(K))^*$ のように書き改めれば，自然な同型 $\mathcal{H} \cong e_2^\vee(K)$ から誘導されるヒルベルト・シュミット型拡張に他ならないことがわかる．また，交代形式空間の直和 $(K \oplus K^*) \oplus (K^* \oplus K)$ に伴う CCR 環のフォック状態であることの言い換えとして，$\mathcal{C}$ の双作用についてのフォック期待値は

$$(\omega^{1/2}|e^{i(\xi\oplus\xi^*)}\omega^{1/2}e^{i(\eta\oplus\eta^*)}) = e^{-(\xi|\xi)/2-(\eta|\eta)/2} \quad (\xi, \eta \in K)$$

で与えられる．

12.3　たたみ込みワイル環

ここで遅ればせながら，有限自由度の正準交換関係の表現が実質的に一つであるという Stone-von Neumann の定理の証明を与えよう．その方法は大きく分けて，von Neumann によるもの，Mackey によるもの，それと個数作用素によるもの[5]の三種類が知られている．前二つはそれぞれ，群環の表現と誘導表現に基づくのであるが，ここでは von Neumann の方法を作用素環の観点から紹介しよう．

正準交換関係との対応が見やすくなるように，$V = \mathbb{R}^{2n}$ という座標空間で考えて，$(x, y) \in \mathbb{R}^{2n}$ が $xp + yq$ に相当するように交代形式 σ を定めると，

$$[xp + yq, x'p + y'q] = i(x'y - xy')1 \longleftrightarrow \sigma((x, y), (x', y')) = x'y - xy'$$

[5] 個数作用素による方法については Bratteli-Robinson [12, §5.2.3] が詳しい．

となり，それから生成されるワイル環 $\mathbb{C}e^{iV}$ の*表現とワイル型CCRの実現 $U(x,y)$ とは，$e^{i(x,y)} \mapsto U(x,y)$ により対応し合う．そこで V が有限次元であるということを利用して，$U(x,y)$ を考えることが*表現を与えることに相当するような*環 $\mathcal{W}$（たたみ込みワイル環と呼ぶ）を導入しよう．これはベクトル群 $\mathbb{R}^{2n}$ に対する群環の完全な類似物で，$f \in L^1(\mathbb{R}^{2n})$ に有界作用素

$$U(f) = \int_{\mathbb{R}^{2n}} f(x,y)U(x,y)\,dxdy$$

を対応させることが $\mathcal{W}$ の*表現となるように $L^1(\mathbb{R}^{2n})$ における積と*演算を定めたものである．具体的には，

$$\begin{aligned}
\int_{\mathbb{R}^{2n}} f(x',y')U(x',y')\,dx'dy' \int_{\mathbb{R}^{2n}} g(x'',y'')U(x'',y'')\,dx''dy''& \\
= \int_{\mathbb{R}^{2n}} (fg)(x,y)U(x,y)\,dxdy&, \\
\int_{\mathbb{R}^{2n}} \overline{f(x,y)}U(-x,-y)\,dxdy = \left(\int_{\mathbb{R}^{2n}} f(x,y)U(x,y)\,dxdy\right)^*& \\
= \int_{\mathbb{R}^{2n}} f^*(x,y)U(x,y)\,dxdy&
\end{aligned}$$

の両辺を比べて，

$$\begin{aligned}
(fg)(x,y) &= \int_{\mathbb{R}^{2n}} e^{i(x'y-xy')/2} f(x',y')g(x-x',y-y')\,dx'dy', \\
f^*(x,y) &= \overline{f(-x,-y)}, \qquad f,g \in L^1(\mathbb{R}^{2n})
\end{aligned}$$

のように定める．

問 12.8　上の演算で $L^1(\mathbb{R}^{2n})$ がバナッハ*環となることを確かめよ．

群のユニタリー表現と群環の*表現との対応がここでも成り立つ．

命題 12.15　バナッハ*環 $\mathcal{W}$ の*表現とワイル環 $\mathbb{C}e^{iV}$ の連続な*表現 $e^{i(x,y)} \mapsto U(x,y)$ とは，上の関係により対応し合う．

さて，$\alpha > 0$ に対して $h_\alpha(x,y) = e^{-(x^2+y^2)/4\alpha}$ とおき，上の積の定義で $f = h_\alpha$, $g = h_\beta$ の場合をガウス積分により計算すると，

$$(h_\alpha h_\beta)(x,y) = \left(\frac{4\pi\alpha\beta}{\alpha+\beta}\right)^n \exp\left(-\frac{x^2+y^2}{4\gamma}\right), \quad \gamma = \frac{\alpha+\beta}{1+\alpha\beta}$$

となる．これから $\gamma \geq 1$ に対しては，$\gamma = (\alpha + \alpha^{-1})/2$ $(\beta^{-1} = \alpha > 0)$ と表すことで，$h_\gamma = h_\alpha^2 = h_{1/\alpha}^2 \geq 0$ がわかる．したがって，$\alpha \geq 1$ のとき $h_\gamma^{1/2} = h_\alpha \geq 0$ であり，$h_{1/\alpha} \neq h_\alpha$ $(\alpha > 1)$ は正元とならない．とくに $\alpha = \beta = 1$ とすると，

$$h(x, y) = \frac{1}{(2\pi)^n} e^{-(x^2+y^2)/4}$$

は射影元となる．von Neumann は，この射影元の極小性 $he^{i(xp+yq)}h = e^{-(|x|^2+|y|^2)/4}h$ を利用して，ワイル交換関係の既約表現の唯一性を導いた．ここで，$L^1(\mathbb{R}^{2n})$ の元 f と e^{ixp+yq} との積は，その表現と整合するように以下の如く定める．

$$\begin{aligned}
U(x, y)U(f) &= U(x, y) \int_{\mathbb{R}^{2n}} f(x', y')U(x', y')\, dx'dy' \\
&= \int_{\mathbb{R}^{2n}} f(x', y') e^{i(xy'-x'y)/2} U(x + x', y + y')\, dx'dy' \\
&= \int_{\mathbb{R}^{2n}} f(x' - x, y' - y) e^{i(xy'-x'y)/2} U(x', y')\, dx'dy'
\end{aligned}$$

であるように，

$$\begin{aligned}
(e^{i(xp+yq)} f)(s, t) &= e^{i(xt-sy)/2} f(s - x, t - y), \\
(f e^{i(xp+yq)})(s, t) &= e^{i(sy-xt)/2} f(s - x, t - y).
\end{aligned}$$

これは形式的にはデルタ関数とのたたみ込み積の形になっており，結合法則および*演算に関して期待通りの関係を満たす．例えば，

$$\begin{aligned}
(e^{i(xp+yq)} f) e^{i(x'p+y'q)} &= e^{i(xp+yq)} (f e^{i(x'p+y'q)}), \\
(e^{i(xp+yq)} f)^* &= f^* e^{-i(xp+yq)}
\end{aligned}$$

などの等式が成り立つ．

さて，h の正体をつかむために，$z = (x + iy)/\sqrt{2}$, $w = (x' + iy')/\sqrt{2}$ というパラメータを導入して，

$$\begin{aligned}
&(e^{i(xp+yq)} h e^{i(x'p+y'q)})(s, t) \\
&\quad = e^{i(s(y'-y)-t(x'-x))/2} e^{i(x'y-xy')/2} h(s - x - x', t - y - y') \\
&\quad = \frac{1}{(2\pi)^n} e^{-((s-x-x')^2+(t-y-y')^2)/4} e^{i(s(y'-y)-t(x'-x))/2} e^{i(x'y-xy')/2}
\end{aligned}$$

を書き直すと，

$$\frac{1}{(2\pi)^n}e^{-(s^2+t^2)/4}e^{-(|z|^2+|w|^2)/2}\exp\left(\frac{s+it}{\sqrt{2}}\overline{z}+\frac{s-it}{\sqrt{2}}w-\overline{z}w\right)$$

のようになる．一方，$i(xp+yq)=za-\overline{z}a^*$ に注意して，

$$e^{i(xp+yq)}=e^{-|z|^2/2}e^{-\overline{z}a^*}e^{za}$$

という表示を使えば，

$$e^{-\overline{z}a^*}e^{za}he^{-\overline{w}a^*}e^{wa}=e^{(|z|^2+|w|^2)/2}e^{i(xp+yq)}he^{i(x'p+y'q)}$$

は

$$\frac{1}{(2\pi)^n}\exp\left(-\frac{s^2+t^2}{4}+\frac{s+it}{\sqrt{2}}\overline{z}+\frac{s-it}{\sqrt{2}}w-\overline{z}w\right)$$

という関数で表される．ここで，パラメータ z,w への解析的依存性を見比べると，$e^{-\overline{z}a^*}e^{za}he^{-\overline{w}a^*}e^{wa}$ は，z について反正則，w について正則であることから，$e^{za}he^{-\overline{w}a^*}=h$ および

$$(e^{-\overline{z}a^*}he^{wa})(s,t)=\frac{1}{(2\pi)^n}\exp\left(-\frac{s^2+t^2}{4}+\frac{s+it}{\sqrt{2}}\overline{z}+\frac{s-it}{\sqrt{2}}w-\overline{z}w\right)$$

がわかる[6)]．これから，h の極小性が次のように示される．

$$e^{|z|^2/2}he^{za}e^{-\overline{z}a^*}h=he^{za-\overline{z}a^*}h=e^{-|z|^2/2}he^{-\overline{z}a^*}e^{za}h=e^{-|z|^2/2}h,$$

すなわち，$h^2=h$ および $he^{i(xp+yq)}h=e^{-(x^2+y^2)/4}h$ である．のみならず，右辺に現れる係数が $e^{i(xp+yq)}$ の標準フォック状態 ω での値 $e^{-(|x|^2+|y|^2)/4}$ と一致することから，対応 $fhg\leftrightarrow\pi(f)|\omega^{1/2})(\omega^{1/2}|\pi(g)$ $(f,g\in\mathcal{W})$ により，$\mathcal{W}h\mathcal{W}$ は*部分環 $\pi(\mathcal{W})|\omega^{1/2})(\omega^{1/2}|\pi(\mathcal{W})\subset\mathcal{B}(\overline{\mathcal{W}\omega^{1/2}})$ と*同型である．ただし，π は $\mathcal{W}$ の標準フォック表現を表す．

さらに $h_{z,w}=e^{(|z|^2+|w|^2)/2}e^{-\overline{z}a+za^*}he^{wa-\overline{w}a^*}=e^{za^*}he^{wa}$ は，$L^1(\mathbb{R}^{2n})$ に値をとる $z,w\in\mathbb{C}^n$ の関数として正則である．ここで $h_{k,l}\in L^1(\mathbb{R}^{2n})$ を

$$h_{z,w}=\sum_{k,l\geq 0}\frac{1}{\sqrt{k!l!}}z^kw^lh_{k,l}$$

6) 全解析的な可積分関数全体からなる $\mathcal{W}$ の*部分環と e^{V+iV} との積が意味をもち，結合法則および*演算と整合的であることを使っている．

で定めると[7]，$(h_{k,l})_{k,l\geq 0}$ は $\mathcal{W}$ における行列単位を形成することが上の標準フォック表現との対応によりわかる．

そこで $\{h_{z,w}; z, w \in \mathbb{C}^n\}$ から生成された $L^1(\mathbb{R}^{2n})$ の部分空間が密であることが示されれば，行列単位から生成された*環 も $\mathcal{W}$ で L^1 ノルムに関して密となり，したがってその C*包はコンパクト作用素環 $\mathcal{C}(\overline{\mathcal{W}\omega^{1/2}})$ に*同型であることがわかる．実際に密であることは，$f \in L^\infty(\mathbb{R}^{2n}) = L^1(\mathbb{R}^{2n})^*$ が

$$0 = \int_{\mathbb{R}^{2n}} f(s,t) h_{z,w}(s,t)\, dsdt$$
$$= \frac{e^{zw}}{(2\pi)^n} \int f(s,t) e^{-(s^2+t^2)/4-(s+it)z/\sqrt{2}+(s-it)w/\sqrt{2}}\, dsdt$$

を満たすとき，$f(s,t)e^{-(s^2+t^2)/4}$ のフーリエ変換が恒等的に零であり $f = 0$ となることから従う．

定理 12.16　たたみ込みワイル環 $\mathcal{W}$ の C*包はコンパクト作用素環となり，ワイル型 CCR の連続な表現はフォック表現の膨らましとユニタリー同値である．

系 12.17　(Stone-von Neumann)　自由度が有限のワイル型 CCR の連続な既約表現はユニタリー同値を除いて一つしかない．

〈注意〉　ここでは，行列単位の具体的な構成を通じて $\mathcal{W}$ のコンパクト性を示したのであるが，可分 C*環が唯一の既約表現をもつことの帰結でもある（Naimark の問題の肯定的場合）．

12.4　自由状態と KMS 条件

自由状態 φ_S が，一径数群 $e^{itH} \in \mathrm{Aut}(V,\sigma)$ （$H = -\overline{H}$ は一径数群の生成作用素を象徴的に表す）の引き起こす CCR 環 $\mathcal{C}(V,\sigma)$ の自己同型群 (τ_t) に関して次の条件（KMS 条件の一部）を満たすとする：各 $x, y \in V$ に対して，$t \in \mathbb{R}$ の関数 $\varphi_S(x\tau_t(y)) = \varphi_S(x(e^{itH}y))$ は，帯領域 $-1 \leq \Im t \leq 0$ にまで解析的に延長され，等式 $\varphi_S(x\tau_t(y))|_{t=-i} = \varphi_S(yx)$ が成り立つ．

---

[7] 形式的には $h_{k,l} = \frac{1}{\sqrt{k!l!}}(a^*)^k h a^l$ と書かれ，$\frac{1}{\sqrt{k!l!}}(a^*)^k|\omega^{1/2})(\omega^{1/2}|a^l$ に対応する．

このとき，形式的な計算ながら，e^{itH} が S により具体的に表わされる様子を見ておこう．まず，等式 $\varphi_S(x\tau_t(y)) = \varphi_S(x(e^{itH}y))$ を $t = -i$ まで解析接続すれば，

$$\varphi_S(x(e^H y)) = \varphi_S(yx) \iff S(x^*, e^H y) = \overline{S}(x^*, y)$$

すなわち $\mathbf{S}e^H = \overline{\mathbf{S}} = 1 - \mathbf{S}$ であろうと期待される．この関係式は $\ker \mathbf{S} = 0 \iff \ker(1 - \mathbf{S}) = 0$ （このような S を非境界的[8]と呼ぶ）を要求し，逆にこの条件の下，

$$e^{itH} = \mathbf{S}^{-it}(1 - \mathbf{S})^{it}$$

という表式を導く．

そこで，非境界的な共分散形式 S に対して，ヒルベルト空間 $V_S^{\mathbb{C}}$ における一径数ユニタリー群を $e^{itH} = \mathbf{S}^{-it}(1 - \mathbf{S})^{it}$ で定めると，これは $V_S^{\mathbb{C}}$ における＊演算を保ち，したがって V_S の直交変換を与える．一方で，$\mathbf{S} - \overline{\mathbf{S}}$ と積交換することから，V_S 上の交代形式 σ_S を保つものであり，ワイル環 $\mathbb{C}e^{iV_S}$ の自己同型群 (τ_t) を定める．記号を簡単にするために，(V_S, σ_S) を改めて (V, σ) と書くことにしよう．

定理 12.18 非境界的な共分散形式 S が $V_S = V$ を満たすとき，ワイル環 $\mathbb{C}e^{iV}$ の自由状態 φ_S は上で定めた自己同型群 τ_t に関して KMS 条件を満たす：各 $x, y \in V$ に対して，$t \in \mathbb{R}$ の連続関数 $\varphi_S(e^{ix}\tau_t(e^{iy})) = \varphi_S(e^{ix}e^{ie^{itH}y})$ は帯領域 $-1 \leq \Im t \leq 0$ にまで解析的に延長され，等式 $\varphi_S(e^{ix}\tau_t(e^{iy}))|_{t=-i} = \varphi_S(e^{iy}e^{ix})$ が成り立つ．

証明　実ベクトル $x, y \in V$ に対して成り立つ等式

$$\varphi_S(e^{ix}e^{ie^{itH}y}) = \exp\left(-\frac{1}{2}S(x + e^{itH}y, x + e^{itH}y) - \frac{i}{2}\sigma(x, e^{itH}y)\right)$$

において，x, y が一径数ユニタリー群 e^{itH} に関して全解析的であれば，

$$-\frac{1}{2}(S(x,x) + S(y,y)) - \frac{1}{2}S(x, e^{itH}y) - \frac{1}{2}S(y, e^{-itH}x) - \frac{i}{2}\sigma(x, e^{itH}y)$$

8) 凸集合 $\mathrm{Cov}(V, \sigma)$ の境界点ではないという意味である．非退化 $\ker S = \{0\}$ とは異なる．

を解析的に $t=-i$ まで延長することで

$$-\frac{1}{2}(S(x,x)+S(y,y))-\frac{1}{2}S(x,e^{H}y)-\frac{1}{2}S(y,e^{-H}x)-\frac{i}{2}\sigma(x,e^{H}y)$$

を得る．これを $\varphi_S(e^{iy}e^{ix})$ の指数部分

$$-\frac{1}{2}(S(x,x)+S(y,y))-\frac{1}{2}S(x,y)-\frac{1}{2}S(y,x)+\frac{i}{2}\sigma(x,y)$$

と比較すると，その差は

$$\begin{aligned}
&S(x,e^{H}y)-S(x,y)+S(y,e^{-H}x)-S(y,x)+i\sigma(x,e^{H}y)+i\sigma(x,y)\\
&=\left(x,\frac{e^{H}-1}{1+e^{H}}y\right)_S+\left(y,\frac{e^{-H}-1}{1+e^{H}}x\right)_S+\left(x,\frac{1-e^{H}}{1+e^{H}}(e^{H}+1)y\right)_S\\
&=\left(x,\frac{1-e^{H}}{1+e^{H}}e^{H}y\right)_S+\left(\overline{\left(\frac{e^{-H}-1}{1+e^{H}}\right)}x^*,y^*\right)_S\\
&=\left(x,\frac{1-e^{H}}{1+e^{-H}}y\right)_S+\left(x,\frac{e^{H}-1}{1+e^{-H}}y\right)_S=0
\end{aligned}$$

のように無いことがわかるので，一致する．　□

系 12.19　自由状態 φ_S が $\overline{C^*(e^{iV})\varphi_S^{1/2}}=\overline{\varphi_S^{1/2}C^*(e^{iV})}$ を満たすための必要十分条件は，共分散形式 S が非境界的となることである．

証明　$\ker\mathbf{S}(1-\mathbf{S})\neq 0$ であれば，命題 12.2 と補題 12.13 により，GNS 表現 $\overline{C^*(e^{iV})\varphi_S^{1/2}}$ は，既約なテンソル因子を含むので，そのところで左右の表現の行き来が妨げられる．

一方，$\ker\mathbf{S}(1-\mathbf{S})=0$ であれば，定理 12.18 と補題 8.13 により，左右の GNS 表現空間が一致する．　□

上の系から，ワイル環の既約な自由状態がフォック状態に限ることがわかる．実際，$V_S=\ker\mathbf{S}(1-\mathbf{S})\oplus W$ と分解すると，φ_S は $\ker\mathbf{S}(1-\mathbf{S})$ の部分に由来するフォック状態と $W^{\mathbb{C}}$ の非境界的共分散形式 T（S の $W^{\mathbb{C}}$ への制限）に由来する自由状態 φ_T のテンソル積となるが，$W\neq\{0\}$ であれば，$\overline{C^*(e^{iW})\varphi_T^{1/2}}=\overline{\varphi_T^{1/2}C^*(e^{iW})}$ と定理 7.34(iii) により，φ_S の GNS 表現は既約とはなり得ない．

12.5 状態の正方化

交代形式空間 (V, σ) から作られたワイル C*環 $C^*(e^{iV})$ の普遍表現空間 $L^2(C^*(e^{iV}))$ について，そこでの $C^*(e^{iV})$ の双作用を $C^*(e^{iV}) \otimes C^*(e^{iV})^\circ = C^*(e^{i(V \oplus V^\circ)})$ の*表現に読み替えたものを π で表し，(V, σ) に伴う**正方表現** (quadrate representation) と呼ぶ．すなわち，

$$\pi(e^{i(v \oplus w^\circ)})\xi = e^{iv}\xi e^{iw}, \quad v, w \in V,\ \xi \in L^2(C^*(e^{iV}))$$

である．右辺に関して，次の等式が成り立つことに注意.

$$e^{iv}e^{iw}\xi e^{iw'}e^{iv'} = e^{-i(\sigma(v,w)-\sigma(v',w'))/2}e^{i(v+w)}\xi e^{i(v'+w')}, \quad v', w' \in V.$$

ワイル C*環 $C^*(e^{iV})$ の状態 φ に対して，

$$\Phi(x) = (\varphi^{1/2}|\pi(x)\phi^{1/2}), \quad x \in C^*(e^{i(V \oplus V^\circ)})$$

で与えられる $C^*(e^{i(V \oplus V^\circ)})$ の状態を φ の**正方化** (quadrature[9]) と呼ぶ.

非境界的な S について，φ_S の正方化を求めてみよう．この場合，φ_S の左右の GNS 空間が一致するので $L^2(S) = \overline{C^*(e^{iV})\varphi_S^{1/2}} = \overline{\varphi_S^{1/2}C^*(e^{iV})}$ と略記し，φ の左 GNS 表現から生成された von Neumann 環を M と書けば，系 12.19 により $\varphi_S^{1/2}$ は M の巡回かつ忠実なベクトルとなり，それに付随した倍率自己同型群 (τ_t) が意味をもつ.

一方，定理 12.18 により，$L^2(S)$ における一径数ユニタリー群 (u_t) を $u_t(e^{iv}\varphi_S^{1/2}) = e^{ie^{itH}v}\varphi_S^{1/2}$ $(v \in V)$ で定めるとき，$u_t(\cdot)u_t^*$ は M の自己同型群を与え，φ_S についての KMS 条件を満たすので，定理 8.15 により $\tau_t(x) = u_t x u_t^*$ $(x \in M)$ がわかる．この等式は，$u_t\varphi_S^{1/2} = \varphi_S^{1/2}$ であることから $\Delta^{it}\xi = u_t\xi$ $(\xi \in L^2(S))$ と言い換えられ，w が $e^{H/2}$ の定義域に属するとき $\varphi_S^{1/2}e^{iw} = \Delta^{1/2}(e^{iw}\varphi_S^{1/2}) = e^{ie^{H/2}w}\varphi_S^{1/2}$ が成り立つので，

$$\begin{aligned}
\Phi(e^{i(v \oplus w^\circ)}) &= (\varphi_S^{1/2}|e^{iv}\varphi_S^{1/2}e^{iw}) = (\varphi_S^{1/2}|e^{ix}e^{ie^{H/2}w}\varphi_S^{1/2}) \\
&= e^{-i\sigma(v, e^{H/2}w)/2}\varphi_S(e^{i(v+e^{H/2}w)}) \\
&= e^{-i\sigma(v, e^{H/2}w)/2}e^{-S(v+e^{-H/2}w, v+e^{H/2}w)/2}
\end{aligned}$$

---

9) purification とも呼ばれる．標準表現としての双作用を左作用に読み替えたものである.

がわかる．右辺の指数部分を取り出し -2 倍したものは

$$\begin{aligned}S(v, e^{H/2}w) &- \overline{S}(v, e^{H/2}w) + S(v + e^{-H/2}w, v + e^{H/2}w)\\ &= S(v, e^{H/2}w) - S(e^{-H/2}w, v) + S(v + e^{-H/2}w, v + e^{H/2}w)\\ &= 2(v, \sqrt{\mathbf{S}\overline{\mathbf{S}}}w)_S + (v, \mathbf{S}v)_S + (w, \overline{\mathbf{S}}w)_S\\ &= S(v, v) + \sqrt{S\overline{S}}(v, w) + \sqrt{S\overline{S}}(w, v) + \overline{S}(w, w)\end{aligned}$$

となる．最後の行では，正形式の幾何平均を用いて $(v, \sqrt{\mathbf{S}\overline{\mathbf{S}}}w)_S = \sqrt{S\overline{S}}(v, w)$ と表した．そこで $(V \oplus V^\circ)^{\mathbb{C}}$ 上の正形式を

$$P(v \oplus w^\circ, v' \oplus (w')^\circ) = S(v, v') + \sqrt{S\overline{S}}(v, w') + \sqrt{S\overline{S}}(w, v') + \overline{S}(w, w')$$

で導入すると，P は交代形式空間 $V \oplus V^\circ$ における共分散形式であり，等式

$$\Phi(e^{i(v \oplus w^\circ)}) = e^{-P(v \oplus w^\circ, v \oplus w^\circ)/2}$$

が $w \in D(e^{H/2}) \cap V$ という制限の下でまず成り立ち，両辺が半内積 $S + \overline{S}$ に関して連続であることから，一般の $w \in V$ についても正しいことがわかる．かくして Φ は，共分散形式 P をもった自由状態であることが確かめられた．

一般の（非境界的と限らない）共分散形式 S に対しても，上の式で定められた $(V \oplus V^\circ)^{\mathbb{C}}$ 上の共分散形式 P を S の**正方化**と呼ぶ．

次に，S 自身がフォック形式すなわち $\mathbf{S}(1 - \mathbf{S}) = 0$ であるとして，φ_S の正方化を求めてみると，

$$(\varphi_S^{1/2}|e^{iv}\varphi_S^{1/2}e^{iw}) = \varphi_S(e^{iv})\varphi_S(e^{iw}) = e^{-\frac{1}{2}(S(v,v)+S(w,w))} = e^{-\frac{1}{2}P(v \oplus w^\circ, v \oplus w^\circ)}$$

であることから，やはり S の正方化 P を共分散形式とする自由状態（フォック状態）である．

一般の S については，$V_S^{\mathbb{C}}$ における $\mathbf{S}$ のスペクトルを $\{0, 1\}$ とそれ以外に分け，上で調べた2つの場合のテンソル積に帰着させることで次を得る．

定理 12.20　交代形式空間 $V^{\mathbb{C}}$ の共分散形式 S に対して，その正方化を $P \in \mathrm{Cov}(V \oplus V^\circ)$ で表すとき，ワイル環 $\mathbb{C}e^{iV}$ の自由状態 φ_S の正方化は，φ_P に一致する．

系 12.21　正方化形式 P の定める $\mathbb{C}e^{i(V \oplus V^\circ)}$ の自由状態から作られる GNS 表現を π とするとき，可換子環 $\pi(e^{i(V \oplus 0)})'$ は $\pi(e^{i(0 \oplus V^\circ)})$ で生成される．

クリフォード環の場合，共分散作用素の正方化はフォック射影となるのであった．ワイル環については次が成り立つ．

命題 12.22 交代形式空間 $V^{\mathbb{C}}$ の共分散形式 S の正方化 P について，$(V \oplus V^\circ)_P^{\mathbb{C}}$ における P の表示作用素を $\mathbf{P}$, $V_S^{\mathbb{C}}$ における S の表示作用素を $\mathbf{S}$ とするとき，$\sigma(\mathbf{P}) \subset \{0, 1/2, 1\}$ であり，$\ker(\mathbf{P} - 1/2)$ と $\ker(\mathbf{S} - 1/2)$ との間には自然な同型が存在する．

とくに $\ker(\mathbf{S} - 1/2) = \{0\}$ であれば，P はフォック形式である．

証明 まず，S の $V_S^{\mathbb{C}}$ への拡張の正方化を自然な写像 $(V \oplus V^\circ)^{\mathbb{C}} \to (V_S \oplus V_S^\circ)^{\mathbb{C}}$ により引き戻したものが P であることから，$V_S = V$ の場合を調べれば十分である．さて，$\mathbf{S}$ の射影値スペクトル測度を $e(\cdot)$ とすれば，これは閉区間 $[0,1]$ で支えられるので，

$$\mathbf{S} = \int_{[0,1]} s\, e(ds), \quad \overline{\mathbf{S}} = \int_{[0,1]} (1-s)\, e(ds),$$

により，P および $P + \overline{P}$ のヒルベルト空間 $V_S^{\mathbb{C}} \oplus V_S^{\mathbb{C}}$ における作用素表示

$$\int \begin{pmatrix} s & \sqrt{s(1-s)} \\ \sqrt{s(1-s)} & 1-s \end{pmatrix} e(ds), \quad \int \begin{pmatrix} 1 & 2\sqrt{s(1-s)} \\ 2\sqrt{s(1-s)} & 1 \end{pmatrix} e(ds)$$

を得る．2つ目の表示に現れる行列の固有値が $1 \pm 2\sqrt{2(1-s)}$ であることに注意して，$V_S^{\mathbb{C}}$ を $e(\{1/2\})V_S^{\mathbb{C}} = \ker(\mathbf{S} - 1/2)$ とその直交補空間に分解することで，$V_S^{\mathbb{C}} \oplus V_S^{\mathbb{C}}$ を2つの部分に分けて考えると，前者は，$S = \overline{S}$ と完全に退化した場合で，$P = \overline{P}$ は $P(v \oplus w^\circ, v \oplus w^\circ) = S(v+w, v+w)$ となり，線型写像 $V \oplus V^\circ \ni v \oplus w^\circ \mapsto v + w \in V$ から同型 $(V \oplus V^\circ)_P \cong V_S$ が引き起こされる．またこれをベクトル群の準同型と思ったとき，それに伴う群環の*準同型 $C^*(e^{i(V \oplus V^\circ)}) \to C^*(e^{iV})$ によるガウス測度 φ_S の引き戻しが φ_P であること及び $(V \oplus V^\circ)_P \cong V_S$ を意味する．このことはまた，状態の正方化の定義が $e^{iv}\varphi_S^{1/2}e^{iw} = e^{i(v+w)}\varphi_S^{1/2}$ のようになることと符丁する．

次に後者の場合であるが，$P + \overline{P}$ が $(V_S \oplus V_S^\circ)^{\mathbb{C}}$ の上で非退化であることに注意して，$V_S^{\mathbb{C}}$ の密部分空間 を

$$D = \bigcup_{\epsilon > 0} e\Big([0,1] \setminus \Big(\frac{1}{2} - \epsilon, \frac{1}{2} + \epsilon\Big)\Big) V_S^{\mathbb{C}}$$

で定め，$(D \oplus D^\circ)^{\mathbb{C}} \subset (V \oplus V^\circ)^{\mathbb{C}}_P$ の上で，$\mathbf{P}, \overline{\mathbf{P}}$ が 行列値関数

$$\begin{pmatrix} 1 & 2\sqrt{s(1-s)} \\ 2\sqrt{s(1-s)} & 1 \end{pmatrix}^{-1} \begin{pmatrix} s & \sqrt{s(1-s)} \\ \sqrt{s(1-s)} & 1-s \end{pmatrix} = \frac{1}{2s-1} \begin{pmatrix} \sqrt{s} \\ -\sqrt{1-s} \end{pmatrix} \begin{pmatrix} \sqrt{s} & \sqrt{1-s} \end{pmatrix}$$

$$\begin{pmatrix} 1 & 2\sqrt{s(1-s)} \\ 2\sqrt{s(1-s)} & 1 \end{pmatrix}^{-1} \begin{pmatrix} 1-s & \sqrt{s(1-s)} \\ \sqrt{s(1-s)} & s \end{pmatrix} = \frac{1}{2s-1} \begin{pmatrix} -\sqrt{1-s} \\ \sqrt{s} \end{pmatrix} \begin{pmatrix} \sqrt{1-s} & \sqrt{s} \end{pmatrix}$$

$(s \in [0,1] \setminus \{1/2\})$ のスペクトル積分（掛算作用素）で表され，さらにこの 2 つの行列の積が零となることから，$\mathbf{P}$ のスペクトルが $\{0,1\}$ に一致する．　□

問 12.9　正行列 $\begin{pmatrix} 1 & 2\sqrt{s(1-s)} \\ 2\sqrt{s(1-s)} & 1 \end{pmatrix}$ の定める内積に関して，行列 $\begin{pmatrix} s & \sqrt{s(1-s)} \\ -\sqrt{s(1-s)} & -(1-s) \end{pmatrix}$ がエルミートであることを確かめよ．

第 13 章

可換子定理

自由場の局所（反）可換性を保証する量子環のフォック表現に関する荒木の可換子定理を CAR と CCR に分けて紹介する．

13.1　CAR の場合

標準対称形式空間 $K \oplus K^*$ の標準フォック射影 e に伴うクリフォード C*環 $C^*(\mathrm{Re}(K \oplus K^*))$ のフォック状態を ω で，フォック表現を π で表す．例 10.18 で見たように，GNS 空間 $\mathcal{H} = \overline{C^*(\mathrm{Re}(K \oplus K^*))\omega^{1/2}}$ は自然に反対称フォック空間 $e_2^\wedge(K)$ と同一視され，π は左からの積により実現されるのであった．

実部分空間 $V \subset \mathrm{Re}(K \oplus K^*)$ に対して，その直交補空間 $V^\perp \subset \mathrm{Re}(K \oplus K^*)$ と V は $C^*(\mathrm{Re}(K \oplus K^*))$ において反交換するのであるが，これに偶奇の修正を施すことで，$\pi(C^*(V))'$ を $\pi(C^*(V^\perp))''$ と結びつけることができる．そのために，$\mathcal{H}$ におけるパリティ作用素 Π を使い，$C^*(\mathrm{Re}(K \oplus K^*))$ の $\mathcal{H}$ における表現 π' を

$$\pi'(\xi) = i\pi(\xi)\Pi, \quad \xi \in K$$

で定める．これが実際に $C^*(\mathrm{Re}(K \oplus K))$ の表現を与えることは，$\pi'(\xi)^* = \pi'(\xi^*)$ および $\pi'(\xi)$ $(\xi \in K)$ が K 上の CAR を満たすことからわかる．さらに，$\Pi\omega^{1/2} = \omega^{1/2}$ および $\Pi\pi(v)\Pi = -\pi(v)$ $(v \in K \oplus K^*)$ に注意すれば，

$$\pi'(0 \oplus K^*)\omega^{1/2} = 0, \quad [\pi(V), \pi'(V^\perp)] = 0,$$

$$\pi'(\eta_1 \cdots \eta_n)\omega^{1/2} = i^{n^2}\eta_1 \cdots \eta_n\omega^{1/2}, \quad \eta_1, \ldots, \eta_n \in K^{\mathbb{C}}$$

もわかる．

定理 13.1 対称形式空間 $K \oplus K^*$ の実部分空間 $V \subset \mathrm{Re}(K \oplus K^*)$ に対して，

$$\pi(V)' = \pi'(V^\perp)''$$

が成り立つ．

系 13.2 V, W を $\mathrm{Re}(K \oplus K^*)$ の閉部分空間とするとき，

$$\pi(V)'' \cap \pi(W)'' = \pi(V \cap W)''.$$

証明 左辺の可換子である $\pi(V)' \vee \pi(W)'$ を定理の等式により書き直すと，

$$\pi'(V^\perp)'' \vee \pi'(W^\perp)'' = \pi'(V^\perp + W^\perp)'' = \pi((V^\perp + W^\perp)^\perp)' = \pi(V \cap W)'$$

となるので，この可換子からわかる． □

可換子定理において，$\pi(v)$ は $v \in V$ のノルムに関して連続であるから，V は閉部分空間としてよい．そこで，$V^{\mathbb{C}} \subset K \oplus K^*$ への射影を f で表し，e と f に角作用素表示（付録 D）を適用する．中心元 $0 \leq (e-f)^2 \leq 1$ の複素共役は，

$$(\overline{e} - f)^2 = (1 - e - f)^2 = 1 - e - f + ef + fe = 1 - (e - f)^2$$

のように e の性質が遺伝する．以下 $c = 1 - (e-f)^2$ と書くことにする．上の等式から $\overline{c} = 1 - c$ であり，$[\ker c] = e \wedge (1-f) + (1-e) \wedge f$, $[\ker(1-c)] = e \wedge f + (1-e) \wedge (1-f)$ が成り立つ．

最初に $\ker(c\overline{c}) = \{0\}$ である場合を調べよう．極分解 $(1-f)ef = u|(1-f)ef|$ における部分等長 u と正部分は

$$|(1-f)ef| = f\sqrt{c\overline{c}}, \quad u|(1-f)ef|u^* = (1-f)\sqrt{c\overline{c}}$$

を満たすのであった．そこで仮定 $\ker(c\overline{c}) = 0$ を使えば，$u^*u = f, uu^* = 1-f$ がわかる．また極分解の式において複素共役をとると，

$$\overline{u}\sqrt{c\overline{c}} = (1-f)(1-e)f = -(1-f)ef = -u\sqrt{c\overline{c}}$$

となるので，分解の唯一性から $\overline{u} = -u$ がわかる．

さらに $e = fef + fe(1-f) + (1-f)ef + (1-f)e(1-f)$ というブロック分解から，

$$e = \begin{pmatrix} fc & f\sqrt{c\overline{c}}u^* \\ uf\sqrt{c\overline{c}} & (1-f)\overline{c} \end{pmatrix} = \begin{pmatrix} f & 0 \\ 0 & u \end{pmatrix} \begin{pmatrix} fc & f\sqrt{c\overline{c}} \\ f\sqrt{c\overline{c}} & f\overline{c} \end{pmatrix} \begin{pmatrix} f & 0 \\ 0 & u^* \end{pmatrix}$$

という行列表示を得る．

ここで $fef = fc$ の $V^{\mathbb{C}}$ への制限を C と書けば，C は $V^{\mathbb{C}}$ の共分散作用素を与え，その正方化を E とすれば，E およびその複素共役 $\overline{E}$ は

$$E = \begin{pmatrix} fc & f\sqrt{c\overline{c}} \\ f\sqrt{c\overline{c}} & f\overline{c} \end{pmatrix}, \quad \overline{E} = \begin{pmatrix} f\overline{c} & -f\sqrt{c\overline{c}} \\ -f\sqrt{c\overline{c}} & fc \end{pmatrix}$$

と行列表示される．ここで，$V^{\mathbb{C}} \oplus V^{\mathbb{C}} = (V \oplus \sqrt{-1}V)^{\mathbb{C}}$ における複素共役は $\overline{v \oplus w} = v^* \oplus -w^*$ であることに注意する．

さて，$\begin{pmatrix} f & 0 \\ 0 & u^* \end{pmatrix}$ を $K \oplus K^*$ から $V^{\mathbb{C}} \oplus V^{\mathbb{C}}$ へのユニタリー写像と見なせば，これは複素共役（*演算）を保ち，V を $V \oplus 0$ に，$V^{\perp}$ を $0 \oplus \sqrt{-1}V$ に，そして e を E に移すものであることがわかる．これにより，フォック表現 π をフォック状態 φ_E の定める GNS 表現に読み替えると，定理 11.12 により π を $L^2(C) = \overline{C(V)\varphi_C^{1/2}C(V)}$ における正方表現と同一視することで，$\pi(C^*(V \oplus 0))$ が $L^2(C)$ 上の左掛け算で実現される．

さらにまた，$v \in V$ と $\Xi \in L^2(C)$ に対して

$$\pi'(0 \oplus \sqrt{-1}v)\Xi = i\pi(0 \oplus \sqrt{-1}v)\Pi\Xi = -\Xi v$$

であることから，$\pi'(C^*(V^{\perp}))$ の方は右掛け算で実現され，標準表現における可換子定理により $\pi(V)'$ が $\pi'(V^{\perp})$ で生成される．以上で，$\ker(c\overline{c}) = \{0\}$ の場合に定理が正しいことが確かめられた．

次に，この制限を外した一般の場合を考える．K の閉部分空間 K_f, K_{1-f} を $(K \oplus 0) \cap V^{\mathbb{C}} = K_f \oplus 0$, $(K \oplus 0) \cap (V^{\mathbb{C}})^{\perp} = K_{1-f} \oplus 0$ により定め，$L = K \ominus (K_f + K_{1-f})$ とおく．すなわち，K_f, K_{1-f}, L はそれぞれ，射影 $e \wedge f$, $e \wedge (1-f)$, $e - (e \wedge f) - (e \wedge (1-f))$ に対応するものである．さらに，直交分解 $K = K_f + L + K_{1-f}$ に応じて $V = \mathrm{Re}(K_f \oplus K_f^*) + W$, $V^{\perp} = W^{\perp} + \mathrm{Re}(K_{1-f} \oplus K_{1-f}^*)$ のように直交分解する．ここで W は $\mathrm{Re}(L \oplus L^*)$ の閉部分空間である．

補題 13.3 $K = K_1 + K_2$ $(K_1 \perp K_2)$ と直交分解し，K_j のフォック状態を ω_j，フォック空間を $\mathcal{H}_j = \overline{C^*(\mathrm{Re}(K_j \oplus K_j^*))\omega_j^{1/2}}$ とし，$\mathcal{H}_j$ における $C^*(\mathrm{Re}(K_j \oplus K_j^*))$ のフォック表現を π_j，パリティ作用素を Π_j と書くとき，

$$U(\Pi_1 \otimes \Pi_2)U^* = \Pi, \quad U^*\pi(x_1)\pi'(x_2)U = \pi_1(x_1) \otimes \pi_2'(x_2)$$

$(x_j \in C^*(\mathrm{Re}(K_j \oplus K_j^*)))$ を満たすユニタリー写像 $U : \mathcal{H}_1 \otimes \mathcal{H}_2 \to \mathcal{H}$ が存在する．

証明 対応

$$U : \pi_1(x_1)\omega_1^{1/2} \otimes \pi_2'(x_2)\omega_2^{1/2} \mapsto \pi(x_1)\pi'(x_2)\omega^{1/2}, \quad x_j \in C^*(\mathrm{Re}K_j)$$

がノルムを保つことを示せばよい．

このことは，$\pi(x_1)$ と $\pi'(x_2)$ が積交換し $\pi(0 \oplus K_1^*)\omega^{1/2} = \{0\} = \pi'(0 \oplus K_2^*)\omega^{1/2}$ であることから，$x_1 = \xi_1 \cdots \xi_m$ と $x_2 = \eta_1 \cdots \eta_n$ (ただし，$\xi_1, \ldots, \xi_m \in K_1 \oplus 0$, $\eta_1, \ldots, \eta_n \in K_2 \oplus 0$)) に対してわかればよく（フォック状態の特徴付けと分極等式)，これは

$$\begin{aligned}\|\pi(x_1)\pi'(x_2)\omega^{1/2}\|^2 &= \omega(\eta_n^* \cdots \eta_1^* \xi_m^* \cdots \xi_1^* \xi_1 \cdots \xi_m \eta_1 \cdots \eta_n) \\ &= (\xi_1 \wedge \cdots \wedge \xi_m \wedge \eta_1 \wedge \cdots \wedge \eta_n | \xi_1 \wedge \cdots \wedge \xi_m \wedge \eta_1 \wedge \cdots \wedge \eta_n) \\ &= \det((\xi_i|\xi_j)) \det(\eta_k|\eta_l)) = \|\pi_1(x_1)\omega_1^{1/2}\|^2 \|\pi_2'(x_2)\omega_2^{1/2}\|^2\end{aligned}$$

のように確かめられる． □

この補題を二度使い分けて，定理の証明を完成させる．

(i) $K_f = \{0\}$ とし，$K_1 = L$, $K_2 = K_{1-f}$ に対して補題を適用する．まず，$\pi'(\eta) = i\pi(\eta)\Pi = U(\pi_1'(\eta) \otimes \Pi_2)U^*$ $(\eta \in W^\perp)$ の積としての $U^*\pi'(\eta_1) \cdots \pi'(\eta_n)U = \pi_1'(\eta_1 \cdots \eta_n) \otimes \Pi_2^n$ $(\eta_j \in W^\perp)$ に

$$U^*\pi'(\mathrm{Re}(K_{1-f} \oplus K_{1-f}^*))''U = 1 \otimes \pi_2'(\mathrm{Re}(K_{1-f} \oplus K_{1-f}^*))'' = 1 \otimes \mathcal{B}(\mathcal{H}_2)$$

を合わせると，

$$U^*\pi'(V^\perp)''U = U^*\pi'(W^\perp + \mathrm{Re}(K_{1-f} \oplus K_{1-f}^*))''U = \pi_1'(W^\perp)'' \otimes \mathcal{B}(\mathcal{H}_2)$$

がわかる．さらに，$\ker(c\bar{c}) = \{0\}$ の場合に定理が正しいことから，

$$\pi_1'(W^\perp)'' \otimes \mathcal{B}(\mathcal{H}_2) = \pi_1(W)' \otimes \mathcal{B}(\mathcal{H}_2) = (\pi_1(W) \otimes 1)' = U^*\pi(V)'U$$

となり，この場合も可換子定理が成り立つ．

(ii) $K_1 = K_f$, $K_2 = L + K_{1-f}$ に対して補題を適用する．$\pi(\mathrm{Re}(K_f \oplus K_f^*))'' = U(\mathcal{B}(\mathcal{H}_1) \otimes 1)U^*$ と $\eta \in W$ に対する等式

$$U^*\pi(\eta)U = -iU^*\pi'(\eta)\Pi U = -i(1 \otimes \pi_2'(\eta))(\Pi_1 \otimes \Pi_2) = \Pi_1 \otimes \pi_2(\eta)$$

および (i) で確かめた $\pi_2(W)'' = \pi_2'(W^\perp + \mathrm{Re}(K_{1-f} \oplus K_{1-f}^*))'$ から

$$\begin{aligned} U^*\pi(V)''U &= U^*\pi(\mathrm{Re}(K_f \oplus K_f^*) + W)''U = \mathcal{B}(\mathcal{H}_1) \otimes \pi_2(W)'' \\ &= \mathcal{B}(\mathcal{H}_1) \otimes \pi_2'(W^\perp + \mathrm{Re}(K_{1-f} \oplus K_{1-f}^*))' \\ &= (1 \otimes \pi_2'(V^\perp))' = U^*\pi'(V^\perp)'U \end{aligned}$$

となって，この場合も可換子定理が成り立つ．

13.2　CCR の場合

*ヒルベルト空間 $K \oplus K^*$ とその上の標準交代形式

$$\langle \xi \oplus \eta^*, \xi \oplus \eta^* \rangle = (\xi|\xi) - (\eta|\eta)$$

に伴うワイル環 $\mathbb{C}e^{i\mathrm{Re}(K \oplus K^*)}$ の標準フォック表現を π_K で表す．ここでは，$\mathrm{Re}(K \oplus K^*)$ の実部分空間 V に対して，$\{\pi_K(e^{iv}); v \in V\}$ によって生成されるフォン・ノイマン環 $R(V)$ と V との関係について調べよう．

定義から，$V \subset W$ ならば $R(V) \subset R(W)$ であり，$\pi_K(e^{iv})$ の $v \in \mathrm{Re}(K \oplus K^*)$ についての連続性から，$R(V) = R(\overline{V})$ となる．ここで $\overline{V}$ は，実ヒルベルト空間 $\mathrm{Re}(K \oplus K^*)$ の部分集合としての閉包を表す．

次に，標準交代形式に関する V の交代直交を

$$V' = \{v' \in \mathrm{Re}(K \oplus K^*); \langle v, v' \rangle = 0, \forall v \in V\}$$

で定め，V の**可換子**と呼ぶ．また，実ヒルベルト空間 $\mathrm{Re}(K \oplus K^*)$ における V の直交補空間を $V^\perp$ で表す．これは，複素ヒルベルト空間 $K \oplus K^*$ における直交補空間 $(V^{\mathbb{C}})^\perp$ の実部になっていて，$(V^{\mathbb{C}})^\perp = (V^\perp)^{\mathbb{C}}$ という関係が成り立つ．とくに，$(V^\perp)^\perp$ は V の内積に関する閉包 $\overline{V}$ に一致し，$(\overline{V})^{\mathbb{C}}$ は $V^{\mathbb{C}}$ の閉包となることに注意．

以下，$V^{\mathbb{C}}$ は $K \oplus K^*$ の標準交代形式を $V^{\mathbb{C}}$ に制限することで，交代形式空間とみなし，$K \oplus K^*$ の閉部分空間 $K \oplus 0, \overline{V}^{\mathbb{C}}, (V')^{\mathbb{C}}$ への射影をそれぞれ，e, f, f' で表す．複素共役に関して，$\overline{e} = 1 - e, \overline{f} = f, \overline{f'} = f'$ である．

命題 13.4 $\mathrm{Re}(K \oplus K^*)$ の実部分空間 V, W について以下が成り立つ．

(i) $V' = i(e - \overline{e})V^{\perp}$ であり，$f' = (e - \overline{e})(1 - f)(e - \overline{e})$ と表される．

(ii) $V'' = (V')' = \overline{V}$ であり，$V''' = V'$ となる．

(iii) $V \subset W$ ならば $W' \subset V'$．

(iv) $(V + W)' = V' \cap W'$．

(v) $(V \cap W)' = \overline{V' + W'}$．

証明 (i) は交代エルミート形式の作用素表示 $\langle x, y \rangle = (x|i(e - \overline{e})y)$ $(x, y \in K \oplus K^*)$ から即座にわかる．

(ii) は $(V')^{\mathbb{C}} = (e - \overline{e})(V^{\mathbb{C}})^{\perp}$ という表示を使えばよい．

(iii), (iv) は定義から，(v) は (ii) と (iv) から従う．(v) では，閉部分空間の代数的な和が閉とは限らないことに注意する． □

系 13.5 $R(V) = R(W) \iff \overline{V} = \overline{W}$ である．

証明 V, W は閉であるとしてよい．このとき，$V \neq W$ から $V' \neq W'$ が従うので，$w' \in W' \setminus V'$ があれば，$\langle v, w' \rangle \notin 2\pi i\mathbb{Z}$ となる $v \in V$ を用意することで，$\pi_K(e^{iv})\pi_K(e^{iw'}) = e^{-\langle v, w' \rangle}\pi_K(e^{iw'})\pi_K(e^{iv}) \neq \pi_K(e^{iw'})\pi_K(e^{iv})$ から $\pi_K(e^{iv}) \notin R(W)$ となる． □

部分空間の可換子については，$e^{iv}e^{iv'} = e^{iv'}e^{iv}$ $(v \in V,\ v' \in V')$ から $R(V') \subset R(V)'$ が従うのであるが，その逆も成り立つ．

定理 13.6 (荒木) $R(V)' = R(V')$ である．

系 13.7 閉部分空間 V に関して，$R(V)$ が因子環であるための必要十分条件は $V \cap V' = \{0\}$ となること．

証明 $R(V) \cap R(V)' = (R(V) \cup R(V'))' = R(V + V')' = R(V \cap V')$ よりわかる． □

もともとの証明は，可換子の元をフォック表現の特殊性に依拠して直接近似するという難解なものであるが，ここでは，$K \oplus K^*$ の標準フォック形式を $V^{\mathbb{C}}$ に制限して得られる共分散形式 S の正方化を再度 $K \oplus K^*$ の標準フォック形式に結びつけるという方針で示そう．

その際に枝葉の部分と本体の部分を分けて処理するために，次の簡単な仕組みを用意しておく．（主要部分のみを述べ，枝葉の処理については読者に委ねる．）

以下，とくに断らない限り V は閉部分空間すなわち $V = V''$ であるとする．

命題 13.8　ヒルベルト空間 K が互いに直交する閉部分空間 $K_j \subset K$ $(j = 1, 2)$ により $K = K_1 + K_2$ と分解され，$K_j \oplus 0 \subset K \oplus K^*$ への射影を e_j とするとき，$[e_j + \overline{e_j}, f] = 0$ が成り立つとする．そして，$V_j = (e_j + \overline{e_j})V \subset V$ の $\mathrm{Re}(K_j \oplus K_j^*)$ における交代直交を V_j' で表す．

このとき，$\pi_{K_j}(e^{iV_j})' = \pi_{K_j}(e^{iV_j'})''$ $(j = 1, 2)$ が成り立てば，$R(V)' = R(V')$ も成り立つ．

証明　作り方から，$V = V_1 + V_2$, $V' = V_1' + V_2'$ と直交分解される．一方で，フォック表現 π_K がフォック空間の自然なテンソル積分解 $e_2^{\vee}(K) = e_2^{\vee}(K_1) \otimes e_2^{\vee}(K_2)$ を通じて，

$$\pi_K(e^{ix_1}e^{ix_2}) = \pi_{K_1}(e^{ix_1}) \otimes \pi_{K_2}(e^{ix_2}) \quad (x_j \in \mathrm{Re}(K_j \oplus K_j^*))$$

のように因子分解されるので，

$$\begin{aligned} R(V)' &= (\pi_{K_1}(e^{iV_1}) \otimes \pi_{K_2}(e^{iV_2}))' = \pi_{K_1}(e^{iV_1})' \otimes \pi_{K_2}(e^{iV_2})' \\ &= \pi_{K_1}(e^{iV_1'})'' \otimes \pi_{K_2}(e^{iV_2'})'' = R(V'). \end{aligned}$$

□

さて e の部分射影 $e_1 = e \wedge f + e \wedge (1 - f)$ は f と積交換するので，$e_1(K \oplus K^*) = K_1 \oplus 0$ となる閉部分空間 K_1 とその直交補空間 $K_2 = K \ominus K_1$ に上の命題を適用すれば，可換子定理は，$e = e \wedge f + e \wedge (1 - f)$ の場合と，$e \wedge f + e \wedge (1 - f) = 0$ の場合のそれに帰着する．前者はさらに $e \wedge f = e$ の場合（$V^{\mathbb{C}} = K \oplus K^*$）と $e \wedge (1 - f) = e$ の場合（$V = \{0\}$）に分解されるので，$R(V)' = R(V')$ は Fock 表現の既約性 $\pi_K(e^{i\mathrm{Re}(K \oplus K^*)})' = \mathbb{C}$ に帰着する．

そこで以下では $e \wedge f = e \wedge (1 - f) = 0$ を仮定する．これの複素共役から $(1 - e) \wedge f = (1 - e) \wedge (1 - f) = 0$ でもあることに注意する．このように仮定

してもなお，標準的な交代形式の $V^{\mathbb{C}}$ への制限が退化部分をもつことは排除されておらず，その意味では十分に普通 (generic) でないことを指摘しておく．

いずれにせよ，ここでも e と f に角作用素の議論を適用することで，$(1-f)ef$ の極分解 $u|(1-f)ef|$ は，$c = 1-(e-f)^2$ という記号の下，

$$|(1-f)ef| = f\sqrt{c\overline{c}}, \quad u^*u = f, \quad uu^* = 1-f, \quad \overline{u} = -u$$

を満たし，

$$e = \begin{pmatrix} fc & f\sqrt{c\overline{c}}u^* \\ uf\sqrt{c\overline{c}} & (1-f)\overline{c} \end{pmatrix} = \begin{pmatrix} f & 0 \\ 0 & u \end{pmatrix} \begin{pmatrix} fc & f\sqrt{c\overline{c}} \\ f\sqrt{c\overline{c}} & f\overline{c} \end{pmatrix} \begin{pmatrix} f & 0 \\ 0 & u^* \end{pmatrix}$$

という行列表示が成り立つ．

$K \oplus K^*$ における標準的なフォック形式は射影 e で与えられるので，それを制限することで得られる $V^{\mathbb{C}}$ における共分散形式を S で表せば，$S + \overline{S}$ は，$e + \overline{e} = 1$ すなわち $K \oplus K^*$ の内積を $V^{\mathbb{C}} = f(K \oplus K^*)$ に制限したものに他ならない．したがって $V_S^{\mathbb{C}} = V^{\mathbb{C}}$ であり，S の作用素表示は $\mathbf{S} = fef = fc$ となる．そこで S の正方化を P とすれば，$v, w \in V^{\mathbb{C}}$ として，

$$P(v \oplus w^\circ, v \oplus w^\circ) = \begin{pmatrix} v \\ w^\circ \end{pmatrix}^* \begin{pmatrix} fc & f\sqrt{c\overline{c}} \\ f\sqrt{c\overline{c}} & f\overline{c} \end{pmatrix} \begin{pmatrix} v \\ w^\circ \end{pmatrix}.$$

以下，このような表示における右辺の作用素行列を $[P]$ と書くことにすれば，

$$[P + \overline{P}] = \begin{pmatrix} f & 2f\sqrt{c\overline{c}} \\ 2f\sqrt{c\overline{c}} & f \end{pmatrix}, \quad [P - \overline{P}] = \begin{pmatrix} (c-\overline{c})f & 0 \\ 0 & (\overline{c}-c)f \end{pmatrix}$$

となる．ここで，$V^{\mathbb{C}} \oplus V^{\mathbb{C}} = (V \oplus V^\circ)^{\mathbb{C}}$ における複素共役は $\overline{v \oplus w} = v^* \oplus w^*$ $(v, w \in V^{\mathbb{C}})$ であること，$P + \overline{P}$ の与える内積が $V^{\mathbb{C}} \oplus V^{\mathbb{C}}$ の自然な内積と異なることに注意する．内積のみならず位相も異なっていて，例えば

$$\ker[P + \overline{P}] = \{v \oplus -v; v \in \ker(2c-1)\}$$

である．

問 13.1 2 つの内積が同値であるための必要十分条件は，$1/2 \in \mathbb{R}$ のある近傍が c のスペクトルに含まれないことを示せ．

ここで，ユニタリー写像 $\begin{pmatrix} f & iu \end{pmatrix} : V^{\mathbb{C}} \oplus V^{\mathbb{C}} \ni v \oplus w \mapsto v + iuw \in K \oplus K^*$ が複素共役（*演算）を保つことに注意して $e, f, f' = (e - \overline{e})(1 - f)(e - \overline{e})$ を $\mathcal{B}(V^{\mathbb{C}} \oplus V^{\mathbb{C}})$ に移し換えると，

$$\begin{pmatrix} \sqrt{c}f \\ -i\sqrt{\overline{c}}f \end{pmatrix} \begin{pmatrix} \sqrt{c}f & i\sqrt{\overline{c}}f \end{pmatrix}, \quad \begin{pmatrix} f & 0 \\ 0 & 0 \end{pmatrix}, \quad \begin{pmatrix} 2if\sqrt{c\overline{c}} \\ f(\overline{c} - c) \end{pmatrix} \begin{pmatrix} -2if\sqrt{c\overline{c}} & f(\overline{c} - c) \end{pmatrix}$$

となる．そこで $V^{\mathbb{C}} \oplus V^{\mathbb{C}}$ の行列変換

$$\begin{pmatrix} a & b \\ c & d \end{pmatrix} : V^{\mathbb{C}} \oplus V^{\mathbb{C}} \to V^{\mathbb{C}} \oplus V^{\mathbb{C}}$$

で (i) 複素共役を保ち，(ii) $V^{\mathbb{C}} \oplus 0$ を $V^{\mathbb{C}}$ に移し，(iii) 上で移し換えた e を $[P]$ に引き戻すものを探してみよう．

条件 (i), (ii) は簡単で，$\overline{a} = a$, $\overline{b} = b$, $c = 0$, $\overline{d} = d$ となる．条件 (iii) を書き下すと，

$$\begin{pmatrix} a & b \\ 0 & d \end{pmatrix}^* \begin{pmatrix} fc & if\sqrt{c\overline{c}} \\ -if\sqrt{c\overline{c}} & f\overline{c} \end{pmatrix} \begin{pmatrix} a & b \\ 0 & d \end{pmatrix} = \begin{pmatrix} fc & f\sqrt{c\overline{c}} \\ f\sqrt{c\overline{c}} & f\overline{c} \end{pmatrix}$$

であるが，これを強めた条件として

$$\begin{pmatrix} \sqrt{c} & i\sqrt{\overline{c}} \end{pmatrix} \begin{pmatrix} a & b \\ 0 & d \end{pmatrix} = \lambda \begin{pmatrix} \sqrt{c} & \sqrt{\overline{c}} \end{pmatrix} \quad (\lambda \text{ は } |\lambda| = 1 \text{ なる複素数})$$

を課し，この複素共役である

$$\begin{pmatrix} \sqrt{\overline{c}} & -i\sqrt{c} \end{pmatrix} \begin{pmatrix} a & b \\ 0 & d \end{pmatrix} = \overline{\lambda} \begin{pmatrix} \sqrt{\overline{c}} & \sqrt{c} \end{pmatrix}$$

と併せることで $a = 1$, $b = 2\sqrt{c\overline{c}}$, $d = i(c - \overline{c})$ $(\lambda = 1)$ という解を得る．そこで，

$$T = \begin{pmatrix} f & 2f\sqrt{c\overline{c}} \\ 0 & if(c - \overline{c}) \end{pmatrix}$$

とおくと，これが条件 (i), (ii), (iii) をすべて満たす．

簡単な計算で確かめられる

$$\ker T = \{\xi \oplus -\xi; \xi \in V^{\mathbb{C}}, 2c\xi = \xi\}, \quad \ker T^* = \{0 \oplus \xi; \xi \in V^{\mathbb{C}}, 2c\xi = \xi\}$$

からもわかるように，$\ker(2c-1)$ は予め分けて処理すべきものであった．そこで遅ればせながら，今からそれを実行しよう．

まず $\ker(2c-1)$ が e および複素共役で不変な部分空間であることから $L \oplus L^*$ の形をしていることがわかり，さらにそれが f で不変であることから $V^{\mathbb{C}}$ が $L \oplus L^*$ とその直交補空間 $(K \oplus K^*) \ominus (L \oplus L^*)$ に関して直交分解される．そこで命題 13.8 が使えて，問題は $\ker(2c-1) = K \oplus K^*$ の場合と $\ker(2c-1) = \{0\}$ の場合に還元される．前者は別途処理することにして，後者の場合の処置を続けよう．

以下 $\ker(2c-1) = \{0\}$ という仮定の下，K および V, V' を性質の良い密部分空間で置き換えることで，$K \oplus K^*$ と $V^{\mathbb{C}} \oplus V^{\mathbb{C}}$ との対応関係を完全にし，それの自然な帰結として可換子定理の証明を完成させる．

具体的には，自然数 $n \geq 1$ に対して，$|c-\overline{c}|/2 = |c-1/2| \geq 1/n$ という条件で定められる c のスペクトル射影 g_n を考えると，g_n は n とともに増大し，恒等作用素に収束する．各 g_n は e, f と積交換する実射影 $(\overline{g_n} = g_n)$ であることから，閉部分空間の増大列 $K_n \subset K$，$V_n \subset V$ と $V'_n \subset V'$ を $g_n(K \oplus 0) = K_n \oplus 0$，$V_n = g_n V$ と $V'_n = g_n V'$ により定めることができる．また，この射影 g_n と積交換する作用素を g_n で切ったものを添え字 n を付けて $f_n = g_n f$ などと表すことにする．このとき，$T_n : V_n^{\mathbb{C}} \oplus V_n^{\mathbb{C}} \to V_n^{\mathbb{C}} \oplus V_n^{\mathbb{C}}$ は有界逆作用素

$$T_n^{-1} = \begin{pmatrix} f_n & 2if_n \frac{\sqrt{c_n \overline{c_n}}}{c_n - \overline{c_n}} \\ 0 & -if_n \frac{1}{(c_n - \overline{c_n})} \end{pmatrix}$$

を持ち，

$$T_n^{-1} \begin{pmatrix} 2if_n \sqrt{c_n \overline{c_n}} \\ f_n(\overline{c_n} - c_n) \end{pmatrix} = \begin{pmatrix} 0 \\ if_n \end{pmatrix}$$

$$\begin{pmatrix} -2if_n \sqrt{c_n \overline{c_n}} & f_n(\overline{c_n} - c_n) \end{pmatrix} \begin{pmatrix} V_n^{\mathbb{C}} \\ V_n^{\mathbb{C}} \end{pmatrix} = V_n^{\mathbb{C}}$$

となることから，$T_n^{-1} \begin{pmatrix} f_n \\ -iu_n^* \end{pmatrix} (V'_n)^{\mathbb{C}} = 0 \oplus V_n^{\mathbb{C}}$ である．

そこで $K_\infty = \bigcup_{n \geq 1} K_n$，$V_\infty = \bigcup_{n \geq 1} V_n$，$V'_\infty = \bigcup_{n \geq 1} V'_n$ とおくと，$\begin{pmatrix} f & iu \end{pmatrix} T$ は交代形式空間の同型 $\phi_n : V_\infty^{\mathbb{C}} \oplus V_\infty^{\mathbb{C}} \to K_\infty \oplus K_\infty^*$ を引き起こし，以下の性質をもつものであることがわかる．

(i) $V_\infty^{\mathbb{C}} \oplus 0$ を $V_\infty^{\mathbb{C}}$ に，$0 \oplus V_\infty^{\mathbb{C}}$ を $(V'_\infty)^{\mathbb{C}}$ に移す．

(ii) $V^{\mathbb{C}} \oplus V^{\mathbb{C}}$ におけるフォック形式 P の $V_\infty^{\mathbb{C}} \oplus V_\infty^{\mathbb{C}}$ への制限 P_∞ と $K \oplus K^*$ の標準フォック形式 E の $K_\infty \oplus K_\infty^*$ への制限 E_∞ を互いに移し合う．

(iii) $V_\infty^{\mathbb{C}} \oplus V_\infty^{\mathbb{C}}$ は内積 $P + \overline{P}$ に関して $V^{\mathbb{C}} \oplus V^{\mathbb{C}}$ で密．

(iv) $K_\infty \oplus K_\infty^*$ は $K \oplus K^*$ で密．

最後に，$\overline{C^*(e^{iV})\varphi_S^{1/2}C^*(e^{iV})}$ から $e_2^\vee(K)$ へのユニタリー写像を

$$\Phi : \pi_S(e^{i(v \oplus w^\circ)})\varphi_S^{1/2} \mapsto e^{i(v \oplus w^\circ)}\varphi_P^{1/2} \mapsto \pi_K(e^{i\phi(v \oplus w^\circ)})\omega^{1/2}, \quad v, w \in V_\infty$$

で定めると，Φ は π_S と π_K を取持ち，

$$\pi_K(e^{iV})' = \Phi\pi_S(e^{i(V \oplus 0)})'\Phi^* = \Phi\pi_S(e^{i(0 \oplus V)})''\Phi^* = \pi_K(e^{iV'})''$$

となって，めでたく証明が完了した．

問 13.2 複素ヒルベルト空間 K の下部構造としての実ベクトル空間に実内積を $(\xi|\eta)_{\mathbb{R}} = (\xi|\eta) + (\eta|\xi)$ で定めた実ヒルベルトを $K_{\mathbb{R}}$ で表そう．対応 $K \ni \xi \mapsto \xi \oplus \xi^* \in \mathrm{Re}(K \oplus K^*)$ により，$K_{\mathbb{R}}$ は $\mathrm{Re}(K \oplus K^*)$ と自然に等長同型であり，$K_{\mathbb{R}}^{\mathbb{C}}$ は $K \oplus K^*$ に*同型となる．この対応の下，K において $i \in \mathbb{C}$ を掛ける操作は $K \oplus K^*$ では直交変換 $i(e - \overline{e})$ により表されることを示せ．

〈注意〉 (i) 標準交代形式空間という枠の中で議論するにしても，位相を標準的なものに限定することは自然ではない．ここが CAR の場合と根本的に異なる点で，その解析的取り扱いに大きな違いが生じるにもかかわらず代数的類似性が成り立つことは注目に値する．

(ii) 文献によっては，$K_{\mathbb{R}}$ および $K \oplus K^*$ を表に出さず，K の実部分空間という形で*部分空間とその実部を論じることがしばしばなされる．これは，$i(e - \overline{e})$ という重要な直交変換が K における i 倍で表せる等の記号の節約になる利点がある一方で，自然な位相が存在しないという事実あるいは実線型作用素スペクトル分解の扱いが曖昧になりがちな点には注意を要する．

13.3 可換部分空間

可換子定理の証明の過程で触れたように，$s = 1/2$ という例外処理が必要であった．ここではそれをフォック表現の極大可換部分環と併せて調べる．記号

は，前節のものをそのまま使用する．

標準交代形式空間 $K \oplus K^*$ の*部分空間 $V^{\mathbb{C}}$ とその実部 V が $V \subset V'$ を満たすとき，V あるいは $V^{\mathbb{C}}$ は**可換**[1] (commutative) であると呼ぶ．これは，$V \subset V'$ という条件とワイル環 $\mathbb{C}e^{iV}$ の可換性が同値であることに因む．

可換子の表示 $V' = i(e - \overline{e})V^{\perp}$ により，V が可換であることは直交関係 $V \perp i(e - \overline{e})V$ が成り立つことと同値である．このことと，$i(e - \overline{e})$ が $(i(e - \overline{e}))^2 = -1$ なる直交変換を表すことから，次がわかる．

命題 13.9 可換部分空間 V について，次は同値．

(i) $V' = V$ である．

(ii) V は可換部分空間の中で極大である．

(iii) $V + i(e - \overline{e})V = \mathrm{Re}(K \oplus K^*)$ である．

また，予め与えられた可換部分空間を含む極大可換部分空間が常に存在する．

問 13.3 命題 13.9 の証明を詳しく述べよ．

〈注意〉 ここでの複素空間 K は，もともと正準変数 p, q の複素変数版ということで現れたものであるが，極大可換部分空間 V を q 変数と同定すれば，p 変数は $i(e - \overline{e})V$ という形で復活するという関係になっている．

さて $\mathrm{Re}(K \oplus K^*)$ の閉部分空間 V に関する極大可換性は，$c = 1/2$ とも言い換えられる．実際，行列表示

$$\begin{pmatrix} f \\ -iu^* \end{pmatrix} (e - \overline{e})(1 - f)(e - \overline{e}) \begin{pmatrix} f & iu \end{pmatrix} = \begin{pmatrix} 4fc\overline{c} & 2if(\overline{c} - c)\sqrt{c\overline{c}} \\ -2if(\overline{c} - c)\sqrt{c\overline{c}} & f(\overline{c} - c)^2 \end{pmatrix}$$

が $\begin{pmatrix} f \\ -iu^* \end{pmatrix} f \begin{pmatrix} f & iu \end{pmatrix} = \begin{pmatrix} f & 0 \\ 0 & 0 \end{pmatrix}$ に一致する条件を書き下すと $f(\overline{c} - c) = 0$ であり，これは $ufu^* = 1 - f$ により $c = \overline{c}$ と同値である．

補題 13.10 $V' = V$ のとき，$\overline{e^{iV}\omega^{1/2}} = e_2^{\vee}(K)$ である．とくに，$\pi_K(e^{iV})' = \pi_K(e^{iV})''$ が成り立つ．

証明 まず，$c = 1/2$ より，

---

[1] 等方的 (isotropic) ともいう．

$$e = \begin{pmatrix} f & iu \end{pmatrix} \begin{pmatrix} \frac{1}{2} & \frac{i}{2} \\ -\frac{i}{2} & \frac{1}{2} \end{pmatrix} \begin{pmatrix} f \\ -iu^* \end{pmatrix} = \frac{1+u+u^*}{2}$$

であり，$e - \overline{e} = u + u^*$ に注意する．

さて問題は，$\xi \oplus \xi^* \in V^\perp$ となる $0 \neq \xi \in K$ について，$e^{i(\xi\oplus\xi^*)}\omega^{1/2}$ が $\mathbb{C}e^{iV}\omega^{1/2}$ のベクトルで近似できればよい．

ここで，$p = \frac{1}{\sqrt{2}\|\xi\|}(\xi \oplus \xi^*) \in V^\perp$, $q = \frac{1}{\sqrt{2}\|\xi\|}(-i\xi \oplus i\xi^*) = -i(e - \overline{e})p = -iu^*p \in V$ とおくと，$\langle p, q \rangle = -i$ であり，次が成り立つ．

$$up = u^*q = 0, \quad u^*p = -iq,\ uq = -ip, \quad e(q - ip) = q - ip,\ e(q + ip) = 0.$$

そこで，直交補空間 $L = K \ominus \mathbb{C}(p + iq)$, $W = V \ominus \mathbb{R}q$ を導入し，

$$K = L + \mathbb{C}(p + iq), \quad V = W + \mathbb{R}q$$

と直交分解すると，自然な同一視 $e_2^\vee(K) = e_2^\vee(\mathbb{C}(p + iq)) \otimes e_2^\vee(L)$ および

$$\pi_K(e^{ix}e^{iy}) = \pi_{\mathbb{C}(p+iq)}(e^{ix}) \otimes \pi_L(e^{iy}) \quad (x \in \mathbb{R}p + \mathbb{R}q,\ y \in \mathrm{Re}(L \oplus L^*))$$

という表示により，近似性は $K = \mathbb{C}(p + iq)$ の場合に還元される．

この自由度 1 の場合はシュレーディンガー表現の下，ベクトル $e^{itq}\omega^{1/2}$ の関数表示である $e^{itx}\pi^{-1/4}e^{-x^2/2}$ とすべての $t \in \mathbb{R}$ に対して直交する $L^2(\mathbb{R})$ の元 h が 0 に限ることを言えばよい．これは，$e^{-x^2/2}h(x) \in L^1(\mathbb{R})$ のフーリエ変換が 0 となることから従う． □

付録A

関数解析の諸結果から

関数解析の基本定理を結果のみ紹介する．多くの教科書で取り上げられる内容でもあり，例えばRudin [25] にはすべてある．他に日合・柳 [3] も参考になる．

A.1 Hahn-Banach

定理 A.1（Hahn-Banach） 複素半ノルム空間 V の部分空間 W の上で定義された線型汎関数 $\psi : W \to \mathbb{C}$ が不等式 $|\psi(w)| \leq \|w\|$ $(w \in W)$ を満たせば，ψ を拡張した線型汎関数 $\varphi : V \to \mathbb{C}$ で不等式 $|\varphi(v)| \leq \|v\|$ $(v \in V)$ を満たすものが存在する．

ここでは，複素ベクトル空間の場合に述べたが，実ベクトル空間についても同様のことが成り立ち，そちらがむしろ本質的である．その実ノルム空間の場合を書き直すことで，次の凸集合の分離定理を得る．

定理 A.2 実ノルム空間 V の閉凸集合 C と $v \in V \setminus C$ に対して，V 上の有界線型汎関数 φ で $\sup \varphi(C) < \varphi(v)$ となるものが存在する．

A.2 コンパクト凸集合

凸集合 C の**端点** (extremal point) とは，C 内の二点 $a \neq b$ の中点の形で書けない点をいう．端点とは訳されているが，極端な点の意味である．

定理 A.3 (Krein-Milman)　半ノルムの集まり $(|\cdot|_i)_{i\in I}$ により位相が定められた実ベクトル空間 V のコンパクト凸集合 C の端点全体を E で表せば，C は E の閉凸包に一致する．

バナッハ空間がらみのコンパクト凸集合としてよく利用されるのが，Tikhonov の定理の一形態としての次の結果である．

定理 A.4 (Banach-Alaoglu)　バナッハ空間 V の双対空間 V^* の単位球 $V_1^* = \{\varphi \in V^*; \|\varphi\| \leq 1\}$ は，弱*位相についてコンパクトである．

A.3　有界性定理

以下は，完備距離空間における Baire の絞り出し定理から導かれる．

定理 A.5 (Principle of Uniform Boundedness)　V をバナッハ空間，W をノルム空間とする．有界線型写像の集まり $\mathcal{B} \subset \mathcal{B}(V, W)$ に対して，

$$\sup\{\|Tv\|_W; T \in \mathcal{B}\} < \infty$$

がすべての $v \in V$ で成り立てば，

$$\sup\{\|T\|; T \in \mathcal{B}\} < \infty$$

である．(見かけ上弱い条件から強い条件がでる．)

系 A.6 (Banach-Steinhaus)　有界線型写像列 $T_n : V \to W$ に対して，各 $v \in V$ で $\{T_n v\}$ が収束するならば，

$$V \ni v \mapsto \lim_{n\to\infty} T_n v = Tv$$

は有界線型写像で，不等式 $\|T\| \leq \liminf_{n\to\infty} \|T_n\| < \infty$ が成り立つ．

定理 A.7 (開写像定理)　バナッハ空間 V からバナッハ空間 W への有界線型写像 T が全射であるならば，開集合の T による像は開集合である．

定理 A.8 (閉グラフ定理)　バナッハ空間 V からバナッハ空間 W への線型写像 T を用意する．点列 $\{v_n\}$, $\{Tv_n\}$ の極限に関する以下の条件について，条件 (i), (ii) から条件 (iii) が従うならば，T は有界である．

(i) $\lim_n v_n$ が存在する.

(ii) $\lim_n Tv_n$ が存在する.

(iii) $\lim_n Tv_n = T(\lim_n v_n)$ である.

付録B

バナッハ空間における極関係

バナッハ空間とその双対空間にまつわる相互関係について，本文で必要となる事項をまとめておく．

バナッハ空間 X の双対バナッハ空間を X^* で表し，これらの間の自然な対形式（＝非退化双線型形式）$\langle x, f\rangle = f(x)$ に伴う X の位相を弱位相，X^* の位相を弱*位相と呼ぶ．対形式に伴う位相であることから，これら弱い位相に関する双対空間は X あるいは X^* と同一視される．たとえば，X^* 上の線型汎関数 ϕ が半ノルム $|\langle x_1, f\rangle| + \cdots + |\langle x_n, f\rangle|$ $(x_j \in X)$ に関して連続であれば，ϕ は線型写像 $f \mapsto (\langle x_1, f\rangle, \cdots, \langle x_n, f\rangle)$ を経由して $\phi(f) = \lambda_1 f(x_1) + \cdots + \lambda_n f(x_n)$（$\lambda_j$ は f に依らないスカラー）と書かれるので，$\lambda_1 x_1 + \cdots + \lambda_n x_n \in X$ によって表される．

Hahn-Banach 定理の幾何学版により，X の凸部分集合 C について，そのノルム閉包 $\overline{C}$ は弱位相に関しても閉集合であり，C を含む閉半空間の共通部分として表される．X^* の凸部分集合 Γ については，弱*位相閉包が Γ を含む弱*閉半空間の共通部分として表される．なお X^* のノルム位相に関する閉部分空間が弱*位相に関して閉とは限らないことに注意する．例えば，$X = \mathcal{C}_1(\mathcal{H})$ のとき，$X^* = \mathcal{B}(\mathcal{H})$ のノルム閉部分空間 $\mathcal{C}(\mathcal{H})$ は弱*位相に関して閉じてない．

問 B.1　$X = C(K)$ のとき，可算集合で支えられた有限測度全体 $\ell^1(K)$ は，X^* のノルム閉な部分空間であるが，弱*位相に関しては X^* で密であることを示せ．

凸集合が 0 を含む場合には，対形式に関する**極集合** (polar set) の考えを使って次のように言い換えられる．部分集合 $S \subset X, \Sigma \subset X^*$ の極集合を

$$S^\circ = \bigcap_{x \in S} \{f \in X^*; \mathrm{Re}\langle x, f\rangle \leq 1\}, \quad \Sigma^\circ = \bigcap_{f \in \Sigma} \{x \in X; \mathrm{Re}\langle x, f\rangle \leq 1\}$$

で定める．極集合は 0 を含む凸閉集合である．

<u>問 B.2</u>　$\lambda S = S$ ($|\lambda| = 1$) のとき，$S^\circ = \bigcap_{x \in S}\{f \in X^*; |\langle x, f\rangle| \leq 1\}$ であり，S が部分空間のときは，$S^\circ = \{f \in X^*; f(x) = 0\ \forall x \in S\}$ であることを示せ．

定理 B.1（双極定理）　凸集合 $C \subset X, \Gamma \subset X^*$ が 0 を含めば，$C^{\circ\circ}$ は C の閉包 $\overline{C}$ に一致し，$\Gamma^{\circ\circ}$ は Γ の弱*位相に関する閉包に一致する．

証明　バナッハ空間あるいはその双対であることは本質的でなく，一般に対形式 $\langle\ ,\ \rangle : X \times Y \to \mathbb{C}$ があるとき，それから定まる弱位相に関して双極定理が成り立つ．極集合の定義から $\overline{C} \subset C^{\circ\circ}$ である．

逆を示すために $a \notin \overline{C}$ としよう．a の弱開近傍で C と重ならないものがあるので，それを $a + N$, $N = \{x \in X; |\langle x, y_j\rangle| < 1\}$ とする．番号を付け替えて，$\{y_1, \ldots, y_m\}$ が一次独立かつ，$y_j \in \sum_{k=1}^m \mathbb{C} y_k$ であるとしてよい．このとき，$\Phi : X \ni x \mapsto (\langle x, y_j\rangle)_{1 \leq j \leq m} \in \mathbb{C}^m$ なる線型写像を考えると，$\Phi(a+N)$ は $\Phi(a)$ を含む凸開集合であり，$\ker \Phi \subset N$ であることから，$\Phi(C) \cap \Phi(a+N) = \emptyset$ が成り立つ．したがって，$0 \in \Phi(C)$ に注意して Hahn-Banach により凸集合の分離を行えば，$(\lambda_j) \in \mathbb{C}^m$ で

$$\mathrm{Re}\Big(\sum \lambda_j z_j\Big) \leq 1\ ((z_j) \in \Phi(C)), \quad \mathrm{Re}\Big(\sum \lambda_j \langle a, y_j\rangle\Big) \geq 1 + \epsilon > 1$$

となるものが存在する．そこで，$y = \sum \lambda_j y_j$ とおけば，$\mathrm{Re}\langle c, y\rangle \leq 1$ ($c \in C$) すなわち $y \in C^\circ$ である一方，$\mathrm{Re}\langle a, y\rangle \geq 1 + \epsilon$ より，$a \notin C^{\circ\circ}$ がわかる．　□

系 B.2　さらに Γ が弱*コンパクトであれば，$f \in X^* \setminus \Gamma$ に対して，$\mathrm{Re}\, f(x) > \sup\{\mathrm{Re}\, g(x); g \in \Gamma\}$ となる $x \in X$ が存在する．

証明　弱*コンパクトという仮定から $\mathrm{Re}\, g(x)$ は $g \in \Gamma$ の関数として最大値を持つので，主張を否定すると，$\mathrm{Re}\, f(x) \leq \mathrm{Re}\, g(x)$ ($g \in \Gamma$, $x \in X$) となり，これから $f \in \Gamma^{\circ\circ} = \Gamma$ が従う．　□

双極定理の特別な場合として，X の弱位相に関する閉部分空間 Y と X^* の弱*位相に関する閉部分空間 Λ とは，極集合をとる操作により対応し合う．

命題 B.3　X の閉部分空間 Y に対して，その極 $Y^\perp$ は X^* の部分バナッハ空間として，商バナッハ空間 X/Y の双対空間 $(X/Y)^*$ と自然に同一視され，

$$\sup\{|\langle x, f\rangle|; f \in Y^\perp, \|f\| \leq 1\} = \inf\{\|x+y\|; y \in Y\}.$$

証明　前半は，$f \in Y^\perp$ と $x \in X, y \in Y$ についての明らかな不等式 $|f(x)| \leq \|f\|\,\|x+y\|$ と商ノルムの定義 $\|x+Y\| = \inf\{\|x+y\|; y \in Y\}$ から，$\|f\| = \sup\{|f(x)|; \|x+Y\| \leq 1\}$ となり，また，X/Y 上の有界線型汎関数 φ と商写像 $X \to X/Y$ により引き戻した X の有界線型汎関数を f で表せば，φ が $f \in Y^\perp$ によって表されることからわかる．

後半については，同じく $|\langle x, f\rangle| = |\langle x+y, f\rangle| \leq \|x+y\|$ において，最初に $y \in Y$ について下限を，次に $\|f\| \leq 1$ について上限をとれば，

$$\sup\{|\langle x, f\rangle|; f \in Y^\perp, \|f\| \leq 1\} \leq \inf\{\|x+y\|; y \in Y\} = \|x+Y\|.$$

一方，Hahn-Banach 定理により，$\varphi(x+Y) = \|x+Y\|$ となる $\varphi \in (X/Y)^*_1$ が存在するので，$f \in Y^\perp$ を $f(x) = \varphi(x+Y)$ により定めれば，$\|f\| \leq 1$ かつ $|\langle x, f\rangle| = \|x+Y\|$ となり，逆向きの不等式もわかる．□

系 B.4　バナッハ空間として $Y^* = X^*/Y^\perp$ である．

証明　後半の等式を，$(Y^\perp)^\perp = Y$ に注意して，X^* の閉部分空間 $Y^\perp$ に適用すれば $\|x^*|_Y\| = \|x^* + Y^\perp\|$ $(x^* \in X^*)$ がわかる．□

付録C

非有界作用素

極分解定理を中心に，本文で利用する結果をまとめておく．

C.1　閉作用素

内積空間の上では，微分作用素を始めとして有界でない作用素が普通に現れる．こういったものを扱う一般的な方法は，ソボレフ空間のようにベクトル空間の位相を通常の内積よりも強いもので補強し，ある意味有界化するというものであるが，もっとヒルベルト空間寄りの調べ方もあって，それが von Neumann の創始した閉（グラフ）作用素の理論である．内積との関係で言えば，エルミート共役の存在は欠かせないため，それを温存すれば必然的に作用素はヒルベルト空間全体で定義することができない．

ヒルベルト空間 $\mathcal{H}$ からヒルベルト空間 $\mathcal{K}$ への**非有界線型写像**[1] (unbounded linear map) とは，$\mathcal{H}$ の部分空間 D から $\mathcal{K}$ への線型写像 T のことをいう．D は T に依存することを強調して $D(T)$ のように書く．とくに $\mathcal{H} = \mathcal{K}$ であるものを $\mathcal{H}$ における**非有界作用素** (unbounded operator) と称する．非有界線型写像 $T : D(T) \to \mathcal{K}$ は，直和空間 $\mathcal{H} \oplus \mathcal{K}$ における非有界作用素の非対角成分と見なせるので，以下作用素について調べる．

非有界作用素の代数演算は定義域が異なることから色々と不自由であるが，2つの非有界作用素 S, T について，その和 $S + T$ と積 ST を

[1] 有界とは限らない線型写像の意味である．

$$D(S+T) = D(S) \cap D(T), \quad (S+T)\xi = S\xi + T\xi,$$
$$D(ST) = \{\xi \in D(T); T\xi \in D(S)\}, \quad (ST)\xi = S(T\xi)$$

で定める．S, T の定義域が密である場合でも，これらの定義域が密とは限らないことに注意する．

非有界作用素の**グラフ**とは，直和ヒルベルト空間 $\mathcal{H} \oplus \mathcal{H}$ の部分空間 $\mathcal{G}(T) = \{\xi \oplus T\xi; \xi \in D(T)\}$ のことをいう．逆に $\mathcal{H} \oplus \mathcal{H}$ の部分空間 $\mathcal{G}$ がこの形であることと $\mathcal{G} \cap (0 \oplus \mathcal{K}) = \{0\}$ とは同値．密な定義域をもった非有界作用素 T は，そのグラフが閉部分空間であるとき**閉作用素**[2] (closed operator) という．また，グラフの閉包が閉作用素のグラフとなるとき**閉じられる** (closable) と称する．以上の定義を作用素のグラフを使わずに言い換えると次のようになる．

ベクトルの極限関係 $\xi = \lim_n \xi_n, \lim_n T\xi_n = \eta$ $(\xi_n \in D(T))$ から，$\xi \in D(T)$ かつ $\eta = T\xi$ が従うというのが，T が閉じているということで，これを弱めた $\xi = 0$ ならば $\eta = 0$ であるというのが，閉じられるということである．

閉じられる T については，作用素 $\overline{T}$ を $\overline{T}\xi = \eta$ によって定めることができて，$\overline{\mathcal{G}(T)} = \mathcal{G}(\overline{T})$ が成り立つ．$\overline{T}$ を T の**閉包** (closure) という．

ここで注意すべきは，閉じられる T を $D(T)$ の密部分空間 D に制限した $T|_D$ も当然閉じられるわけであるが，$\mathcal{G}(T|_D)$ が $\mathcal{G}(T)$ で密になるとは限らないことである．これが密となる部分空間 $D \subset D(T)$ を T の**芯** (core) という．

問 C.1 有界作用素は閉作用素である．逆に $D(T) = \mathcal{H}$ である閉作用素は有界である（閉グラフ定理）．このことを示せ．

定義域が密である非有界作用素 T において，線型汎関数

$$D(T) \ni \eta \mapsto (\xi|T\eta)$$

が有界となるベクトル $\xi \in \mathcal{H}$ 全体を定義域とする作用素 T^* を $(T^*\xi|\eta) = (\xi|T\eta)$ $(\eta \in D(T))$ で定め，T の**共役作用素**[3] (adjoint operator) と呼ぶ．さらに $D(T^*)$ が密であるときには $T^{**} = (T^*)^*$ と書く．定義から T^{**} は T の拡張になっている．一般に T' が T の拡張になっているとき，$T \subset T'$ と書く．

---

[2] 定義域が密でないときも閉作用素と呼ぶ文献が多いので注意．

[3] 元が conjugate ではないので，訳に乱れがあるもののこう呼ぶ．随伴作用素ともいう．

グラフを使えば $\mathcal{G}(T) \subset \mathcal{G}(T')$ ということである．T が密に定義されていれば T' もそうであり，$(T')^* \subset T^*$ が成り立つ．

問 C.2　$\ker T^* = \{T\xi; \xi \in D(T)\}^\perp$ であることを示せ．

〈注意〉　ヒルベルト空間 $\mathcal{H}$ における共役線型非有界作用素 T を $\mathcal{H}$ から $\mathcal{H}^*$ への線型写像に読み替えて共役をとったものを再び $\mathcal{H}$ における共役線型作用と思ったものを T^* で表せば，$(\xi|T^*\eta) = (\eta|T\xi)$ $(\xi \in D(T), \eta \in D(T^*))$ という関係式で特徴づけられる．

共役作用素のグラフを記述するために，$\mathcal{H} \oplus \mathcal{H}$ におけるユニタリー作用素 J を $J(\xi \oplus \eta) = -\eta \oplus \xi$ で定めると，$J^* = -J$ と $J^2 = -I$ を満たす．

次は定義の言い換えである．

命題 C.1　密に定義された作用素 T について，$\mathcal{G}(T^*) = (J\mathcal{G}(T))^\perp$ である．

命題 C.2　密に定義された作用素 T について，次は同値．

(i)　T は閉じられる．

(ii)　$D(T^*)$ は密である．

さらにこのとき，T^* は閉作用素であり，$\overline{T} = T^{**}$ が成り立つ．

証明　等式

$$\overline{\mathcal{G}(T)} = (\mathcal{G}(T)^\perp)^\perp = J(J\mathcal{G}(T)^\perp)^\perp = J\mathcal{G}(T^*)^\perp$$

による．(ii) でなければ，$J\mathcal{G}(T^*)^\perp \supset J(D(T^*)^\perp \oplus 0) = 0 \oplus D(T^*)^\perp$ より，$\overline{\mathcal{G}(T)}$ はグラフの形でない．一方，T^* が密に定義されていれば，$J\mathcal{G}(T^*)^\perp = \mathcal{G}(T^{**})$ であるから，$\overline{\mathcal{G}(T)}$ は T^{**} のグラフに一致する．すなわち，$\overline{T} = T^{**}$ である．T^* が閉作用素であることは，上の命題による．□

閉じられる作用素 S を拡大する閉作用素 T があれば，$\overline{S} \subset T$ となるので，S の二重共役 $S^{**} = (S^*)^*$ は S を拡張する最小の閉作用素である．そして $S^{***} = S^*$ となって，以降はこれと S^{**} が繰り返される．

閉作用素 T の**右支え** (right support) とは，$(\ker T)^\perp$ への射影のことで，$[T]$ と書く．また**左支え** (left support) とは $[T^*]$ のことであり，T の像の閉包への射影を表す．

C.2　自己共役作用素

密な定義域をもつ作用素 S は，$S \subset S^*$ であるとき**対称作用素** (symmetric operator)，$S = S^*$ であるとき**自己共役作用素** (self-adjoint operator) と呼ばれる．対称性は，$(S\xi|\eta) = (\xi|S\eta)$ $(\xi, \eta \in D(S))$ ということで代数的な性質であるが，自己共役性の方は，対称な拡大を持たないという意味で極大なものとなっている．自己共役作用素においては，左右の支えが一致する．対称作用素が下に有界であるとは，$(\xi|S\xi) \geq \mu(\xi|\xi)$ $(\xi \in D(S))$ を満たすとなる実数 μ が存在すること．この性質を $S \geq \mu$ で表す．とくに，$\mu = 0$ の場合は**正作用素** (positive operator) と呼ぶ．

ここで，4.1 節で取り上げた有界可測関数のなす*環の*表現 $\pi : B(X) \to \mathcal{B}(\mathcal{H})$ の閉作用素による拡張について考えよう．π に伴う X 上の射影測度を E で表し $\mu_\xi = (\xi|E(\cdot)\xi)$ とおくと，

$$\|\pi(f)\xi\|^2 = \int_X |f(x)|^2 \, \mu_\xi(dx) \quad (f \in B(X))$$

であるから，対応 $B(X) \ni f \mapsto \pi(f)\xi \in \mathcal{H}$ は，等長写像 $L^2(X, \mu_\xi) \to \mathcal{H}$ に拡張される．これによる $f \in L^2(X, \mu_\xi)$ の移し先も $\pi(f)\xi$ で表す．

補題 C.3　$f \in L^2(X, \mu_\xi)$ に対して，$\mu_{\pi(f)\xi} = |f|^2 \mu_\xi$ である．

さて，有界とは限らない可測関数 $f : X \to \mathbb{C}$ に対して，

$$D(f) = \left\{\xi \in \mathcal{H}; \int_X |f(x)|^2 \, \mu_\xi(dx) < \infty\right\}$$

とおく．ここで f に各点収束する有界可測関数列 $f_n : X \to \mathbb{C}$ で $|f_n| \nearrow |f|$ なるものを考えると，単調収束定理により

$$\|\pi(f_n)\xi\|^2 = \int_X |f_n(x)|^2 \, \mu_\xi(dx) \nearrow \int_X |f(x)|^2 \, \mu_\xi(dx)$$

$(\xi \in \mathcal{H})$ となることから，$\xi \in D(f) \iff \sup_{n \geq 1} \|\pi(f_n)\xi\| < \infty$ であり，さらにこのとき，押え込み収束定理により

$$\|\pi(f)\xi - \pi(f_n)\xi\|^2 = \int_X |f(x) - f_n(x)|^2 \, \mu_\xi(dx) \to 0 \ (n \to \infty)$$

がわかる．このことから $D(f)$ は $\mathcal{H}$ の密部分空間となり，$D(f)$ を定義域とした非有界作用素 $\pi(f)$ が上の極限，すなわち，埋込み $L^2(X, \mu_\xi) \subset \mathcal{H}$ に関

する $f \in L^2(X, \mu_\xi)$ の像 $\pi(f)\xi$ として定められる．$\pi(f)$ はまた，射影測度を使って

$$\pi(f) = \int_X f(x)\, E(dx)$$

のようにも書き表される．

命題 C.4

(i) 可測関数 $f, g : X \to \mathbb{C}$ に対して，$D(\pi(g)\pi(f)) = D(f) \cap D(gf)$ および $\pi(g)\pi(f) \subset \pi(gf)$ が成り立つ．とくに，等号が成り立つ必要十分条件は $D(gf) \subset D(f)$ である．

(ii) 可測関数 $f : X \to \mathbb{C}$ に対して，$\pi(f)^* = \pi(\overline{f})$ および $\pi(f)^*\pi(f) = \pi(|f|^2)$ が成り立つ．

証明　(i) $\xi \in D(\pi(g)\pi(f))$ という条件は，$\xi \in D(f) \iff \int_X |f(x)|^2\, \mu_\xi(dx) < \infty$ かつ $\pi(f)\xi \in D(g) \iff \int_X |g(x)|^2 |f(x)|^2 \mu_\xi(dx) < \infty$（上の補題を使う）であり，これは $\xi \in D(f) \cap D(gf)$ に他ならない．そしてこのとき，

$$\pi(g)\pi(f)\xi = \lim_{n\to\infty} \lim_{m\to\infty} \pi(g_n)\pi(f_m)\xi = \lim_{m,n\to\infty} \pi(g_n f_m)\xi = \pi(gf)\xi$$

である．

(ii) の前半：$\xi, \eta \in D(\overline{f}) = D(f)$ に対して，

$$(\xi|\pi(f)\eta) = \lim_{n\to\infty} (\xi|\pi(f_n)\eta) = \lim_{n\to\infty} (\pi(\overline{f_n})\xi|\eta) = (\pi(\overline{f})\xi|\eta)$$

であることから，$\pi(\overline{f}) \subset \pi(f)^*$ がわかる．次に $\zeta \in \pi(f)^*$ とすると，$|(\zeta|\pi(f)\xi)| \leq C\|\xi|$ $(\xi \in D(f))$ となる $C > 0$ が存在する．そこで $e_m = 1_{[|f| \leq m]}$ が $\pi(e_m)D(f) \subset D(f)$ を満たすことに注意して $f_m = e_m f$ とおけば，

$$|(\pi(\overline{f_m})\zeta|\xi)| = \lim_{n\to\infty} |(\zeta|\pi(f_n)\pi(e_m)\xi)| = |(\zeta|\pi(f)\pi(e_m)\xi)| \leq C\|\pi(e_m)\xi)\|$$

$(\xi \in D(f))$ であるが，最初と最後の式が ξ について連続であることから，不等式 $|(\pi(\overline{f_m})\zeta|\xi)| \leq C\|\pi(e_m)\xi)\|$ がすべての $\xi \in \mathcal{H}$ について成り立つ．そこで $\xi = \pi(\overline{f_m})\zeta$ を代入すると $\|\pi(\overline{f_m})\zeta\| \leq C$ $(m \geq 1)$ となるので，$\zeta \in D(\overline{f})$ がわかる．

(ii) の後半：内積の不等式から $D(|f|^2) \subset D(f)$ が成り立つので (i) から従う．□

系 C.5　実数値可測関数 f に対して，$\pi(f)$ は自己共役であり，さらに $f \geq 0$ であれば，$\pi(f)$ は正である．

〈例 C.6〉　一径数ユニタリー群 $(U(t))_{t\in\mathbb{R}}$ のスペクトル分解（定理 4.13）を $U(t) = \int_{\mathbb{R}} e^{it\lambda}E(d\lambda)$ とするとき，非有界関数算による自己共役作用素 $S = \int_{\mathbb{R}} \lambda E(d\lambda)$ は Stone 生成子 (Stone generator) と呼ばれ，その定義域 $D(S) = \{\xi \in \mathcal{H}; \int_{\mathbb{R}} \lambda^2(\xi|E(d\lambda)\xi) < \infty\}$ は，$\lim_{t\to 0}(U(t)\xi - \xi)/t$ がノルム位相で極限をもつ，という性質で特徴づけられ，S の作用は次の表示を持つ．

$$S\xi = \lim_{t\to 0}\frac{1}{it}(U(t)\xi - \xi).$$

実際，$\|U(t)\xi - \xi\|/t$ が $t > 0$ について有界であれば，

$$\frac{1}{t^2}\|U(t)\xi - \xi\|^2 \geq \int_{|\lambda|\leq r}\frac{|e^{it\lambda} - 1|^2}{t^2}(\xi|E(d\lambda)\xi)$$

での極限 $t \to 0$ に有界収束定理を使えば $\int_{|\lambda|\leq r}\lambda^2(\xi|E(d\lambda)\xi)$ が $r > 0$ について有界であることがわかり，$\xi \in D(S)$ となる．逆に，$\xi \in D(S)$ であれば，

$$\int_{\mathbb{R}}\left|\frac{e^{it\lambda} - 1}{it} - \lambda\right|^2(\xi|E(d\lambda)\xi) = \int_{\mathbb{R}\setminus\{0\}}\left|\frac{e^{it\lambda} - 1}{it\lambda} - 1\right|^2\lambda^2(\xi|E(d\lambda)\xi)$$

で，$(e^{it\lambda} - 1)/it\lambda$ が有界かつ $t \to 0$ での極限関数が 1 であることから，再び有界収束定理により，$\lim_{t\to 0}\|S\xi - (U(t)\xi - \xi)/it\| = 0$ がわかる．

定理 C.7　下に有界な自己共役作用素 S は，$\mathbb{R}$ における射影測度 E を使って

$$S = \int_{\mathbb{R}} s\,E(ds)$$

と表される．また，このような射影測度は一つしか無く，$\mu = \inf\{(\xi|S\xi); \xi \in D(S), \|\xi\| = 1\}$ とすれば，$[\mu, \infty)$ で支えられている．

証明　$S - \mu 1$ を改めて S と書いて S が正の場合を調べればよい．

最初に $1+S$ の像が $\mathcal{H}$ 全体であることを示す．まず，$\zeta \perp \{\xi+S\xi; \xi \in D(S)\}$ とすると，$(\zeta|\zeta) \leq (\zeta|(1 + S)\zeta) = 0$ から $\zeta = 0$ となるので，$\{\xi + S\xi; \xi \in D(S)\}^\perp = \ker(1 + S)^* = \ker(1 + S) = \{0\}$ である．したがって，$\eta \in \mathcal{H}$ に対して，$\eta = \lim(1 + S)\xi_n$ となる $\xi_n \in D(S)$ が存在する．このとき，

$$((1 + S)\xi|(1 + S)\xi) = (\xi|\xi) + 2(\xi|S\xi) + (S\xi|S\xi) \geq (\xi|\xi) \quad (\xi \in D(S))$$

に注意すれば，(ξ_n) がコーシー列となり，$\xi = \lim \xi$ は $\xi \oplus \eta \in \overline{\mathcal{G}(1+S)} = \mathcal{G}(1+S)$ に入るので，$\xi \in D(S)$ および $\eta = (1+S)\xi$ がわかる．そうすると，逆作用素 $C : \mathcal{H} \ni \eta = (1+S)\xi \mapsto \xi \in \mathcal{H}$ は，$(\eta|C\eta) = (\eta|\xi) = (\xi|(1+S)\xi) \geq (\xi|\xi) = (C\eta|C\eta)$ および

$$(\eta|C\eta) = (\xi|\xi) + (\xi|S\xi) \leq (\xi|\xi) + 2(\xi|S\xi) + (S\xi|S\xi) = (\eta|\eta)$$

を満たす有界な正作用素である．そこで, C のスペクトル分解を与える $\mathbb{R}$ 上の射影測度を E とすれば, $\ker C = \{0\}$ であることから, E は $\sigma(C)\setminus\{0\} \subset (0,1]$ で支えられていて，E を変数変換 $t = \frac{1}{1+s} \in (0,1]$ により，$[0,\infty)$ 上の射影測度と見なせば,

$$C = \int_{[0,\infty)} \frac{1}{1+s}\,E(ds)$$

および

$$S = \int_{[0,\infty)} s\,E(ds)$$

という表示を得る．

もう一つの表示

$$S = \int_{\mathbb{R}} s\,F(ds)$$

があるとする．$S \geq 0$ により F も $[0,\infty)$ で支えられているので，t 変数で書き直すことで

$$\int_{(0,1]} t\,F(dt) = C = \int_{(0,1]} t\,E(dt)$$

という表示が得られる．そこで，連続関数を多項式で近似し，さらに積分を有界可測関数に拡張すれば,

$$\int_{\mathbb{R}} f(t)\,E(dt) = \int_{\mathbb{R}} f(t)\,F(dt) \quad (f \in B(\mathbb{R}))$$

が成り立ち，$(0,1]$ 上の射影測度として $E = F$ がわかる．したがって $[0,\infty)$ 上の射影測度としても一致する．□

系 C.8　自己共役な正作用素 S に対して，$S = R^2$ を満たす自己共役な正作用素が丁度一つ存在する．R を S の平方根と呼び，$S^{1/2} = \sqrt{S}$ と書く．

証明　S のスペクトル分解 $S=\int_{[0,\infty)} sE(ds)$ に対して，自己共役な正作用素 $R=\int \sqrt{s}\,E(ds)$ は，命題により $R^2=S$ を満たす．逆に $S=R^2$ を満たす自己共役な正作用素 R に対して，そのスペクトル分解 $R=\int_{[0,\infty)} r\,F(dr)$ を考えると，$S=\int_{[0,\infty)} r^2\,F(dr)$ と表されるので，変数変換 $s=r^2$ により F を書き直したものは E に一致し，したがって，$R=\int_{[0,\infty)} \sqrt{s}\,E(ds)$ である．□

C.3　極分解

命題 C.9　密に定義された閉作用素 T に対して，T^*T および TT^* は自己共役である．

証明　直交分解 $\mathcal{H}\oplus\mathcal{H}=\mathcal{G}(T)+J\mathcal{G}(T^*)$ を $\xi\oplus 0\in\mathcal{H}\oplus\mathcal{H}$ に施せば，$\xi=\eta-T^*\zeta,\ 0=T\eta+\zeta$ を満たすように $\eta\in D(T),\ \zeta\in D(T^*)$ がとれるので，これから

$$T^*T\eta+\eta=\xi$$

となる $\eta\in D(T^*T)$ が丁度一つ存在することがわかる．そこで逆作用素 $(1+T^*T)^{-1}:\mathcal{H}\ni\xi\mapsto\eta\in D(T^*T)$ が意味をもち，$(\xi|(1+T^*T)^{-1}\xi)=((1+T^*T)\eta|\eta)=\|\eta\|^2+\|T\eta\|^2\geq 0$ および

$$\begin{aligned}(\xi|\xi)-(\xi|(1+T^*T)^{-1}\xi)&=((1+T^*T)\eta|(1+T^*T)\eta)-((1+T^*T)\eta|\eta)\\&=(T\eta|T\eta)+(T^*T\eta|T^*T\eta)\geq 0\end{aligned}$$

から，$0\leq(1+T^*T)^{-1}\leq 1$ がわかる．そこで，下の補題から $1+T^*T$ が自己共役で，したがって T^*T も自己共役である．

また，T を T^* で置き換えることで，$TT^*=T^{**}T^*$ も自己共役であることがわかる．□

補題 C.10　S が自己共役で逆作用素 S^{-1} を持てば，S^{-1} も自己共役である．ただし，非有界作用素 T の逆作用素 T^{-1} は，$T\xi=0$ となる $\xi\in D(T)$ が $\xi=0$ しかないとき，$D(T^{-1})=\{\eta=T\xi;\xi\in D(T)\}$ および $T^{-1}\eta=\xi$ $(\eta=T\xi)$ で定められる．$\mathcal{G}(T^{-1})=J\mathcal{G}(-T)$ に注意．

証明　$D(S^{-1})^\perp=\ker S^*=\ker S=\{0\}$ に注意して，以下のようにすればわ

かる．

$$\mathcal{G}((S^{-1})^*) = \mathcal{G}(-S)^\perp = J\mathcal{G}((-S)^*) = J\mathcal{G}(-S) = \mathcal{G}(S^{-1}). \qquad \square$$

定理 C.11 ヒルベルト空間 $\mathcal{H}$ において密に定義され，ヒルベルト空間 $\mathcal{K}$ に値をとる閉グラフ線型写像 T は，$\mathcal{H}$ における自己共役な正作用素 R と部分等長写像 V の積 $T = VR$ として表され，さらに条件 $[V] = [R]$ の下で V, R は一つに定まり，$R = (T^*T)^{1/2}$ である．これを T の**極分解** (polar decomposition) という．以後，$(T^*T)^{1/2} = |T|$ と書く．

証明 $T = VR$ かつ $[V] = [R]$ とすると，$T^*T = RV^*VR = R[R]R = R^2$ であるから，$R = (T^*T)^{1/2}$ でなければならない．さらにこのとき，

$$\|R\xi\|^2 = (\xi|R^2\xi) = (\xi|T^*T\xi) = \|T\xi\|^2$$

であるから，対応 $R\xi \mapsto T\xi$ は，$[R]\mathcal{H}$ から $\mathcal{K}$ への等長写像を定めるので，それを $\mathcal{H}$ から $\mathcal{K}$ への部分等長に拡張したものを V とおけば，$T\xi = VR\xi$ である． $\square$

系 C.12 (ジョルダン[4] 分解) 自己共役作用素 T は，互いに直交する支えをもつ自己共役な正作用素 $T_\pm$ の差 $T_+ - T_-$ で表すことができ，そのような表し方は一つしかない．また $|T| = T_+ + T_-$ が成り立つ．

証明 T を $[T]\mathcal{H}$ に制限することで，$[T] = 1$ としてよい．

T の極分解 $T = V|T|$ の共役から，$V^*V|T|V^*$ も T の極分解を与えるので，$V^* = V, V|T|V^* = |T|$ である．V はユニタリーかつエルミートであるから，$E_\pm = (1 \pm V)/2$ は互いに直交する射影となり，$1 = E_+ + E_-$ を満たす．そこで，$T_\pm = \pm E_\pm T = \pm TE_\pm$ とおけば，求める分解を得る．

一つしかないことは，$T^2 = T_+^2 + T_-^2 = (T_+ + T_-)^2$ より $|T| = T_+ + T_-$ となるので，$T_\pm = (|T| \pm T)/2$ のように定まることからわかる． $\square$

系 C.13 ヒルベルト空間 $\mathcal{H}$ において密に定義された共役線型な閉作用素 S に対して，$\mathcal{H}$ における共役線型な部分等長作用素 V と密に定義された自己共役な正作用素 R で $S = VR$ かつ $[V] = [R]$ となるものが丁度一つ存在する．

[4] フランスの数学者 Camille Jordan に因む．行列の標準形のジョルダンでもある．

証明 $\mathcal{H}$ の双対空間を $\mathcal{K}$ とし，非有界線型写像 $T : \mathcal{H} \ni \xi \mapsto (S\xi)^* \in \mathcal{H}^*$ に極分解を適用すればよい． □

〈注意〉 極分解の一意性により，閉作用素 $T = V|T|$ と積交換するユニタリー作用素は $|T|$ および V とも積交換する．

問 C.3 有界作用素 T について，T と積交換する有界エルミート作用素 H は $|T|$ および V とも積交換することを示せ．

（ヒント：ユニタリー作用素 $e^{itH} = \sum_{n=0}^{\infty} \frac{(it)^n}{n!} H^n (t \in \mathbb{R})$ を利用する．）

ジョルダン分解を使えば正作用素についてのスペクトル分解が次のように一般化される．

定理 C.14 （von Neumann） 自己共役作用素 T は，$\mathbb{R}$ における射影測度 E を使って

$$T = \int_{\mathbb{R}} t\, E(dt)$$

と表される．また，このような射影測度は一つしか無い．

〈注意〉 von Neumann の証明は，Cayley 変換を経由してユニタリー作用素のスペクトル分解に帰着させるというものである．

問 C.4 自己共役作用素 T の支えは $1 - E(\{0\})$ で与えられることを示せ．

付録D

角作用素

ヒルベルト空間内の二つの閉部分空間の位置関係は，両者の間の角度についての情報で完全に記述される．ここでは，その様子を解説する．

ヒルベルト空間 $\mathcal{H}$ における射影作用素 e, f についてその位置関係を調べる．これは，無限二面体群 $\mathbb{Z}_2 * \mathbb{Z}_2$ のユニタリー表現を調べることと言ってもよい．

〈例 D.1〉 $\mathcal{H}$ が2次元の場合，$f\mathcal{H}, (1-f)\mathcal{H}$ が1次元であるとして，その基底に関する行列表示を考えると，$0 \leq \theta \leq \pi/2$ を使って

$$e = \begin{pmatrix} \cos^2\theta & \cos\theta\sin\theta \\ \cos\theta\sin\theta & \sin^2\theta \end{pmatrix}, \qquad f = \begin{pmatrix} 1 & 0 \\ 0 & 0 \end{pmatrix}$$

のように表示され，次が成り立つ．

$$e - f = \sin\theta \begin{pmatrix} -\sin\theta & \cos\theta \\ \cos\theta & \sin\theta \end{pmatrix}, \quad (e-f)^2 = \begin{pmatrix} \sin^2\theta & 0 \\ 0 & \sin^2\theta \end{pmatrix}.$$

そこで，一般の場合に $c = 1 - (e-f)^2$ とおくと，$-f \leq e - f \leq e$ より $0 \leq (e-f)^2 \leq 1$ であり，また，$1 - c = e + f - ef - fe$ という表式から $(1-c)e = e - efe = e(1-c), (1-c)f = f - fef = f(1-c)$ となって，c が e, f の双方と積交換することがわかる．さらにまた，簡単な計算で

$$\ker(1-c) = \ker(e-f)^2 = (e \wedge f + (1-e) \wedge (1-f))\mathcal{H},$$
$$\ker c = \ker(1-(e-f)^2) = (e \wedge (1-f) + (1-e) \wedge f)\mathcal{H}$$

がわかるので，4 つの互いに直交する射影 $e \wedge f$, $(1-e) \wedge (1-f)$, $e \wedge (1-f)$, $(1-e) \wedge f$ に対応する部分空間を $\mathcal{H}$ から取り分けておくことで，$\ker c(1-c) = \{0\}$ としてよい．

次に $(1-f)ef$ の極分解 $u|(1-f)ef|$ を考えるに，

$$
\begin{aligned}
fe(1-f)ef &= f(e-efe)f = f(1-c)ef = fc(1-c), \\
(1-f)e(1-f) &= e+f-ef-fe+fef-f = (1-f)(1-c), \\
(1-f)efe(1-f) &= (1-f)e(1-f)c = (1-f)c(1-c)
\end{aligned}
$$

であるから，$[c(1-c)] = 1$ に注意すれば，$(1-f)e(1-f) = (1-f)(1-c)$ となり，部分等長 u は，

$$
u^*u = [fc(1-c)] = f, \quad uu^* = [(1-f)c(1-c)] = 1-f
$$

を満たすことがわかる．

そこで，$f\mathcal{H}$ における角作用素 $0 \leq \theta \leq \pi/2$ を $\theta = \arcsin\sqrt{1-c}f$ で導入し，$fef = fc$, $u^*(1-f)ef = f\sqrt{c(1-c)}$, $u^*(1-f)e(1-f)u = u^*(1-f)u(1-c) = f(1-c)$ に注意して，ユニタリー写像 $U : \mathcal{H} \ni \xi \mapsto f\xi \oplus u^*(1-f)\xi \in f\mathcal{H} \oplus f\mathcal{H}$ による e, f の行列表示を求めると，

$$
UeU^* = \begin{pmatrix} \cos^2\theta & \cos\theta\sin\theta \\ \cos\theta\sin\theta & \sin^2\theta \end{pmatrix}, \quad UfU^* = \begin{pmatrix} 1 & 0 \\ 0 & 0 \end{pmatrix}
$$

のように 2 次元の場合を角パラメータ θ について足し合わせたもの（直積分）であることがわかる．

問 D.1　e, f をヒルベルト空間の射影とするとき，$\ker(e-f)^2$ への射影が $e \wedge f + (1-e) \wedge (1-f)$ であることを示せ．

付録E

解析的ベクトル

バナッハ空間に値をとる解析関数についての基本事項とその応用についてまとめておく．

E.1 ベクトル値積分

バナッハ空間 X に値をとる関数 f の積分について考えよう．その最も原始的な形は有界閉区間 $[a,b]$ の上で定義されたノルム位相について連続な場合で，Riemann-Darboux 式の積分が基本不等式

$$\left\| \int_a^b f(t)\, dt \right\| \leq \int_a^b \|f(t)\|\, dt$$

も含めて成り立つ．広義積分についても，ノルム連続関数 $f : \mathbb{R} \to X$ が $\int_{-\infty}^{\infty} \|f(t)\|\, dt < \infty$ という意味で絶対収束する場合に，ノルム位相での極限式として

$$\int_{-\infty}^{\infty} f(t)\, dt = \lim_{a \to -\infty, b \to \infty} \int_a^b f(t)\, dt$$

が意味を持ち，不等式

$$\left\| \int_{-\infty}^{\infty} f(t)\, dt \right\| \leq \int_{-\infty}^{\infty} \|f(t)\|\, dt$$

が有効である．多重積分への拡張も同様に成り立つ．

次に，双対バナッハ空間 X^* に値をもつ場合に，ルベーグ積分的拡張を考えよう．関数の定義域として，有限測度 μ の与えられた可測空間 Ω

を用意し，関数 $f : \Omega \to X^*$ としては，各 $x \in X$ ごとに $\langle x, f(\omega)\rangle$ が $\omega \in \Omega$ について有界可測であるとする．このとき，Banach-Steinhaus により $\|f\|_\infty = \sup_{\omega\in\Omega} \|f(\omega)\| < \infty$ となるので，不等式

$$\left|\int_\Omega \langle x, f(\omega)\rangle\, \mu(d\omega)\right| \leq \int_\Omega |\langle x, f(\omega)\rangle|\, \mu(d\omega) \leq \mu(\Omega)\|x\|\|f\|_\infty$$

の結果，線型汎関数 $X \ni x \mapsto \int_\Omega \langle x, f(\omega)\rangle\, \mu(d\omega)$ として $\int_\Omega f(\omega)\, \mu(d\omega) \in X^*$ を定めることができる．これを f の μ に関する**弱*積分**[1) (weak* integral) と呼ぶ．

問 E.1　有限測度を複素測度で置き換えた場合の弱*積分を与えよ．

E.2　ベクトル値関数と解析的元

開集合 $\Omega \subset \mathbb{C}$ の上で定義され，バナッハ空間 X に値をとる関数 f が**解析的**であるとは，Ω の各点 z の近傍ごとに X における列 $(f_n)_{n\geq 0}$ を使って

$$f(w) = \sum_{n=0}^\infty (w-z)^n f_n, \quad |w-z| < \delta$$

のように絶対収束する級数で表されることをいう．ここで，右辺の和が絶対収束するとは $\sum_{n\geq 0} \|f_n\| r^n < \infty$ $(0 \leq r < \delta)$ であることを意味する．このとき，$f(w) \in X$ は $w \in \Omega$ のノルム連続な関数で，各 $\phi \in X^*$ に対して，複素関数 $\Omega \ni w \mapsto \langle f(w), \phi\rangle$ は正則である．逆に，ノルム連続な関数 $f : \Omega \to X$ で，各 $\phi \in X^*$ ごとに $\langle f, \phi\rangle$ が正則であるものは解析的である．実際，Ω に含まれる閉円板 $D = \{w \in \mathbb{C}; |w-z| \leq \delta\}$ $(\delta > 0)$ に対して，閉路リーマン積分

$$f_n = \frac{1}{2\pi i}\oint_{\partial D} \frac{f(\zeta)}{(\zeta - z)^{n+1}}\, d\zeta \in X$$

は積分の不等式 $\|f_n\| \leq \|f\|_{\partial D}/\delta^{n+1}$ を満たし，べき級数

$$\sum_{n=0}^\infty (w-z)^n f_n$$

1) 同様の考え方で，X に値をとる関数の「弱積分」を導入することもできるのであるが，それは見かけ以上に手間のかかるものである．

は $|w-z|<\delta$ で絶対収束し X の元を定める．一方で，この和の $\phi\in X^*$ での値は $\langle f(w),\phi\rangle$ に一致するので，和そのものが $f(w)$ に一致し，

$$f(w)=\sum_{n=0}^{\infty}(w-z)^n f_n,\quad |w-z|<\delta$$

が成り立つ．

ここでは，Riemann-Darboux 積分を利用する都合上，f にノルム連続性を仮定したのであるが，この性質は弱い意味での正則性から導かれることが知られている．ただし，そのためには弱位相で連続な関数の弱積分についての精妙な結果が必要となるため，ここでは立ち入らない．代わりに，その双対版である弱*連続な場合を以下で確かめておく．具体的には，von Neumann 環への自己同型作用を調べる際に必要となる．

一般に，位相空間 Ω の上で定義され，双対バナッハ空間 X^* に値をとる関数 f が弱*連続であるとは，各 $x\in X$ について，$\langle x,f(\omega)\rangle$ が $\omega\in\Omega$ の連続関数となることをいう．

問 E.2　f が弱*連続であることは，$f:\Omega\to X^*$ が X^* の弱*位相について連続ということを示せ．

次は，ノルム連続性に基づくリーマン積分を弱*連続性に基づく弱*積分に読み替えればわかる．

命題 E.1　開集合 $\Omega\subset\Omega$ の上で定義された弱*連続な関数 $f:\Omega\to X^*$ が解析的であるための必要十分条件は，各 $x\in X$ について，$\langle x,f(w)\rangle$ が $w\in\Omega$ の正則関数となること．

問 E.3　命題 E.1 を確かめよ．

以上一変数について述べてきたことは，多変数の場合にも難なく拡張される．

定義 E.2　$\mathbb{C}$ の部分集合 D の上で定義され X^* (X) に値をとる弱*連続（ノルム連続）関数 f が**解析的** (analytic) であるとは，f を D の内部 $D\setminus\partial D$ に制限したものが解析的であることと定める．

等長作用素 $I_t:X\to X$ の作る一径数群で，$x\in X$, $\phi\in X^*$ に対して，

$\langle I_t(x), \phi \rangle$ が $t \in \mathbb{R}$ の連続関数であるものを考える．このとき，I_t の転置等長作用素 I_t^* は X^* における弱*連続な一径数群となる．

定義 E.3

(i) X の元 x が (I_t) に関して**解析的** (analytic) であるとは，$\mathbb{R} \ni t \mapsto I_t(x) \in X$ が，適当な帯領域 $\mathbb{R} + i(-r, r)$ $(r > 0)$ 上の解析関数に拡張されることをいう．

(ii) X^* の元 ϕ が (I_t^*) に関して**解析的** (analytic) であるとは，$\mathbb{R} \ni t \mapsto I_t^*(\phi) \in X$ が，適当な帯領域 $\mathbb{R} + i(-r, r)$ $(r > 0)$ 上の解析関数に拡張されることをいう．

帯領域として $\mathbb{C}$ 全体を選べるときは，**全解析的** (entirely analytic) であるという．

全解析的元は沢山ある：$\phi \in X^*$ と $I_t(x)$ がノルム連続な $x \in X$ に対して，$x_n \in X$ および $\phi_n \in X^*$ を

$$x_n = \sqrt{\frac{n}{\pi}} \int_{\mathbb{R}} e^{-nt^2} I_t(x)\, dt, \quad \phi_n = \sqrt{\frac{n}{\pi}} \int_{\mathbb{R}} e^{-nt^2} I_t^*(\phi)\, dt$$

で定めると，$\sqrt{n/\pi} e^{-nt^2}$ が近似デルタ関数列を与えることから，(i) ノルム位相で $\lim_{n \to \infty} x_n = x$，(ii) 弱*位相で $\lim_{n \to \infty} \phi_n = \phi$ となる．一方で，

$$I_t(x_n) = \sqrt{\frac{n}{\pi}} \int_{\mathbb{R}} e^{-ns^2} I_{s+t}(x)\, ds = \sqrt{\frac{n}{\pi}} \int_{\mathbb{R}} e^{-n(s-t)^2} I_s(x)\, ds$$

が $z \in \mathbb{C}$ の正則関数

$$I_z(x_n) = \sqrt{\frac{n}{\pi}} \int_{\mathbb{R}} e^{-n(s-z)^2} I_s(x)\, ds \in X$$

に拡張されることから，x_n は (I_t) に関して全解析的である．ϕ_n についても同様である．

問 E.4　上で与えた近似元 x_n は $\|I_z(x_n)\| \leq \|x\| e^{n|\mathrm{Im} z|^2}$ のようにガウス型の増大度を示す．近似デルタ関数を以下のように取りなおすことで，指数型の増大度にまで下げられることを確かめよ．

閉区間 $[-a, a]$ $(a > 0)$ で支えられた実数値可積分偶関数 $f(\xi)$ のフーリエ変換 $\widehat{f}(s) = \int e^{-is\xi} f(\xi)\, d\xi$ は無限遠方で消える実数値連続関数であり，$|\widehat{f}(s)|^2$

も同様の性質をもつ．そこで，$\int |\widehat{f}(s)|^2\,ds = 2\pi \int |f(\xi)|^2\,d\xi = 1$ である場合に，近似デルタ関数列を $\delta_n(s) = n|\widehat{f}(ns)|^2$ で定め，

$$x_n = \int_{-\infty}^{\infty} \delta_n(s)\, I_s(x)\, ds$$

とおけば，x は x_n によりノルム近似され，$\widehat{f}$ および δ_n が

$$\widehat{f}(z) = \int_{-\infty}^{\infty} e^{iz\xi} f(\xi)\, d\xi = \int_{-a}^{a} e^{iz\xi} f(\xi)\, d\xi$$

$\delta_n(z) = n\widehat{f}(nz)^2$ のように全解析的であることから x_n も全解析的である．さらに $\widehat{f}(s+int)$ が $e^{-nt\xi}f(\xi)$ のフーリエ変換であることに注意して

$$\int_{-\infty}^{\infty} |\delta_n(s+it)|\, ds = \int_{-\infty}^{\infty} |\widehat{f}(s+int)|^2\, ds = 2\pi \int_{-a}^{a} e^{-2nt\xi} |f(\xi)|^2\, dx \le e^{2na|t|}$$

のように評価すれば，$I_z(x_n) = \int \delta_n(s-z) I_s(x)\, ds$ は

$$\|I_z(x_n)\| \le \|x\| \int_{-\infty}^{\infty} |\delta_n(s-z)|\, ds \le e^{2na|\mathrm{Im}\, z|} \|x\|, \quad z \in \mathbb{C}$$

をみたす．

E.3　解析的ベクトル

ヒルベルト空間 $\mathcal{H}$ における正自己共役作用素 Δ で 0 を固有値にもたないもののスペクトル分解を $\int_{(0,\infty)} \lambda\, E(d\lambda)$ とするとき，その z 乗 ($z \in \mathbb{C}$) を $\Delta^z = \int_{(0,\infty)} \lambda^z\, E(d\lambda)$ で定める．$z \in \mathbb{R}$ あるいは $z \in i\mathbb{R}$ に応じて，Δ^z は正自己共役作用素あるいはユニタリー作用素であることに注意．

命題 E.4　実数 $r \neq 0$ とベクトル $\xi \in \mathcal{H}$ について，以下の条件は同値である．

(i) $\xi \in D(\Delta^r)$ である．

(ii) 実数 t のノルム連続関数 $\Delta^{it}\xi$ は，帯領域 $\mathbb{R} - ir[0,1]$ まで解析的に延長される．

証明　指数が負のときは Δ を Δ^{-1} で置き換えればいいので，$r > 0$ とする．

(i) $\Longrightarrow$ (ii): 不等式 $0 \leq s \leq r$ を満たす実数 s に対して,

$$\begin{aligned}\|\Delta^s\xi\|^2 &= \int_{(0,\infty)} \lambda^{2s}(\xi|E(d\lambda)\xi) \leq \int_{(0,1)} (\xi|E(d\lambda)\xi) + \int_{[1,\infty)} \Delta^{2r}(\xi|E(d\lambda)\xi) \\ &\leq (\xi|\xi) + (\Delta^r\xi|\Delta^r\xi) < \infty\end{aligned}$$

から $\xi \in D(\Delta^s)$ であるので, 押え込み収束定理を使えば,

$$\Delta^{iz}\xi = \int_{(0,\infty)} \lambda^{iz}\, E(d\lambda)\xi$$

が z の関数として $\mathbb{R} - ir[0,1]$ の上でノルム連続であり, $\mathbb{R} - ir(0,1)$ の上で解析的であることがわかる.

(ii) $\Longrightarrow$ (i): 関数 $f(t) = \Delta^{it}\xi$ が $f(z)$ $(z \in \mathbb{R} - ir[0,1])$ まで解析的に延長されたとする. ベクトル $\eta \in D(\Delta^r)$ に対して, 等式 $(\eta|\Delta^{it}\xi) = (\Delta^{-it}\eta|\xi)$ の解析的延長として $(\eta|f(z)) = (\Delta^{-i\bar{z}}\eta|\xi)$ $(z \in \mathbb{R} - ir[0,1])$ が成り立つ. とくに $(\eta|f(-ir)) = (\Delta^r\eta|\xi)$ $(\eta \in D(\Delta^r))$ であり, これは $\xi \in D((\Delta^r)^*) = D(\Delta^r)$ および $\Delta^r\xi = f(-ir)$ を意味する. □

〈例 E.5〉 $\mathcal{B}(\mathcal{H})$ の自己同型群 $\sigma_t(a) = \Delta^{it}a\Delta^{-it}$ について全解析的元全体を $\mathcal{A}$ とするとき, $\xi \in D(\Delta^r)$ $(r \in \mathbb{R})$ と $a \in \mathcal{A}$ に対して, $\Delta^{it}(a\xi) = \sigma_t(a)\Delta^{it}\xi$ の解析的延長として等式 $\Delta^r(a\xi) = \sigma_{-ir}(a)\Delta^r\xi$ が成り立つので, $a\xi \in D(\Delta^r)$ がわかる.

定義 E.6 ヒルベルト空間 $\mathcal{H}$ における対称作用素 h に対して, $\xi \in \mathcal{H}$ が h の**解析的ベクトル** (analytic vector) であるとは, $\xi \in D(h^n)$ $(n = 1, 2, \ldots)$ であり,

$$\sum_{n=0}^{\infty} \frac{1}{n!}\|h^n\xi\|\, r^n < \infty$$

となる $r > 0$ が存在することと定める.

解析的なベクトルの一次結合は収束域を小さいものに合わせることで再び解析的であり, ξ が h の解析ベクトルであれば, $h^n\xi$ $(n = 1, 2, \ldots)$ も h の解析的ベクトルで同じ収束半径をもつことが Cauchy-Hadamard 公式からわかる.

〈例 E.7〉　h が自己共役であり，ある $r>0$ に対して $\xi \in D(e^{rh}) \cap D(e^{-rh})$ であれば，$z \in \mathbb{C}$ ($|z|<r$) の絶対収束級数として $e^{zh}\xi = \sum_{n=0}^{\infty} \frac{z^n}{n!} h^n \xi$ が成り立ち，ξ は h の解析的ベクトルである．実際，仮定 $(\xi | e^{\pm 2rh}\xi) < \infty$ から，

$$\sum_{n=0}^{\infty} \frac{(2r)^n}{n!} \||h|^{n/2}\xi\|^2 = \sum_{n=0}^{\infty} \frac{(2r)^n}{n!} \int_{\mathbb{R}} |\lambda|^n (\xi | E(d\lambda)\xi)$$
$$\leq (\xi | e^{2rh}\xi) + (\xi | e^{-2rh}\xi) < \infty$$

であり，これから

$$\|h^n\xi\| \leq \||h|^n\xi\| \leq \ell^2 \left(\frac{\sqrt{(2n)!}}{(2r)^n} \right) = \ell^2 \left(\frac{n!}{r^n} \right)$$

と評価すれば，$\sum_n |z|^n \|h^n\xi\|/n! < \infty$ ($|z|<r$) が成り立つ．

テイラー展開式は，不等式

$$\left\| e^{zh}\xi - \sum_{k=0}^{n} \frac{z^k}{k!} h^k \xi \right\|^2 = \int_{\mathbb{R}} \left| e^{z\lambda} - \sum_{k=0}^{n} \frac{(z\lambda)^k}{k!} \right|^2 (\xi | E(d\lambda)\xi)$$
$$\leq \int_{\mathbb{R}} \left(\sum_{k>n} \frac{|z\lambda|^k}{k!} \right)^2 (\xi | E(d\lambda)\xi)$$
$$\leq \int_{\mathbb{R}} e^{2r|\lambda|} (\xi | E(d\lambda)\xi) \leq \|e^{rh}\xi\|^2 + \|e^{-rh}\xi\|^2 \quad (|z| \leq r)$$

に押え込み収束定理を適用すればわかる．

定理 E.8（E. Nelson）　対称作用素 h が解析的ベクトルを密にもてば，本質的に自己共役，すなわち $h^* = \overline{h}$ である．

証明　h を $\overline{h}$ で置き換えて，h は閉作用素であるとしてよい．h の解析的ベクトル全体を D とする．これは仮定により密である．正数 r に対して，$D_r = \{\xi \in D; \sum_{n \geq 0} r^n \|h^n\xi\|/n! < \infty\}$ とおくと，これは D の h 不変な部分空間であり，$r \downarrow 0$ に応じて増大し，$D = \bigcup_{r>0} D_r$ となる．ベクトル $\xi \in D_r$ に対して，

$$\xi(z) = \sum_{n=0}^{\infty} \frac{(iz)^n}{n!} h^n \xi$$

は，閉円板 $|z| \leq r$ ($z \in \mathbb{C}$) 上のノルム連続な解析関数 $\xi(z) \in \mathcal{H}$ を与え，$\xi'(z) = (ih\xi)(z)$ ($|z|<r$) を満たし，さらに h が閉であること及び

$$\xi(z) = \lim_{n\to\infty}\sum_{k=0}^{n}\frac{(iz)^k}{k!}h^k\xi, \quad \xi'(z) = \lim_{n\to\infty} ih\left(\sum_{k=0}^{n}\frac{(iz)^k}{k!}h^k\xi\right)$$

から，$\xi(z) \in D(h)$ かつ $\xi'(z) = ih(\xi(z))$ ($|z| < r$) が成り立つ．

したがって $(h\xi)(z) = h(\xi(z))$ ($|z| < r$) であるが，ここで $(h\xi)(z), \xi(z)$ が $|z| \leq r$ で連続であることに注意して，再び h が閉であることを使えば，最初の等式は $|z| \leq r$ まで有効である．この議論を繰り返すことで，$\xi(z) \in D(h^n)$ および $h^n(\xi(z)) = (h^n\xi)(z)$ ($|z| \leq r, n \geq 1$) を得る．とくに，

$$\frac{d}{dt}(\xi(t)|\xi(t)) = (\xi'(t)|\xi(t)) + (\xi(t)|\xi'(t)) = -i(h\xi(t)|\xi(t)) + i(\xi(t)|h\xi(t)) = 0$$

$(-r < t < r)$ から，$\|\xi(t)\| = \|\xi\|$ $(-r \leq t \leq r)$ であり，ξ を $h^n\xi$ で置き換えることで，$\|h^n(\xi(t))\| = \|(h^n\xi)(t)\| = \|h^n\xi\|$ $(-r \leq t \leq r)$ がわかる．

かくして $\xi(t) \in D_r$ $(-r \leq t \leq r)$ となり，D_r における等長作用素 $U_r(t)$ $(-r \leq t \leq r)$ を

$$U_r(t)\xi = \xi(t) = \sum_{n=0}^{\infty}\frac{(it)^n}{n!}h^n\xi$$

で定めることができた．

さて，不等式 $|z| + |w| \leq r$ を満たす複素数 z, w について，

$$\sum_{k,l\geq 0}\frac{|z|^k|w|^l}{k!l!}\|h^{k+l}\xi\| = \sum_{n=0}^{\infty}\frac{1}{n!}(|z| + |w|)^n\|h^n\xi\| < \infty$$

であるから，絶対収束級数の性質により

$$\xi(z+w) = \sum_{k,l\geq 0}\frac{(iz)^k(iw)^l}{k!l!}h^{k+l}\xi$$

と表示され，$\xi(z) \in D_{r-|z|}$ かつ $(\xi(z))(w) = \xi(z+w)$ がわかる．

とくに $U_r(s)U_r(t) = U_r(s+t)$ ($|s|+|t| \leq r$) であり，$U_r(s)U_r(t) = U_r(t)U_r(s)$ $(-\frac{r}{2} \leq s, t \leq \frac{r}{2})$ と $U_r(0) = 1_{D_r}$ から $U_r(t)$ ($|t| \leq \frac{r}{2}$) はユニタリーとなる．そこで，$t \in \mathbb{R}$ に対して，$U_r(t) = U_r(\frac{t}{n})^n$ ($\frac{|t|}{n} \leq \frac{r}{2}$) とおくと，これは $n \geq 1$ の取り方によらず，$|t| \leq r$ については既にあるものと一致し，D_r 上の一径数ユニタリー群を定める．

実際，$\frac{|t|}{m} \leq \frac{r}{2}$ でもあれば，$U_r(t')U_r(t'') = U_r(t' + t'')$ $(-\frac{r}{2} \leq t', t'' \leq \frac{r}{2})$ を繰り返すことでわかる，$U_r(\frac{t}{n}) = U_r(\frac{t}{mn})^m$, $U_r(\frac{t}{m}) = U_r(\frac{t}{mn})^n$ を代入し

て，$U_r(\frac{t}{n})^n = U_r(\frac{t}{mn})^{mn} = U_r(\frac{t}{m})^m$ である．また $s, t \in \mathbb{R}$ に対して，自然数 n を $-\frac{r}{2} \le \frac{s}{n}, \frac{t}{n} \le \frac{r}{2}$ となるようにとれば，$U_r(s)U_r(t) = U_r(\frac{s}{n})^n U_r(\frac{t}{n})^n = (U_r(\frac{s}{n})U_r(\frac{t}{n}))^n = U_r(\frac{s+t}{n})^n = U_r(s+t)$ である．

次に，$|t| \le r \le r'$ のとき，$U_r(t)$ の $D_{r'}$ への制限が $U_{r'}(t)$ に一致することから，$U_r(t)\xi$ $(\xi \in D)$ は $\xi \in D_r$ となる $r > 0$ の取り方によらず，D におけるユニタリーを定めるので，それを $\mathcal{H}$ まで連続に拡張することで，$\mathcal{H}$ における一径数ユニタリー群 $U(t)$ で，$U(t)D_r = D_r$ $(r > 0)$ となるものの存在がわかる．

そこであとは，次の補題から，h が $U(t)$ の Stone 生成子となり自己共役であることがわかる．　□

補題 E.9　自己共役作用素 h に伴う一径数ユニタリー群 $U(t) = e^{ith}$ で不変な密部分空間 $D \subset D(h)$ は h の芯である．

証明　グラフ $G = \{\xi \oplus h\xi; \xi \in D\} \subset \mathcal{H} \oplus \mathcal{H}$ が $U(t) \oplus U(t)$ で不変であることに注意して，G をその閉包で置き換えることで，D がグラフノルムに関して完備であるという仮定の下，$D(h) = D$ を示せばよい．

このとき，$U(t) \oplus U(t)$ が閉部分空間 $G \subset \mathcal{H} \oplus \mathcal{H}$ におけるユニタリー表現を与えること，$f \in L^1(\mathbb{R})$ に対して $U(f)h \subset hU(f)$ であることに注意すれば，$U(f)\xi \oplus U(f)h\xi = U(f)\xi \oplus hU(f)\xi$ となり，$U(f)\xi \in D$ および $hU(f)\xi = U(f)h\xi$ $(\xi \in D)$ がわかる．

そこで，$\xi \in D(h)$ をノルム近似する $\xi_n \in D$ を用意すれば，$hU(f)$ が有界，すなわち $\lambda\widehat{f}(\lambda)$ が有界な f であるとき，

$$U(f)\xi_n \to U(f)\xi, \quad hU(f)\xi_n \to hU(f)\xi$$

から $U(f)\xi \in D$ かつ $hU(f)\xi = U(f)h\xi$ がわかる．

最後に，$\lambda\widehat{f_n}(\lambda)$ が有界であるような近似デルタ関数列 f_n を f とすれば，

$$U(f_n)\xi \oplus hU(f_n)\xi = U(f_n)\xi \oplus U(f_n)h\xi \to \xi \oplus h\xi \in G$$

となって，$\xi \in D$ が示された．　□

〈例 E.10〉　ヒルベルト空間 $\mathcal{H}$ における von Neumann 環 M の一径数自己同型群 (σ_t) が $\mathcal{H}$ における一径数ユニタリー群 $(\Delta^{it})_{t\in\mathbb{R}}$ を使って，$\sigma_t(a) =$

$\Delta^{it}a\Delta^{-it}$ により与えられたとし，(σ_t) に関する M の全解析的元全体を $\mathcal{M}$ で表す．このとき，$\overline{M\xi} = \mathcal{H}$ および $\Delta^{it}\xi = \xi$ $(t \in \mathbb{R})$ を満たすベクトル $\xi \in \mathcal{H}$ に対して，$\mathcal{M}\xi$ は正自己共役作用素 Δ^r $(r \in \mathbb{R})$ の芯となる．

実際，$f \in C_c^2(\mathbb{R})$ のフーリエ変換 $\widehat{f}$ は全解析的な可積分関数であるから

$$\sigma_{\widehat{f}}(a) = \int_{\mathbb{R}} \widehat{f}(t)\sigma_t(a)\,dt, \quad a \in M$$

は $\mathcal{M}$ に属し，Δ^r は

$$\sigma_{\widehat{f}}(a)\xi = \int_{\mathbb{R}} \widehat{f}(t)\Delta^{it}(a\xi)\,dt = 2\pi\int_{\mathbb{R}} f(\lambda)E(d\lambda)(a\xi)$$

の上で有界に作用することから，$\sigma_{\widehat{f}}(a)\xi$ は Δ^r の解析的ベクトルとなる．そこで $\sigma_{\widehat{f}}(a)$ の一次結合全体を $\mathcal{M}_0$ で表せば，$\overline{\mathcal{M}_0\xi} = \overline{M\xi} = \mathcal{H}$ にも注意して，$\overline{\Delta^r|_{\mathcal{M}_0\xi}}$ は Nelson の定理により自己共役となる．一方，Δ^r は $\overline{\Delta^r|_{\mathcal{M}_0\xi}}$ の自己共役な拡張としてこれに一致するので，その間にある $\overline{\Delta^r|_{\mathcal{M}\xi}}$ とも一致する．

E.4　両解析関数

$\mathbb{R}^n$ の開集合 O の上で定義されヒルベルト空間 $\mathcal{H}$ に値をとる関数 $\xi(t)$ が解析的であるとは，各 $t_0 \in O$ の近傍で

$$\xi(t) = \sum_{\alpha \in \mathbb{N}^n} \xi_\alpha (t - t_0)^\alpha, \quad \xi_\alpha \in \mathcal{H}$$

という形のべき級数表示をもつことである．このとき，$\xi(t)$ は O の複素近傍 $O_c \subset \mathbb{C}^n$ への複素正則な延長を持ち，関数 $K(s,t) = (\xi(s)|\xi(t))$ は，s については反正則に t については正則に，$O_c \times O_c$ まで拡張される．このような性質を持つとき，$K(s,t)$ は**両解析的** (sesqui-analytic) であると呼ぶことにする．

補題 E.11　$K(s,t)$ が正定値ならば，その両解析的拡張 $K_c(z,w)$ $(z, w \in O_c)$ で正定値なものが存在する．

証明　多重指数 $\alpha, \beta \in \mathbb{N}^n$ に対して，

$$K_{\alpha,\beta}(s,t) = \partial_s^\alpha \partial_t^\beta K(s,t) = (\xi^{(\alpha)}(s)|\xi^{(\beta)}(t))$$

は $\mathbb{N}^n \times O$ 上の核関数となるので，$z_j \in O_c$ が $s_j \in O$ の近くにあるとして，

$$K(z_j, z_k) = \sum_{\alpha,\beta} \frac{1}{\alpha!\beta!} K_{\alpha,\beta}(s_j, s_k)(\overline{z_j} - s_j)^\alpha (z_k - s_k)^\beta$$

とテイラー展開すれば，$c_j \in \mathbb{C}$ に対して，

$$\sum_{j,k} \overline{c_j} c_k \sum_{\alpha,\beta} \frac{1}{\alpha!\beta!} K_{\alpha,\beta}(s_j, s_k)(\overline{z_j} - s_j)^\alpha (z_k - s_k)^\beta \geq 0$$

がわかる．□

定理 E.12　ベクトル値関数 $\xi(t)$ が解析的であるための必要十分条件は，その核関数 $K(s,t)$ が両解析的となること．また，$K(s,t)$ が $O_c \times O_c$ まで両解析的に延長されるならば，$\xi(t)$ は O_c まで正則に延長される．

証明　十分性を確かめる．核関数 K に付随したヒルベルト空間を $\mathcal{K}$ で表すと，自然な等長埋込み $\mathcal{K} \to \mathcal{H}$ により，$\mathcal{K}$ は $\{\xi(t)\}_t$ で生成された閉部分空間と同一視される．一方，K の両正則拡大 K_c が正定値であったとして，それに付随したヒルベルト空間を $\mathcal{K}_c$ とすると，$\mathcal{K}$ は $\mathcal{K}_c$ の閉部分空間とも見なせ，$z \in O_c$ と $\sum_j \lambda_j s_j \in \mathcal{K}$ に対して

$$\left|\sum_j \overline{\lambda_j} K_c(s_j, z)\right|^2 = \left|\left(\sum_j \lambda_j s_j \middle| z\right)\right|^2 \leq \left\|\sum_j \lambda_j s_j\right\|^2 K_c(z, z)$$

となることから，

$$\sum_j \lambda_j \xi(s_j) \mapsto \sum_j \overline{\lambda_j} K_c(s_j, z)$$

は有界共役線型汎関数を与え，したがって，

$$\left(\sum_j \lambda_j \xi(s_j) | \xi(z)\right) = \sum_j \overline{\lambda_j} K_c(s_j, z)$$

を満たす $\xi(z) \in \mathcal{K} \subset \mathcal{H}$ で，$(\xi(z)|\xi(z)) \leq K_c(z, z)$ となるものが存在する．

こうして得られた $\xi(z)$ は局所的に有界であり，上の内積が z について正則であることから，$z \in O_c$ について正則である．また作り方から，$s \in O$ の上では，もとの関数 $\xi(s)$ に一致する．

後半部分については，まず上の補題を次の形に修正する．O_c の上の正則な拡張 $\xi(z)$ があったとき，O_c における有限列 (ζ_j) に対して，K_c を (ζ_j, ζ_k) の

まわりで，

$$K_c(z_j, z_k) = \sum_{\alpha,\beta} \frac{1}{\alpha!\beta!}(\partial^\alpha \xi(\zeta_j)|\partial^\beta \xi(\zeta_k))(\overline{z_j - \zeta_j})^\alpha (z_k - \zeta_k)^\beta$$

と展開し，べき級数

$$\sum_\alpha \frac{1}{\alpha!}\partial^\alpha \xi(\zeta_j)(z - \zeta_j)^\alpha$$

が多重円板

$$D_j = \{z = (z_1, \cdots, z_n); |z_1 - \zeta_{j,1}| < r_{j,1}, \ldots, |z_n - \zeta_{j,n}| < r_{j,n}\}$$

で収束するとすれば，$O_d = \bigcup_j D_j \cup O_c$ を含むように K_c を解析的に広げた K_d も正定値性を満たす．

そこで，上の十分性の議論を繰り返すと，ξ は O_d にまで解析的延長されることがわかる．結果として，K_c の正定値性は，K が両解析的に延長可能なすべての範囲にまで成り立ち（正定値性の解析的延長），再度上の十分性の議論を適用することで，ξ も同じ範囲で正則であることがわかる． □

付録F

群のユニタリー表現

量子力学の対称性を教える上で群のユニタリー表現はなくてはならない．ここでは，本文にかかわる一般的な事項についての結果をまとめておこう．

ヒルベルト空間 $\mathcal{H}$ におけるユニタリー作用素全体からなる群を $\mathcal{U}(\mathcal{H})$ で表す．局所コンパクト群 G の $\mathcal{H}$ における**ユニタリー表現** (unitary representation) とは，G から $\mathcal{U}(\mathcal{H})$ への群準同型 $G \ni g \mapsto U_g \in \mathcal{U}(\mathcal{H})$ で，各 $\xi \in \mathcal{H}$ に対して，$G \ni g \mapsto U_g\xi \in \mathcal{H}$ がノルム連続であるものをいう．$\|U_g\xi - \xi\|^2 = 2(\xi|\xi) - (\xi|U_g\xi) - (U_g\xi|\xi)$ であるから，ノルム連続性は弱連続性で置き換えても同じことである．

以下，G の左不変測度を一つ用意し dg という記号で表すと，不等式

$$\int_G |f(g)(\xi|U_g\eta)|\,dg \leq \|\xi\|\,\|\eta\| \int_G |f(g)|\,dg \quad (f \in L^1(G))$$

から，次の関係を満たす有界作用素 $\pi(f)$ の存在がわかる．

$$(\xi|\pi(f)\eta) = \int_G f(g)(\xi|U_g\eta)\,dg.$$

そこで，この対応が*表現となるように $L^1(G)$ に*環の構造を定めると，

$$(f_1 f_2)(g) = \int_G f_1(h) f_2(h^{-1}g)\,dh, \quad f^*(g) = \frac{dg^{-1}}{dg}\overline{f(g^{-1})} = \Delta(g)\overline{f(g^{-1})}$$

となり，$\|f_1 f_2\|_1 \leq \|f_1\|_1\,\|f_2\|_1$, $\|f^*\|_1 = \|f\|_1$ が成り立つという意味で $L^1(G)$ はバナッハ*環である．

逆に，$L^1(G)$ の*表現 $\pi : G \to \mathcal{B}(\mathcal{H})$ から G のユニタリー表現 U_g

が $U_g(\pi(f)\xi) = \pi(gf)\xi$ ($f \in L^1(G)$, $\xi \in \mathcal{H}$) により復元される．ここで $(gf)(h) = f(g^{-1}h)$ ($h \in G$) は，関数 f の $g \in G$ による左移動を表す．

問 F.1　上の関係式が，G のユニタリー表現を定めることを確かめよ．

かくして，G のユニタリー表現と $L^1(G)$ の有界*表現が対応し合うことがわかった．作り方から，この対応は $L^1(G)$ の密*部分環（例えば $C_c(G)$，リー群については $C_c^\infty(G)$）についても成り立つ．また，$L^1(G)$ の C*包を G の群 C*環と呼び $C^*(G)$ で表せば，$C^*(G)$ の*表現と G のユニタリー表現も対応し合う．

表現の対応はまた，G の $C^*(G)^{**}$ への埋め込みを，$f \in L^1(G)$ については

$$\int_G f(g)g\,dg \in C^*(G)^{**}$$

が $C^*(G) \subset C^*(G)^{**}$ に属する，という形で実現する．C*環 A の第二双対 A^{**} としての W*包については，5.2 節参照．

〈例 F.1〉　**正則表現** (regular representation) と*双加群．局所コンパクト群 G の左正則表現を積分することで，ヒルベルト空間 $L^2(G)$ は $L^1(G)$ 左加群の構造をもつのみならず，$\xi^*(g) = \Delta(g)^{1/2}\overline{\xi(g^{-1})}$ により*双加群となる．ここで，$\Delta(g)$ は左ハール測度の倍率関数を表す．

次に $C^*(G)$ の正汎関数 ϕ に伴う GNS 表現に対して，それに対応するユニタリー表現を U_g で表し，G 上の連続関数を $\varphi(g) = (\phi^{1/2}|U_g\phi^{1/2})$ ($g \in G$) で定めると，有限列 $(g_j)_{1\leq j\leq n} \subset G$ と $(z_j)_{j=1}^n \in \mathbb{C}^n$ について，

$$\sum_{1\leq j,k\leq n} \varphi(g_j^{-1}g_k)\overline{z_j}z_k \geq 0$$

が成り立つ．このような関数を**正定値** (positive definite) と呼ぶ．

逆に，連続な正定値関数 φ から出発し，代数的直和 $\sum_{g\in G}\mathbb{C}g$ 上の半内積を $(g|h) = \varphi(g^{-1}h)$ で定め，それに伴うヒルベルト空間を $\mathcal{H}$ とすると，G の左からの積は $\mathcal{H}$ におけるユニタリー表現を誘導し，対応する $C^*(G)$ の*表現 π を経由して $C^*(G)$ 上の正汎関数 ϕ が $\phi(a) = (e|\pi(a)e)$（e は G の単位元）の形で復元される．以上は互いに逆の構成になっていることがその作り方からわかるので，次を得る．

命題 F.2　$C^*(G)$ 上の正汎関数 ϕ と G 上の正定値連続関数 φ とは対応し合う．対応は，埋込み $L^1(G) \to C^*(G)$ による ϕ の引き戻しが

$$\phi\left(\int_G f(g) g \, dg\right) = \int_G \varphi(g) f(g) \, dg, \quad f \in L^1(G)$$

で与えられるというものである．

問 F.2　$f_j \in L^1(G) \subset C^*(G)$ $(j = 1, 2)$ に対して，次が成り立つことを示せ．

$$(f_1 \phi^{1/2} | f_2 \phi^{1/2}) = \int_{G \times G} \overline{f_1(g)} f_2(gg') \varphi(g') \, dg dg'.$$

付録G

テンソル積とテンソル代数

ベクトル空間のテンソル積にまつわる代数構造についてまとめておく.

G.1 テンソル積

体 $\mathbb{K}$ 上のベクトル空間 V, W の**テンソル積**は, $\mathbb{K}$ ベクトル空間 $V \otimes W$ と双線型写像 $V \times W \ni (v, w) \mapsto v \otimes w$ の組で, 次の**普遍性** を満たすものをいう：双線型写像 $\phi : V \times W \to E$ (E は $\mathbb{K}$ ベクトル空間) に対して, $\phi(v, w) = \varphi(v \otimes w)$ ($v \in V$, $w \in W$) を満たす線型写像 $\varphi : V \otimes W \to E$ が丁度一つ存在する.

$$\begin{array}{ccc} V \times W & \longrightarrow & V \otimes W \\ {\scriptstyle\phi}\downarrow & & \downarrow{\scriptstyle\varphi} \\ E & = & E \end{array}$$

テンソル積の存在は, V, W の基底 $(e_i)_{i \in I}$, $(f_j)_{j \in J}$ を用意して, $(e_i \otimes f_j)_{(i,j) \in I \times J}$ を基底とするベクトル空間を $V \otimes W$ とし, $v \otimes w = \sum_{i,j} v_i w_j e_i \otimes f_j$ とおけばわかる. このことはまた, テンソル積 $V \otimes W$ の基底についての情報を与え, とくに等式 $\dim(V \otimes W) = \dim V \dim W$ が濃度の意味で成り立つ.

〈例 G.1〉 テンソル積の構成方法は他にも沢山あって, 例えば, V または W の基底だけを使って, $V \otimes W = \sum_{i \in I} e_i \otimes W = \sum_{j \in J} V \otimes f_j$ のように表示すれば, $\bigoplus_{i \in I} W$, $\bigoplus_{j \in J} V$ という別の実現が得られる.

3 個以上のテンソル積についても同様の扱いが可能で, $V_1 \otimes \cdots \otimes V_n$ が

$V_1 \times \cdots \times V_n$ 上の多重線型写像を用いて定められる．テンソル積の繰り返しについては，自然な同型 $(U \otimes V) \otimes W \cong U \otimes V \otimes W \cong U \otimes (V \otimes W)$ により矛盾なく同一視ができるので，$(U \otimes V) \otimes W = U \otimes V \otimes W = U \otimes (V \otimes W)$ のように扱うこととする．

普遍性によるテンソル積の記述では，テンソル積の実現の仕方には任意性が伴うのであるが，標準的なものを与えておくこともまた可能である．例えば，直積集合 $V \times W$ から生成された自由ベクトル空間 $\mathbb{K}(V \times W)$ を部分空間

$$\langle (\alpha_1 v_1 + \alpha_2) \times (\beta_1 w_1 + \beta_2 w_2) - \alpha_i \beta_j v_i \times w_j ; v_i \in V, w_j \in W, \alpha_i, \beta_j \in \mathbb{K} \rangle$$

で割った商空間を $V \otimes W$ とし，双線型写像 $V \times W \to V \otimes W$ としては，$v \times w$ に商ベクトル $[v \times w] \in V \otimes W$ を対応させる．これが普遍性をもつことは，V, W の基底を用意して，$\mathbb{K}(V \times W) \ni v \times w \mapsto \sum_{i,j} v_i w_j (i,j) \in \mathbb{K}(I \times J)$ なる線型写像が $V \otimes W$ を経由して分解することに注意すればわかる．

V, W が内積空間の場合，$V \otimes W$ は，$(v \otimes v|v' \otimes w') = (v|v')(w|w')$ を満たす $V \otimes W$ 上の内積が意味をもち，V, W の正規直交基底 $(e_i), (f_j)$ に対して，$(e_i \otimes f_j)$ が $V \otimes W$ の正規直交基底を定める．V, W がヒルベルト空間の場合は，この内積空間の完備化をヒルベルト空間のテンソル積と称し，同じく $V \otimes W$ で表す．どちらの意味か区別が必要な場合は，前者を代数的テンソル積の意味で $V \otimes_{\mathrm{alg}} W$ と書くか，後者を閉包の意味で $V \overline{\otimes} W$ と表す．この記号の使い分けは，ヒルベルト空間に限らず位相を伴ったベクトル空間についても広く用いられる．

〈例 G.2〉 V, W が有限次元のとき，基底を使った $V \otimes W \cong M_{m,n}(\mathbb{K})$ という同型の下で，集合 $\{v \otimes w; v \in V, w \in W\}$ を $M_{m,n}(\mathbb{K})$ に移したものは，ランクが 1 以下の行列となるので，$M_{m,n}(\mathbb{K})$ のごく一部に過ぎない．

〈例 G.3〉 測度空間 (Ω_j, μ_j) に伴うヒルベルト空間 $L^2(\Omega_j, \mu_j)$ $(j = 1, 2, \ldots, n)$ について，直積空間 $(\Omega_1 \cdots \times \Omega_n, \mu_1 \times \cdots \times \mu_n)$ に伴うヒルベルト空間は，対応 $f_1 \cdots f_n \longleftrightarrow f_1 \otimes \cdots \otimes f_n$ により，テンソル積 $L^2(\Omega_1, \mu_1) \otimes \cdots \otimes L^2(\Omega_n, \mu_n)$ とユニタリー同型である．ここで，$(f_1 \cdots f_n)(\omega_1, \ldots, \omega_n) = f_1(\omega_1) \cdots f_n(\omega_n)$ $(\omega_j \in \Omega_j)$ である．

問 G.1 例 G.3 を確かめよ．

普遍性は，テンソル積に関係した様々な操作を統一的に扱う上で重宝する．

〈例 G.4〉　線型写像 $f : V \to V'$, $g : W \to W'$ から線型写像 $f \otimes g : V \otimes W \to V' \otimes W'$ が $(f \otimes g)(v \otimes w) = f(v) \otimes g(w)$ を満たすように定義できることは，双線型写像 $\phi : V \times W \ni v \times w \mapsto f(v) \otimes g(w) \in V' \otimes W'$ に伴う線型写像 φ を $f \otimes g$ とおけることからわかる．

〈例 G.5〉　多元環 A, B のテンソル積 $A \otimes B$ における多元環としての積が $(a \otimes b)(a' \otimes b') = (aa') \otimes (bb')$ を満たすように定義されることは，多元環 C における積を線型写像 $C \otimes C \to C$ とみなして，線型写像の合成

$$\begin{aligned} &A \otimes B \otimes A \otimes B \to A \otimes A \otimes B \otimes B \to A \otimes B, \\ &a \otimes b \otimes a' \otimes b' \mapsto a \otimes a' \otimes b \otimes b' \mapsto aa' \otimes bb' \end{aligned}$$

を考えればよい．

〈例 G.6〉　複素ベクトル空間 V に対して，その複素共役空間を $\overline{V}$ で表せば，$\overline{V} \otimes \overline{W} = \overline{V \otimes W}$ のように同一視される．したがって，共役線型写像 $f : V \to V'$, $g : W \to W'$ を線型写像 $\overline{V} \to V'$, $\overline{W} \to W'$ に読み替えて，テンソル積写像 $f \otimes g : \overline{V} \otimes W \to V' \otimes W'$ を共役線型写像に読み戻すと，共役線型写像 $f \otimes g : V \otimes W \to V' \otimes W'$ が $(f \otimes g)(v \otimes w) = f(v) \otimes g(w)$ を満たすように定められることがわかる．

とくに*環 A, B のテンソル積環 $A \otimes B$ は，$(a \otimes b)^* = a^* \otimes b^*$ $(a \in A$, $b \in B)$ により*環となる．

ベクトル空間のテンソル積は，個々のベクトル空間の直和に関して分配法則

$$(\oplus_{i \in I} V_i) \otimes (\oplus_{j \in J} W_j) = \bigoplus_{(i,j) \in I \times J} V_i \otimes W_j$$

の成り立つことが，直和を与える射影と埋込みのテンソル積を考えるとわかる．

G.2　テンソル代数

テンソル代数といった場合，広くはベクトル空間とその双対の有限個のテンソル積についての代数操作を意味し，テンソル算とほぼ同義の内容を指すの

であるが，より狭く特定のベクトル空間から生成された多元環を表すことも多い．このテンソル多元環と呼ぶべきものを記号の導入も兼ねて説明しておこう．

ベクトル空間 V 上の**テンソル代数**とは，V から生成された単位的多元環 TV で，次の普遍性によって特徴づけられるものである．V から単位的多元環 A への線型写像 ϕ があれば，TV から A への単位元を保つ準同型で ϕ の拡張になっているものが丁度一つ存在する．

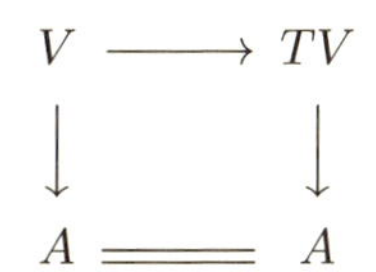

普遍性から，そのような環は存在すれば，自然な同型を除いて一つに定まる．また，存在することは，$TV = \bigoplus_{n\geq 0} V^{\otimes n}$ という実現の仕方からわかる．ここで，$V^{\otimes n}$ は V の n 重テンソル積を表し，直和は代数的な意味で考える．環としての積はテンソル積と直和についての分配則との組み合わせで定め，TV の単位元は，$V^{\otimes 0} = \mathbb{K}$ であるという理解の下，体 $\mathbb{K}$ の単位元と同一視される．このように定めた TV が普遍性を満たすことは，テンソル積が多重線型性についての普遍性を有することからわかる．

もとの V が*演算をもつ複素ベクトルである場合は，$(v_1 \otimes \cdots \otimes v_n)^* = v_n^* \otimes \cdots \otimes v_1^*$ とおくことで，TV は V から生成された*環で普遍性をもつものでもある．

テンソル代数 TV は，積について最大限の非可換性を取り入れた「自由代数」であるが，可換性あるいは反可換性を満たす範囲内で普遍性を示すものは対称テンソル代数あるいはグラスマン代数（外積代数）と呼ばれ，それぞれ $T_\vee V$，$T_\wedge V$ で表す．

対称テンソル積，反対称テンソル積とは，次の普遍性を満たすベクトル空間 $\Diamond^n V$ と多重線型写像 $V \times \cdots \times V \to \Diamond^n V$ の組を意味する．これらが存在することは，条件なしのテンソル積と結び付けて，

$$\bigDiamond^n V = P_\pm V^{\otimes n}$$

とおけばわかる．ただし，

$$v_1 \diamond \cdots \diamond v_n = \sqrt{n!} P_\pm (v_1 \otimes \cdots \otimes v_n)$$

とおいた[1]．このときの符号の対応から $T_\vee V = T_+ V$, $T_\wedge V = T_- V$ のように書くことも多いが，量子代数を作る際のエルミート形式の対称・反対称性との対応関係に反転が起こるので注意が必要．

さて，対称・反対称テンソル積の普遍性から，積演算（双線型写像）$\Diamond^m V \times \Diamond^n V \to \Diamond^{m+n} V$ を

$$(v_1 \diamond \cdots \diamond v_m) \times (w_1 \diamond \cdots \diamond w_n) \mapsto v_1 \diamond \cdots \diamond v_m \diamond w_1 \diamond \cdots \diamond w_n$$

となるように定めることができて，結合法則を満たす．

テンソル代数と同様に，$T_\diamond V$ の存在は，

$$T_\diamond V = \bigoplus_{n \geq 0} \Diamond^n V$$

の形で実現できることからわかる．

*ベクトル空間 V に対して $T_\diamond V$ が*環となることは，テンソル代数の場合と同様である．

V の上に両線型形式 $\langle\ ,\ \rangle$ が与えられていれば，それを拡張した両線型写像 $V^{\otimes m} \times V^{\otimes n} \to V^{\otimes(n-m)}$ $(m \leq n)$ を

$$\langle v_m \otimes \cdots \otimes v_1, w_1 \otimes \cdots \otimes w_n \rangle = \langle v_1, w_1 \rangle \cdots \langle v_m, w_m \rangle w_{m+1} \otimes \cdots \otimes w_n$$

によって定めることができる．とくに $m = n$ であれば $V^{\otimes n}$ 上の両線型形式を与え，それがエルミート形式，半内積，内積であるに応じて，この誘導された両線型形式も同じ性質をもつ．同様のことは，対称・反対称テンソル積についても成り立つ．とくに $V^{\diamond n}$ の上の両線型形式が交代／対称行列式[2] を用いて

$$\langle v_1 \diamond \cdots \diamond v_n, w_1 \diamond \cdots \diamond w_n \rangle = \sum_{\sigma \in S_n} (\mp 1)^{|\sigma|} \langle v_1, w_{\sigma(1)} \rangle \cdots \langle v_n, w_{\sigma(n)} \rangle$$

と表され，一階の縮約について

$$\langle v, v_1 \diamond \cdots \diamond v_n \rangle = \sum_{j=1}^{n} (\mp 1)^{j-1} \langle v, v_j \rangle v_1 \diamond \cdots \widehat{v_j} \cdots \diamond v_n$$

が成り立つ．

---

1) 右辺の係数であるが，$n!$ のべきであればよい．ここでは慣用に合わせてある．

2) determinant/permanent の意味である．交代行列式の交代は通常略される．

命題 G.7　$v \in V$ による左からの積 $v\diamond$ と縮約 $\langle v, \cdot\rangle$ は $\langle v \diamond \xi, \eta\rangle = \langle \xi, \langle v, \eta\rangle\rangle$ $(\xi \in \bigdiamond^n V, \eta \in \bigdiamond^{n+1} V)$ という関係にあり，次が成り立つ．

$$\langle v, \langle w, \xi\rangle\rangle \pm \langle w, \langle v, \xi\rangle\rangle = 0,$$

$$\langle v, w \diamond \xi\rangle \pm w \diamond \langle v, \xi\rangle = \langle v, w\rangle \xi \quad (\xi \in \bigdiamond^n V).$$

ただし，$\langle v, \xi\rangle = 0$ $(\xi \in \bigdiamond^0 V)$ とする．

問 G.2　命題 G.7 を確かめよ．

おわりに

文献案内という程のものではないが，本書を著す上で参考にした本とか，あるいは書き入れられなかったことなど，表に現れることだけが大切ではないということでもあり，楽屋裏の話も含めて披露する．

1章：本文でも触れたように *環の代数構造を扱った文献は意外にもない．仕方がないので数多ある代数の本を参考に必要に応じて自分で賄うことになる．ここでは*表現として正値性を仮定したが，それを外すと様子が一変し，行列代数に限っても符号数の組み合わせに依存した構造が出現する．物理として有名なところでは，Dirac 行列の *表現がそれに該当する．他に電磁場の共変的量子化というのもその類であるが多くはない．

同じく取り上げられることの少ない双加群ではあるが，比較的最近になってその意義が認識されるようになってきた．加群としては，片側に寄せることができるので，敢えて問題にするまでもないということであろうが，環の作用と連動したテンソル積を扱うことで，物理量の保存則とも係わる結合法則についての深い所とつながるものである．ということで，不十分な形ながら本文のあちらこちらで意図的に強調しておいた．これについては，Evans-Kawahigashi[17] の 9 章を見るとよい．

何はともあれこの章の中心概念は GNS 表現であり，非有界な場合も含めて簡明かつ強力な方法を提供してくれる．

2・3章：C*環の基礎である．バナッハ環を扱わない直接的な説明も可能であるが，伝統的な配列に従っておいた．これは，局所コンパクト可換群の調和解析をおさめるためである．スペクトル分解定理，Riesz-Markov-Kakutani の表現定理も Bochner-Stone の定理とあわせて入れておいた．これらを扱った本はそれなりにあるが，ここでは Loomis[20] を挙げておく．これは知る人ぞ知る名著であり，位相空間から始まって，ダニエル積分・ゲルファント理論を経てアーベル群の調和解析に至るまでが簡潔明瞭に述べられていて，日本語訳がないのが不思議なくらいのものである．新しいところでは Folland[18] というのもある．C*環の基礎という点からは，Murphy[22] が短くまとまっている．一方で，物理的応用が見込める具体例という点から，AF 環 と Cuntz 環を取り上げたかったのであるが，その応用まで含めるとかなりの場所をとること，一方で基本的な部分に限れば，生西・中神 [4] に明快な説明があるということもあり，敢えて本文では触れなかった．

4・5 章：フォン・ノイマン環の基礎である．通常は，ここに型による分類を入れるものであるが，敢えて I 型のみを扱った．表現論的観点からは，I 型かそうでないかの区別がより重要である．この I 型の表現のみが現れる C*環の理論というのも知られていて，これについてはよくまとまっている Arveson[8] を見るとよい．いずれにせよフォン・ノイマン環の本は C* 環のそれと比べて多くなく，その古典というべき Dixmier[14, 15] は今も十分機能し，ここでも大いに参考にした．より現代風の解説としては，Stratila-Zsido[28] が読みやすいだろう．フォン・ノイマン環の特色は，その双対前の存在にあり，これを軸に様々なことが組み立てられていく．それは積分論的には，積分される関数に負けず劣らず汎関数としての測度が重要ということでもある．ということで，フォン・ノイマン環については，*環ではなく，その双対前としての構造から出発するというアプローチも十分考えられるところであるが，境師の特徴づけを越えた扱いは今もなく，少なくとも入門として使えるものではなく，ここでの説明も，*環の表現論としてのフォン・ノイマン環という見方も含めて伝統を踏襲しておいた．

6・7 章：冨田・竹崎であり，それに連なる作用素環版正則表現の存在でもある．ここでは，少しだけ特殊な扱いの Bratteli-Robinson[12] を参考にしつつ，一般の状況はそれをつなぎ合わせる形で処理した．通常は，重み (weight) の理論を経由するものであるが，それを避けた格好である．群の場合であれば，正則表現の構成に不変測度を利用するのが正道であるところを敢えて準不変測度だけで処置したことに相当する．重みについては，Stratila[27], Takesaki[29] を見るとよい．

8 章：作用素環への群作用とくれば，共変表現であるが，それと密に関連した接合積環については，Pedersen[23], Bratteli-Robinson[12] にいろいろと書いてある．物理的にも重要と思われる固定点環と接合積環についての相互律 (reciprocity) については，Doplicher-Haag-Roberts の原論文を読むことになるが，それへの手引として小嶋・岡村 [6] を挙げておく．KMS 状態の物理的重要性について述べるだけの見識を持ち合わせていないが，その数学的諸結果については，本文で扱ったものも含めて Bratteli-Robinson[12], Attal-Joye-Pillet[9] を参照されたい．

9 章：ヒルベルト空間とその上の作用素の直積分の理論は，von Neumann の reduction theory に端を発するもので，積分論的制約から可算性という制限の下に執り行われる．*表現をより基本的なものに積分論的に分解する際に広く利用される．ここでは主に Dixmier[14, 15] に倣ったが，可換子環の可測性では標準表現を経由することで，標準ボレル空間についての議論なしで済ませた．他に Pedersen[23] と Takesaki[29] の該当箇所にもまとまった記述がある．

10–13 章：正準量子関係については，量子論の基本ということもあり古くからその数学的構造が調べられており，挙げるべき文献も多いのであるが，ここでもまずは Bratteli-Robinson[12] である．他に Emch[16] というのもある．自由状態については，角谷の二分律と関連させて積状態の性質として理解すべきと思われるが，それを扱った単独の本は無いようである．本文でその一端を紹介したのであるが，関連する論文については，quasi-free state をキーワードに検索するといろいろ見つかるので，それから手繰るとよいだろう．最後の章の可換子定理は，

H. Araki, A lattice of von Neumann algebras associated with the quantum theory of free Bose field, *J. Math. Phys.*, **4**(1963), 1343–1362.

H. Araki, On quasi-free states of CAR and Bogolubov automorphism, *Publ. RIMS*, **6**(1970), 385–442.

が原典である．これらをひもとくと，before Tomita-Takesaki と after Tomita-Takesaki の違いがよくわかる．

自由状態の表現の同値性の判定条件もページ数の関係で割愛したのであるが，これは可換子定理並に重要であるので，結果だけでも述べておくと，

定理 CAR　実ヒルベルト空間 V から生成されたクリフォード C*環 $C^*(V)$ の自由状態 φ_S, φ_T について，それに伴う 2 つの GNS 表現が準同値であるための必要十分条件は，共分散作用素 S, T から作られた $S^{1/2} - T^{1/2}$ がヒルベルト空間 $V^{\mathbb{C}}$ におけるヒルベルト・シュミット作用素となることである．

定理 CCR　実交代形式空間 (V, σ) に付随したワイル C*環 $C^*(e^{iV})$ の自由状態 φ_S, φ_T について，それに伴う 2 つの GNS 表現が準同値であるための必要十分条件は，以下の性質が成り立つことである．

(i) 複素ベクトル空間 $V^{\mathbb{C}}$ の上の半内積として $S + \overline{S}$ と $T + \overline{T}$ は同値である．すなわち，半内積に伴う 2 つのヒルベルト空間 $V_S^{\mathbb{C}}, V_T^{\mathbb{C}}$ が複素ベクトル空間として一致する．

(ii) ヒルベルト空間としての位相を与える $V_S^{\mathbb{C}} = V_T^{\mathbb{C}}$ の内積 R を用意し，共分散形式 S, T を $S(x,y) = R([x], S_R[y])$, $T(x,y) = R([x], T_R[y])$ $(x, y \in V^{\mathbb{C}})$ のように $V_S^{\mathbb{C}} = V_T^{\mathbb{C}}$ 上の正作用素 S_R, T_R で表示するとき，$S_R^{1/2} - T_R^{1/2}$ は，$V_S^{\mathbb{C}} = V_T^{\mathbb{C}}$ におけるヒルベルト・シュミット作用素である．

前者については上掲 RIMS 論文あるいは生西・中神 [4]，後者については次の論文に証明および関連事項の説明がある．

H. Araki and S. Yamagami, On quasi-equivalence of quasifree states of the canonical commutation relations, *Publ. RIMS*, **18**(1982), 283–338.

さて，触れられなかった最大のものは量子物理とのつながりである．日本語で読めるものとしては，量子統計であれば新井 [1] あるいは松井 [5]，量子場関係は荒木 [8] がそういったことを扱っている．英語だと Dereziński-Gérad[13], Honegger-Rieckers[19], Moretti[21] というのもある．当初は，作用素環の表現という立場から，これらとの接点にまで言い及ぶ予定であったが，いざ試みると，それぞれのテーマにおいてまとまりをつけるのが難しく，身の丈を知るまでもなく断念した．

作用素環として取り上げなかった項目にも，Connes の非可換幾何学を始めとして物理と関係するものが多々あり，そういった漏れ落ちた部分について調べる際に重宝するのが，作用素環事典といった趣の Blackadar[10] である．

最後に，付録についても少し触れておこう．非有界作用素というと誰しも von Neumann の仕事を思い浮かべるわけであるが，その中でも極分解がとりわけ重要な意味をもつ．これは，本文でも繰り返し話題にしたところでもあり，これに触れぬ（あるいは触れ方が十分でない）関数解析の本というのも多いので，解説しておいた．自己共役作用素のスペクトル分解も，極分解の特別な場合であるジョルダン分解を利用して処理した．他に Stone の定理とのつながりで，解析的ベクトルという考え方がある．この重要な概念について触れる本はさらに稀で，その数少ない例外である Reed-Simon[24] と Takesaki[29] を参考にまとめ直し収めた．

参考書

[1] 新井朝雄,『量子統計力学の数理』, 共立出版 (2008).

[2] 荒木不二洋,『量子場の数理』, 岩波書店 (1993).

[3] 日合文雄・柳研二郎,『ヒルベルト空間と線型作用素』, 牧野書店 (1995).

[4] 生西明夫・中神祥臣,『作用素環入門 I, II』, 岩波書店 (2007).

[5] 松井 卓,『作用素環と無限量子系』, サイエンス社 (2014).

[6] 小嶋泉・岡村和弥,『無限量子系の物理と数理』, サイエンス社 (2013).

[7] 梅垣壽春・大矢雅則・日合文雄,『作用素代数入門』, 共立出版 (1985).

[8] W. Arveson, *"An Invitation to C*-Algebras"*, Springer, 1976.

[9] S. Attal, A. Joye and C.-A. Pillet (Eds.), *"Open Quantum Systems I"*, LNM 1880, Springer, 2006.

[10] B. Blackadar, *"Operator Algebras: Theory of C*-algebras and von Neumann algebras"*, Springer, 2005.

[11] H.-J. Borchers, *"Translation Group and Particle Representations in Quantum Field Theory"*, Springer, 1996.

[12] O. Bratteli and D.W. Robinson, *"Operator algebras and quantum statistical mechanics, I, II"*, Springer, 1979.

[13] J. Dreziński and C. Gérard, *"Mathematics of Quantization and Quantum Field Theory"*, Cambridge University Press, 2013.

[14] J. Dixmier, *"Von Neumann Algebras"*, North-Holland, 1981.

[15] J. Dixmier, *"C*-Algebras"*, North-Holland, 1982.

[16] G.G. Emch, *"Algebraic Methods in Statistical Mechanics and Quantum Field Theory"*, Wiley Interscience, 1972.

[17] D. Evans and Y. Kawahigashi, *"Quantum Symmetries"*, Oxford University Press, 1998.

[18] G.B. Folland, *"A Course in Abstract Harmonic Analysis"*, CRC Press, 2016.

[19] R. Honegger and A. Rieckers, *"Photons in Fock Space and beyond I, II,*

III", World Scientific, 2015.

[20] L.H. Loomis, *"An Introduction to Abstract Harmonic Analysis"*, Van Nostrand, 1953.

[21] V. Moretti, *"Spectral Theory and Quantum Mechanics"*, Springer, 2013.

[22] Murphy, *"C*-Algebras and Operator Theory"*, Academic Press, 1990.

[23] G.K. Pedersen, *"C*-Algebras and their Automorphism Groups"*, Academic Press, 1979.

[24] Reed-Simon, *"Functional Analysis"*, Academic Press, 1980.

[25] W. Rudin, *"Functional Analysis"*, McGraw-Hill, 1991.

[26] S. Sakai, *"C*-Algebras and W*-Algebras"*, Springer, 1971.

[27] S. Stratila, *"Modular Theory in Operator Algebras"*, Abacus Press, 1981.

[28] S. Stratila and L. Zsido, *"Lectures on von Neumann Algebras"*, Abacus Press, 1979.

[29] M. Takesaki, *"Theory of Operator Algebras I, II"*, Springer, 1979, 2003.

索　引

―――――― さ行 ――――――

―――――― た行 ――――――

な行

は行

ま行

著者紹介

山上　滋（やまがみ　しげる）

1979年　京都大学理学部卒業
　　　　琉球大学助手，東北大学講師・助教授，
　　　　茨城大学教授を経て
2010年より　名古屋大学大学院多元数理科学研究科教授

専門　量子物理を背景にした数学的構造の
　　　ユニタリー表現と作用素解析

数学と物理の交差点 5
量子解析のための作用素環入門
(*Introduction to Operator Algebras in Quantum Analysis*)

2019年8月31日　初版1刷発行

著　者　山上　滋　© 2019
発行者　南條光章
発行所　**共立出版株式会社**
〒112-0006
東京都文京区小日向 4-6-19
電話番号　03-3947-2511（代表）
振替口座　00110-2-57035
共立出版㈱ホームページ
www.kyoritsu-pub.co.jp

印　刷　啓文堂
製　本　ブロケード

一般社団法人
自然科学書協会
会員

Printed in Japan

検印廃止
NDC 415.5, 421.3, 421.5
ISBN 978-4-320-11405-0